高等学校教材

GAODENG
SHUXUE

高等数学

（下册）

主　编　王树勋　田　壤
主　审　郭天印
副主编　高　云　苏晓海　刘莉君　程小静

中国教育出版传媒集团
高等教育出版社·北京

内容简介

本书是根据编者多年来从事高等数学课程教学的实践经验，参照最新的“工科类本科数学基础课程教学基本要求”编写的。全书分为上、下两册，共11章。上册内容包括函数、极限与连续，导数与微分，微分中值定理与导数应用，不定积分，定积分及其应用和微分方程。下册内容包括向量代数与空间解析几何，多元函数微分学，重积分，曲线积分与曲面积分，无穷级数等。全书每节都配有适量的习题，书末附有一些常用的数学公式、常用的曲线，以及部分习题参考答案或提示。

本书既可作为高等学校工科类各专业的高等数学课程教材，也可供教师、工程技术人员以及报考工科各专业硕士研究生的考生选用或参考。

图书在版编目（CIP）数据

高等数学. 下册／王树勋，田壤主编. --北京：高等教育出版社，2024.1

ISBN 978-7-04-061442-8

Ⅰ.①高…　Ⅱ.①王…②田…　Ⅲ.①高等数学-高等学校-教材　Ⅳ.①O13

中国国家版本馆CIP数据核字（2023）第241516号

策划编辑　高　从　　责任编辑　李冬莉　　封面设计　姜　磊　　版式设计　马　云
责任绘图　马天驰　　责任校对　刘丽娴　　责任印制　沈心怡

出版发行　高等教育出版社
社　　址　北京市西城区德外大街4号
邮政编码　100120
印　　刷　辽宁虎驰科技传媒有限公司
开　　本　787mm×960mm　1/16
印　　张　25.25
字　　数　370千字
购书热线　010-58581118
咨询电话　400-810-0598
网　　址　http://www.hep.edu.cn
　　　　　http://www.hep.com.cn
网上订购　http://www.hepmall.com.cn
　　　　　http://www.hepmall.com
　　　　　http://www.hepmall.cn
版　　次　2024年1月第1版
印　　次　2024年1月第1次印刷
定　　价　52.00元

物 料 号　61442-00

目　录

第七章 向量代数与空间解析几何

在平面解析几何中，通过平面直角坐标系把平面上的点与一对有序实数相对应，将平面上的图形和方程相对应，从而可以用代数方法研究几何问题，空间解析几何也是如此.

空间解析几何(space analytic geometry)是建立在空间直角坐标系的基础上，用**向量代数**(vector algebra)方法研究空间的几何图形. 本章首先建立空间直角坐标系，其次引进向量并介绍向量的运算，然后以向量为工具讨论空间中的平面和直线，最后介绍空间曲面、二次曲面和空间曲线.

第一节 空间直角坐标系

一、空间直角坐标系

在空间中取定一点 O，过点 O 作三条两两垂直的数轴 Ox，Oy，Oz，取定正方向，且一般取相同的长度单位，这样就构成了一个**空间直角坐标系**(space rectangular coordinate system)，亦称为 $Oxyz$ 坐标系，并称 O 为**坐标原点**(origin of coordinates)，称数轴 Ox，Oy，Oz 为**坐标轴**(coordinate axis)，分别记为 x 轴(横轴)，y 轴(纵轴)，z 轴(竖轴). 通常将 x 轴和 y 轴放置在水平面上，而 z 轴为铅垂线，符合**右手系规则**(right-hand rule)(当右手的四个手指由 x 轴正向以$\frac{\pi}{2}$

的角度转向 y 轴的正向时,大拇指的指向就是 z 轴的正向)(见图 7-1).

三条坐标轴中的任意两条都可以确定一个平面,这样就定出了三个**坐标面**(coordinate planes),分别称为 xOy 面、yOz 面、zOx 面. 三个坐标面把空间分成八部分,每部分叫做一个**卦限**(octant). xOy 面的第 1,2,3,4 象限上方的四个卦限依次称为第Ⅰ,Ⅱ,Ⅲ,Ⅳ卦限,下方的四个卦限依次称为第Ⅴ,Ⅵ,Ⅶ,Ⅷ卦限(见图 7-2).

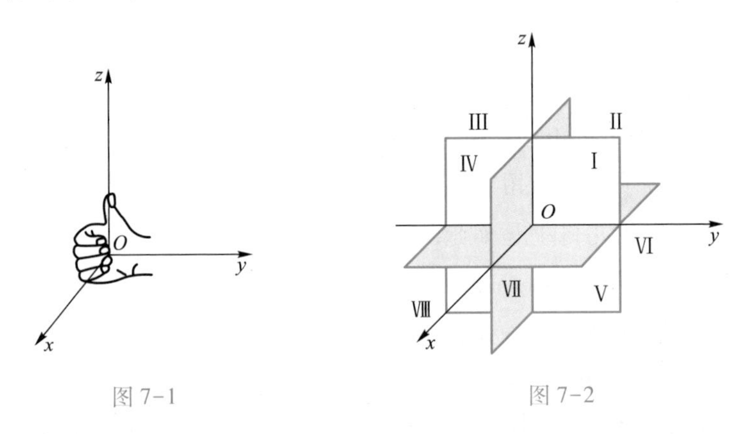

图 7-1　　　　图 7-2

常采用的坐标系表示法有斜二侧(见图 7-1)及正等侧(见图 7-3).

设 M 为空间的一点(见图 7-4),过点 M 分别作与三个坐标轴垂直的平面,它们与 x 轴、y 轴、z 轴的交点依次为 P,Q,R,其在三个坐标轴上的坐标依次为 x,y,z,从而得到一个有序数组 (x,y,z);反之,给定一有序数组 (x,y,z),在 x 轴、y 轴、z 轴上分别取坐标为 x,y,z 的点,依次记为 P,Q,R,然后过 P,Q,R 分别作与 x 轴、y 轴、z 轴垂直的平面,这三个平面确定了唯一的交点 M. 这样,空间点 M 就与有序数组 (x,y,z) 之间建立了一一对应关系. 称 x,y,z 为

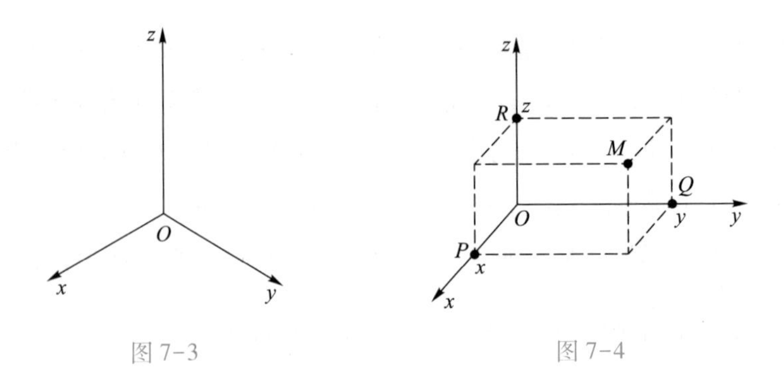

图 7-3　　　　图 7-4

点 M 的直角坐标,记为 $M(x,y,z)$,并依次称 x,y,z 为点 M 的**横坐标**(abscissa)、**纵坐标**(ordinate)、**竖坐标**(vertical coordinate).

思考题: 坐标面上和坐标轴上的点的坐标有何特征?

二、空间两点间的距离

设 $M_1(x_1,y_1,z_1)$,$M_2(x_2,y_2,z_2)$ 为空间两点,过 M_1,M_2 各作三个分别垂直于三条坐标轴的平面,这六个平面围成一个以 M_1M_2 为对角线的长方体(见图 7-5). 因为

$$\begin{aligned}|M_1M_2|^2 &= |M_1N|^2+|NM_2|^2\\ &= |M_1P|^2+|M_1Q|^2+|NM_2|^2\\ &= (x_2-x_1)^2+(y_2-y_1)^2+(z_2-z_1)^2,\end{aligned}$$

所以

$$|M_1M_2|=\sqrt{(x_2-x_1)^2+(y_2-y_1)^2+(z_2-z_1)^2},$$

这就是**两点间的距离公式**.

例 1 设 P 是空间内一点,其坐标为(x,y,z),即 $P(x,y,z)$,求:

(1) 点 P 引至各坐标轴的垂足坐标;

(2) 点 P 引至各坐标面的垂足坐标;

(3) 点 P 到坐标原点、各坐标面及各坐标轴的距离.

解 根据点与坐标的关系,由图 7-6 可得

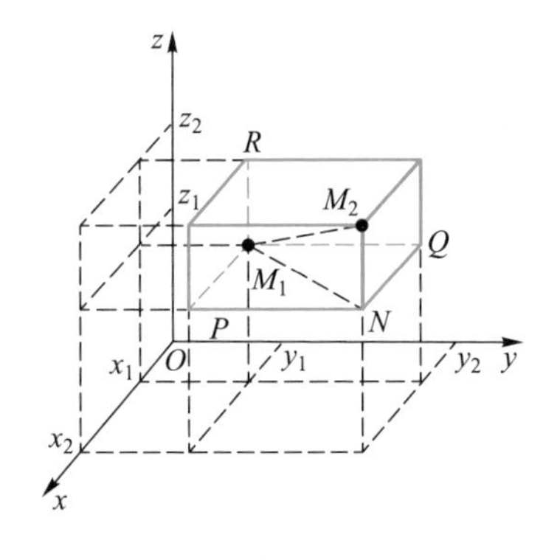

图 7-5

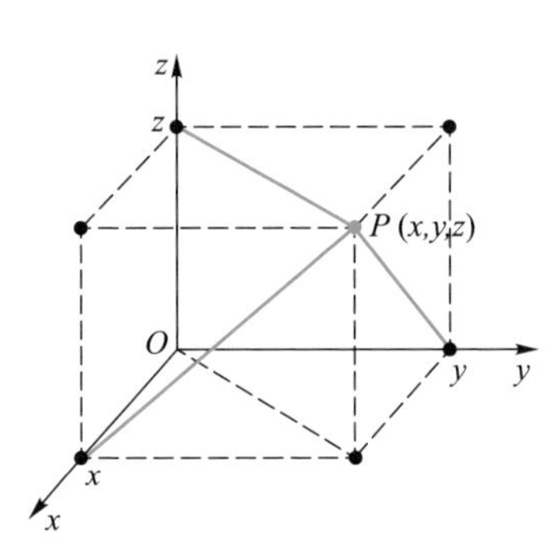

图 7-6

(1) 点 $P(x,y,z)$ 引至 x 轴的垂足坐标为 $(x,0,0)$;

点 $P(x,y,z)$ 引至 y 轴的垂足坐标为 $(0,y,0)$;

点 $P(x,y,z)$ 引至 z 轴的垂足坐标为 $(0,0,z)$.

(2) 点 $P(x,y,z)$ 引至 xOy 面的垂足坐标为 $(x,y,0)$;

点 $P(x,y,z)$ 引至 yOz 面的垂足坐标为 $(0,y,z)$;

点 $P(x,y,z)$ 引至 zOx 面的垂足坐标为 $(x,0,z)$.

(3) 点 P 到坐标原点的距离为 $\sqrt{x^2+y^2+z^2}$;

点 P 到 xOy 面的距离为 $|z|$;

点 P 到 yOz 面的距离为 $|x|$;

点 P 到 zOx 面的距离为 $|y|$;

点 P 到 x 轴的距离为 $\sqrt{y^2+z^2}$;

点 P 到 y 轴的距离为 $\sqrt{z^2+x^2}$;

点 P 到 z 轴的距离为 $\sqrt{x^2+y^2}$.

例 2 写出点 $P(1,2,3)$ 关于各坐标轴、坐标面及坐标原点的对称点的坐标.

解 根据点与坐标及对称性的关系得:

点 $P(1,2,3)$ 关于 x 轴的对称点的坐标为 $(1,-2,-3)$;

点 $P(1,2,3)$ 关于 y 轴的对称点的坐标为 $(-1,2,-3)$;

点 $P(1,2,3)$ 关于 z 轴的对称点的坐标为 $(-1,-2,3)$;

点 $P(1,2,3)$ 关于 xOy 面的对称点的坐标为 $(1,2,-3)$;

点 $P(1,2,3)$ 关于 yOz 面的对称点的坐标为 $(-1,2,3)$;

点 $P(1,2,3)$ 关于 zOx 面的对称点的坐标为 $(1,-2,3)$;

点 $P(1,2,3)$ 关于坐标原点 O 的对称点的坐标为 $(-1,-2,-3)$.

例 3 在 z 轴上求与两点 $A(-4,1,7)$ 和 $B(3,5,-2)$ 等距离的点 M 的坐标.

解 所求的点 M 在 z 轴上,故可设该点坐标为 $M(0,0,z)$,根据题意有

$$|\overline{MA}|=|\overline{MB}|,$$

即

$$\sqrt{(0+4)^2+(0-1)^2+(z-7)^2}=\sqrt{(3-0)^2+(5-0)^2+(-2-z)^2},$$

解得 $z=\dfrac{14}{9}$,故所求的点为 $M\left(0,0,\dfrac{14}{9}\right)$.

习题 7-1

1. 设空间直角坐标系中点 P 的坐标为 $(-1,3,2)$,从点 P 分别向各坐标轴和各坐标面引垂线,试求各个垂足的坐标.

2. 试求点 $P(a,b,c)$ 关于各坐标轴、各坐标面及坐标原点的对称点的坐标.

3. 在坐标面和坐标轴上的点的坐标各有什么特点?指出下列各点的位置.

$$A(3,4,0),B(0,1,2),C(3,0,0),D(0,-1,0)$$

4. 过点 $P_0(x_0,y_0,z_0)$ 分别作平行于 z 轴的直线和平行于 xOy 面的平面,问在它们上面的点的坐标各有什么特点?

5. 一边长为 a 的立方体放置在 xOy 面上,其底面的中心在坐标原点,底面的顶点在 x 轴和 y 轴上,求立方体各顶点的坐标.

6. 求点 $M(4,-3,5)$ 到原点及各坐标轴的距离.

7. 在 yOz 面上,求与三点 $A(3,1,2)$,$B(4,-2,-2)$ 和 $C(0,5,1)$ 等距离的点.

8. 证明 $P_1(1,2,3)$,$P_2(2,3,1)$,$P_3(3,1,2)$ 三点构成一个正三角形.

第二节　向量及其线性运算

一、向量的概念

在研究力学、物理学以及其他应用学科时,常会遇到这样的一类量,它们既有大小又有方向,如力、力矩、位移、速度、加速度等,将这种既有大小又有方向的量,称为**向量**(vector)(或矢量).

在数学上,往往用有向线段来表示向量,有向线段的长度表示向量的大小,有向线段的方向表示向量的方向. 以 M_1 为起点,M_2 为终点的有向线段所表示的向量,记作 $\overrightarrow{M_1M_2}$(见图 7-7). 或用一个黑体字母 $\boldsymbol{a}$ 表示. 书写时,用上面加箭头的字母来表示向量,如 $\vec{a}$.

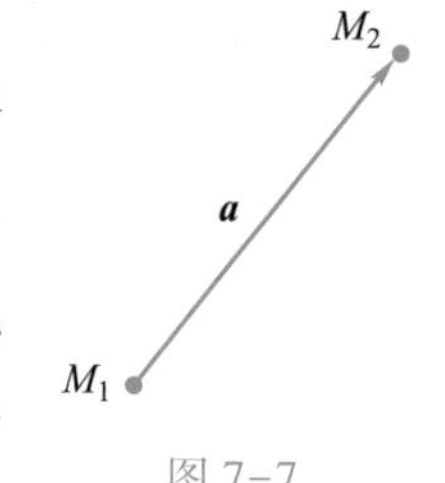

图 7-7

向量的大小称为**向量的模**(modulus of vector),如向量 $\overrightarrow{M_1M_2}$ 的模记为 $|\overrightarrow{M_1M_2}|$,$\boldsymbol{a}$ 的模为 $|\boldsymbol{a}|$,也可记为 $\|\boldsymbol{a}\|$. 模为 1 的向量称为**单位向量**(unit vector),模为零的向量称为**零向量**(zero vector),记为 $\mathbf{0}$ 或 $\vec{0}$,其方向可任意选取.

在这里只研究与起点无关的向量,即只考虑向量的大小和方向,而不论它的起点在什么地方,这种向量称为**自由向量**(free vector). 因为只讨论自由向量,所以如果向量 $\boldsymbol{a}$ 与向量 $\boldsymbol{b}$ 的模相等且方向相同,就说向量 $\boldsymbol{a}$ 与向量 $\boldsymbol{b}$ **相等**(equal),记作 $\boldsymbol{a}=\boldsymbol{b}$. 从几何直观来看,就是经过平移后能完全重合的向量是相等的. 由于自由向量可在空间自由平移,因此可规定两个非零向量 $\boldsymbol{a}$ 与 $\boldsymbol{b}$ 的夹角:将 $\boldsymbol{a}$ 或 $\boldsymbol{b}$ 平移,使它们的起点重合后,它们所在的射线之间的夹角 $\theta(0\leqslant\theta\leqslant\pi)$ 称为**向量 $\boldsymbol{a}$ 与 $\boldsymbol{b}$ 的夹角**(angle between vector $\boldsymbol{a}$ and $\boldsymbol{b}$),并记作 $(\boldsymbol{a},\hat{\ }\boldsymbol{b})$ 或 $(\boldsymbol{b},\hat{\ }\boldsymbol{a})$.

设有非零向量 $\boldsymbol{a}$,$\boldsymbol{b}$,若它们的方向相同或相反,就称向量 $\boldsymbol{a}$ 与 $\boldsymbol{b}$ 平行,记作 $\boldsymbol{a}/\!/\boldsymbol{b}$. 因为零向量的方向是任意的,所以零向量与任何向量都平行.

当两个向量的起点放在同一点时,它们的终点和公共起点在一条直线上时,这两个向量是平行的,也称**两向量共线**. 类似地,若有 $k(k\geqslant3)$ 个向量,当它们的起点放在同一点时,它们的 k 个终点和公共起点在一个平面上时,就称这 k 个**向量共面**.

二、向量的线性运算(加减法、数乘向量)

在实际问题中,向量与向量之间常存在一定的联系,并由此产生出另一个向量,如物理力学中,两个力的合力,两个速度的合成等,把这种联系抽象成数学形式,就是向量的运算. 下面先定义向量的加、减法运算以及向量与数的乘法运算.

1. 向量的加、减法

设有两个向量 $\boldsymbol{a}$ 与 $\boldsymbol{b}$,任取一点 A,作 $\overrightarrow{AB}=\boldsymbol{a}$,再以 B 为起点,作 $\overrightarrow{BC}=\boldsymbol{b}$,连接 A,C(见图 7-8(a)),向量 $\overrightarrow{AC}=\boldsymbol{c}$ 称为向量 $\boldsymbol{a}$ 与向量 $\boldsymbol{b}$ 的和,记作 $\boldsymbol{a}+\boldsymbol{b}$(向量加法的**三角形法则**(triangle rule)).

同此,也有向量加法的**平行四边形法则**(parallelogram rule),即把向量 $\boldsymbol{a}$ 与 $\boldsymbol{b}$ 的起点都放在点 A,以向量 $\boldsymbol{a}$ 与 $\boldsymbol{b}$ 为邻边作平行四边形,即得其对角线向量 $\overrightarrow{AC}$ 为向量 $\boldsymbol{a}$ 与向量 $\boldsymbol{b}$ 的和,即 $\overrightarrow{AC}=\boldsymbol{a}+\boldsymbol{b}$(见图 7-8(b)).

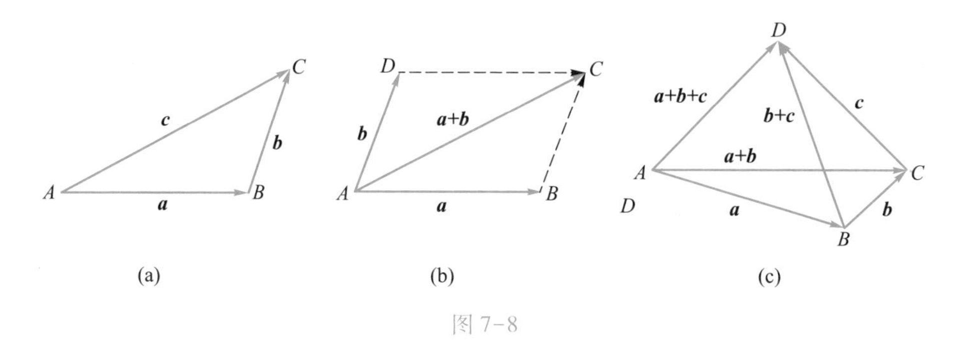

图 7-8

向量的加法符合以下运算规律:

(1) 交换律　$\boldsymbol{a}+\boldsymbol{b}=\boldsymbol{b}+\boldsymbol{a}$.

(2) 结合律　$(\boldsymbol{a}+\boldsymbol{b})+\boldsymbol{c}=\boldsymbol{a}+(\boldsymbol{b}+\boldsymbol{c})$(见图 7-8(c)).

设 $\boldsymbol{a}$ 为一向量,与 $\boldsymbol{a}$ 的模相等而方向相反的向量叫做 $\boldsymbol{a}$ 的**负向量**,记作 $-\boldsymbol{a}$,由此,规定 $\boldsymbol{b}+(-\boldsymbol{a})$ 称为向量 $\boldsymbol{b}$ 与 $\boldsymbol{a}$ 的**差**(difference),记作 $\boldsymbol{b}-\boldsymbol{a}=\boldsymbol{b}+(-\boldsymbol{a})$(见图 7-9).

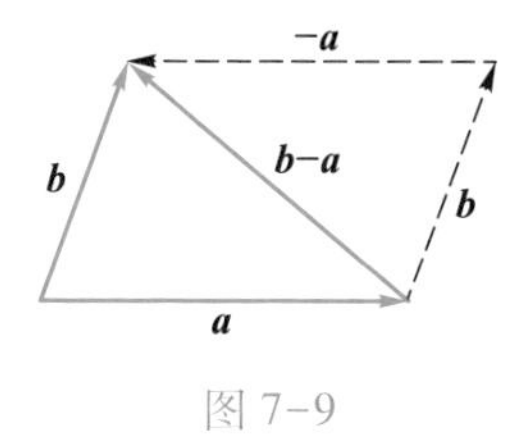

图 7-9

2. 向量与数的乘法

设 $\boldsymbol{a}$ 是一个非零向量，λ 是一个非零实数，则 $\boldsymbol{a}$ 与 λ 的乘积记作 $\lambda\boldsymbol{a}$，规定 $\lambda\boldsymbol{a}$ 是一个向量，且

(1) $|\lambda\boldsymbol{a}|=|\lambda||\boldsymbol{a}|$；

(2) $\lambda\boldsymbol{a}$ 的方向为：当 $\lambda>0$ 时，与 $\boldsymbol{a}$ 同向；当 $\lambda<0$ 时，与 $\boldsymbol{a}$ 反向.

如果 $\lambda=0$ 或 $\boldsymbol{a}=\boldsymbol{0}$，则规定 $\lambda\boldsymbol{a}=\boldsymbol{0}$.

容易验证，向量与数的乘法满足以下运算规律：

(1) 结合律　$\lambda(\mu\boldsymbol{a})=(\lambda\mu)\boldsymbol{a}$；

(2) 分配律　$(\lambda+\mu)\boldsymbol{a}=\lambda\boldsymbol{a}+\mu\boldsymbol{a}$，　$\lambda(\boldsymbol{a}+\boldsymbol{b})=\lambda\boldsymbol{a}+\lambda\boldsymbol{b}$，

其中 λ,μ 都是常数.

设 $\boldsymbol{a}$ 是非零向量，由数乘向量的规定可知，向量 $\dfrac{\boldsymbol{a}}{|\boldsymbol{a}|}$ 的模等于 1，且与 $\boldsymbol{a}$ 同方向，记作 $\boldsymbol{e}_a$，即 $\boldsymbol{e}_a=\dfrac{\boldsymbol{a}}{|\boldsymbol{a}|}$. 显然 $\boldsymbol{a}=|\boldsymbol{a}|\boldsymbol{e}_a$.

向量的加、减法及向量与数的乘法统称为**向量的线性运算**(linear operation of vector).

三、向量的坐标表示

为了能将向量作为研究几何图形的工具，须将向量运算用代数表示. 因而，在空间直角坐标系中，若将向量的起点移到坐标原点 O，则这个向量完全由其终点确定；反过来，任给空间一点 M，总可以确定一个向量 $\overrightarrow{OM}$. 也就是说，空间的点与起点在原点的向量有一一对应的关系.

在空间直角坐标系中，与 x 轴、y 轴、z 轴的正向同向的单位向量称为**基本单位向量**，分别记作 $\boldsymbol{i},\boldsymbol{j},\boldsymbol{k}$.

设向量 $\boldsymbol{a}$ 的起点在坐标原点，终点坐标为 $M(x,y,z)$，过终点 M 分别作与三个坐标轴垂直的平面，其垂足依次为 P,Q,R(见图 7-10)，由向量的线性运算，有

$$\boldsymbol{a}=\overrightarrow{OM}=\overrightarrow{OM'}+\overrightarrow{M'M}=\overrightarrow{OP}+\overrightarrow{OQ}+\overrightarrow{OR},$$

即

$$\boldsymbol{a}=x\boldsymbol{i}+y\boldsymbol{j}+z\boldsymbol{k}.$$

上式称为向量 $\boldsymbol{a}$ 按基本单位向量的**分解式**. 有时为了使用的方便,记

$$\boldsymbol{a}=(x,y,z).$$

上式称为向量 $\boldsymbol{a}$ 的**坐标表示式**.

将向量 $\boldsymbol{a}=\overrightarrow{M_1M_2}$ 放入空间直角坐标系中,如果 M_1 和 M_2 的坐标分别为 $M_1(x_1,y_1,z_1)$,$M_2(x_2,y_2,z_2)$,根据向量的线性运算,如图 7-11 所示,得

$$\begin{aligned}\overrightarrow{M_1M_2}&=\overrightarrow{OM_2}-\overrightarrow{OM_1}\\&=(x_2\boldsymbol{i}+y_2\boldsymbol{j}+z_2\boldsymbol{k})-(x_1\boldsymbol{i}+y_1\boldsymbol{j}+z_1\boldsymbol{k})\\&=(x_2-x_1)\boldsymbol{i}+(y_2-y_1)\boldsymbol{j}+(z_2-z_1)\boldsymbol{k}.\end{aligned}$$

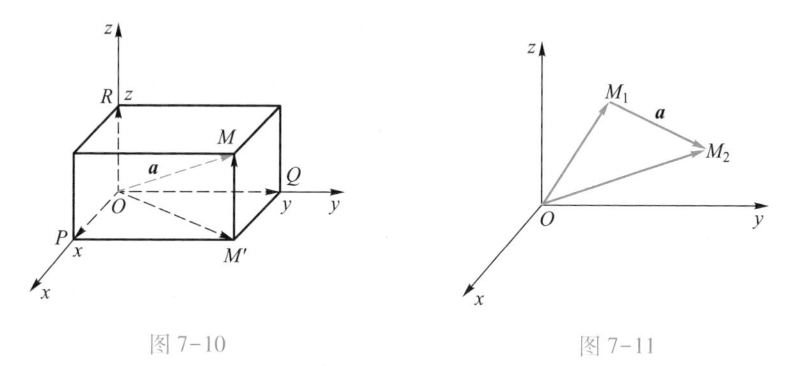

图 7-10　　图 7-11

若记 $x_2-x_1=a_x$,$y_2-y_1=a_y$,$z_2-z_1=a_z$,则

$$\overrightarrow{M_1M_2}=\boldsymbol{a}=a_x\boldsymbol{i}+a_y\boldsymbol{j}+a_z\boldsymbol{k}=(a_x,a_y,a_z).$$

利用向量的坐标分解式,可以将向量的线性运算转化为代数运算.

设 $\boldsymbol{a}=a_x\boldsymbol{i}+a_y\boldsymbol{j}+a_z\boldsymbol{k}$,$\boldsymbol{b}=b_x\boldsymbol{i}+b_y\boldsymbol{j}+b_z\boldsymbol{k}$,则

$$\begin{aligned}\boldsymbol{a}\pm\boldsymbol{b}&=(a_x\boldsymbol{i}+a_y\boldsymbol{j}+a_z\boldsymbol{k})\pm(b_x\boldsymbol{i}+b_y\boldsymbol{j}+b_z\boldsymbol{k})\\&=(a_x\pm b_x)\boldsymbol{i}+(a_y\pm b_y)\boldsymbol{j}+(a_z\pm b_z)\boldsymbol{k},\end{aligned}$$

即

$$\boldsymbol{a}\pm\boldsymbol{b}=(a_x\pm b_x,a_y\pm b_y,a_z\pm b_z),$$

$$\lambda\boldsymbol{a}=\lambda(a_x\boldsymbol{i}+a_y\boldsymbol{j}+a_z\boldsymbol{k})=\lambda a_x\boldsymbol{i}+\lambda a_y\boldsymbol{j}+\lambda a_z\boldsymbol{k},$$

得

$$\lambda\boldsymbol{a}=(\lambda a_x,\lambda a_y,\lambda a_z)\quad(\lambda\text{ 为常数}).$$

例 1　设有两个非零向量:

$$\boldsymbol{a}=(a_x,a_y,a_z),\quad \boldsymbol{b}=(b_x,b_y,b_z),$$

证明:$\boldsymbol{a}/\!/\boldsymbol{b}$ 的充分必要条件为

$$\frac{a_x}{b_x}=\frac{a_y}{b_y}=\frac{a_z}{b_z}.$$

注:这里若分母 b_x,b_y,b_z 中有元素为零,则对应的分子也为零.

证明 先证必要性. 如果 $\boldsymbol{a}/\!/\boldsymbol{b}$,根据数乘向量的规定,$\boldsymbol{a}=\lambda\boldsymbol{b}$ 且 $\lambda\neq0$,即有$(a_x,a_y,a_z)=\lambda(b_x,b_y,b_z)$,由于两个向量相等,有

$$a_x=\lambda b_x,\quad a_y=\lambda b_y,\quad a_z=\lambda b_z,$$

从而

$$\frac{a_x}{b_x}=\frac{a_y}{b_y}=\frac{a_z}{b_z}.$$

再证充分性. 如果$\frac{a_x}{b_x}=\frac{a_y}{b_y}=\frac{a_z}{b_z}$,设其比为 λ,于是

$$a_x=\lambda b_x,a_y=\lambda b_y,a_z=\lambda b_z,$$

即

$$(a_x,a_y,a_z)=\lambda(b_x,b_y,b_z),$$

得

$$\boldsymbol{a}=\lambda\boldsymbol{b}.$$

根据数乘向量的定义,有 $\boldsymbol{a}/\!/\boldsymbol{b}$.

例 2 设 $A(x_1,y_1,z_1)$ 和 $B(x_2,y_2,z_2)$ 为已知两点(见图 7-12),AB 直线上的点 M 分有向线段 $\overrightarrow{AB}$ 为两个有向线段 $\overrightarrow{AM}$ 和 $\overrightarrow{MB}$,若存在一个实数 $\lambda(\lambda\neq-1)$使,即

$$|\overrightarrow{AM}|=\lambda|\overrightarrow{MB}|,$$

M 叫做有向线段 $\overrightarrow{AB}$ 的以 λ 为定比的定比分点,求分点 M 的坐标.

解 依题意有

$$\overrightarrow{AM}=\lambda\overrightarrow{MB}$$

而

$$\overrightarrow{AM}=\overrightarrow{OM}-\overrightarrow{OA},$$

$$\overrightarrow{MB}=\overrightarrow{OB}-\overrightarrow{OM},$$

有

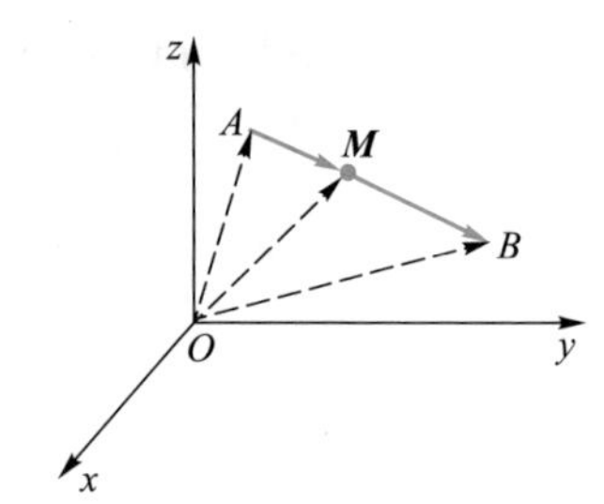

图 7-12

$$\overrightarrow{OM}-\overrightarrow{OA}=\lambda(\overrightarrow{OB}-\overrightarrow{OM}),$$

从而

$$\overrightarrow{OM}=\frac{1}{1+\lambda}(\overrightarrow{OA}+\lambda\overrightarrow{OB}),$$

即

$$\begin{aligned}(x,y,z)&=\frac{1}{1+\lambda}((x_1,y_1,z_1)+\lambda(x_2,y_2,z_2))\\&=\frac{1}{1+\lambda}(x_1+\lambda x_2,y_1+\lambda y_2,z_1+\lambda z_2),\end{aligned}$$

由此即得点 M 的坐标为

$$\left(\frac{x_1+\lambda x_2}{1+\lambda},\ \frac{y_1+\lambda y_2}{1+\lambda},\ \frac{z_1+\lambda z_2}{1+\lambda}\right).$$

点 M 叫做有向线段 $\overrightarrow{AB}$ 的定比分点. 当 $\lambda=1$ 时,点 M 是有向线段 $\overrightarrow{AB}$ 的中点,其坐标为

$$\left(\frac{x_1+x_2}{2},\ \frac{y_1+y_2}{2},\ \frac{z_1+z_2}{2}\right).$$

四、向量的模与方向余弦的坐标表示式

向量可以用它的模和方向来表示,也可以用它的坐标来表示,为了应用方便,有必要找出这两种表示法之间的联系.

设向量 $\boldsymbol{a}=(a_x,a_y,a_z)=(x_2-x_1,y_2-y_1,z_2-z_1)=\overrightarrow{M_1M_2}$,根据两点间距离公式,有

$$|\boldsymbol{a}|=|\overrightarrow{M_1M_2}|=\sqrt{(x_2-x_1)^2+(y_2-y_1)^2+(z_2-z_1)^2}=\sqrt{a_x^2+a_y^2+a_z^2},$$

即

$$|\boldsymbol{a}|=\sqrt{a_x^2+a_y^2+a_z^2}.$$

对于非零向量 $\boldsymbol{a}=\overrightarrow{M_1M_2}$,可以用它与三个坐标轴之间的夹角 α,β,γ($0\leqslant\alpha\leqslant\pi,0\leqslant\beta\leqslant\pi,0\leqslant\gamma\leqslant\pi$)来表示它的方向(见图 7-13). 称 α,β,γ 为非零向量 $\boldsymbol{a}$ 的**方向角**(direction angle). 称 $\cos\alpha,\cos\beta,\cos\gamma$ 为向量 $\boldsymbol{a}$ 的**方向余弦**(direction cosine).

因为$\triangle M_1PM_2$,$\triangle M_1QM_2$,$\triangle M_1RM_2$都是直角三角形,所以有

$$\begin{cases}\cos\alpha=\dfrac{a_x}{|\boldsymbol{a}|}=\dfrac{a_x}{\sqrt{a_x^2+a_y^2+a_z^2}},\\ \cos\beta=\dfrac{a_y}{|\boldsymbol{a}|}=\dfrac{a_y}{\sqrt{a_x^2+a_y^2+a_z^2}},\\ \cos\gamma=\dfrac{a_z}{|\boldsymbol{a}|}=\dfrac{a_z}{\sqrt{a_x^2+a_y^2+a_z^2}},\end{cases}$$

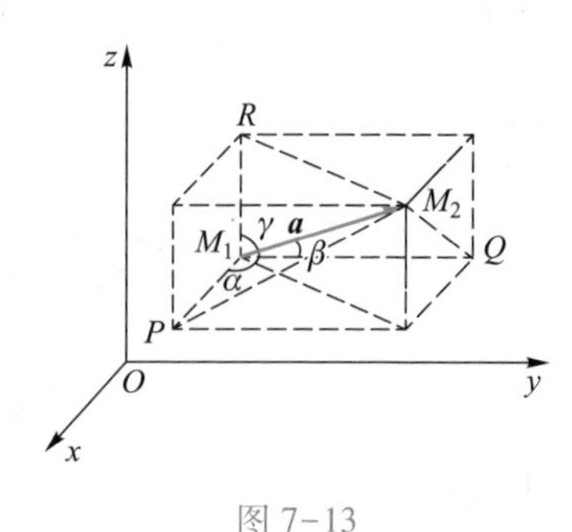

图 7-13

由上式易得

$$\cos^2\alpha+\cos^2\beta+\cos^2\gamma=1.$$

若$\boldsymbol{a}\neq\boldsymbol{0}$,则有

$$\boldsymbol{e}_a=\frac{\boldsymbol{a}}{|\boldsymbol{a}|}=\frac{1}{|\boldsymbol{a}|}(a_x,a_y,a_z)=(\cos\alpha,\cos\beta,\cos\gamma),$$

即与非零向量$\boldsymbol{a}$同方向的单位向量可由其方向余弦表示.

例 3 已知$M_1(2,2,\sqrt{2})$,$M_2(1,3,0)$,求$\overrightarrow{M_1M_2}$的模、方向余弦和方向角.

解

$$\overrightarrow{M_1M_2}=(-1,1,-\sqrt{2}),$$

$$|\overrightarrow{M_1M_2}|=\sqrt{(-1)^2+1^2+(-\sqrt{2})^2}=2,$$

于是,方向余弦为

$$\cos\alpha=-\frac{1}{2},\quad\cos\beta=\frac{1}{2},\quad\cos\gamma=-\frac{\sqrt{2}}{2},$$

则方向角为

$$\alpha=\frac{2}{3}\pi,\quad\beta=\frac{1}{3}\pi,\quad\gamma=\frac{3}{4}\pi.$$

例 4 设向量$\boldsymbol{a}$的两个方向余弦为$\cos\alpha=\dfrac{1}{3}$,$\cos\beta=\dfrac{2}{3}$,又$|\boldsymbol{a}|=6$,求向量$\boldsymbol{a}$的坐标.

解 因为$\cos\alpha=\dfrac{1}{3}$,$\cos\beta=\dfrac{2}{3}$,则

$$\cos\gamma=\pm\sqrt{1-\cos^2\alpha-\cos^2\beta}=\pm\frac{2}{3},$$

可得

$$a_x=|\boldsymbol{a}|\cos\alpha=6\times\frac{1}{3}=2,$$

$$a_y=|\boldsymbol{a}|\cos\beta=6\times\frac{2}{3}=4,$$

$$a_z=|\boldsymbol{a}|\cos\gamma=6\times\left(\pm\frac{2}{3}\right)=\pm4,$$

故 $$\boldsymbol{a}=(2,4,4)\quad\text{或}\quad\boldsymbol{a}=(2,4,-4).$$

习题 7-2

1. 如果平面上一个四边形的对角线互相平分，试用向量证明它是平行四边形.

2. $\triangle ABC$ 的边 AB 被点 M,N 分成三等份：$|\overrightarrow{AM}|=|\overrightarrow{MN}|=|\overrightarrow{NB}|$，设 $\overrightarrow{CA}=\boldsymbol{a}$，$\overrightarrow{CB}=\boldsymbol{b}$，试求 $\overrightarrow{CM}$.

3. 设 $\triangle ABC$ 的形心为 G，O 为坐标原点，$\overrightarrow{OA}=\boldsymbol{r}_1$，$\overrightarrow{OB}=\boldsymbol{r}_2$，$\overrightarrow{OC}=\boldsymbol{r}_3$. 证明：$\overrightarrow{OG}=\frac{1}{3}(\boldsymbol{r}_1+\boldsymbol{r}_2+\boldsymbol{r}_3)$.

4. 设 $\boldsymbol{m}=3\boldsymbol{i}+5\boldsymbol{j}+8\boldsymbol{k}$，$\boldsymbol{n}=2\boldsymbol{i}-4\boldsymbol{j}-7\boldsymbol{k}$，$\boldsymbol{p}=5\boldsymbol{i}+\boldsymbol{j}-4\boldsymbol{k}$，试求 $4\boldsymbol{m}+3\boldsymbol{n}-\boldsymbol{p}$ 的坐标表示式.

5. 从点 $A(2,-1,7)$ 沿向量 $\boldsymbol{a}=8\boldsymbol{i}+9\boldsymbol{j}-12\boldsymbol{k}$ 的方向取 $|\overrightarrow{AB}|=34$，试求点 B 的坐标.

6. 向量 $\boldsymbol{a}=(4,-4,7)$，$\boldsymbol{a}$ 的终点 B 的坐标为 $(2,-1,7)$，求它的起点 A 的坐标及 $\boldsymbol{a}$ 的方向余弦.

7. 设 $|\boldsymbol{a}|=5$，方向余弦 $\cos\alpha=0$，$\cos\beta=\frac{1}{2}$，$\cos\gamma=\frac{\sqrt{3}}{2}$. 试求 $\boldsymbol{a}$.

8. 一向量 $\boldsymbol{a}$ 的模为 6, $\boldsymbol{a}$ 与 x 轴、y 轴, z 轴正向的夹角分别为 $\frac{\pi}{6}, \frac{\pi}{3}, \frac{\pi}{2}$. 求 $\boldsymbol{a}$ 及其同向单位向量.

9. 求平行于向量 $\boldsymbol{a}=(6,7,-6)$ 的单位向量.

10. 在第Ⅰ卦限内,求与坐标轴成等角的单位向量.

11. 已知三角形的三个顶点是 $A(3,6,-2)$, $B(7,-4,3)$, $C(-1,4,-7)$. 求其形心坐标.

第三节　数量积　向量积　*混合积

一、两向量的数量积

设一物体在常力 $\boldsymbol{F}$ 的作用下沿直线从点 M_1 移动到点 M_2,记位移 $\overrightarrow{M_1M_2}=\boldsymbol{s}$. 由物理学知,力 $\boldsymbol{F}$ 所做的功为

$$W=|\boldsymbol{F}||\boldsymbol{s}|\cos\theta,$$

其中, θ 为 $\boldsymbol{F}$ 与 $\boldsymbol{s}$ 的夹角(见图 7-14).

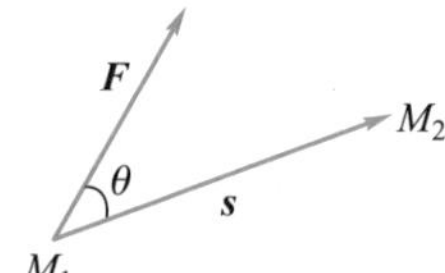

图 7-14

从这个问题可以看出,有时对两个向量作上述运算,其结果为一数量.

定义 1　向量 $\boldsymbol{a}$ 的模与向量 $\boldsymbol{b}$ 的模及两向量夹角余弦的乘积,称为向量 $\boldsymbol{a}$ 与向量 $\boldsymbol{b}$ 的**数量积**(scalar product)(也称内积(inner product)),记作 $\boldsymbol{a}\cdot\boldsymbol{b}$,即

$$\boldsymbol{a}\cdot\boldsymbol{b}=|\boldsymbol{a}||\boldsymbol{b}|\cos(\widehat{\boldsymbol{a},\boldsymbol{b}})\quad(0\leqslant(\widehat{\boldsymbol{a},\boldsymbol{b}})\leqslant\pi).$$

数量积

根据这个定义,上述问题中力所做的功 W 是力 $\boldsymbol{F}$ 与位移 $\boldsymbol{s}$ 的数量积,即

$$W=\boldsymbol{F}\cdot\boldsymbol{s}.$$

定义 2　$|\boldsymbol{a}|\cos(\widehat{\boldsymbol{a},\boldsymbol{b}})$ 称为向量 $\boldsymbol{a}$ 在向量 $\boldsymbol{b}$ 上的**投影**(projection)(见图 7-15),记作 $\mathrm{Prj}_{\boldsymbol{b}}\boldsymbol{a}$,即

$$\mathrm{Prj}_{\boldsymbol{b}}\boldsymbol{a}=|\boldsymbol{a}|\cos(\widehat{\boldsymbol{a},\boldsymbol{b}}).$$

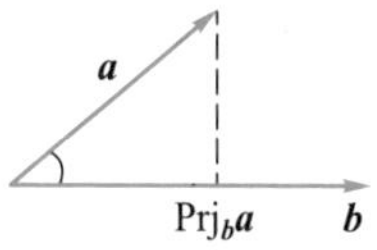

图 7-15

类似地

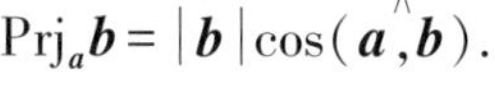

$$\mathrm{Prj}_{\boldsymbol{a}}\boldsymbol{b}=|\boldsymbol{b}|\cos(\widehat{\boldsymbol{a},\boldsymbol{b}}).$$

根据数量积的定义,显然有

$$\boldsymbol{a}\cdot\boldsymbol{b}=|\boldsymbol{b}|\mathrm{Prj}_{\boldsymbol{b}}\boldsymbol{a}=|\boldsymbol{a}|\mathrm{Prj}_{\boldsymbol{a}}\boldsymbol{b}.$$

由数量积的定义可得以下结论:

向量的模,方向角,投影

(1) $\boldsymbol{a}\cdot\boldsymbol{a}=\boldsymbol{a}^2=|\boldsymbol{a}|^2$.

(2) 两个非零向量 $\boldsymbol{a}$ 与 $\boldsymbol{b}$ 垂直的充分必要条件是 $\boldsymbol{a}\cdot\boldsymbol{b}=0$.

按数量积的定义,易验证数量积符合下述运算规律:

(1) 交换律 $\boldsymbol{a}\cdot\boldsymbol{b}=\boldsymbol{b}\cdot\boldsymbol{a}$.

(2) 分配律 $(\boldsymbol{a}+\boldsymbol{b})\cdot\boldsymbol{c}=\boldsymbol{a}\cdot\boldsymbol{c}+\boldsymbol{b}\cdot\boldsymbol{c}$.

(3) 与数乘的结合律 $(\lambda\boldsymbol{a})\cdot\boldsymbol{b}=\boldsymbol{a}\cdot(\lambda\boldsymbol{b})=\lambda(\boldsymbol{a}\cdot\boldsymbol{b})$($\lambda$ 为常数).

数量积的坐标表示式推导如下:

设 $\boldsymbol{a}=a_x\boldsymbol{i}+a_y\boldsymbol{j}+a_z\boldsymbol{k},\boldsymbol{b}=b_x\boldsymbol{i}+b_y\boldsymbol{j}+b_z\boldsymbol{k}$,则

$$\begin{aligned}\boldsymbol{a}\cdot\boldsymbol{b}&=(a_x\boldsymbol{i}+a_y\boldsymbol{j}+a_z\boldsymbol{k})\cdot(b_x\boldsymbol{i}+b_y\boldsymbol{j}+b_z\boldsymbol{k})\\&=a_x\boldsymbol{i}\cdot b_x\boldsymbol{i}+a_x\boldsymbol{i}\cdot b_y\boldsymbol{j}+a_x\boldsymbol{i}\cdot b_z\boldsymbol{k}+a_y\boldsymbol{j}\cdot b_x\boldsymbol{i}+a_y\boldsymbol{j}\cdot b_y\boldsymbol{j}+\\&\quad a_y\boldsymbol{j}\cdot b_z\boldsymbol{k}+a_z\boldsymbol{k}\cdot b_x\boldsymbol{i}+a_z\boldsymbol{k}\cdot b_y\boldsymbol{j}+a_z\boldsymbol{k}\cdot b_z\boldsymbol{k}\\&=a_xb_x\boldsymbol{i}\cdot\boldsymbol{i}+a_xb_y\boldsymbol{i}\cdot\boldsymbol{j}+a_xb_z\boldsymbol{i}\cdot\boldsymbol{k}+a_yb_x\boldsymbol{j}\cdot\boldsymbol{i}+a_yb_y\boldsymbol{j}\cdot\boldsymbol{j}+\\&\quad a_yb_z\boldsymbol{j}\cdot\boldsymbol{k}+a_zb_x\boldsymbol{k}\cdot\boldsymbol{i}+a_zb_y\boldsymbol{k}\cdot\boldsymbol{j}+a_zb_z\boldsymbol{k}\cdot\boldsymbol{k}.\end{aligned}$$

由于 $\boldsymbol{i},\boldsymbol{j},\boldsymbol{k}$ 为互相垂直的基本单位向量,有

$$\boldsymbol{i}\cdot\boldsymbol{i}=\boldsymbol{j}\cdot\boldsymbol{j}=\boldsymbol{k}\cdot\boldsymbol{k}=1,\quad \boldsymbol{i}\cdot\boldsymbol{j}=\boldsymbol{j}\cdot\boldsymbol{k}=\boldsymbol{k}\cdot\boldsymbol{i}=0,$$

于是可得

$$\boldsymbol{a}\cdot\boldsymbol{b}=a_xb_x+a_yb_y+a_zb_z.$$

由于 $\boldsymbol{a}\cdot\boldsymbol{b}=|\boldsymbol{a}||\boldsymbol{b}|\cos(\widehat{\boldsymbol{a},\boldsymbol{b}})$,当 $\boldsymbol{a},\boldsymbol{b}$ 都不是零向量时,有

$$\cos(\widehat{\boldsymbol{a},\boldsymbol{b}})=\frac{\boldsymbol{a}\cdot\boldsymbol{b}}{|\boldsymbol{a}||\boldsymbol{b}|}=\frac{a_xb_x+a_yb_y+a_zb_z}{\sqrt{a_x^2+a_y^2+a_z^2}\sqrt{b_x^2+b_y^2+b_z^2}}.$$

由上式可以推出:

向量 $\boldsymbol{a}=(a_x,a_y,a_z)$ 与 $\boldsymbol{b}=(b_x,b_y,b_z)$ 垂直的充分必要条件为

$$a_xb_x+a_yb_y+a_zb_z=0.$$

设向量 $\boldsymbol{a}$ 的方向余弦为 $\cos\alpha_1,\cos\beta_1,\cos\gamma_1$，向量 $\boldsymbol{b}$ 的方向余弦为 $\cos\alpha_2$，$\cos\beta_2,\cos\gamma_2$，则

$$\cos(\widehat{\boldsymbol{a},\boldsymbol{b}})=\cos\alpha_1\cos\alpha_2+\cos\beta_1\cos\beta_2+\cos\gamma_1\cos\gamma_2.$$

例 1 已知 $\boldsymbol{a}=(1,1,-4)$，$\boldsymbol{b}=(1,-2,2)$，试求：

(1) $\boldsymbol{a}\cdot\boldsymbol{b}$； (2) $(\widehat{\boldsymbol{a},\boldsymbol{b}})$； (3) $\mathrm{Prj}_{\boldsymbol{b}}\,\boldsymbol{a}$.

解 (1) $\boldsymbol{a}\cdot\boldsymbol{b}=1\times1+1\times(-2)+(-4)\times2=-9$.

(2) 因为

$$\cos(\widehat{\boldsymbol{a},\boldsymbol{b}})=\frac{\boldsymbol{a}\cdot\boldsymbol{b}}{|\boldsymbol{a}||\boldsymbol{b}|}=\frac{-9}{\sqrt{1^2+1^2+(-4)^2}\sqrt{1^2+(-2)^2+2^2}}=-\frac{\sqrt{2}}{2},$$

所以

$$(\widehat{\boldsymbol{a},\boldsymbol{b}})=\frac{3\pi}{4}.$$

(3) 因为 $\boldsymbol{a}\cdot\boldsymbol{b}=|\boldsymbol{a}||\boldsymbol{b}|\cos(\widehat{\boldsymbol{a},\boldsymbol{b}})=|\boldsymbol{b}|\mathrm{Prj}_{\boldsymbol{b}}\,\boldsymbol{a}$，所以

$$\mathrm{Prj}_{\boldsymbol{b}}\boldsymbol{a}=\frac{\boldsymbol{a}\cdot\boldsymbol{b}}{|\boldsymbol{b}|}=\frac{-9}{3}=-3.$$

例 2 试用向量方法证明三角形的余弦定理.

证 设在 $\triangle ABC$ 中，$\angle BCA=\theta$（见图 7-16），$|BC|=a$，$|CA|=b$，$|AB|=c$，要证 $c^2=a^2+b^2-2ab\cos\theta$. 记 $\overrightarrow{CB}=\boldsymbol{a}$，$\overrightarrow{CA}=\boldsymbol{b}$，$\overrightarrow{AB}=\boldsymbol{c}$，则有 $\boldsymbol{c}=\boldsymbol{a}-\boldsymbol{b}$，从而

$$\begin{aligned}|\boldsymbol{c}|^2&=\boldsymbol{c}\cdot\boldsymbol{c}=(\boldsymbol{a}-\boldsymbol{b})\cdot(\boldsymbol{a}-\boldsymbol{b})\\&=\boldsymbol{a}\cdot\boldsymbol{a}+\boldsymbol{b}\cdot\boldsymbol{b}-2\boldsymbol{a}\cdot\boldsymbol{b}\\&=|\boldsymbol{a}|^2+|\boldsymbol{b}|^2-2|\boldsymbol{a}||\boldsymbol{b}|\cos(\widehat{\boldsymbol{a},\boldsymbol{b}}).\end{aligned}$$

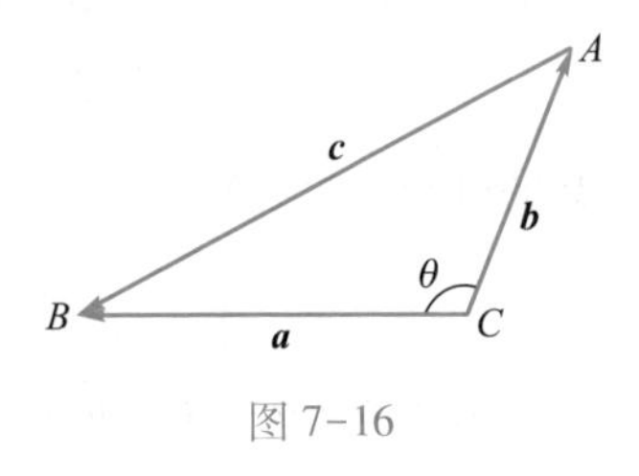

图 7-16

由 $|\boldsymbol{a}|=a$，$|\boldsymbol{b}|=b$，$|\boldsymbol{c}|=c$ 及 $(\widehat{\boldsymbol{a},\boldsymbol{b}})=\theta$ 即得

$$c^2=a^2+b^2-2ab\cos\theta.$$

例 3 已知 $\triangle ABC$ 的三个顶点 $A(1,1,1)$，$B(2,2,1)$，$C(2,1,2)$，求 $\angle A$.

解 作向量 $\overrightarrow{AB}$ 及 $\overrightarrow{AC}$，$\angle A$ 就是向量 $\overrightarrow{AB}$ 与 $\overrightarrow{AC}$ 的夹角，而

$$\overrightarrow{AB}=(1,1,0),\quad \overrightarrow{AC}=(1,0,1).$$

因为 $$\overrightarrow{AB}\cdot\overrightarrow{AC}=1\times1+1\times0+0\times1=1,$$

又 $$|\overrightarrow{AB}|=\sqrt{1^2+1^2+0^2}=\sqrt{2},\quad |\overrightarrow{AC}|=\sqrt{1^2+0^2+1^2}=\sqrt{2},$$

故

$$\cos\angle A=\frac{\overrightarrow{AB}\cdot\overrightarrow{AC}}{|\overrightarrow{AB}||\overrightarrow{AC}|}=\frac{1}{\sqrt{2}\times\sqrt{2}}=\frac{1}{2},$$

所以 $$\angle A=\frac{\pi}{3}.$$

例 4 设 $\boldsymbol{a}=(3,5,-2)$,$\boldsymbol{b}=(2,1,4)$,试问 λ 与 μ 满足什么关系时,$\lambda\boldsymbol{a}+\mu\boldsymbol{b}$ 与 z 轴垂直?

解 要使 $\lambda\boldsymbol{a}+\mu\boldsymbol{b}$ 与 z 轴垂直,即使

$$(\lambda\boldsymbol{a}+\mu\boldsymbol{b})\cdot\boldsymbol{k}=0,$$

亦即 $$(3\lambda+2\mu,5\lambda+\mu,-2\lambda+4\mu)\cdot(0,0,1)=0,$$

得 $-2\lambda+4\mu=0$,即

$$\lambda=2\mu.$$

故当 $\lambda=2\mu$ 时,$\lambda\boldsymbol{a}+\mu\boldsymbol{b}$ 与 z 轴垂直.

例 5 证明不等式

$$(a_1b_1+a_2b_2+a_3b_3)^2\leqslant(a_1^2+a_2^2+a_3^2)(b_1^2+b_2^2+b_3^2).$$

证 设 $\boldsymbol{a}=(a_1,a_2,a_3)$,$\boldsymbol{b}=(b_1,b_2,b_3)$,由数量积的定义得

$$\boldsymbol{a}\cdot\boldsymbol{b}=|\boldsymbol{a}||\boldsymbol{b}|\cos(\boldsymbol{a}\hat{,}\boldsymbol{b}).$$

而 $|\cos(\boldsymbol{a}\hat{,}\boldsymbol{b})|\leqslant1$,故 $(\boldsymbol{a}\cdot\boldsymbol{b})^2\leqslant|\boldsymbol{a}|^2|\boldsymbol{b}|^2$,即

$$(a_1b_1+a_2b_2+a_3b_3)^2\leqslant(a_1^2+a_2^2+a_3^2)(b_1^2+b_2^2+b_3^2).$$

二、两向量的向量积

设 O 为一根杠杆 L 的支点,力 $\boldsymbol{F}$ 作用于这个杠杆上 P 点处,$\boldsymbol{F}$ 与 $\overrightarrow{OP}$ 的夹角为 θ(见图 7-17),由物理学知,力 $\boldsymbol{F}$ 对支点 O 的力矩是一个向量 $\boldsymbol{M}$,它

的大小为

$$|\boldsymbol{M}|=|\overrightarrow{OQ}||\boldsymbol{F}|=|\overrightarrow{OP}||\boldsymbol{F}|\sin\theta.$$

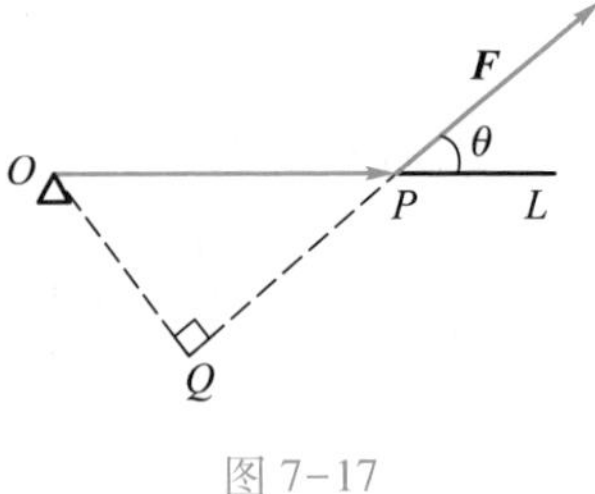

图 7-17

而 $\boldsymbol{M}$ 的方向垂直于 $\overrightarrow{OP}$ 与 $\boldsymbol{F}$ 所确定的平面，$\boldsymbol{M}$ 的指向按右手规则确定，即当右手四指从 $\overrightarrow{OP}$ 以不超过 π 的角转向 $\boldsymbol{F}$ 方向时，大拇指的指向就是 $\boldsymbol{M}$ 的指向.

这种由两个已知向量按上面的方式确定另一个向量的情况，在其他力学和物理问题中也会遇到，为此引入向量积的概念.

定义 3 设有向量 $\boldsymbol{a}$ 与 $\boldsymbol{b}$，作向量 $\boldsymbol{c}$，使其满足：

(1) $\boldsymbol{c}$ 的模 $|\boldsymbol{c}|=|\boldsymbol{a}||\boldsymbol{b}|\sin\theta$，其中 θ 为 $\boldsymbol{a}$ 与 $\boldsymbol{b}$ 的夹角；

(2) $\boldsymbol{c}$ 的方向同时垂直于 $\boldsymbol{a}$ 与 $\boldsymbol{b}$，且 $\boldsymbol{a},\boldsymbol{b},\boldsymbol{c}$ 符合右手规则，

则称 $\boldsymbol{c}$ 为向量 $\boldsymbol{a}$ 与向量 $\boldsymbol{b}$ 的**向量积**(vector product，也称外积(exterior product))，记作 $\boldsymbol{c}=\boldsymbol{a}\times\boldsymbol{b}$(如图 7-18).

向量积

由向量积的定义显然有以下结论：

(1) $\boldsymbol{a}\times\boldsymbol{a}=\boldsymbol{0}$；

(2) 非零向量 $\boldsymbol{a}$ 与 $\boldsymbol{b}$ 平行的充分必要条件是 $\boldsymbol{a}\times\boldsymbol{b}=\boldsymbol{0}$；

(3) 两个向量 $\boldsymbol{a}$ 与 $\boldsymbol{b}$ 的向量积的模 $|\boldsymbol{a}\times\boldsymbol{b}|$ 表示以 $\boldsymbol{a},\boldsymbol{b}$ 为邻边的平行四边形的面积. 相应地，两个向量 $\boldsymbol{a}$ 与 $\boldsymbol{b}$ 的向量积的模的一半，即 $\frac{1}{2}|\boldsymbol{a}\times\boldsymbol{b}|$ 表示以 $\boldsymbol{a},\boldsymbol{b}$ 为邻边的三角形的面积(如图 7-19).

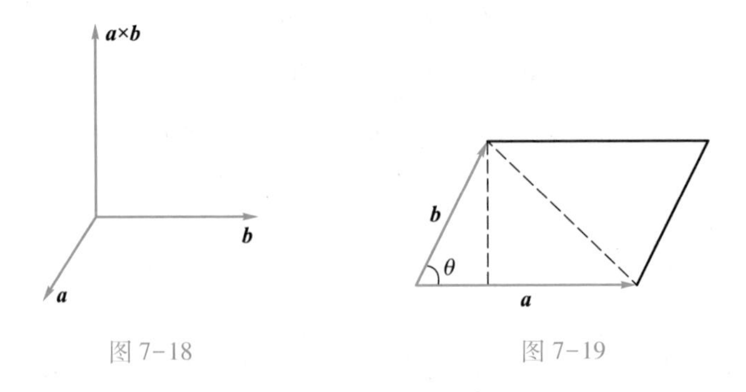

图 7-18　　图 7-19

由向量积的定义，易验证向量积符合下述运算律：

(1) $\boldsymbol{a}\times\boldsymbol{b}=-\boldsymbol{b}\times\boldsymbol{a}$;

(2) $(\boldsymbol{a}+\boldsymbol{b})\times\boldsymbol{c}=\boldsymbol{a}\times\boldsymbol{c}+\boldsymbol{b}\times\boldsymbol{c}$,　$\boldsymbol{a}\times(\boldsymbol{b}+\boldsymbol{c})=\boldsymbol{a}\times\boldsymbol{b}+\boldsymbol{a}\times\boldsymbol{c}$;

(3) $(\lambda\boldsymbol{a})\times\boldsymbol{b}=\boldsymbol{a}\times(\lambda\boldsymbol{b})=\lambda(\boldsymbol{a}\times\boldsymbol{b})$ (λ 为常数).

按照上述定义及规律,向量积的坐标表示式推导如下:

设 $\boldsymbol{a}=a_x\boldsymbol{i}+a_y\boldsymbol{j}+a_z\boldsymbol{k}$, $\boldsymbol{b}=b_x\boldsymbol{i}+b_y\boldsymbol{j}+b_z\boldsymbol{k}$,则

$$\begin{aligned}\boldsymbol{a}\times\boldsymbol{b}&=(a_x\boldsymbol{i}+a_y\boldsymbol{j}+a_z\boldsymbol{k})\times(b_x\boldsymbol{i}+b_y\boldsymbol{j}+b_z\boldsymbol{k})\\&=a_x\boldsymbol{i}\times b_x\boldsymbol{i}+a_x\boldsymbol{i}\times b_y\boldsymbol{j}+a_x\boldsymbol{i}\times b_z\boldsymbol{k}+a_y\boldsymbol{j}\times b_x\boldsymbol{i}+a_y\boldsymbol{j}\times b_y\boldsymbol{j}+\\&\quad a_y\boldsymbol{j}\times b_z\boldsymbol{k}+a_z\boldsymbol{k}\times b_x\boldsymbol{i}+a_z\boldsymbol{k}\times b_y\boldsymbol{j}+a_z\boldsymbol{k}\times b_z\boldsymbol{k}\\&=a_xb_x\boldsymbol{i}\times\boldsymbol{i}+a_xb_y\boldsymbol{i}\times\boldsymbol{j}+a_xb_z\boldsymbol{i}\times\boldsymbol{k}+a_yb_x\boldsymbol{j}\times\boldsymbol{i}+a_yb_y\boldsymbol{j}\times\boldsymbol{j}+\\&\quad a_yb_z\boldsymbol{j}\times\boldsymbol{k}+a_zb_x\boldsymbol{k}\times\boldsymbol{i}+a_zb_y\boldsymbol{k}\times\boldsymbol{j}+a_zb_z\boldsymbol{k}\times\boldsymbol{k}\\&=(a_yb_z-a_zb_y)\boldsymbol{i}+(a_zb_x-a_xb_z)\boldsymbol{j}+(a_xb_y-a_yb_x)\boldsymbol{k},\end{aligned}$$

这里

$$\boldsymbol{i}\times\boldsymbol{i}=\boldsymbol{j}\times\boldsymbol{j}=\boldsymbol{k}\times\boldsymbol{k}=\boldsymbol{0},$$

$$\boldsymbol{i}\times\boldsymbol{j}=\boldsymbol{k},\quad \boldsymbol{j}\times\boldsymbol{k}=\boldsymbol{i},\quad \boldsymbol{k}\times\boldsymbol{i}=\boldsymbol{j},$$

$$\boldsymbol{j}\times\boldsymbol{i}=-\boldsymbol{k},\quad \boldsymbol{i}\times\boldsymbol{k}=-\boldsymbol{j},\quad \boldsymbol{k}\times\boldsymbol{j}=-\boldsymbol{i},$$

如图 7-20 所示.

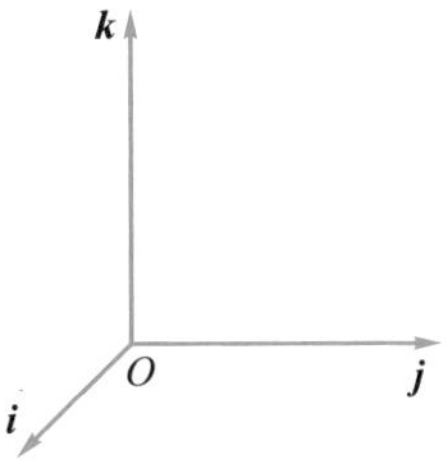

图 7-20

向量的向量积可用行列式表示为(二、三阶行列式参阅本书附录)

$$\boldsymbol{a}\times\boldsymbol{b}=\left(\begin{vmatrix}a_y&a_z\\b_y&b_z\end{vmatrix},\begin{vmatrix}a_z&a_x\\b_z&b_x\end{vmatrix},\begin{vmatrix}a_x&a_y\\b_x&b_y\end{vmatrix}\right).$$

为了便于记忆,利用三阶行列式可写成

$$\boldsymbol{a}\times\boldsymbol{b}=\begin{vmatrix}\boldsymbol{i}&\boldsymbol{j}&\boldsymbol{k}\\a_x&a_y&a_z\\b_x&b_y&b_z\end{vmatrix}.$$

两个非零向量 $\boldsymbol{a}=(a_x,a_y,a_z)$ 与 $\boldsymbol{b}=(b_x,b_y,b_z)$ 平行的充分必要条件是 $\boldsymbol{a}\times\boldsymbol{b}=\boldsymbol{0}$,用坐标表示即为

$$a_yb_z-a_zb_y=0,\quad a_zb_x-a_xb_z=0,\quad a_xb_y-a_yb_x=0.$$

于是有:两个非零向量 $\boldsymbol{a}=(a_x,a_y,a_z)$ 与 $\boldsymbol{b}=(b_x,b_y,b_z)$ 平行的充分必要条件是

$$\frac{a_x}{b_x}=\frac{a_y}{b_y}=\frac{a_z}{b_z}.$$

例 6 已知 $|\boldsymbol{a}|=3$, $|\boldsymbol{b}|=26$, $|\boldsymbol{a}\times\boldsymbol{b}|=72$,求 $\boldsymbol{a}\cdot\boldsymbol{b}$.

解 因为 $|\boldsymbol{a}\times\boldsymbol{b}|=|\boldsymbol{a}||\boldsymbol{b}|\sin(\boldsymbol{a}\hat{,}\boldsymbol{b})$,所以

$$\sin(\boldsymbol{a}\hat{,}\boldsymbol{b})=\frac{|\boldsymbol{a}\times\boldsymbol{b}|}{|\boldsymbol{a}||\boldsymbol{b}|}=\frac{72}{3\times26}=\frac{12}{13},$$

即

$$\cos(\boldsymbol{a}\hat{,}\boldsymbol{b})=\pm\sqrt{1-\sin^2(\boldsymbol{a}\hat{,}\boldsymbol{b})}=\pm\sqrt{1-\left(\frac{12}{13}\right)^2}=\pm\frac{5}{13},$$

故

$$\boldsymbol{a}\cdot\boldsymbol{b}=|\boldsymbol{a}||\boldsymbol{b}|\cos(\boldsymbol{a}\hat{,}\boldsymbol{b})=\pm30.$$

例 7 设 $\boldsymbol{a}=2\boldsymbol{i}+\boldsymbol{j}-\boldsymbol{k}$, $\boldsymbol{b}=\boldsymbol{i}-\boldsymbol{j}+2\boldsymbol{k}$,求 $\boldsymbol{a}\times\boldsymbol{b}$.

解 $\boldsymbol{a}\times\boldsymbol{b}=\begin{vmatrix}\boldsymbol{i} & \boldsymbol{j} & \boldsymbol{k}\\ 2 & 1 & -1\\ 1 & -1 & 2\end{vmatrix}=\boldsymbol{i}-5\boldsymbol{j}-3\boldsymbol{k}.$

例 8 求以 $A(1,2,3)$, $B(3,4,5)$ 和 $C(2,4,7)$ 为顶点的三角形的面积 S.

解 作向量 $\overrightarrow{AB}=(2,2,2)$, $\overrightarrow{AC}=(1,2,4)$,根据向量积的定义,可知三角形 ABC 的面积为

$$S=\frac{1}{2}|\overrightarrow{AB}||\overrightarrow{AC}|\sin(\overrightarrow{AB}\hat{,}\overrightarrow{AC})=\frac{1}{2}|\overrightarrow{AB}\times\overrightarrow{AC}|,$$

而

$$\overrightarrow{AB}\times\overrightarrow{AC}=\begin{vmatrix}\boldsymbol{i} & \boldsymbol{j} & \boldsymbol{k}\\ 2 & 2 & 2\\ 1 & 2 & 4\end{vmatrix}=4\boldsymbol{i}-6\boldsymbol{j}+2\boldsymbol{k},$$

于是

$$S=\frac{1}{2}|4\boldsymbol{i}-6\boldsymbol{j}+2\boldsymbol{k}|=\frac{1}{2}\sqrt{4^2+(-6)^2+2^2}=\sqrt{14}.$$

例 9 设 $D(3,2,1)$ 为空间一点,直线 L 是过空间两点 $A(1,2,3)$, $B(2,3,4)$ 的直线,求点 D 到直线 L 的距离 d.

解 作向量 $\overrightarrow{AB}$ 与 $\overrightarrow{AD}$，并以向量 $\overrightarrow{AB}$ 与 $\overrightarrow{AD}$ 为邻边作平行四边形 $ABCD$（见图 7-21）. 不难看出，点 D 到直线 L 的距离 d 是平行四边形 $ABCD$ 的高，又因为 $|\overrightarrow{AB}\times\overrightarrow{AD}|$ 表示该平行四边形的面积，所以点 D 到直线 L 的距离公式为

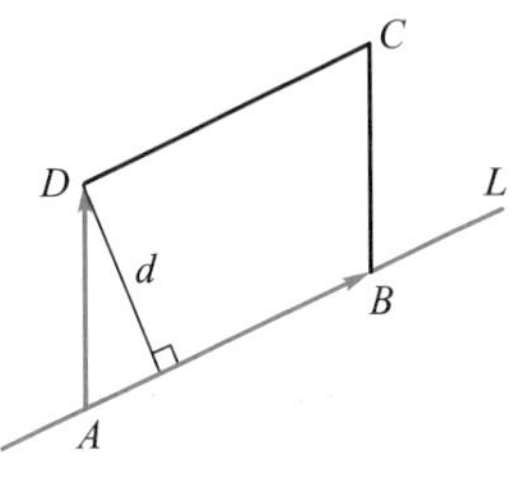

图 7-21

$$d=\frac{|\overrightarrow{AB}\times\overrightarrow{AD}|}{|\overrightarrow{AB}|}.$$

依题设知 $\overrightarrow{AB}=(1,1,1)$，$\overrightarrow{AD}=(2,0,-2)$，

$$\overrightarrow{AB}\times\overrightarrow{AD}=\begin{vmatrix} \boldsymbol{i} & \boldsymbol{j} & \boldsymbol{k} \\ 1 & 1 & 1 \\ 2 & 0 & -2 \end{vmatrix}=-2\boldsymbol{i}+4\boldsymbol{j}-2\boldsymbol{k},$$

于是

$$|\overrightarrow{AB}\times\overrightarrow{AD}|=\sqrt{(-2)^2+4^2+(-2)^2}=2\sqrt{6},$$

又
$$|\overrightarrow{AB}|=\sqrt{1^2+1^2+1^2}=\sqrt{3},$$

故所求距离为
$$d=\frac{2\sqrt{6}}{\sqrt{3}}=2\sqrt{2}.$$

例 10 求与 $\boldsymbol{a}=(2,1,-1)$，$\boldsymbol{b}=(1,2,1)$ 都垂直的单位向量.

解 由向量积的定义，$\boldsymbol{a}\times\boldsymbol{b}$ 同时垂直于 $\boldsymbol{a}$ 和 $\boldsymbol{b}$，而

$$\boldsymbol{a}\times\boldsymbol{b}=\begin{vmatrix} \boldsymbol{i} & \boldsymbol{j} & \boldsymbol{k} \\ 2 & 1 & -1 \\ 1 & 2 & 1 \end{vmatrix}=3\boldsymbol{i}-3\boldsymbol{j}+3\boldsymbol{k},$$

于是

$$|\boldsymbol{a}\times\boldsymbol{b}|=\sqrt{3^2+(-3)^2+3^2}=3\sqrt{3},$$

从而所求的单位向量为

$$\pm\frac{\boldsymbol{a}\times\boldsymbol{b}}{|\boldsymbol{a}\times\boldsymbol{b}|}=\pm\frac{1}{3\sqrt{3}}(3\boldsymbol{i}-3\boldsymbol{j}+3\boldsymbol{k})=\pm\left(\frac{\sqrt{3}}{3}\boldsymbol{i}-\frac{\sqrt{3}}{3}\boldsymbol{j}+\frac{\sqrt{3}}{3}\boldsymbol{k}\right).$$

例 11 已知 $\boldsymbol{a}+\boldsymbol{b}+\boldsymbol{c}=\boldsymbol{0}$，求证 $\boldsymbol{a}\times\boldsymbol{b}=\boldsymbol{b}\times\boldsymbol{c}=\boldsymbol{c}\times\boldsymbol{a}$.

证明 因为 $\boldsymbol{a}+\boldsymbol{b}+\boldsymbol{c}=\boldsymbol{0}$，所以 $\boldsymbol{a}=-(\boldsymbol{b}+\boldsymbol{c})$，从而

$$\boldsymbol{a}\times\boldsymbol{b}=-(\boldsymbol{b}+\boldsymbol{c})\times\boldsymbol{b}=-(\boldsymbol{b}\times\boldsymbol{b}+\boldsymbol{c}\times\boldsymbol{b})=-\boldsymbol{c}\times\boldsymbol{b}=\boldsymbol{b}\times\boldsymbol{c},$$

同理可证 $\boldsymbol{b}\times\boldsymbol{c}=\boldsymbol{c}\times\boldsymbol{a}$,故

$$\boldsymbol{a}\times\boldsymbol{b}=\boldsymbol{b}\times\boldsymbol{c}=\boldsymbol{c}\times\boldsymbol{a}.$$

*三、向量的混合积

设有三个向量 $\boldsymbol{a}$,$\boldsymbol{b}$ 和 $\boldsymbol{c}$,称 $(\boldsymbol{a}\times\boldsymbol{b})\cdot\boldsymbol{c}$ 为向量 $\boldsymbol{a}$,$\boldsymbol{b}$,$\boldsymbol{c}$ 的**混合积**(mixed product),记作 $[\boldsymbol{abc}]$.

现在推导三个向量的混合积的坐标表示式.

设 $\boldsymbol{a}=(a_x,a_y,a_z)$,$\boldsymbol{b}=(b_x,b_y,b_z)$,$\boldsymbol{c}=(c_x,c_y,c_z)$,因为

$$\boldsymbol{a}\times\boldsymbol{b}=\begin{vmatrix}\boldsymbol{i}&\boldsymbol{j}&\boldsymbol{k}\\a_x&a_y&a_z\\b_x&b_y&b_z\end{vmatrix}$$

$$=\begin{vmatrix}a_y&a_z\\b_y&b_z\end{vmatrix}\boldsymbol{i}+\begin{vmatrix}a_z&a_x\\b_z&b_x\end{vmatrix}\boldsymbol{j}+\begin{vmatrix}a_x&a_y\\b_x&b_y\end{vmatrix}\boldsymbol{k},$$

再按两向量的数量积的坐标表示式,得

$$[\boldsymbol{abc}]=(\boldsymbol{a}\times\boldsymbol{b})\cdot\boldsymbol{c}$$

$$=\begin{vmatrix}a_y&a_z\\b_y&b_z\end{vmatrix}c_x+\begin{vmatrix}a_z&a_x\\b_z&b_x\end{vmatrix}c_y+\begin{vmatrix}a_x&a_y\\b_x&b_y\end{vmatrix}c_z,$$

故根据三阶行列式定义(或参看附录)知

$$[\boldsymbol{abc}]=\begin{vmatrix}a_x&a_y&a_z\\b_x&b_y&b_z\\c_x&c_y&c_z\end{vmatrix}.$$

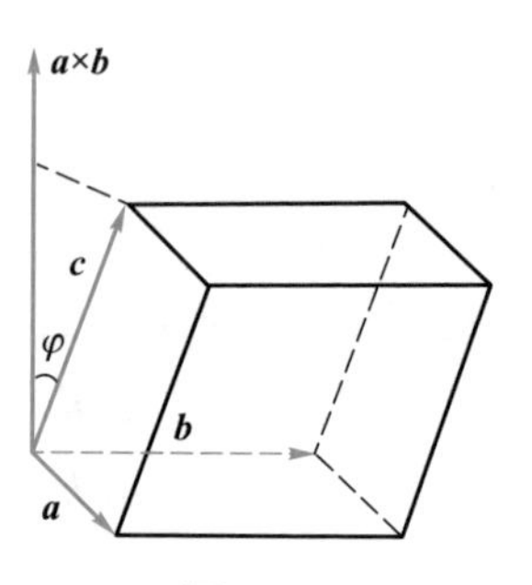

图 7-22

向量的混合积的几何意义:向量的混合积 $[\boldsymbol{abc}]=(\boldsymbol{a}\times\boldsymbol{b})\cdot\boldsymbol{c}$ 的绝对值表示以向量 $\boldsymbol{a}$,$\boldsymbol{b}$,$\boldsymbol{c}$ 为棱的平行六面体的体积(见图 7-22). φ 为锐角时,混合积为正,否则为负. 可以证明混合积有下述性质.

(1) $(\boldsymbol{a}\times\boldsymbol{b})\cdot\boldsymbol{c}=(\boldsymbol{b}\times\boldsymbol{c})\cdot\boldsymbol{a}=(\boldsymbol{c}\times\boldsymbol{a})\cdot\boldsymbol{b}$,即将混合积中的三个向量依次轮换,其数值不变;

(2) 三个向量 $\boldsymbol{a},\boldsymbol{b},\boldsymbol{c}$ 共面的充分必要条件是$[\boldsymbol{abc}]=0$.

例 12 求以点 $A(1,1,1)$,$B(3,4,4)$,$C(3,5,5)$,$D(2,4,7)$为顶点的四面体 $ABCD$ 的体积(如图 7-23).

解 设四面体 $ABCD$ 的体积为 V,则

$$
\begin{aligned}
V &= \frac{1}{3}\cdot S_{\triangle ABC}\cdot |AE| \\
&= \frac{1}{3}\cdot\frac{1}{2}|\overrightarrow{AB}\times\overrightarrow{AC}|\cdot|\overrightarrow{AD}||\cos\varphi| \\
&= \frac{1}{6}|(\overrightarrow{AB}\times\overrightarrow{AC})\cdot\overrightarrow{AD}| \\
&= \frac{1}{6}|[\overrightarrow{AB}\,\overrightarrow{AC}\,\overrightarrow{AD}]|,
\end{aligned}
$$

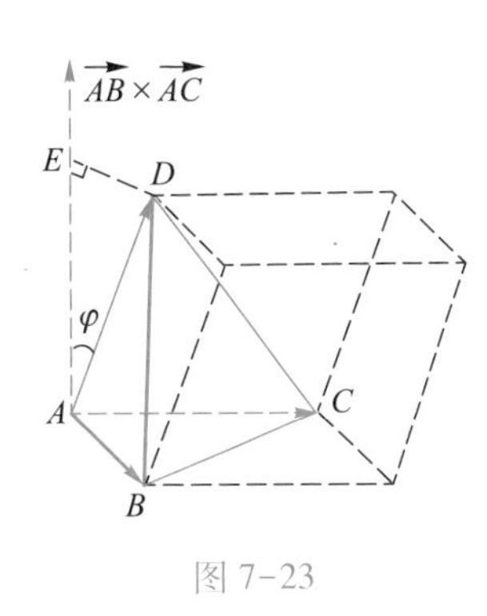

图 7-23

即所求四面体的体积 V 等于以向量 $\overrightarrow{AB},\overrightarrow{AC},\overrightarrow{AD}$ 为棱的平行六面体体积的 1/6.

$$
\overrightarrow{AB}=(2,3,3),\quad \overrightarrow{AC}=(2,4,4),\quad \overrightarrow{AD}=(1,3,6),
$$

$$
[\overrightarrow{AB}\,\overrightarrow{AC}\,\overrightarrow{AD}]=\begin{vmatrix}2&3&3\\2&4&4\\1&3&6\end{vmatrix}=6,
$$

故 $V=1$.

例 13 判断点 $A(1,1,1)$,$B(4,5,6)$,$C(2,3,3)$,$D(10,15,17)$是否在同一平面上.

解 只须验证 $\overrightarrow{AB},\overrightarrow{AC},\overrightarrow{AD}$ 的混合积是否为零. 因为

$$
\overrightarrow{AB}=(3,4,5),\quad \overrightarrow{AC}=(1,2,2),\quad \overrightarrow{AD}=(9,14,16),
$$

于是

$$
[\overrightarrow{AB}\,\overrightarrow{AC}\,\overrightarrow{AD}]=\begin{vmatrix}3&4&5\\1&2&2\\9&14&16\end{vmatrix}=0,
$$

所以 A,B,C,D 四点共面.

习题 7-3

1. 设 $|\boldsymbol{a}|=3$, $|\boldsymbol{b}|=4$, $(\widehat{\boldsymbol{a},\boldsymbol{b}})=\dfrac{2\pi}{3}$,试求 $\boldsymbol{a}\cdot\boldsymbol{b}$, $\boldsymbol{a}^2$, $|\boldsymbol{a}+\boldsymbol{b}|$及$(3\boldsymbol{a}-2\boldsymbol{b})\cdot(\boldsymbol{a}+2\boldsymbol{b})$.

2. 已知 $\boldsymbol{a}=(4,-2,4)$, $\boldsymbol{b}=(6,-3,2)$,计算:

(1) $\boldsymbol{a}\cdot\boldsymbol{b}$;　　(2) $(\boldsymbol{a}-\boldsymbol{b})^2$.

3. 设向量 $\boldsymbol{r}$ 的模为 4,它与某轴的夹角是 $60°$,求 $\boldsymbol{r}$ 在该轴上的投影.

4. 已知向量 $\boldsymbol{a}$ 与 $\boldsymbol{b}$ 垂直,且 $|\boldsymbol{a}|=5$, $|\boldsymbol{b}|=12$,求 $|\boldsymbol{a}+\boldsymbol{b}|$与$|\boldsymbol{a}-\boldsymbol{b}|$.

5. 已知单位向量 $\boldsymbol{a}$, $\boldsymbol{b}$, $\boldsymbol{c}$,满足 $\boldsymbol{a}+\boldsymbol{b}+\boldsymbol{c}=\boldsymbol{0}$,试计算 $\boldsymbol{a}\cdot\boldsymbol{b}+\boldsymbol{b}\cdot\boldsymbol{c}+\boldsymbol{c}\cdot\boldsymbol{a}$.

6. 已知向量 $\boldsymbol{a}=(1,1,-4)$, $\boldsymbol{b}=(1,-2,2)$. 试求:

(1) $\boldsymbol{a}$ 与 $\boldsymbol{b}$ 的夹角;

(2) $\boldsymbol{a}$ 在 $\boldsymbol{b}$ 上的投影;

(3) $\boldsymbol{b}$ 在 $\boldsymbol{a}$ 上的投影.

7. 设 $|\boldsymbol{a}|=3$, $|\boldsymbol{b}|=5$,试确定 λ,使 $\boldsymbol{a}+\lambda\boldsymbol{b}$ 与 $\boldsymbol{a}-\lambda\boldsymbol{b}$ 垂直.

8. 设质量为 100 kg 的物体从点 $M_1(3,1,8)$ 沿直线移动到点 $M_2(1,4,2)$,计算重力所做的功(长度单位为 m,重力方向为 z 轴负方向).

9. 设 $\boldsymbol{a}=3\boldsymbol{i}-\boldsymbol{j}-2\boldsymbol{k}$, $\boldsymbol{b}=\boldsymbol{i}+2\boldsymbol{j}-\boldsymbol{k}$. 试求:(1) $\boldsymbol{a}\cdot\boldsymbol{b}$;(2) $\boldsymbol{a}\times\boldsymbol{b}$;(3) $\boldsymbol{a}$ 与 $\boldsymbol{b}$ 夹角余弦.

10. 已知四个点 $A(5,2,-1)$, $B(1,-3,4)$, $C(-2,1,3)$, $D(2,6,-2)$. 证明:四边形 $ABCD$ 是平行四边形,并求其面积.

11. 设向量的方向余弦分别满足:

(1) $\cos\alpha=0$;(2) $\cos\beta=1$;(3) $\cos\alpha=\cos\beta=0$.

问这些向量与坐标轴或坐标面的关系如何?

12. 已知三角形三顶点 $A(3,4,-1)$, $B(2,0,3)$, $C(-3,5,4)$,求它的面积.

13. 已知 $\overrightarrow{OA}=\boldsymbol{i}+3\boldsymbol{k}$, $\overrightarrow{OB}=\boldsymbol{j}+3\boldsymbol{k}$,求 $\triangle OAB$ 的面积.

14. 已知向量 $\boldsymbol{a}=(2,-3,1)$, $\boldsymbol{b}=(1,-1,3)$, $\boldsymbol{c}=(1,-2,0)$,计算:

(1) $(\boldsymbol{a}\cdot\boldsymbol{b})\boldsymbol{c}-(\boldsymbol{a}\cdot\boldsymbol{c})\boldsymbol{b}$;

(2) $(\boldsymbol{a}+\boldsymbol{b})\times(\boldsymbol{b}+\boldsymbol{c})$;

(3) $(\boldsymbol{a}\times\boldsymbol{b})\cdot\boldsymbol{c}$.

15. 一平行四边形以向量 $\boldsymbol{a}=(2,1,-1)$,$\boldsymbol{b}=(1,-2,1)$ 为边,求这平行四边形两对角线夹角的正弦.

16. 计算顶点为 $A(2,-1,1)$,$B(5,5,4)$,$C(3,2,-1)$,$D(4,1,3)$ 的四面体的体积.

17. 判断下列两组向量 $\boldsymbol{a},\boldsymbol{b},\boldsymbol{c}$ 是否共面.

(1) $\boldsymbol{a}=(2,3,-1)$,$\boldsymbol{b}=(1,-1,3)$,$\boldsymbol{c}=(1,9,-11)$;

(2) $\boldsymbol{a}=(3,-2,1)$,$\boldsymbol{b}=(2,1,2)$,$\boldsymbol{c}=(3,-1,-2)$.

18. 已知 $\boldsymbol{a}+\boldsymbol{b}+\boldsymbol{c}=\boldsymbol{0}$, $|\boldsymbol{a}|=3$, $|\boldsymbol{b}|=5$, $|\boldsymbol{c}|=7$,求 $\boldsymbol{a},\boldsymbol{b}$ 间的夹角.

19. 若 $\boldsymbol{a}\times\boldsymbol{b}+\boldsymbol{b}\times\boldsymbol{c}+\boldsymbol{c}\times\boldsymbol{a}=\boldsymbol{0}$,则 $\boldsymbol{a},\boldsymbol{b},\boldsymbol{c}$ 共面.

20. 如果存在向量 $\boldsymbol{x}$ 同时满足 $\boldsymbol{a}_1\times\boldsymbol{x}=\boldsymbol{b}_1$,$\boldsymbol{a}_2\times\boldsymbol{x}=\boldsymbol{b}_2$,证明:

$$\boldsymbol{a}_1\cdot\boldsymbol{b}_2+\boldsymbol{a}_2\cdot\boldsymbol{b}_1=0.$$

21. 证明不等式,并指出等式成立的条件.

(1) $|\boldsymbol{a}\cdot\boldsymbol{b}|\leqslant|\boldsymbol{a}||\boldsymbol{b}|$;

(2) $|\boldsymbol{a}\times\boldsymbol{b}|\leqslant|\boldsymbol{a}||\boldsymbol{b}|$;

(3) $|\boldsymbol{a}\cdot(\boldsymbol{b}\times\boldsymbol{c})|\leqslant|\boldsymbol{a}||\boldsymbol{b}||\boldsymbol{c}|$;

(4) $|\boldsymbol{a}+\boldsymbol{b}|\leqslant|\boldsymbol{a}|+|\boldsymbol{b}|$.

22. 已知 $\boldsymbol{a}=(a_x,a_y,a_z)$,$\boldsymbol{b}=(b_x,b_y,b_z)$,$\boldsymbol{c}=(c_x,c_y,c_z)$,利用混合积的几何意义证明三向量共面的充分必要条件是

$$\begin{vmatrix} a_x & a_y & a_z \\ b_x & b_y & b_z \\ c_x & c_y & c_z \end{vmatrix}=0.$$

23. 证明 $(\boldsymbol{a}+\boldsymbol{b})^2+(\boldsymbol{a}-\boldsymbol{b})^2=2(\boldsymbol{a}^2+\boldsymbol{b}^2)$,并说明它的几何意义.

第四节　平面及其方程

在本节和下一节,将以向量为工具在空间直角坐标系中讨论最简单的几

何图形——平面和直线.

一、平面的点法式方程

垂直于一平面 π 的任何非零向量都称为这个平面 π 的**法向量**(normal vector),法向量一般记作 $\boldsymbol{n}$.

由立体几何知识知,过空间一定点且与定直线垂直的平面是唯一确定的,因此,如果能知道一个平面的法向量 $\boldsymbol{n}$ 和这个平面经过的一个点,就唯一确定了一个平面,由此建立平面的点法式方程.

已知平面 π 过点 $M_0(x_0,y_0,z_0)$,其法向量 $\boldsymbol{n}=(A,B,C)$. 显然,平面 π 上的任何非零向量都与该平面的法向量垂直,于是在平面 π 上任取一点 $M(x,y,z)$,则向量

$$\overrightarrow{M_0M}=(x-x_0)\boldsymbol{i}+(y-y_0)\boldsymbol{j}+(z-z_0)\boldsymbol{k}$$

与法向量 $\boldsymbol{n}$ 垂直,故 $\overrightarrow{M_0M}\cdot\boldsymbol{n}=0$,即有

$$A(x-x_0)+B(y-y_0)+C(z-z_0)=0. \qquad (7-1)$$

平面 π 上任一点的坐标都满足方程(7-1),不在平面 π 上的点的坐标都不满足方程(7-1),所以方程(7-1)就是所求平面的方程,故该方程为平面 π 的方程,称之为平面 π 的**点法式方程**,平面 π 称为方程(7-1)的图形(见图 7-24).

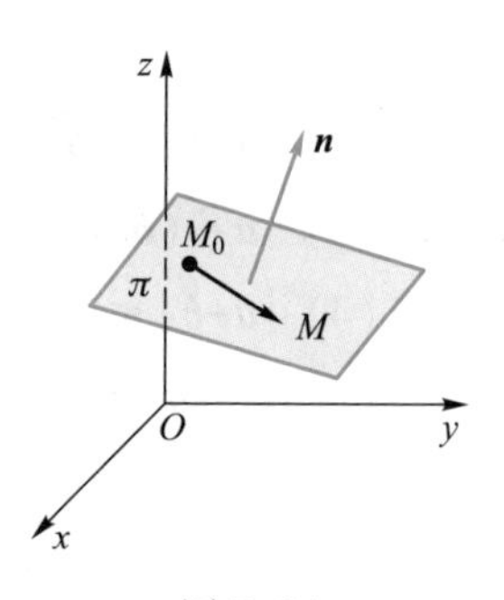

图 7-24

例 1 求过点 $M_0(2,-3,0)$ 且以 $\boldsymbol{n}=(1,-2,3)$ 为法向量的平面方程.

解 根据平面点法式方程,所求平面的方程为

$$1(x-2)-2(y+3)+3(z-0)=0,$$

即

$$x-2y+3z-8=0.$$

例 2 求过点 $M_1(2,-1,4)$,$M_2(-1,3,-2)$ 和 $M_3(0,2,3)$ 的平面方程.

解 先找出该平面的法向量 $\boldsymbol{n}$. 由于 $\boldsymbol{n}$ 与向量 $\overrightarrow{M_1M_2}$,$\overrightarrow{M_1M_3}$ 都垂直,而 $\overrightarrow{M_1M_2}=(-3,4,-6)$,$\overrightarrow{M_1M_3}=(-2,3,-1)$,故取 $\overrightarrow{M_1M_2}$ 与 $\overrightarrow{M_1M_3}$ 的向量积为 $\boldsymbol{n}$,即

$$\boldsymbol{n}=\overrightarrow{M_1M_2}\times\overrightarrow{M_1M_3}=\begin{vmatrix}\boldsymbol{i} & \boldsymbol{j} & \boldsymbol{k}\\ -3 & 4 & -6\\ -2 & 3 & -1\end{vmatrix}=14\boldsymbol{i}+9\boldsymbol{j}-\boldsymbol{k}.$$

由于平面过点 $M_1(2,-1,4)$，则平面的点法式方程为

$$14(x-2)+9(y+1)-(z-4)=0,$$

即

$$14x+9y-z-15=0.$$

二、平面的一般式方程

因为平面的点法式方程是 x,y,z 的一次方程，所以说平面可以用 x,y,z 的一次方程来表示. 反过来，设有三元一次方程

$$Ax+By+Cz+D=0, \tag{7-2}$$

它是否表示一平面呢(A,B,C 不全为零)？

设点 $M_0(x_0,y_0,z_0)$ 满足方程(7-2)，即

$$Ax_0+By_0+Cz_0+D=0,$$

用式(7-2)减去上式，得

$$A(x-x_0)+B(y-y_0)+C(z-z_0)=0,$$

这就是平面的点法式方程. 它表示过点 $M_0(x_0,y_0,z_0)$ 且以 $\boldsymbol{n}=(A,B,C)$ 为法向量的平面. 由此可知三元一次方程都表示平面. 方程(7-2)称为**平面的一般式方程**，其中 x,y,z 的系数就是该平面的一个法向量 $\boldsymbol{n}$，即 $\boldsymbol{n}=(A,B,C)$.

如果方程(7-2)的系数 A,B,C,D 中某些量为零，则它表示特殊位置的平面.

(1) 当 $D=0$ 时，平面过坐标原点.

(2) 当 $A=0$ 时，平面与 x 轴平行；当 $A=0$ 且 $D=0$ 时，平面过 x 轴.

当 $B=0$ 时，平面与 y 轴平行；当 $B=0$ 且 $D=0$ 时，平面过 y 轴.

当 $C=0$ 时，平面与 z 轴平行；当 $C=0$ 且 $D=0$ 时，平面过 z 轴.

(3) 当 $A=B=0$ 时，平面垂直于 z 轴，或者说平面平行于 xOy 面. 当 $A=$

$B=0$ 且 $D=0$ 时,平面与 xOy 面重合.

当 $B=C=0$ 时,平面垂直于 x 轴,或者说平面平行于 yOz 面. 当 $B=C=0$ 且 $D=0$ 时,平面与 yOz 面重合.

当 $A=C=0$ 时,平面垂直于 y 轴,或者说平面平行于 zOx 面. 当 $A=C=0$ 且 $D=0$ 时,平面与 zOx 面重合.

例 3 求通过 x 轴和点 $M_0(4,-3,1)$ 的平面方程.

解 因为平面过 x 轴,于是设所求平面方程为

$$By+Cz=0.$$

而点 $M_0(4,-3,1)$ 在所求平面上,则 $-3B+C=0$,即 $C=3B$,将 $C=3B$ 代回 $By+Cz=0$ 并除以 $B(B\neq0)$,得所求方程为

$$y+3z=0.$$

例 4 设一平面与 x,y,z 轴的交点依次为 $P(a,0,0)$,$Q(0,b,0)$,$R(0,0,c)$(见图 7-25),求这平面的方程(其中 $a\neq0,b\neq0,c\neq0$).

解 设所求平面方程为

$$Ax+By+Cz+D=0.$$

因为点 P,Q,R 在平面上,所以它们的坐标都满足方程,于是有

$$\begin{cases}Aa+D=0,\\Bb+D=0,\\Cc+D=0,\end{cases}$$

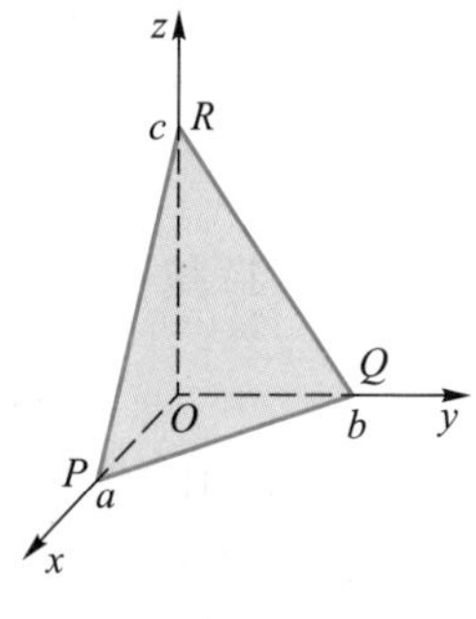

图 7-25

解之得

$$A=-\frac{D}{a},\quad B=-\frac{D}{b},\quad C=-\frac{D}{c}.$$

以此代入 $Ax+By+Cz+D=0$ 中,并除以 $D(D\neq0)$,便得所求的平面方程为

$$\frac{x}{a}+\frac{y}{b}+\frac{z}{c}=1.$$

上式称为**平面的截距式方程**,其中 a,b,c 分别称为平面在 x 轴、y 轴、z 轴上的截距(过原点及平行于坐标轴的平面没有截距式方程).

例 5 设平面过 $M_1(1,1,1)$,$M_2(0,1,-1)$ 且垂直于平面 $x+y+z=0$,求此

平面的方程.

解　设所求平面的方程为 $Ax+By+Cz+D=0$,因为平面过点 M_1,M_2,所以 M_1,M_2 的坐标满足方程,即有

$$\begin{cases}A+B+C+D=0,\\B-C+D=0.\end{cases}$$

又所求平面垂直于平面 $x+y+z=0$,易知两平面的法向量是垂直的,则有

$$A+B+C=0.$$

由以上三式解得 $D=0,A=-2C,B=C$,将此代入

$$Ax+By+Cz+D=0,$$

并消去 $C(C\neq0)$,便得所求平面的方程为

$$2x-y-z=0.$$

三、两平面的夹角

两平面的位置关系可分为平行、相交.

设有两平面

$$\pi_1:\quad A_1x+B_1y+C_1z+D_1=0,$$

$$\pi_2:\quad A_2x+B_2y+C_2z+D_2=0,$$

其法向量分别为 $\boldsymbol{n}_1=(A_1,B_1,C_1)$,$\boldsymbol{n}_2=(A_2,B_2,C_2)$. 容易推得以下结论:

(1) 两平面平行(不重合)的充分必要条件为

$$\frac{A_1}{A_2}=\frac{B_1}{B_2}=\frac{C_1}{C_2}\neq\frac{D_1}{D_2};$$

(2) 重合的充分必要条件为

$$\frac{A_1}{A_2}=\frac{B_1}{B_2}=\frac{C_1}{C_2}=\frac{D_1}{D_2}.$$

当两平面不平行时,就必然相交,这必然涉及两平面的夹角. 把两平面法向量的夹角(通常指锐角或直角)称为**两平面的夹角**(见图 7-26). 根据两向量的数量积且 θ 为锐角或直角,有

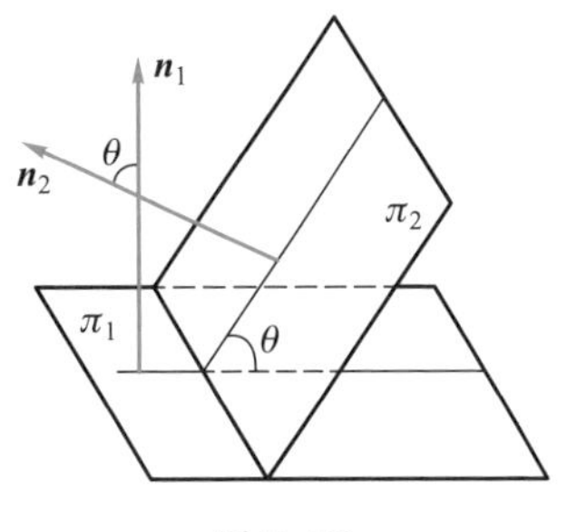

图 7-26

$$\cos\theta=\frac{|\boldsymbol{n}_1\cdot\boldsymbol{n}_2|}{|\boldsymbol{n}_1||\boldsymbol{n}_2|}=\frac{|A_1A_2+B_1B_2+C_1C_2|}{\sqrt{A_1^2+B_1^2+C_1^2}\sqrt{A_2^2+B_2^2+C_2^2}}.$$

两平面的夹角

由上式可得:两平面垂直的充分必要条件为

$$A_1A_2+B_1B_2+C_1C_2=0.$$

例 6 求平面 $x-y+2z-6=0$ 和 $2x+y+z-5=0$ 的夹角 θ.

解 平面 $x-y+2z-6=0$ 的法向量为

$$\boldsymbol{n}_1=(1,-1,2),$$

平面 $2x+y-z-5=0$ 的法向量为

$$\boldsymbol{n}_2=(2,1,1).$$

由两平面的夹角公式,有

$$\cos\theta=\frac{|2-1+2|}{\sqrt{1^2+(-1)^2+2^2}\sqrt{2^2+1^2+1^2}}=\frac{1}{2},$$

故得

$$\theta=\frac{\pi}{3}.$$

四、点到平面的距离

设 $M_0(x_0,y_0,z_0)$ 为空间一点,平面 π 的方程为

$$Ax+By+Cz+D=0,$$

则点 M_0 到平面 π 的距离公式为

$$d=\frac{|Ax_0+By_0+Cz_0+D|}{\sqrt{A^2+B^2+C^2}}.$$

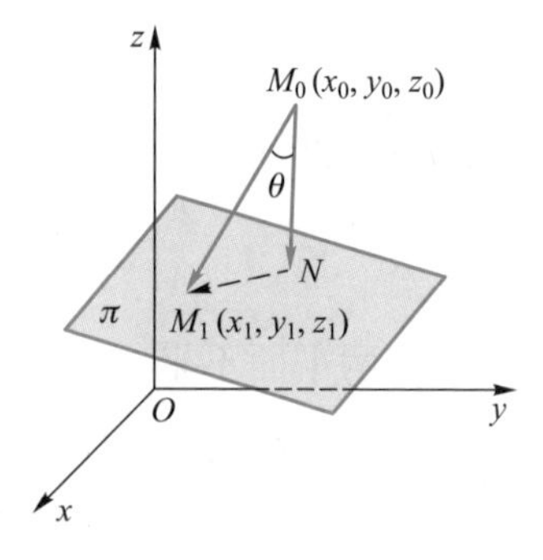

图 7-27

如图 7-27 所示,过 M_0 向平面 π 作垂线,设其垂足为 N,于是 $\overrightarrow{M_0N}/\!/(A,B,C)$,即

$$\overrightarrow{M_0N}=\lambda(A,B,C),\quad \lambda\neq0.$$

在平面 π 上任取一点 $M_1(x_1,y_1,z_1)$，有

$$\overrightarrow{M_0M_1}=(x_1-x_0,y_1-y_0,z_1-z_0),$$

并设 $\overrightarrow{M_0M_1}$ 和 $\overrightarrow{M_0N}$ 的夹角为 θ，根据两非零向量的数量积计算公式，有

$$|\overrightarrow{M_0M_1}\cdot\overrightarrow{M_0N}|=|\overrightarrow{M_0M_1}||\overrightarrow{M_0N}||\cos\theta|,$$

即

$$\begin{aligned}|\overrightarrow{M_0M_1}|&=\frac{|\overrightarrow{M_0M_1}\cdot\overrightarrow{M_0N}|}{|\overrightarrow{M_0N}||\cos\theta|}\\&=\frac{|\lambda A(x_1-x_0)+\lambda B(y_1-y_0)+\lambda C(z_1-z_0)|}{\sqrt{(\lambda A)^2+(\lambda B)^2+(\lambda C)^2}\,|\cos\theta|}\\&=\frac{|Ax_0+By_0+Cz_0+D|}{\sqrt{A^2+B^2+C^2}\,|\cos\theta|}.\end{aligned}$$

当 $\theta=0$ 时，$|\overrightarrow{M_0M_1}|$就是点 M_0 到平面 π 的距离，故

$$d=\frac{|Ax_0+By_0+Cz_0+D|}{\sqrt{A^2+B^2+C^2}}.$$

也可用投影的方法证得上述结论.

例 7　求两平行平面间的距离，其中

$$\pi_1:\quad Ax+By+Cz+D_1=0,$$

$$\pi_2:\quad Ax+By+Cz+D_2=0.$$

解　在平面 π_1 上任取一点 $M_0(x_0,y_0,z_0)$，显然有 $Ax_0+By_0+Cz_0+D_1=0$，则 M_0 到平面 π_2 的距离就是两平面的距离，由点到平面的距离公式得

$$d=\frac{|Ax_0+By_0+Cz_0+D_2|}{\sqrt{A^2+B^2+C^2}},$$

而 $Ax_0+By_0+Cz_0+D_1=0$，即 $Ax_0+By_0+Cz_0=-D_1$，故

$$d=\frac{|D_2-D_1|}{\sqrt{A^2+B^2+C^2}}.$$

习题 7-4

1. 求过点(3,0,-1)且与平面 $3x-7y+5z-12=0$ 平行的平面的方程.

2. 求过点 $M_0(2,9,-6)$ 且与连接坐标原点及点 M_0 的线段 OM_0 垂直的平面的方程.

3. 求过(1,1,-1),(-2,-2,2)和(1,-1,2)三点的平面的方程.

4. 求过点(1,1,1)和点(2,2,2)且与平面 $x+y-z=0$ 垂直的平面的方程.

5. 求下列各平面的方程.

(1) 过点(1,-2,4)且垂直于 x 轴;

(2) 过点(2,0,-3)且与两平面 $x-2y+4z-7=0$, $3x+5y-2z+1=0$ 垂直;

(3) 过点(1,0,-1)且平行于向量 $\boldsymbol{a}=(2,1,1)$ 和 $\boldsymbol{b}=(1,-1,0)$;

(4) 过 x 轴且垂直于平面 $5x-4y-2z+3=0$;

(5) 过点(2,-1,1)和(3,1,2)且平行于 y 轴;

(6) 过点(2,-5,3)且平行于 zOx 面;

(7) 通过 z 轴和点(-3,1,-2);

(8) 过点(6,-10,1),在 x 轴上的截距为-3,在 z 轴上的截距为 2.

6. 求平面 $2x-2y+z+5=0$ 与各坐标面的夹角的余弦.

7. 求点(1,2,1)到平面 $x+2y+2z-10=0$ 的距离.

8. 计算两平行平面 $2x-y+2z+9=0$, $4x-2y+4z-21=0$ 间的距离.

9. 设一平面与平面 $2x+y+2z+5=0$ 平行,且与三坐标面所构成的四面体的体积为 1,求这个平面的方程.

10. 指出下列各平面的特殊位置,试画出各平面.

(1) $x=0$;	(2) $3y-1=0$;	(3) $x-3y=0$;
(4) $x-2z=0$;	(5) $2x-3y-6=0$;	(6) $y+z=1$.

11. 已知坐标原点到平面 $\dfrac{x}{a}+\dfrac{y}{b}+\dfrac{z}{c}=1$ 的距离为 d,试证明:

$$\frac{1}{d^2}=\frac{1}{a^2}+\frac{1}{b^2}+\frac{1}{c^2}.$$

第五节　空间直线及其方程

一、空间直线的对称式方程与参数式方程

平行于一条直线的任何非零向量都称为该直线的**方向向量**(direction vector). 方向向量一般用 $\boldsymbol{s}$ 表示.

由立体几何知识知,过空间一点可以作且只能作一条直线平行于已知直线. 利用向量这一工具,试建立过一已知点 $M_0(x_0,y_0,z_0)$ 且与向量 $\boldsymbol{s}=(m,n,p)$ 平行的空间直线 L 的方程.

设 $M(x,y,z)$ 是所求直线 L 上任一点,如图 7-28 所示,那么向量 $\overrightarrow{M_0M}$ 与 $\boldsymbol{s}$ 平行,这里

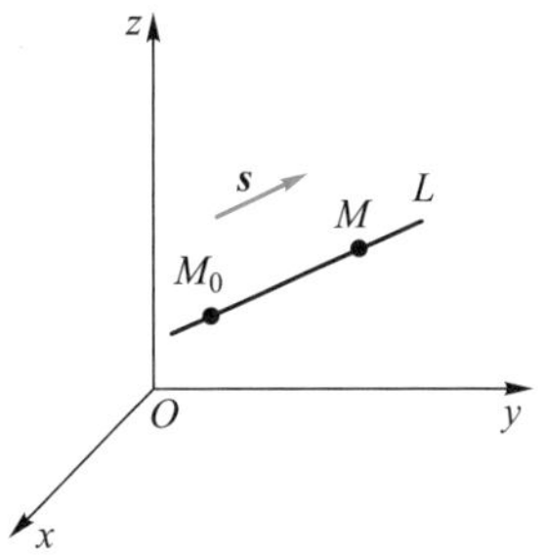

$$\overrightarrow{M_0M}=(x-x_0,y-y_0,z-z_0),$$

图 7-28

则它们的对应坐标成比例,有

$$\frac{x-x_0}{m}=\frac{y-y_0}{n}=\frac{z-z_0}{p}. \tag{7-3}$$

方程(7-3)称为**直线 L 的对称式(或点向式)方程**,也称为标准方程. 向量 $\boldsymbol{s}$ 的坐标 m,n,p 叫做直线 L 的一组方向数,向量 $\boldsymbol{s}$ 的方向余弦叫做直线 L 的方向余弦.

请读者注意直线的对称式方程中,方向向量是非零的,但不排除方向数中有为零的情形,若有零时,理解为分子为零,如 $m=0$ 时,方程(7-3)理解为

$$\begin{cases}x-x_0=0,\\ \dfrac{y-y_0}{n}=\dfrac{z-z_0}{p}.\end{cases}$$

在直线方程(7-3)中,若令其比为参数 t,则有

$$\begin{cases} x=x_0+tm, \\ y=y_0+tn, \\ z=z_0+tp, \end{cases}$$

称该方程组为**直线的参数式方程**.

例 1 求过点 $M_0(1,0,2)$ 且与平面 $\pi:3x+y+4z+5=0$ 垂直的直线的方程.

解 因为所求直线垂直于平面 π,所以可取直线的方向向量 $\boldsymbol{s}$ 为平面 π 的法向量 $\boldsymbol{n}=(3,1,4)$,故所求方程为

$$\frac{x-1}{3}=\frac{y}{1}=\frac{z-2}{4}.$$

例 2 求过不重合两点 $M_1(x_1,y_1,z_1)$,$M_2(x_2,y_2,z_2)$ 的直线的方程.

解 因为直线过点 M_1,M_2,则可取向量

$$\overrightarrow{M_1M_2}=(x_2-x_1,y_2-y_1,z_2-z_1)$$

为直线的方向向量 $\boldsymbol{s}$,故所求方程为

$$\frac{x-x_1}{x_2-x_1}=\frac{y-y_1}{y_2-y_1}=\frac{z-z_1}{z_2-z_1}.$$

称上式为**直线的两点式方程**.

二、空间直线的一般式方程

由立体几何知道,两相交平面确定一条直线,故空间直线 L 可看作两相交平面的交线. 方程组

$$\begin{cases} A_1x+B_1y+C_1z+D_1=0, \\ A_2x+B_2y+C_2z+D_2=0 \end{cases}$$

中,x,y,z 的对应系数不成比例,称该方程组为**空间直线 L 的一般式方程**.

这里顺便指出,空间直线的一般式方程不唯一. 因为过空间一条直线可作无穷多个平面,其中任何两个不重合平面的方程联立都可以用来表示这条直线,故同一条直线可有不同的一般式方程.

例 3 把直线方程 $\begin{cases} x+y+z=-1, \\ 2x-y+3z+4=0 \end{cases}$ 化为对称式及参数式方程.

解　先求直线上一点 $M_0(x_0,y_0,z_0)$,不妨取 $x=1$,原方程组变为

$$\begin{cases}y+z=-2,\\y-3z=6,\end{cases}$$

解得 $y=0,z=-2$,即 $M_0(1,0,-2)$ 为直线上一点.

再求该直线的一个方向向量 $\boldsymbol{s}$,由于作为两平面的交线的直线与两平面

$$x+y+z+1=0$$

及

$$2x-y+3z+4=0$$

的法向量

$$\boldsymbol{n}_1=(1,1,1),\quad \boldsymbol{n}_2=(2,-1,3)$$

都垂直,则可取直线的方向向量为

$$\boldsymbol{s}=\boldsymbol{n}_1\times\boldsymbol{n}_2=\begin{vmatrix}\boldsymbol{i}&\boldsymbol{j}&\boldsymbol{k}\\1&1&1\\2&-1&3\end{vmatrix}=4\boldsymbol{i}-\boldsymbol{j}-3\boldsymbol{k},$$

故所给直线的对称式方程为

$$\frac{x-1}{4}=\frac{y-0}{-1}=\frac{z+2}{-3}.$$

令

$$\frac{x-1}{4}=\frac{y-0}{-1}=\frac{z+2}{-3}=t,$$

得所给直线的参数式方程为

$$\begin{cases}x=1+4t,\\y=-t,\\z=-2-3t.\end{cases}$$

三、两直线的夹角

两直线的方向向量的夹角叫做**两直线的夹角**(通常指锐角或直角).

设有两直线:

$$L_1:\frac{x-x_1}{m_1}=\frac{y-y_1}{n_1}=\frac{z-z_1}{p_1},\quad \boldsymbol{s}_1=(m_1,n_1,p_1),$$

$$L_2:\frac{x-x_2}{m_2}=\frac{y-y_2}{n_2}=\frac{z-z_2}{p_2},\quad \boldsymbol{s}_2=(m_2,n_2,p_2),$$

由两向量间的夹角(指锐角或直角)余弦公式,得

两直线的夹角

$$\cos\theta=\frac{|m_1m_2+n_1n_2+p_1p_2|}{\sqrt{m_1^2+n_1^2+p_1^2}\sqrt{m_2^2+n_2^2+p_2^2}}.$$

由上式可知:$L_1\perp L_2$ 的充分必要条件为

$$m_1m_2+n_1n_2+p_1p_2=0.$$

由两直线平行即 $\boldsymbol{s}_1/\!/\boldsymbol{s}_2$ 可得 $L_1/\!/L_2$ 的充分必要条件为

$$\frac{m_1}{m_2}=\frac{n_1}{n_2}=\frac{p_1}{p_2}.$$

空间两直线的位置关系分为共面和异面两种情况.

L_1 与 L_2 共面时,在 L_1 与 L_2 上各取一点得到一个向量,不妨取 $M_1(x_1,y_1,z_1)$ 与 $M_2(x_2,y_2,z_2)$,向量 $\overrightarrow{M_1M_2}=(x_2-x_1,y_2-y_1,z_2-z_1,)$,$\boldsymbol{s}_1$,$\boldsymbol{s}_2$ 共面,从而这三个向量的混合积为零,于是得到

(1) 两直线 L_1 与 L_2 共面的充分必要条件是

$$\begin{vmatrix} x_2-x_1 & y_2-y_1 & z_2-z_1 \\ m_1 & n_1 & p_1 \\ m_2 & n_2 & p_2 \end{vmatrix}=0;$$

(2) 两直线 L_1 与 L_2 异面的充分必要条件是

$$\begin{vmatrix} x_2-x_1 & y_2-y_1 & z_2-z_1 \\ m_1 & n_1 & p_1 \\ m_2 & n_2 & p_2 \end{vmatrix}\neq 0.$$

例 4 求直线 $L_1:\frac{x-1}{1}=\frac{y}{-4}=\frac{z+3}{1}$ 和 $L_2:\frac{x}{2}=\frac{y+2}{-2}=\frac{z}{-1}$ 的夹角 θ.

解 直线 L_1 的方向向量为 $\boldsymbol{s}_1=(1,-4,1)$,直线 L_2 的方向向量为 $\boldsymbol{s}_2=(2,-2,-1)$,因此就有

$$\cos\theta=\frac{|1\times2+(-4)\times(-2)+1\times(-1)|}{\sqrt{1^2+(-4)^2+1^2}\sqrt{2^2+(-2)^2+(-1)^2}}=\frac{\sqrt{2}}{2},$$

故

$$\theta=\frac{\pi}{4}.$$

四、直线与平面的夹角

直线和它在平面上的投影直线的夹角 φ 称为**直线与平面的夹角**，规定 $0\leqslant\varphi\leqslant\frac{\pi}{2}$（见图 7-29）.

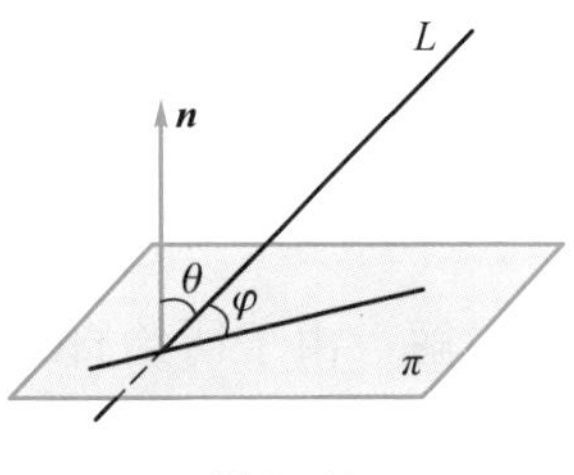

图 7-29

设有直线 L：

$$\frac{x-x_0}{m}=\frac{y-y_0}{n}=\frac{z-z_0}{p},\quad \boldsymbol{s}=(m,n,p),$$

平面 π：

$$Ax+By+Cz+D=0,\quad \boldsymbol{n}=(A,B,C),$$

由图 7-29 知，$\boldsymbol{s}$ 与 $\boldsymbol{n}$ 的夹角 $\theta=\frac{\pi}{2}-\varphi$ 或 $\theta=\frac{\pi}{2}+\varphi$，按两向量夹角公式有

$$\cos\theta=\frac{\boldsymbol{n}\cdot\boldsymbol{s}}{|\boldsymbol{n}||\boldsymbol{s}|}.$$

而

$$\cos\theta=\cos\left(\frac{\pi}{2}\pm\varphi\right)=\mp\sin\varphi,$$

从而

$$\sin\varphi=|\cos\theta|=\frac{|\boldsymbol{n}\cdot\boldsymbol{s}|}{|\boldsymbol{n}||\boldsymbol{s}|}=\frac{|Am+Bn+Cp|}{\sqrt{A^2+B^2+C^2}\sqrt{m^2+n^2+p^2}}.$$

由上式可得到，$L /\!/ \pi$ 的充分必要条件为

$$Am+Bn+Cp=0.$$

根据两向量平行的条件，$L\perp\pi$ 的充分必要条件为

$$\frac{A}{m}=\frac{B}{n}=\frac{C}{p}.$$

直线与平面的夹角

例 5 求直线$\frac{x}{1}=\frac{y}{2}=\frac{z}{-1}$与平面 $x-y-z+1=0$ 的夹角 φ.

解 所给直线的方向向量为 $\boldsymbol{s}=(1,2,-1)$,平面的法向量为 $\boldsymbol{n}=(1,-1,-1)$,由直线与平面的夹角计算公式可得

$$\sin\varphi=\frac{|1-2+1|}{\sqrt{1^2+2^2+(-1)^2}\sqrt{1^2+(-1)^2+(-1)^2}}=0,$$

故

$$\varphi=0.$$

五、综合例题

例 6 求直线$\frac{x-1}{-1}=\frac{y-2}{1}=\frac{z-3}{-2}$与平面 $2x+y-z-5=0$ 的交点.

解 由于所给直线的参数式方程为

$$\begin{cases}x=1-t,\\ y=2+t,\\ z=3-2t,\end{cases}$$

将其代入平面方程,得

$$2(1-t)+(2+t)-(3-2t)-5=0,$$

解此方程得 $t=4$,代入直线的参数式方程,得

$$x=-3,\quad y=6,\quad z=-5,$$

故交点的坐标为$(-3,6,-5)$.

例 7 求过点 $M_0(2,1,3)$ 且与直线 L:$\frac{x+1}{3}=\frac{y-1}{2}=\frac{z}{-1}$垂直相交的直线的方程.

解法 1 先求过点 $M_0(2,1,3)$ 且垂直于直线 L 的平面 π 的方程,取 $\boldsymbol{n}=(3,2,-1)$为平面 π 的法向量,则以 $\boldsymbol{n}$ 为法向量且过点 M_0 的平面 π 的方程为

$$3(x-2)+2(y-1)-(z-3)=0,$$

即

$$3x+2y-z-5=0.$$

再求平面 π 与直线 L 的交点 M_1，由于 L 的参数式方程为

$$x=-1+3t,\quad y=1+2t,\quad z=-t,$$

将其代入平面 π 的方程中，得 $t=\dfrac{3}{7}$，将 $t=\dfrac{3}{7}$ 代入 L 的参数式方程，得点 $M_1=\left(\dfrac{2}{7},\dfrac{13}{7},-\dfrac{3}{7}\right)$.

最后，根据直线的两点式方程，得

$$\frac{x-2}{\frac{2}{7}-2}=\frac{y-1}{\frac{13}{7}-1}=\frac{z-3}{-\frac{3}{7}-3},$$

即

$$\frac{x-2}{2}=\frac{y-1}{-1}=\frac{z-3}{4}.$$

解法 2　在直线 L 上取点 $M(-1,1,0)$，则有 $\overrightarrow{MM_0}=(3,0,3)$，且取直线 L 的方向向量 $\boldsymbol{s}=(3,2,-1)$，于是过点 M_0 及直线 L 的平面的法向量取为

$$\boldsymbol{n}=\overrightarrow{MM_0}\times\boldsymbol{s}=(3,0,3)\times(3,2,-1)=(-6,12,6),$$

则过点 M_0 与直线 L 的平面的方程为

$$-6(x-2)+12(y-1)+6(z-3)=0,$$

即

$$x-2y-z+3=0.$$

过点 M_0 且垂直于直线 L 的平面的方程为

$$3(x-2)+2(y-1)-(z-3)=0,$$

即

$$3x+2y-z-5=0,$$

故所求直线的方程为

$$\begin{cases}x-2y-z+3=0,\\3x+2y-z-5=0.\end{cases}$$

例 8　求点 $A(4,1,-2)$ 到直线 $L:\begin{cases}x-y+z+5=0,\\2x+z-4=0\end{cases}$ 的距离.

解法 1 所给直线 L 的方向向量为

$$\boldsymbol{s}=(1,-1,1)\times(2,0,1)=(-1,1,2).$$

任取直线 L 上一点 $B(2,7,0)$，$\overrightarrow{AB}=(-2,6,2)$，

$$\overrightarrow{AB}\times\boldsymbol{s}=\begin{vmatrix}\boldsymbol{i}&\boldsymbol{j}&\boldsymbol{k}\\-2&6&2\\-1&1&2\end{vmatrix}=(10,2,4).$$

由点到直线的距离公式得

$$d=\frac{|\overrightarrow{AB}\times\boldsymbol{s}|}{|\boldsymbol{s}|}=2\sqrt{5}.$$

解法 2 所给直线 L 的方向向量为

$$\boldsymbol{s}=(-1,1,2),$$

过点 $A(4,1,-2)$ 且垂直于 $\boldsymbol{s}$ 的平面的方程为

$$x-y-2z-7=0,$$

联立方程组

$$\begin{cases}x-y+z+5=0,\\2x+z-4=0,\\x-y-2z-7=0,\end{cases}$$

可求得该平面与已知直线 L 的交点为$(4,5,-4)$，故所求距离为

$$d=|\overrightarrow{AB}|=\sqrt{(4-4)^2+(5-1)^2+(-4+2)^2}=2\sqrt{5}.$$

通过定直线的所有平面的全体称为**平面束**(pencil of planes). 有时用平面束方程解题比较方便，现在介绍它的方程.

直线 L 的方程由方程组

$$\begin{cases}A_1x+B_1y+C_1z+D_1=0,\\A_2x+B_2y+C_2z+D_2=0\end{cases}\tag{7-4}$$

给出，其中 x,y,z 的对应系数 A_1,B_1,C_1 与 A_2,B_2,C_2 不成比例. 建立三元一次方程

$$\lambda(A_1x+B_1y+C_1z+D_1)+\mu(A_2x+B_2y+C_2z+D_2)=0,\tag{7-5}$$

其中 λ,μ 为不全为零的任意常数. 方程(7-5)就称为通过直线 L 的**平面束方**

程(pencil of planes equation). 因为A_1,B_1,C_1与A_2,B_2,C_2不成比例,所以对于任何λ,μ值,方程(7-5)的系数$\lambda A_1+\mu A_2,\lambda B_1+\mu B_2,\lambda C_1+\mu C_2$不全为零,从而方程(7-5)表示一个平面,若一点在直线L上,则点的坐标必同时满足方程组(7-4)的两个方程,因此也满足方程(7-5),故方程(7-5)表示通过直线L的平面,且对于不同的λ,μ值,方程(7-5)表示通过直线L的不同的平面. 反之,通过直线L的任何平面都包含在方程(7-5)所表示的一族平面内.

例9　求直线$L:\begin{cases}x+y-z-1=0,\\x-y+z+1=0\end{cases}$在平面$\pi:x+y+z=0$上的投影直线的方程.

解　过直线L的所有平面(平面束)方程为

$$\lambda(x+y-z-1)+\mu(x-y+z+1)=0,$$

即

$$(\lambda+\mu)x+(\lambda-\mu)y+(\mu-\lambda)z-\lambda+\mu=0,$$

其中λ,μ为任意常数(λ,μ不同时为0).

所求的投影直线实际上是平面束中与π垂直的平面与平面π的交线. 由于两平面法向量垂直,有

$$(\lambda+\mu)\times1+(\lambda-\mu)\times1+(\mu-\lambda)\times1=0,$$

从而得$\lambda+\mu=0$,则$\lambda=-\mu$,将其代入平面束方程并除以$\mu(\mu\neq0)$得投影平面的方程为$y-z-1=0$.

故所求投影直线的方程为

$$\begin{cases}y-z-1=0,\\x+y+z=0.\end{cases}$$

另外,该题也可用下述方法求解,在L上任取不同两点M_1,M_2,即可得到在平面π上的两个投影点M_1',M_2',由直线的两点式方程即得到过M_1',M_2'的直线的方程,该方程就是直线L在平面π上的投影直线的方程,请读者自己完成.

习题 7−5

1. 求满足下列条件的直线的方程.

(1) 过点$(4,-1,3)$,且平行于直线$\frac{x-2}{2}=\frac{y}{1}=\frac{z-1}{5}$;

(2) 过两点 $M_1(3,-2,1)$ 和 $M_2(-1,0,2)$;

(3) 过点$(2,0,1)$且垂直于平面 $x+3y-5z=0$;

(4) 过点$(0,2,4)$且平行于两平面 $x+2z=1$ 和 $y-3z=2$.

2. 用对称式方程及参数式方程表示直线$\begin{cases}x-y+z=1,\\2x+y+z=4.\end{cases}$

3. 求直线 $L_1:\begin{cases}5x-3y+3z-9=0,\\3x-2y+z-1=0\end{cases}$ 与直线 $L_2:\begin{cases}2x+2y-z+23=0,\\3x+8y+z-18=0\end{cases}$ 的夹角的余弦.

4. 证明直线$\begin{cases}x+2y-z=7,\\-2x+y+z=7\end{cases}$和直线$\begin{cases}3x+6y-3z=8,\\2x-y-z=0\end{cases}$平行.

5. 求满足下列条件的平面的方程.

(1) 过点$(2,0,-3)$且与直线$\begin{cases}x-2y+4z-7=0,\\3x+5y-2z+1=0\end{cases}$垂直;

(2) 过点$(3,1,-2)$且通过直线$\frac{x-4}{5}=\frac{y+3}{2}=\frac{z}{1}$;

(3) 通过直线$\frac{x-2}{5}=\frac{y+1}{2}=\frac{z-2}{4}$且垂直于平面 $x+4y-3z+7=0$;

(4) 通过直线$\begin{cases}x+2z-4=0,\\3y-z+8=0\end{cases}$且与直线$\begin{cases}x=y+4,\\z=y-6\end{cases}$平行;

(5) 过点 $M(1,2,-3)$ 且平行于直线 $L_1:\frac{x-7}{2}=\frac{y+7}{-3}=\frac{z-7}{3}$和 $L_2:\frac{x+5}{3}=\frac{y-2}{-2}=\frac{z+3}{-1}$.

6. 求直线$\begin{cases}x+y+3z=0,\\x-y-z=0\end{cases}$与平面 $x-y-z+1=0$ 的夹角.

7. 求直线$\frac{x-1}{1}=\frac{y+1}{-2}=\frac{z}{6}$与平面 $2x+3y+z-1=0$ 的交点.

8. 试确定下列各组中直线与平面的关系.

(1) $\frac{x+3}{-2}=\frac{y+4}{-7}=\frac{z}{3}$和 $4x-2y-2z=3$;

(2) $\frac{x}{3}=\frac{y}{-2}=\frac{z}{7}$和 $3x-2y+7z=8$;

(3) $\frac{x-2}{3}=\frac{y+2}{1}=\frac{z-3}{-4}$和 $x+y+z=3$.

9. 求点 $P(3,-1,2)$ 到直线$\begin{cases}x+y-z+1=0,\\2x-y+z-4=0\end{cases}$的距离.

10. 求点$(-1,2,0)$在平面 $x+2y-z+1=0$ 上的投影.

11. 求两平行直线$\begin{cases}2x+2y-z-1=0,\\x-y-z-2=0\end{cases}$和$\frac{x-2}{3}=\frac{y-1}{-1}=\frac{z-1}{4}$之间的距离.

12. 求直线$\begin{cases}x-y+z-1=0,\\x-3y-z+5=0\end{cases}$在平面 $4x-y+z=1$ 上的投影直线的方程.

第六节　曲面及其方程

前文已经对空间平面及空间直线这两种最简单、最重要的空间图形进行了较详尽的讨论. 从本节起将对空间曲面及空间曲线这两种一般空间图形进行讨论. 在讨论中仍围绕着解析几何的两个基本问题来进行,这就是:① 建立方程;② 利用方程讨论图形的特点. 由于一般空间图形的复杂性,在这里只讨论一些简单的空间曲面及空间曲线.

一、曲面方程的概念

前面讨论了平面及其方程,它的一般式为 $Ax+By+Cz+D=0$,从方程的建

立过程可以看出它是满足一定条件的点的几何轨迹,即

(1) 平面上的点 $M(x,y,z)$ 的坐标 x,y,z 满足方程

$$Ax+By+Cz+D=0;$$

曲面方程的概念

(2) 以满足方程 $Ax+By+Cz+D=0$ 的变量 x,y,z 为坐标的点 $M(x,y,z)$ 都在平面上. 方程就叫作**平面的方程**,平面就叫作**方程的图形**.

同理,在空间解析几何中,任何曲面都可看作满足一定条件的点的几何轨迹. 在这种意义下,如果曲面 Σ 与一个三元方程

$$F(x,y,z)=0 \quad (7-6)$$

有以下关系:

(1) 曲面 Σ 上任一点坐标都满足方程(7-6);

(2) 满足方程(7-6)的点一定在曲面 Σ 上. 方程(7-6)就叫做**曲面 Σ 的方程**,曲面 Σ 叫做**方程(7-6)的图形**(见图 7-30).

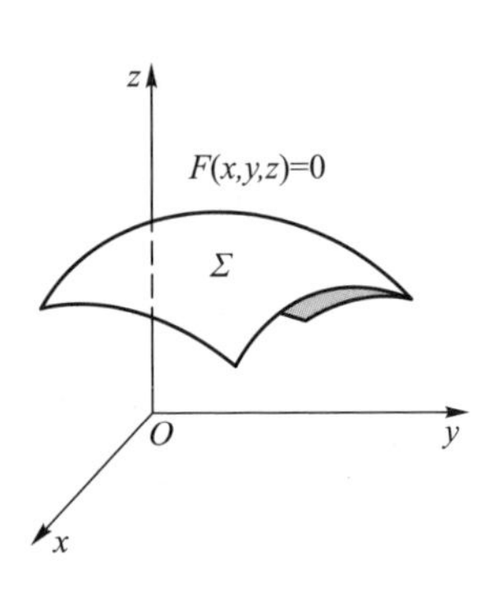

图 7-30

例 1 设有两点 $A(1,2,3)$ 和 $B(2,-1,4)$,求与点 A,B 等距离点的几何轨迹.

解 设所求曲面上任一点为 $M(x,y,z)$,依题意有

$$|AM|=|BM|.$$

由两点间距离公式,即

$$\sqrt{(x-1)^2+(y-2)^2+(z-3)^2}=\sqrt{(x-2)^2+(y+1)^2+(z-4)^2},$$

化简得

$$2x-6y+2z-7=0.$$

由几何知识知,到两定点 A 和 B 等距离点的几何轨迹是 A 与 B 连线的垂直平分面,不难看出,垂直平分面上的点的坐标满足方程;不在垂直平分面上的点不满足方程,因此上述方程即为所求.

例 2 求与定点 $M_0(x_0,y_0,z_0)$ 距离为 R 的点的几何轨迹.

解 设 $M(x,y,z)$ 为所求曲面上任意一点,由题设有 $|M_0M|=R$,根据两点间距离公式,有

$$\sqrt{(x-x_0)^2+(y-y_0)^2+(z-z_0)^2}=R,$$

整理得

$$(x-x_0)^2+(y-y_0)^2+(z-z_0)^2=R^2.$$

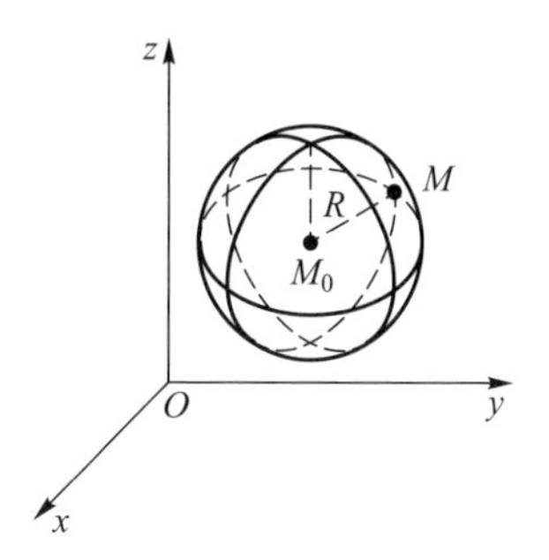

图 7-31

根据立体几何知识知,满足题设条件的点的几何轨迹是以 $M_0(x_0,y_0,z_0)$ 为球心,半径为 R 的球面,故称该方程为**球面的方程**(spherical equation),其图形如图 7-31 所示.

如果球心在原点,即 $x_0=y_0=z_0=0$,则半径为 R 的球面方程为

$$x^2+y^2+z^2=R^2.$$

以上例子表明,作为表示点的几何轨迹的曲面,可以用该曲面上的点的坐标满足的方程来表示. 反之,变量 x,y 和 z 之间的方程通常表示一张曲面. 因此,在空间解析几何中,关于曲面的研究,有下述两个基本问题:

(1) 已知一曲面作为点的几何轨迹时,建立此曲面的方程;

(2) 已知坐标 x,y 和 z 之间的一个方程时,研究此方程表示的曲面的形状.

例 3　方程 $x^2+y^2+z^2-2x+4y=0$ 表示怎样的曲面?

解　原方程配方后为

$$(x-1)^2+(y+2)^2+z^2=5.$$

与球面方程作比较知,所给方程表示球心在 $M_0(1,-2,0)$,半径 $R=\sqrt{5}$ 的球面.

一般地,设有三元二次方程为

$$Ax^2+Ay^2+Az^2+Dx+Ey+Fz+G=0,$$

这个方程的特点是缺 xy,yz,zx 项,且平方项的系数相同,只要将方程经过配方可以化成球面方程的形式,那么它的图形就是一个球面.

二、旋转曲面

由一条平面曲线 C 绕其平面上一条定直线 L 旋转一周所形成的曲面称

为**旋转曲面**(surface of revolution). C 称为旋转曲面的**母线**(generatrix),L 称为**旋转轴**(rotation axis).

易见,球面就是圆绕其一条直径旋转而成的旋转曲面;圆柱面就是矩形的一条边绕其另一平行边旋转而成的旋转曲面;圆锥面就是直角三角形的斜边绕其一条直角边旋转而成的旋转曲面.

现在来建立位于 yOz 面上的曲线 C:

$$\begin{cases} f(y,z)=0, \\ x=0 \end{cases}$$

绕 z 轴旋转所形成的旋转曲面的方程,如图 7-32 所示.

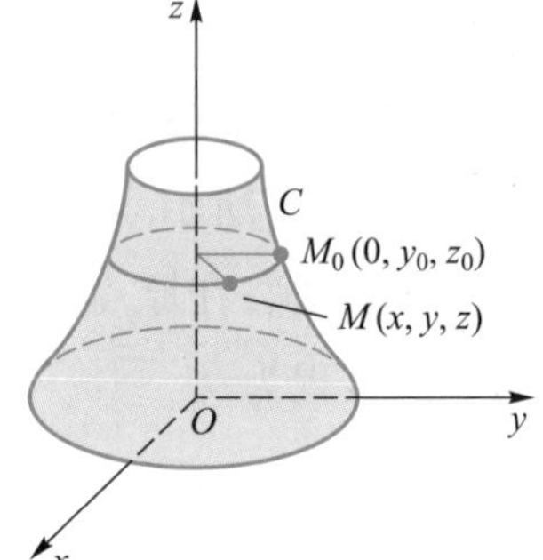

图 7-32

设 $M_0(0,y_0,z_0)$ 为曲线 C 上的任意一点,那么有 $f(y_0,z_0)=0$,当曲线 C 绕 z 轴旋转一周时,点 M_0 的轨迹是一个圆,此圆上的任意一点 $M(x,y,z)$ 到 z 轴的距离 $d=\sqrt{x^2+y^2}$ 等于点 $M_0(0,y_0,z_0)$ 到 z 轴的距离,即有

$$\sqrt{x^2+y^2}=|y_0|.$$

而这时 $z=z_0$,将 $y_0=\pm\sqrt{x^2+y^2}$,$z_0=z$ 代入方程 $f(y_0,z_0)=0$ 得所求旋转曲面的方程为

$$f(\pm\sqrt{x^2+y^2},z)=0.$$

由此可见,在曲线 C 的方程 $f(y,z)=0$ 中,将 y 换成 $\pm\sqrt{x^2+y^2}$,便得到曲线 C 绕 z 轴旋转一周所生成的旋转曲面的方程.

同理,曲线 C 绕 y 轴旋转所形成的旋转曲面的方程为

$$f(y,\pm\sqrt{z^2+x^2})=0.$$

zOx 面上的曲线 C:

$$\begin{cases} g(x,z)=0, \\ y=0 \end{cases}$$

绕 x 轴旋转所形成的旋转曲面的方程为

$$g(x,\pm\sqrt{y^2+z^2})=0;$$

绕 z 轴旋转所形成的旋转曲面的方程为

$$g(\pm\sqrt{x^2+y^2},z)=0.$$

xOy 面上的曲线 C：

$$\begin{cases}h(x,y)=0,\\z=0\end{cases}$$

绕 x 轴旋转所形成的旋转曲面的方程为

$$h(x,\pm\sqrt{y^2+z^2})=0;$$

绕 y 轴旋转所形成的旋转曲面的方程为

$$h(\pm\sqrt{x^2+z^2},y)=0.$$

例 4　直线 L 绕另一条与它相交的直线旋转一周，所得旋转曲面叫做**圆锥面**（circular conical surface），两条直线的交点叫做圆锥面的**顶点**，两条直线的交角称为圆锥面的**半顶角**. 试建立 yOz 面上直线 $y=az(a\neq0)$ 绕 z 轴旋转所得圆锥面的方程.

解　以 $\pm\sqrt{x^2+y^2}$ 代替方程中的 y，得 $\pm\sqrt{x^2+y^2}=az$，即

$$x^2+y^2=a^2z^2,$$

此式所表示的曲面即为圆锥面，如图 7-33 所示，α 即为半顶角，这里 $a=\tan\alpha$.

例 5　将 zOx 面上的抛物线 $z=2x^2$ 绕 z 轴旋转，求其旋转曲面的方程.

解　以 $\pm\sqrt{x^2+y^2}$ 代替方程中的 x，得所求旋转曲面的方程为

$$z=2(x^2+y^2).$$

该曲面称为**旋转抛物面**（paraboloid of revolution，见图 7-34）.

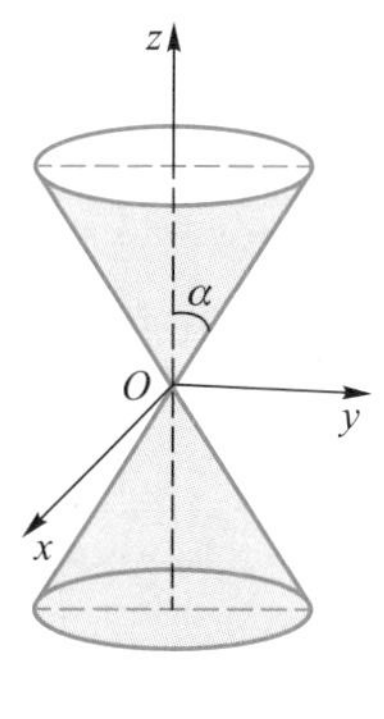

图 7-33

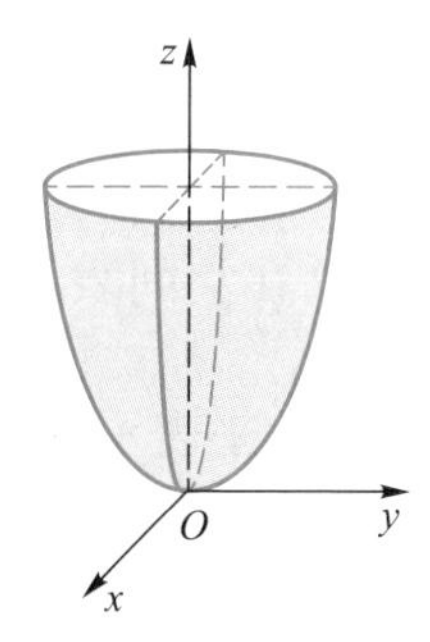

图 7-34

三、柱面

平行于定直线 l 的直线 L 沿定曲线 C 平行移动所形成的曲面称为**柱面**(cylinder),动直线 L 称为柱面的**母线**,定曲线 C 称为柱面的**准线**(directrix)(见图 7-35).

设柱面的母线平行于 z 轴,且准线是 xOy 面内一条曲线 C,其方程为 $f(x,y)=0$,如图 7-36 所示. 对于柱面上的任一点 $M(x,y,z)$,它在 xOy 面上的垂足 $M_1(x,y,0)$ 就在曲线 C 上,即满足 $f(x,y)=0$. 反过来,任一满足 $f(x,y)=0$ 的点 $M(x,y,z)$ 一定在过 $M_1(x,y,0)$ 的母线上,即在柱面上. 故准线为 C 且母线平行于 z 轴的柱面方程为

$$f(x,y)=0.$$

这类柱面方程的特点是,方程中缺少哪个变量,柱面的母线就平行于这个变量所表示的坐标轴. 因此说,只含有两个变量的曲面方程就表示母线平行于某一坐标轴的柱面. 比如,方程 $g(y,z)=0$ 表示母线平行于 x 轴的柱面,方程 $h(z,x)=0$ 表示母线平行于 y 轴的柱面.

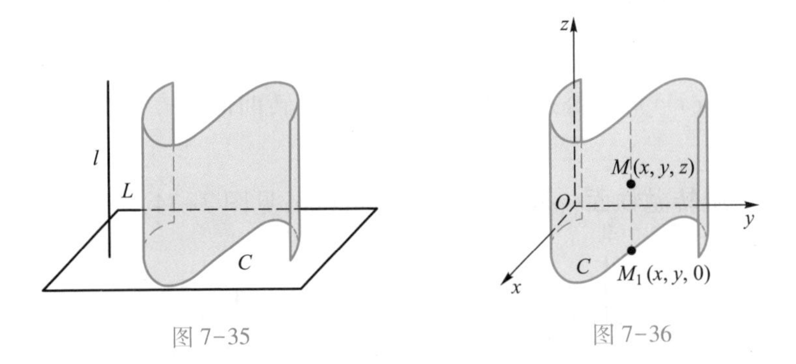

图 7-35　　图 7-36

方程 $f(x,y)=0$ 在空间表示柱面,而此柱面在 xOy 面上的准线 C 用 $\begin{cases} f(x,y)=0, \\ z=0 \end{cases}$ 来表示.

旋转曲面与柱面

现在给出几种母线平行于 z 轴的柱面方程:

圆柱面(right circular cylinder)方程(见图 7-37)为

$$x^2+y^2=R^2;$$

抛物柱面(parabolic cylinder)方程(见图 7-38)为

$$y^2=2x;$$

双曲柱面(hyperbolic cylinder)方程(见图 7-39)为

$$\frac{x^2}{a^2}-\frac{y^2}{b^2}=1.$$

同样还可以写出母线平行于 x 轴或 y 轴的圆柱面方程、抛物柱面方程和双曲柱面方程.

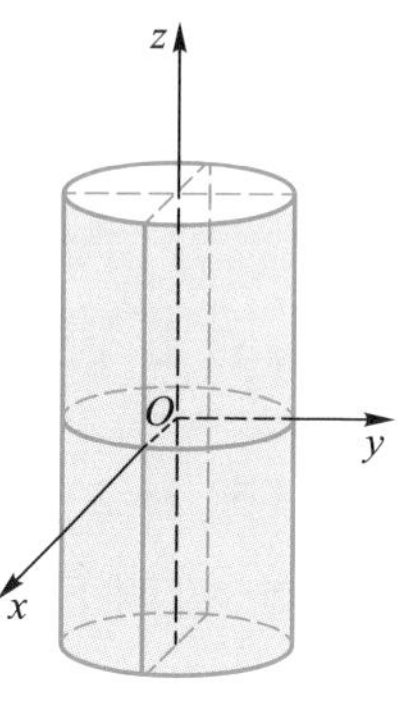

图 7-37

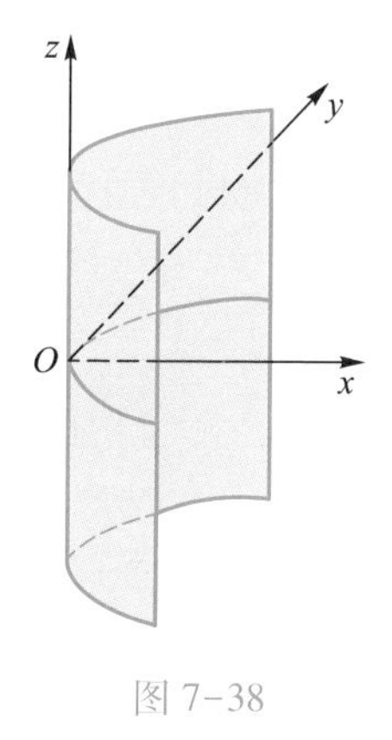

图 7-38

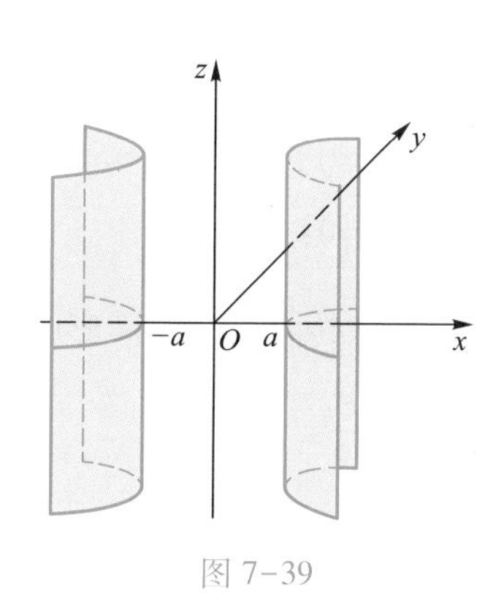

图 7-39

习题 7-6

1. 建立以点(1,3,-2)为球心,且过坐标原点的球面的方程.

2. 求与坐标原点 O 及点(2,3,4)的距离之比为 1 : 2 的点的全体所组成的曲面的方程,它表示怎样的曲面?

3. 求下列旋转曲面的方程.

(1) zOx 面上的抛物线 $z^2=5x$ 绕 x 轴旋转;

(2) zOx 面上的圆 $x^2+z^2=9$ 绕 z 轴旋转;

(3) xOy 面上的双曲线 $4x^2-9y^2=36$ 绕 y 轴旋转;

(4) xOy 面上的正弦曲线 $y=\sin x\,(0\leqslant x\leqslant \pi)$ 绕 x 轴旋转.

4. 画出下列各方程表示的曲面.

(1) $\left(x-\dfrac{a}{2}\right)^2+y^2=\left(\dfrac{a}{2}\right)^2$; (2) $-\dfrac{x^2}{4}+\dfrac{y^2}{9}=1$;

(3) $\dfrac{x^2}{9}+\dfrac{z^2}{4}=1$; (4) $y^2-z=0$;

(5) $z=2-x^2$; (6) $y=\sin x$.

5. 说明下列方程在平面解析几何中和在空间解析几何中分别表示什么图形.

(1) $x=2$; (2) $y=x+1$;

(3) $x^2+y^2=4$; (4) $x^2-y^2=1$;

(5) $\begin{cases}y-5x-1=0,\\ y-2x+3=0;\end{cases}$ (6) $\begin{cases}\dfrac{x^2}{4}+\dfrac{y^2}{9}=1,\\ y=2.\end{cases}$

6. 说明下列旋转曲面是怎样形成的.

(1) $\dfrac{x^2}{4}+\dfrac{y^2}{9}+\dfrac{z^2}{9}=1$; (2) $x^2-\dfrac{y^2}{4}+z^2=1$;

(3) $x^2-y^2-z^2=1$; (4) $(z-a)^2=x^2+y^2$.

7. 一动点到原点的距离等于它到平面 $z=4$ 的距离,求此动点的轨迹,并判定是哪一种曲面.

8. 作出下列各组曲面所围成的立体图形.

(1) $z=x^2+y^2,x=0,y=0,z=0,x+y-1=0$;

(2) $z=\sqrt{x^2+y^2},x^2+y^2+z^2=R^2$;

(3) $x^2+y^2=1,x^2+z^2=1$,三坐标面,在第 I 卦限部分;

(4) $x+y+z=1$ 与三坐标面.

第七节 常见的二次曲面及其方程

三元二次方程 $F(x,y,z)=0$ 所表示的曲面称为**二次曲面**(quadric surface). 上节所介绍的球面、圆锥面、柱面等均属于二次曲面. 本节将介绍一些常见的二次曲面.

如果 $F(x,y,z)=0$ 为二次方程,那么它表示一个怎样的曲面,其形状如何? 用描点作图法,已经很困难了. 如何了解曲面的形状呢? 为了解曲面的形状,可以用坐标面以及平行于坐标面的平面与曲面相截,考察其交线(即截痕)的形状,然后综合比较,从而了解曲面的全貌. 这种方法称为**截痕法**(method of cut-off mark). 现在用截痕法来研究常见的几个二次曲面.

常见的二次曲面

一、椭球面

方程

$$\frac{x^2}{a^2}+\frac{y^2}{b^2}+\frac{z^2}{c^2}=1$$

表示的曲面称为**椭球面**(ellipsoid surface),a,b,c 为椭球面的**半轴**(其中 $a>0,b>0,c>0$).

由椭球面方程可知

$$\frac{x^2}{a^2}\leqslant 1,\quad \frac{y^2}{b^2}\leqslant 1,\quad \frac{z^2}{c^2}\leqslant 1,$$

即

$$|x|\leqslant a,\quad |y|\leqslant b,\quad |z|\leqslant c,$$

这说明椭球面包含在一个以原点为中心,由

$$x=\pm a,\quad y=\pm b,\quad z=\pm c$$

六个平面所围成的长方体内. 为了知道这个椭球面的形状,先求它与三个坐标面的交线:

$$\begin{cases}\dfrac{x^2}{a^2}+\dfrac{y^2}{b^2}=1,\\ z=0,\end{cases}\quad \begin{cases}\dfrac{y^2}{b^2}+\dfrac{z^2}{c^2}=1,\\ x=0,\end{cases}\quad \begin{cases}\dfrac{x^2}{a^2}+\dfrac{z^2}{c^2}=1,\\ y=0,\end{cases}$$

这些交线都是椭圆.

再求椭球面与平行于 xOy 面的平面 $z=z_1(|z_1|<c)$ 的交线

$$\begin{cases}\dfrac{x^2}{\dfrac{a^2}{c^2}(c^2-z_1^2)}+\dfrac{y^2}{\dfrac{b^2}{c^2}(c^2-z_1^2)}=1,\\ z=z_1,\end{cases}$$

这是平面 $z=z_1$ 内的椭圆，它的半轴长分别为 $\dfrac{a}{c}\sqrt{c^2-z_1^2}$ 与 $\dfrac{b}{c}\sqrt{c^2-z_1^2}$. 当 z_1 变动时，这种椭圆的中心都在 z 轴上，当 $|z_1|$ 由 0 逐渐增大到 c 时，椭圆由大到小，最后缩成一点.

同样，用平面 $y=y_1(|y_1|\leqslant b)$ 或 $x=x_1(|x_1|\leqslant a)$ 去截椭球面，分别可得与上述类似的结果.

综合上述的讨论，椭球面的形状如图 7-40 所示.

特别地，当 $a=b=c=R$ 时，就得到球心在原点，半径为 R 的球面的方程为

$$x^2+y^2+z^2=R^2.$$

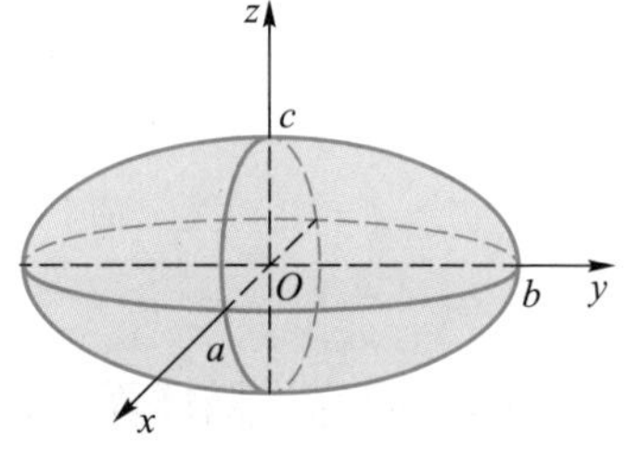

图 7-40

二、抛物面

1. 椭圆抛物面

方程

$$\frac{x^2}{a^2}+\frac{y^2}{b^2}=\pm z$$

表示的曲面称为**椭圆抛物面**(elliptic paraboloid). 为了讨论方便，方程右边取正号，现在用截痕法来考察其图形的形状.

(1) 用平行于 xOy 面的平面 $z=t(t>0)$ 去截这曲面，截痕为椭圆：

$$\begin{cases}\dfrac{x^2}{a^2t}+\dfrac{y^2}{b^2t}=1,\\ z=t.\end{cases}$$

当 $t=0$ 时截得一点即坐标原点,称为椭圆抛物面的顶点.

(2) 用平行于 zOx 面的平面 $y=h$ 去截这曲面,截痕为抛物线:

$$\begin{cases} z=\dfrac{x^2}{a^2}+\dfrac{h^2}{b^2}, \\ y=h. \end{cases}$$

(3) 用平行于 yOz 面的平面 $x=k$ 去截这曲面,截痕为抛物线:

$$\begin{cases} z=\dfrac{k^2}{a^2}+\dfrac{y^2}{b^2}, \\ x=k. \end{cases}$$

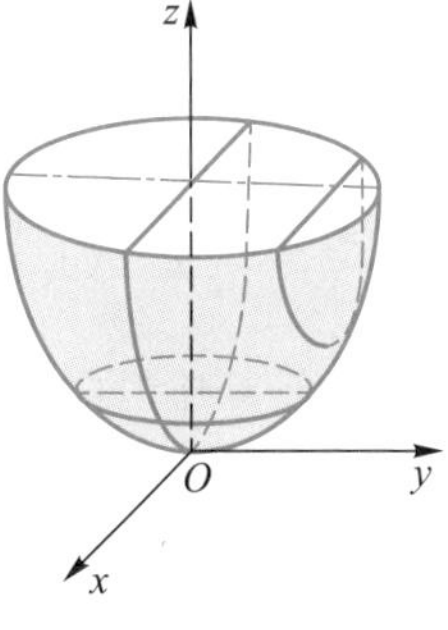

图 7-41

综合以上分析,可知椭圆抛物面的形状如图 7-41 所示,若方程右边取负号其图形怎样?请读者考虑.

2. 双曲抛物面

方程

$$-\frac{x^2}{p}+\frac{y^2}{q}=2z \quad (pq>0)$$

表示的曲面称为**双曲抛物面**(hyperbolic paraboloid)(又称**马鞍面**).

先用三个坐标面分别截,截痕依次为(设 $p>0,q>0$)

$$\begin{cases} -\dfrac{x^2}{2p}+\dfrac{y^2}{2q}=0, \\ z=0 \end{cases} \quad (两条直线);$$

$$\begin{cases} \dfrac{x^2}{p}=-2z, \\ y=0 \end{cases} \quad (顶点在坐标原点,开口向下的抛物线);$$

$$\begin{cases} \dfrac{y^2}{q}=2z, \\ x=0 \end{cases} \quad (顶点在坐标原点,开口向上的抛物线).$$

再用 $z=h$ 去截,截痕为

$$\begin{cases} -\dfrac{x^2}{2ph}+\dfrac{y^2}{2qh}=1, \\ z=h. \end{cases}$$

当 $h>0$ 时,它是实轴平行于 y 轴的双曲线;当 $h<0$ 时,它是实轴平行于 x

轴的双曲线.

用 $x=c$ 去截,截痕为

$$\begin{cases}y^2=2q\left(z+\dfrac{c^2}{2p}\right),\\x=c,\end{cases}$$

该图形为开口向上的抛物线.

用 $y=m$ 去截,截痕为

$$\begin{cases}x^2=-2p\left(z-\dfrac{m^2}{2q}\right),\\y=m,\end{cases}$$

该图形为开口向下的抛物线.

综合上述讨论,双曲抛物面的形状如图 7-42 所示.

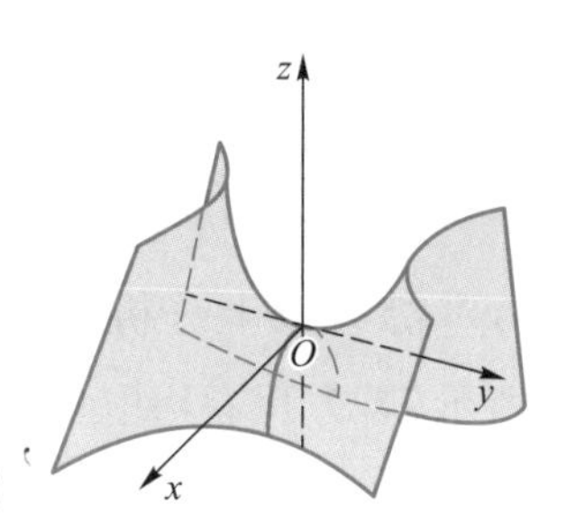

图 7-42

三、双曲面

1. 单叶双曲面

方程

$$\frac{x^2}{a^2}+\frac{y^2}{b^2}-\frac{z^2}{c^2}=1$$

表示的曲面称为**单叶双曲面**(hyperboloid of one sheet). 读者可用截痕法讨论它的形状. 另外,介绍一种常用的研究曲面形状的方法——**伸缩变形法**.

先介绍 xOy 面上的图形伸缩变形的方法. 在 xOy 面上,把点 $A_1(x,y)$ 变为点 $A_2(x,\lambda y)$,这样点 A_1 的轨迹 C_1 变为点 A_2 的轨迹 C_2,称为把图形 C_1 沿 y 轴方向伸缩 λ 倍变成图形 C_2. 如曲线 C_1 的方程为 $f(x,y)=0$,曲线 C_1 上的点 $A_1(x_1,y_1)$ 变为点 $A_2(x_2,y_2)$,其中 $x_2=x_1,y_2=\lambda y_1$,即 $x_1=x_2,y_1=\dfrac{y_2}{\lambda}$. 因点 A_1 在曲线 C_1 上,有 $f(x_1,y_1)=0$,故 $f\left(x_2,\dfrac{y_2}{\lambda}\right)=0$,因此点 $A_2(x_2,y_2)$ 的轨迹 C_2 的

方程为 $f\left(x_2,\dfrac{y_2}{\lambda}\right)=0$. 例如把圆 $x^2+y^2=a^2$ 沿 y 轴方向伸缩 $\dfrac{b}{a}$ 倍，就变为椭圆 $\dfrac{x^2}{a^2}+\dfrac{y^2}{b^2}=1$，如图 7-43 所示.

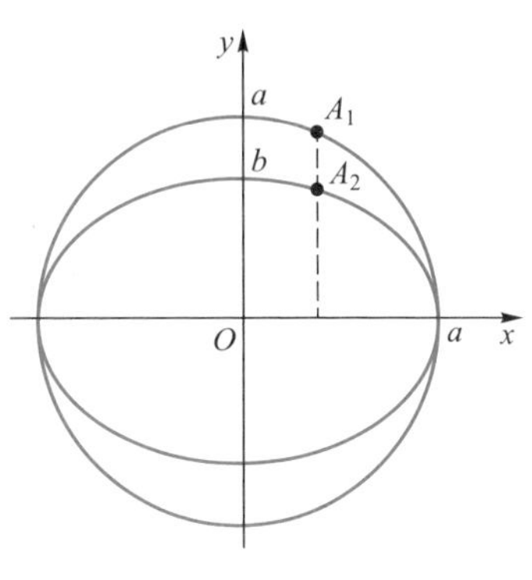

图 7-43

类似地，把 zOx 面上的双曲线 $\dfrac{x^2}{a^2}-\dfrac{z^2}{c^2}=1$ 绕 z 轴旋转，得旋转单叶双曲面 $\dfrac{x^2+y^2}{a^2}-\dfrac{z^2}{c^2}=1$，把此旋转曲面沿 y 轴方向伸缩 $\dfrac{b}{a}$ 倍，即得单叶双曲面 $\dfrac{x^2}{a^2}+\dfrac{y^2}{b^2}-\dfrac{z^2}{c^2}=1$（见图 7-44）.

2. 双叶双曲面

方程

$$\frac{x^2}{a^2}-\frac{y^2}{b^2}-\frac{z^2}{c^2}=1$$

表示的曲面称为**双叶双曲面**（hyperboloid of two sheets）.

把 zOx 面上的双曲线 $\dfrac{x^2}{a^2}-\dfrac{z^2}{c^2}=1$ 绕 x 轴旋转，得旋转双叶双曲面 $\dfrac{x^2}{a^2}-\dfrac{y^2+z^2}{c^2}=1$，把此旋转曲面沿 y 轴方向伸缩 $\dfrac{b}{c}$ 倍，即得双叶双曲面 $\dfrac{x^2}{a^2}-\dfrac{y^2}{b^2}-\dfrac{z^2}{c^2}=1$. 读者亦可用截痕法讨论它的形状，如图 7-45 所示.

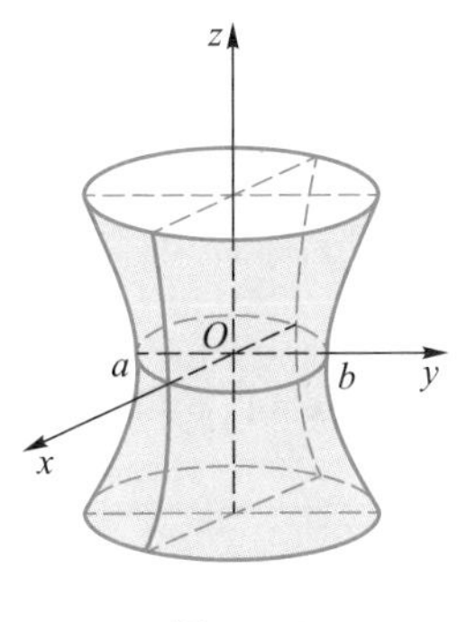

图 7-44

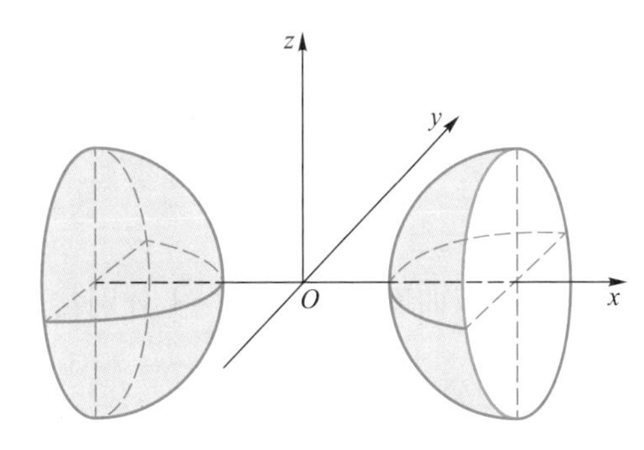

图 7-45

四、椭圆锥面

方程

$$\frac{x^2}{a^2}+\frac{y^2}{b^2}=z^2$$

表示的曲面称为**椭圆锥面**(elliptic cone).

把圆锥面 $x^2+y^2=a^2z^2$ 沿 y 轴方向伸缩$\frac{b}{a}$倍,即得椭圆锥面$\frac{x^2}{a^2}+\frac{y^2}{b^2}=z^2$(可参阅圆锥面图 7-33). 读者亦可用截痕法讨论它的形状.

习题 7-7

1. 指出下列各方程所表示的曲面,并画出图形.

(1) $\frac{x^2}{9}+\frac{y^2}{4}+z^2=1$;　　(2) $\frac{z}{3}=\frac{x^2}{4}+\frac{y^2}{9}$;

(3) $16x^2+4y^2-z^2=64$;　　(4) $4x^2-9y^2-72z=0$;

(5) $x^2+4y^2-z^2+9=0$;　　(6) $x^2+y^2-4z^2=0$;

(7) $z=\sqrt{x^2+y^2}$;　　(8) $\frac{x^2}{9}+\frac{y^2}{16}-\frac{z^2}{9}=1$;

(9) $x^2+2y^2+4z^2=0$.

2. 试求平面 $x=2$ 与椭球面$\frac{x^2}{16}+\frac{y^2}{12}+\frac{z^2}{4}=1$ 相交得到的椭圆的长、短半轴与顶点.

3. 求双叶双曲面$-x^2-\frac{y^2}{4}+z^2=1$ 分别与平面 $z=1$, $z=-1$, $x=1$, $y=1$ 的交线的方程,说出这些交线的名称.

第八节　空间曲线及其方程

一、空间曲线的一般方程

空间曲线的方程

空间曲线可以看成是两个曲面的交线. 设两个曲面的方程分别为 $F(x,y,z)=0$ 和 $G(x,y,z)=0$,则其交线 Γ 的方程为

$$\begin{cases}F(x,y,z)=0,\\G(x,y,z)=0,\end{cases}$$

上述方程组称为**空间曲线的一般方程**(见图 7-46).

例 1　方程组 $\begin{cases}x^2+y^2=1,\\x+y+z=2\end{cases}$ 表示怎样的曲线?

解　方程组中第一个方程表示母线平行于 z 轴的圆柱面,其准线是 xOy 面上的圆,圆心在原点 O,半径为 1. 方程组中第二个方程表示一个平面. 方程组表示上述圆柱面与平面的交线,如图 7-47 所示,它是 $x+y+z=2$ 平面上的椭圆.

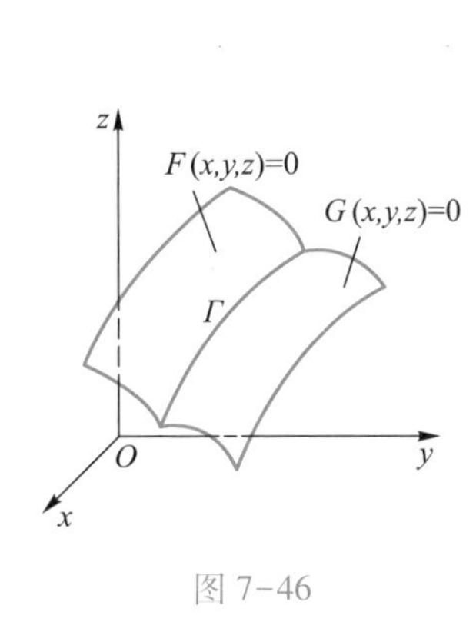

图 7-46

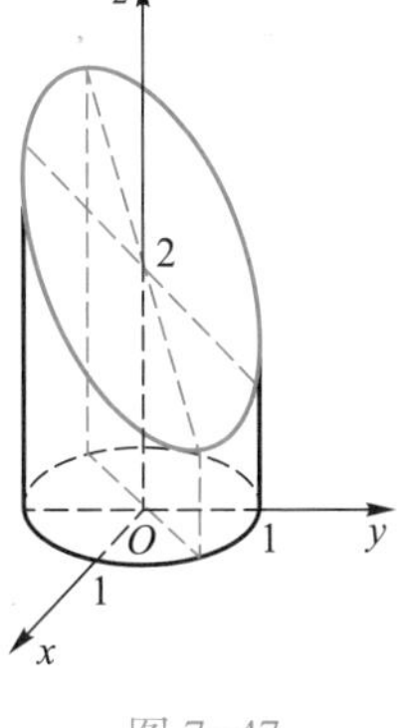

图 7-47

例 2　方程组

$$\begin{cases}z=\sqrt{R^2-x^2-y^2},\\\left(x-\dfrac{R}{2}\right)^2+y^2=\left(\dfrac{R}{2}\right)^2\end{cases}$$

表示怎样的曲线?

解 方程组中第一个方程表示球心在原点 O,半径为 R 的上半球面,第二个方程表示母线平行于 z 轴的圆柱面,它的准线是 xOy 面上的圆,其圆心在点$\left(\frac{R}{2},0\right)$,半径为$\frac{R}{2}$. 方程组表示半球面与圆柱面的交线,如图 7-48 所示.

例 3 方程组

$$\begin{cases}x^2+y^2+z^2-2Rz=0,\\x^2+y^2+z^2-R^2=0\end{cases}$$

表示怎样的曲线?

解 方程组中第一个方程变形为

$$x^2+y^2+(z-R)^2=R^2,$$

它表示球心在点 $O'(0,0,R)$,半径为 R 的球面. 方程组中第二个方程表示球心在原点 O,半径为 R 的球面. 两个球面的交线如图 7-49 所示,它表示 $z=\frac{R}{2}$ 平面上的圆.

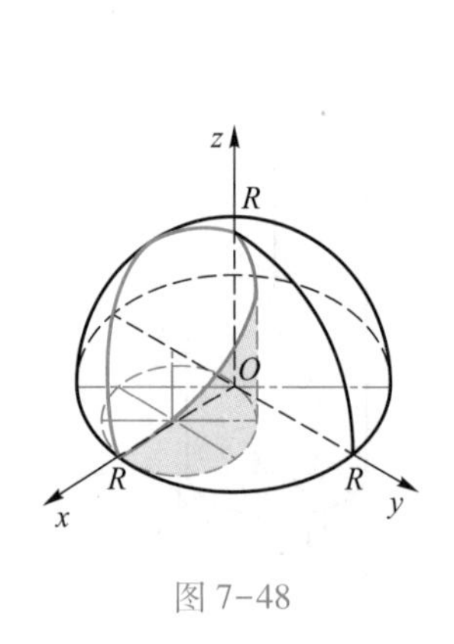

图 7-48

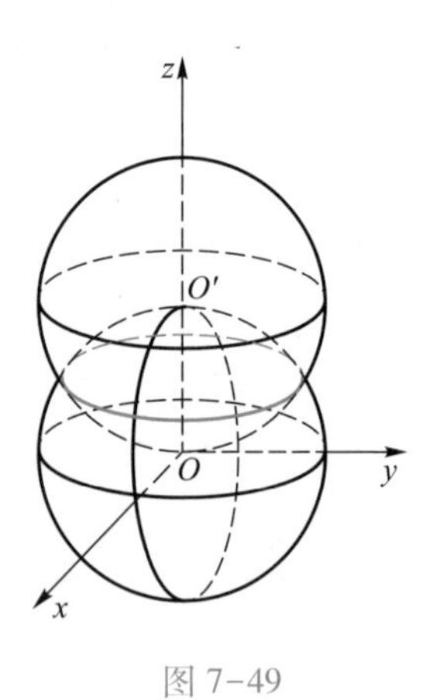

图 7-49

又方程组

$$\begin{cases}x^2+y^2+z^2-2Rz=0,\\x^2+y^2+z^2-R^2=0\end{cases}$$

等价于

$$\begin{cases} x^2+y^2+z^2=R^2, \\ z=\dfrac{1}{2}R, \end{cases}$$

故两个方程组表示同一条空间曲线,从而说明空间同一条曲线的表示式不是唯一的.

二、空间曲线的参数方程

空间曲线 Γ 除一般方程外,也可以用参数形式表示方程,只要将 Γ 上动点的坐标 x,y,z 表示为参数 t 的函数,即

$$\begin{cases} x=x(t), \\ y=y(t), \\ z=z(t). \end{cases}$$

当 t 取定一个值时,就得到曲线 Γ 上一点的坐标,随着 t 的变动,可得曲线 Γ 上的全部点. 该式称为**曲线 Γ 的参数方程**.

例 4 设质点在圆柱面 $x^2+y^2=R^2$ 上以匀角速度 ω 绕 z 轴旋转,同时以匀线速度 v 沿平行于 z 轴的正方向上升. 当运动开始,即 $t=0$ 时,质点在 $M_0(R,0,0)$ 处,求质点的运动方程.

解 设时间为 t 时,质点位置为 $M(x,y,z)$,由点 M 作 xOy 面的垂线,垂足为 $M'(x,y,0)$(见图 7-50),则质点从 M_0 到 M 所转过的角 $\theta=\omega t$,上升的高度 $|M'M|=vt$,于是

$$x=|OM'|\cos\theta=R\cos\omega t,$$

$$y=|OM'|\sin\theta=R\sin\omega t,$$

故质点的运动方程为

$$\begin{cases} x=R\cos\omega t, \\ y=R\sin\omega t, \\ z=vt. \end{cases}$$

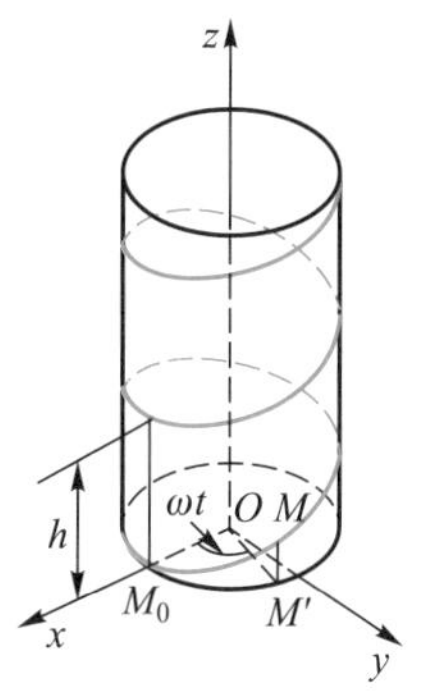

图 7-50

此方程称为(圆柱)**螺旋线**(helix)方程.

若 $\theta=\omega t$,上述螺旋线方程又可写成

$$\begin{cases} x = R\cos\theta, \\ y = R\sin\theta, \\ z = b\theta, \end{cases}$$

这里 $b=\dfrac{v}{\omega}$,而参数为 θ($h=2\pi b$ 在工程技术上称为**螺距**(pitch)).

三、空间曲线在坐标面上的投影

设空间曲线 Γ 的一般方程为

$$\begin{cases} F(x,y,z)=0, \\ G(x,y,z)=0, \end{cases} \tag{7-7}$$

消去变量 z 后,得方程

$$H(x,y)=0. \tag{7-8}$$

因为曲线 Γ 上的点 $M(x,y,z)$ 的坐标满足式(7-7),从而满足式(7-8).而 $H(x,y)=0$ 表示母线平行于 z 轴的柱面,这说明曲线 Γ 在式(7-8)所表示的柱面上.

以曲线 Γ 为准线,母线平行于 z 轴的柱面称为空间曲线 Γ 关于 xOy 面的**投影柱面**(projecting cylinder),投影柱面与 xOy 面的交线叫做空间曲线 Γ 在 xOy 面上的**投影曲线**(projective curve)(简称投影).

空间曲线在坐标面上的投影

故式(7-7)在 xOy 面的投影为

$$\begin{cases} H(x,y)=0, \\ z=0. \end{cases}$$

同理,在式(7-7)中消去 x(或 y),再分别与 $x=0$(或 $y=0$)联立,即可得到空间曲线 Γ 在 yOz 面(或 zOx)面上的投影,其方程分别为

$$\begin{cases} R(y,z)=0, \\ x=0, \end{cases}$$

或

$$\begin{cases}T(x,z)=0,\\y=0.\end{cases}$$

例 5　求锥面 $z=\sqrt{x^2+y^2}$ 与抛物柱面 $z^2=2y$ 的交线在 xOy 面上的投影.

解　由方程组

$$\begin{cases}z=\sqrt{x^2+y^2},\\z^2=2y\end{cases}$$

消去 z,得母线平行于 z 轴的柱面方程为

$$x^2+(y-1)^2=1,$$

则 Γ 在 xOy 面上的投影曲线的方程为

$$\begin{cases}x^2+(y-1)^2=1,\\z=0.\end{cases}$$

如图 7-51 所示.

在重积分和曲面积分的计算中,往往需要确定一个立体或曲面在坐标面上的投影,这时要利用投影柱面和投影曲线.

例 6　设一个立体由上半球面 $z=\sqrt{4-x^2-y^2}$ 和锥面 $z=\sqrt{3(x^2+y^2)}$ 所围成(见图 7-52),求它在 xOy 面上的投影.

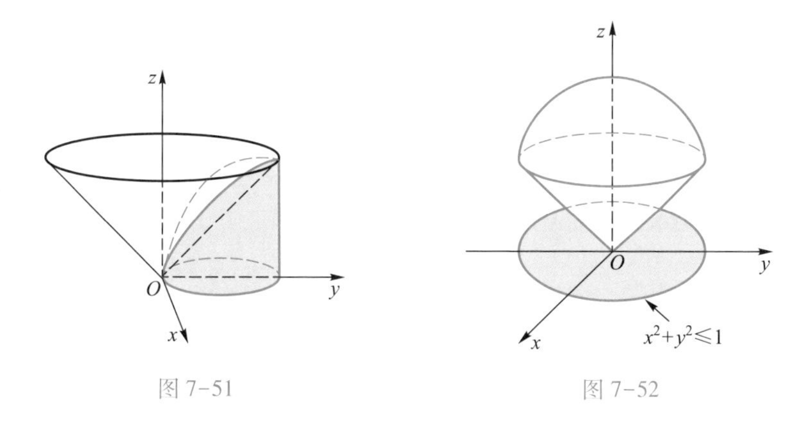

图 7-51　　图 7-52

解　半球面和锥面的交线 Γ 的方程为

$$\begin{cases}z=\sqrt{4-x^2-y^2},\\z=\sqrt{3(x^2+y^2)}.\end{cases}$$

由上述方程组消去 z,得到 $x^2+y^2=1$. 这是一个母线平行于 z 轴的圆柱面,从而得 Γ 在 xOy 面上的投影曲线的方程为

$$\begin{cases}x^2+y^2=1,\\z=0,\end{cases}$$

这是 xOy 面上的一个圆,故所给立体在 xOy 面上的投影(区域),就是该圆在 xOy 面上所围的部分:$x^2+y^2\leqslant 1$.

习题 7-8

1. 画出下列曲线在第 I 卦限内的图形.

(1) $\begin{cases}x=1,\\y=1;\end{cases}$ (2) $\begin{cases}z=\sqrt{4-x^2-y^2},\\x-y=0;\end{cases}$

(3) $\begin{cases}x^2+y^2=a^2,\\x^2+z^2=a^2;\end{cases}$ (4) $\begin{cases}x^2+\dfrac{y^2}{4}=1+\dfrac{z}{4},\\y=4.\end{cases}$

2. 将下列曲线的一般方程化为参数方程.

(1) $\begin{cases}x^2+y^2+z^2=9,\\y=x;\end{cases}$ (2) $\begin{cases}(x-1)^2+y^2+(z+1)^2=4,\\z=0.\end{cases}$

3. 分别求母线平行于 x 轴及 y 轴而且通过曲线

$$\begin{cases}2x^2+y^2+z^2=16,\\x^2+z^2-y^2=0\end{cases}$$

的柱面方程.

4. 把下列曲线的参数方程化为曲线的三元联立方程.

(1) $\begin{cases}x=(t+1)^2,\\y=2(t+1)^2,\\z=-(2t+1);\end{cases}$ (2) $\begin{cases}x=3\sin t,\\y=4\sin t,\\z=5\cos t;\end{cases}$

(3) $\begin{cases}x=a\cos t,\\y=b\sin t,\\z=c;\end{cases}$ (4) $\begin{cases}x=1+\sqrt{1-t^2},\\y=2t^2,\\z=2t.\end{cases}$

5. 求螺旋线

$$\begin{cases}x=a\cos\theta,\\y=a\sin\theta,\\z=b\theta\end{cases}$$

在三个坐标面上的投影曲线的直角坐标方程.

6. 求球面 $x^2+y^2+z^2=9$ 与平面 $x+z=1$ 的交线在 xOy 面上的投影的方程.

7. 求上半球 $0\leqslant z\leqslant\sqrt{a^2-x^2-y^2}$ 与圆柱体 $x^2+y^2\leqslant ax(a>0)$ 的公共部分在 xOy 面和 zOx 面上的投影.

8. 求旋转抛物面 $z=x^2+y^2(0\leqslant z\leqslant 4)$ 在三个坐标面上的投影.

9. 求曲线

$$\begin{cases}x^2+y^2+z^2=16,\\x^2+y^2=4x\end{cases}$$

在 zOx 面上投影曲线的方程.

10. 求曲线

$$\begin{cases}y^2+z^2-2x=0,\\z=3\end{cases}$$

在 xOy 面上投影曲线的方程.

第七章总习题

1. 填空题.

(1) 三个力 $\boldsymbol{F}_1=(1,2,3)$, $\boldsymbol{F}_2=(-2,3,-4)$, $\boldsymbol{F}_3=(3,-4,5)$ 同时作用于一点,则合力 $|\boldsymbol{F}|=$______,其方向余弦为__________.

(2) 设 $\lambda_1,\lambda_2,\lambda_3$ 不全为零,使 $\lambda_1\boldsymbol{a}+\lambda_2\boldsymbol{b}+\lambda_3\boldsymbol{c}=\boldsymbol{0}$,则向量 $\boldsymbol{a},\boldsymbol{b},\boldsymbol{c}$ 的关系为

______.

(3) 已知向量 $\boldsymbol{a},\boldsymbol{b},\boldsymbol{c}$ 是单位向量,且满足 $\boldsymbol{a}+\boldsymbol{b}+\boldsymbol{c}=\boldsymbol{0}$,则 $\boldsymbol{a}\cdot\boldsymbol{b}+\boldsymbol{b}\cdot\boldsymbol{c}+\boldsymbol{c}\cdot\boldsymbol{a}=$ ______.

(4) 设 $|\boldsymbol{a}|=3$, $|\boldsymbol{b}|=4$, $|\boldsymbol{c}|=5$,且满足 $\boldsymbol{a}+\boldsymbol{b}+\boldsymbol{c}=\boldsymbol{0}$,则 $|\boldsymbol{a}\times\boldsymbol{b}+\boldsymbol{b}\times\boldsymbol{c}+\boldsymbol{c}\times\boldsymbol{a}|=$ ______.

(5) 空间点 $M_0(1,3,-4)$ 关于平面 $3x+y-2z=0$ 的对称点是____.

(6) 一平行四边形以向量 $\boldsymbol{a}=(2,1,-1)$ 和 $\boldsymbol{b}=(1,-2,1)$ 为邻边,其对角线夹角的正弦为______.

(7) 设有直线 $L:\begin{cases}x+3y+2z+1=0,\\2x-y-10z+3=0\end{cases}$ 及平面 $\pi:4x-2y+z-2=0$,则 L 与 π 的关系为______.

(8) 四面体的顶点为 $(1,1,1)$, $(1,2,3)$, $(1,1,2)$ 和 $(3,-1,2)$,则四面体的体积为______.

(9) 点 $(1,-3,1)$ 到直线 $L:\begin{cases}x+2z=1,\\y-3z=2\end{cases}$ 的距离为______.

(10) 点 $(2,1,-2)$ 在平面 $2x-y-z+1=0$ 上的投影为______.

2. 设 $|\boldsymbol{a}|=4$, $|\boldsymbol{b}|=3$, $(\widehat{\boldsymbol{a},\boldsymbol{b}})=\dfrac{\pi}{6}$,求以 $\boldsymbol{a}+2\boldsymbol{b}$ 和 $\boldsymbol{a}-3\boldsymbol{b}$ 为边的平行四边形的面积.

3. 通过点 $(1,-1,1)$ 作垂直于两平面 $x-y+z-1=0$ 和 $2x+y+z+1=0$ 的平面.

4. 求两条直线 $\dfrac{x-2}{1}=\dfrac{y-3}{-1}=\dfrac{z-3}{2}$ 和 $\dfrac{x-1}{2}=\dfrac{y-3}{1}=\dfrac{z-8}{1}$ 的夹角.

5. 求过点 $(0,2,4)$ 且与两平面 $x+2z=1$ 和 $y-3z=2$ 平行的直线的方程.

6. 设一平面垂直于平面 $z=0$,并通过点 $(1,-1,1)$ 到直线

$$\begin{cases}y-z+1=0,\\x=0\end{cases}$$

的垂线,求此平面的方程.

7. 求锥面 $z=\sqrt{x^2+y^2}$ 与柱面 $z^2=2x$ 所围立体在三个坐标面上的投影.

8. 一条直线在平面 $x+2y=0$ 上,且与两直线

$$\frac{x}{1}=\frac{y}{4}=\frac{z-1}{-1},\quad \frac{x-4}{2}=\frac{y-1}{0}=\frac{z-2}{1}$$

都相交,求该直线方程.

9. 求直线 $L:\frac{x-1}{1}=\frac{y}{1}=\frac{z-1}{-1}$在平面 $x-y+2z-1=0$ 上的投影直线 L_0 的方程,并求直线 L_0 绕 y 轴旋转一周而成的曲面的方程.

10. 求通过点(3,0,0)和(0,0,1)且与 xOy 面成$\frac{\pi}{3}$角的平面的方程.

11. 一直线 L 平行于平面 $3x+2y-z=-6$,且与直线

$$\frac{x-3}{2}=\frac{y+2}{4}=\frac{z}{1}$$

垂直,试求直线 L 的方向余弦.

第八章　多元函数微分学

上册中介绍了仅依赖一个自变量的函数——一元函数，由于许多实际问题是受多方面因素制约的，因此在数量关系上必须研究依赖多个自变量的函数，即多元函数. 本章介绍多元函数的基本概念及其微分学，其内容和方法与一元函数的内容和方法紧密相关，但由于变量的增加，问题更复杂多样. 在学习时，应注意与一元函数有关内容的对比，找出异同. 这样不但有利于理解和掌握多元函数的知识，而且复习巩固了一元函数的知识.

第一节　多元函数的基本概念

一、预备知识

1. 平面区域

在平面上引入坐标系 xOy 之后，有序实数对 (x,y) 就与平面上的点建立了一一对应关系，这样集合 $\mathbf{R}^2=\{(x,y)\mid x,y\in\mathbf{R}\}$ 就表示坐标平面，$\mathbf{R}^2$ 的子集也称为**平面点集**，坐标平面上具有某种性质 P 的点的集合，可表示为

$$E=\{(x,y)\mid(x,y)\text{具有性质 }P\}.$$

现在先介绍 $\mathbf{R}^2$ 中邻域的相关概念，并由此引入平面区域的概念.

设 $P_0(x_0,y_0)$ 是 xOy 面上的一点,δ 是某一正数,与点 $P_0(x_0,y_0)$ 距离小于 δ 的点 $P(x,y)$ 的全体,称为点 $P_0(x_0,y_0)$ 的 δ **邻域**,记作 $U(P_0,\delta)$,即

$$U(P_0,\delta)=\{P \mid |P_0P|<\delta\},$$

或写成

$$U(P_0,\delta)=\{(x,y) \mid \sqrt{(x-x_0)^2+(y-y_0)^2}<\delta\}.$$

显然,点 $P_0(x_0,y_0)$ 包含在该邻域内. 在几何上,$U(P_0,\delta)$ 表示 xOy 面上以点 $P_0(x_0,y_0)$ 为中心、δ 为半径的圆内部的点 $P(x,y)$ 的全体.

点 P_0 的**去心邻域**记作 $\mathring{U}(P_0,\delta)$,即

$$\mathring{U}(P_0,\delta)=\{(x,y) \mid 0<\sqrt{(x-x_0)^2+(y-y_0)^2}<\delta\}.$$

显然,点 $P_0(x_0,y_0)$ 不包含在该去心邻域内.

如果不需要强调邻域的半径 δ,点 P_0 的邻域也可简记为 $U(P_0)$. 下面用邻域来描述点与点集的关系.

设 P_0 是平面上一点,E 是平面点集,则 P_0 与 E 的关系可分为以下三种情形:

(1) 如果存在 P_0 的某个邻域 $U(P_0)$,使得 $U(P_0)\subset E$,则称 P_0 为 E 的**内点**(interior point).

(2) 如果存在 P_0 的某个邻域 $U(P_0)$,使得 $U(P_0)\cap E=\varnothing$,则称 P_0 是 E 的**外点**(exterior point).

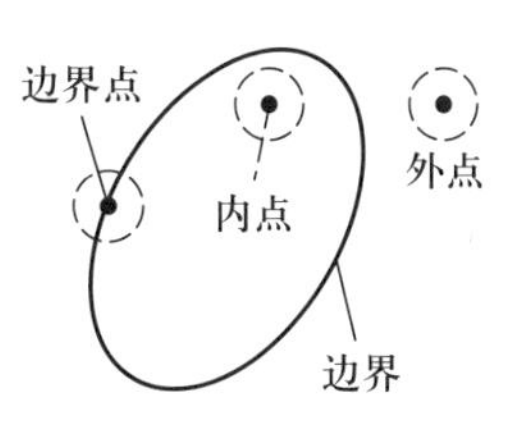

图 8-1

(3) 如果 P_0 的任何邻域 $U(P_0)$ 内,既有属于集合 E 的点,也有不属于集合 E 的点,则称 P_0 是 E 的**边界点**(boundary point). 集合 E 的全体边界点构成 E 的**边界**(boundary),记作 ∂E(见图 8-1).

如果对于任意给定的 $\delta>0$,点 P_0 的去心邻域 $\mathring{U}(P_0,\delta)$ 内总有 E 中的点,则称 P_0 是 E 的**聚点**(point of accumulation).

由定义可以看出,集合 E 的内点必属于 E,集合 E 的外点必不属于 E,集合 E 的边界点既可能属于 E,也可能不属于 E,集合 E 的聚点可以属于 E,也可以不属于 E.

例如,平面点集

$$E=\{(x,y)\mid x^2+y^2<1\},$$

单位圆内部的点都是 E 的内点,单位圆外的点都是 E 的外点,单位圆上的点都是 E 的边界点,而单位圆就是 E 的边界,点集 E 以及它的边界上的一切点都是 E 的聚点.

如果平面点集 E 是由其内点构成的,则称 E 为**开集**(open set);开集连同其边界构成**闭集**(closed set).

例如集合 $E_1=\{(x,y)\mid x^2<y<1\}$,$E_2=\{(x,y)\mid x>0,y>0\}$ 都是开集,$E_3=\{(x,y)\mid x^2\leqslant y\leqslant 1\}$ 是闭集.

如果集合 E 中的任意两点,都可以用属于 E 中的折线连接起来,则称 E 是**连通集**(connected set),连通的开集称为**区域**(或开区域)(open region),区域与其边界构成**闭区域**(closed region). 如上述集合 E_1,E_2 是区域,而 E_3 是闭区域.

另外,再简单介绍一下有界集和无界集的概念. 设有平面区域 E,如果存在点 O 的某个邻域 $U(O)$,使 $E\subset U(O)$,就称 E 是**有界集**(bounded set),否则称为**无界集**(unbounded set). 如前例中 E_1,E_3 是有界集,而 E_2 是无界集.

2. n 维空间

平面区域的概念可以很容易地推广到 n 维空间去.

称 n 元有序数组 $(x_1,x_2,\cdots,x_n)$ $(x_i\in\mathbf{R})$ 的全体所构成的集合为 **n 维空间**,记作 $\mathbf{R}^n$,即

$$\mathbf{R}^n=\{(x_1,x_2,\cdots,x_n)\mid x_i\in\mathbf{R},i=1,2,\cdots,n\}.$$

$\mathbf{R}^n$ 中的元素也可用单个字母 $\boldsymbol{x}$ 来表示,即

$$\boldsymbol{x}=(x_1,x_2,\cdots,x_n).$$

当 $n=1,2,3$ 时,$\mathbf{R}$,$\mathbf{R}^2$,$\mathbf{R}^3$ 中的元素就与数轴、平面直角坐标系中的点、空间直角坐标系中的点或向量建立一一对应关系,因此 $\mathbf{R}^n$ 中的元素 $\boldsymbol{x}=(x_1,x_2,\cdots,x_n)$ 也称为 $\mathbf{R}^n$ 中的一个点或一个 n 维向量,x_i 称为点 $\boldsymbol{x}$ 的第 i 个坐标或 n 维向量 $\boldsymbol{x}$ 的第 i 个分量.

$\mathbf{R}^n$ 中任意两点 $\boldsymbol{x}=(x_1,x_2,\cdots,x_n)$ 和 $\boldsymbol{y}=(y_1,y_2,\cdots,y_n)$ 间的**距离** $\rho(\boldsymbol{x},\boldsymbol{y})$ 定义为

$$\rho(\boldsymbol{x},\boldsymbol{y})=\sqrt{(x_1-y_1)^2+(x_2-y_2)^2+\cdots+(x_n-y_n)^2}.$$

显然,当 $n=1,2,3$ 时,上面公式就是数轴上、直角坐标系下平面上及空间中两点之间的距离公式.

可以证明,若 $P_1,P_2,P_3\in\mathbf{R}^n$,则有“三角不等式”:

$$\rho(P_1,P_3)\leqslant\rho(P_1,P_2)+\rho(P_2,P_3).$$

有了 n 维空间两点间距离的定义后,就可以定义 n 维空间中的邻域,从而就有内点、外点、边界点、聚点;开集、闭集、区域、闭区域;有界集、无界集等一系列概念,这里不再细述.

二、多元函数

在实际问题中,经常会遇到两个或两个以上变量的函数,举例如下.

例 1　长方体的体积 V 由它的长 x,宽 y,高 z 确定:

$$V=xyz.$$

这里,当变量 x,y,z 在集合 $\{(x,y,z)\mid x>0,y>0,z>0\}$ 内取定一组值 (x,y,z) 时,V 的对应值就随之确定.

例 2　设炮筒与水平面的倾角为 α,假定不计空气阻力,则以初速度 v 发射的炮弹的射程为

$$s=\frac{v^2\sin 2\alpha}{g},$$

其中,g 为重力加速度. 这里,当变量 α,v 在集合 $\left\{(\alpha,v)\mid 0<\alpha<\frac{\pi}{2},v>0\right\}$ 内取定一组值 (α,v) 时,s 的对应值就随之确定.

例 3　设 R 是电阻 R_1,R_2 并联后的总电阻,由电学知识知道,它们之间具有关系

$$R=\frac{R_1R_2}{R_1+R_2}.$$

这里,当变量 R_1,R_2 在集合 $\{(R_1,R_2)\mid R_1>0,R_2>0\}$ 内取定一组值 (R_1,R_2) 时,R 的对应值就随之确定.

定义 1 设 D 是 $\mathbf{R}^2$ 的一个非空子集,称映射 $f:D\to\mathbf{R}$ 为定义在 D 上的二元函数,记为

$$z=f(x,y),\quad (x,y)\in D$$

或

$$z=f(P),\quad P\in D,$$

其中,点集 D 称为该函数的**定义域**,x,y 称为**自变量**,z 称为**因变量**,数集

$$\{z\mid z=f(x,y),(x,y)\in D\}$$

称为该函数的值域,记作 $f(D)$.

类似地,可以定义 n 元函数:

$$u=f(x_1,x_2,\cdots,x_n),\quad (x_1,x_2,\cdots,x_n)\in\mathbf{R}^n,$$

即 $u=f(P),P\in\mathbf{R}^n$. 二元及二元以上的函数统称为**多元函数**(multivariable function).

关于多元函数的定义域,与一元函数类似. 一般地,在讨论用算式表达的多元函数时,其定义域就是能使这个算式有意义的那些自变量所确定的点集,也称之为**多元函数的自然定义域**. 对于实际问题中的函数,则由实际意义确定该函数的定义域.

例 4 函数 $z=\dfrac{\sqrt{2x-x^2-y^2}}{\sqrt{x^2+y^2-1}}$ 的定义域为

$$\{(x,y)\mid(x-1)^2+y^2\leqslant 1,x^2+y^2>1\},$$

如图 8-2 所示(月牙形有界点集).

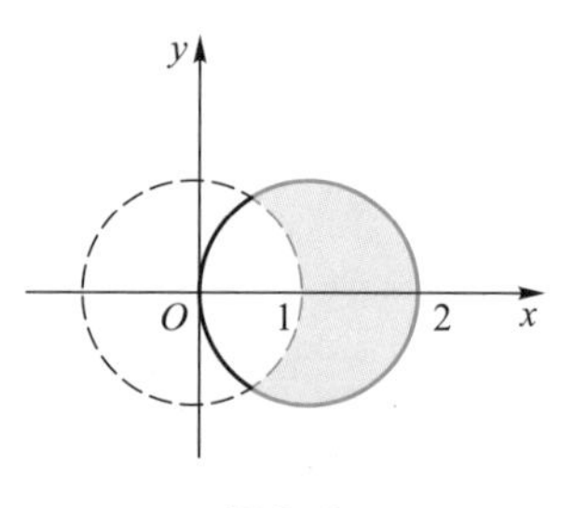

图 8-2

例 5 $u=\sqrt{z-x^2-y^2}+\arcsin(x^2+y^2+z^2)$ 的定义域为

$$\{(x,y,z)\mid x^2+y^2\leqslant z,x^2+y^2+z^2\leqslant 1\}.$$

在空间直角坐标系中,是以原点为中心,半径为 1 的球体中旋转抛物面 $z=x^2+y^2$ 上方的部分.

设函数 $z=f(x,y)$ 的定义域为 D,对于任意取定的点 $P(x,y)\in D$,对应函数值为 $z=f(x,y)$,这样以 x 为横坐标,y 为纵坐标,$z=f(x,y)$ 为竖坐标,在空间确定一点 $M(x,y,z)$,当 (x,y) 取遍 D 上的一切点时,得到一空间点集

$$\{(x,y,z)\mid z=f(x,y),(x,y)\in D\}.$$

这个点集称为**二元函数 $z=f(x,y)$ 的图形**. 一般而言,点集

$$\{(x,y,z)\mid z=f(x,y),(x,y)\in D\}$$

为空间 $\mathbf{R}^3$ 内一张曲面(见图 8-3).

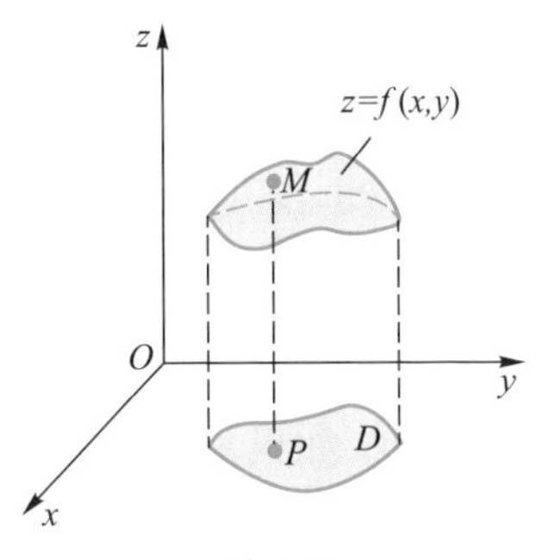

图 8-3

例如,$z=\sqrt{R^2-x^2-y^2}$ 的图形是以原点为球心,R 为半径的上半球面,$z=xy$ 的图形是双曲抛物面.

特别指出,从一元函数到二元函数,在内容和方法上都会出现一些实质性的差别,而多元函数之间差异不大,因此讨论多元函数时,以二元函数为主进行讨论,所得到的结论可以类似地推广到二元以上的函数.

二、多元函数的极限

先讨论二元函数的极限.

设二元函数 $z=f(x,y)$ 在点 $P_0(x_0,y_0)$ 的某邻域内有定义,在该邻域内,当点 $P(x,y)$ 以任意方式趋于点 $P_0(x_0,y_0)$ 时,如果函数值 $f(x,y)$ 无限趋于常数 A,称 A 是二元函数 $z=f(x,y)$ 当 $P(x,y)\to P_0(x_0,y_0)$ 时的极限,这就是极限的描述性定义. 下面用"$\varepsilon-\delta$"语言描述这个极限概念.

定义 2　设函数 $z=f(x,y)$ 的定义域为 D,点 $P_0(x_0,y_0)$ 是 D 的聚点,对 $\forall P(x,y)\in D$,如果存在常数 A, $\forall\varepsilon>0$, $\exists\delta>0$,当

$$0<\sqrt{(x-x_0)^2+(y-y_0)^2}<\delta$$

时,恒有不等式

$$|f(x,y)-A|<\varepsilon$$

成立,则称 A 为函数 $z=f(x,y)$ 当 $x\to x_0$, $y\to y_0$ 时(或 $P\to P_0$ 时)的**极限**,记作

$$\lim_{(x,y)\to(x_0,y_0)} f(x,y)=A$$

或

$$\lim_{P\to P_0} f(P)=A.$$

有时候 $\lim\limits_{(x,y)\to(x_0,y_0)} f(x,y)=A$ 也写成 $\lim\limits_{\substack{x\to x_0\\y\to y_0}} f(x,y)=A$. 为了区别于一元函数的极限,把二元函数的极限也叫做**二重极限**.

n 元函数极限的定义,请读者自己给出.

对于多元函数的极限,作下述几点说明.

(1) 如果采用"点函数"$f(P)$的记号,则当 $P\to P_0$ 时 $f(P)$ 以 A 为极限的定义可以统一写成 $\forall\varepsilon>0$, $\exists\delta>0$, 当 $0<|P_0P|<\delta$ 时,有 $|f(P)-A|<\varepsilon$ 成立,则称 A 是 $P\to P_0$ 时 $f(P)$ 的极限,记作

$$\lim_{P\to P_0} f(P)=A \quad 或 \quad f(P)\to A(P\to P_0).$$

这种形式的定义适用于一元函数,也适用于多元函数. 换而言之,多元函数与一元函数极限的定义,形式上是完全相同的. 但在一元函数中,$P\to P_0$ 的方式只有两种,而在多元函数中,$P\to P_0$ 却有无穷多种方式. 多元函数与一元函数许多本质上的差别皆来源于此.

(2) 一元函数极限 $\lim\limits_{P\to P_0} f(P)=A$ 存在的一个充分必要条件是左、右极限存在且相等. 类似地,多元函数极限 $\lim\limits_{P\to P_0} f(P)=A$ 存在的充分必要条件也可以说成是:点 P 以任意方式趋于点 P_0 时极限都存在且相等. 而在实际应用中,验证点 P 以任意方式趋于点 P_0 的极限相等是不现实的,但如果点 P 以不同方式趋于点 P_0 时函数的极限不相等,则可断定极限不存在,或已知极限存在时,可取特殊路径来计算极限.

(3) 如果记 $\Delta x=x-x_0$, $\Delta y=y-y_0$,则二元函数的极限又可写成

$$\lim_{(\Delta x,\Delta y)\to(0,0)} f(x_0+\Delta x,y_0+\Delta y)=A.$$

若令

$$\rho=\sqrt{(x-x_0)^2+(y-y_0)^2}=\sqrt{(\Delta x)^2+(\Delta y)^2},$$

则当 $\Delta x\to 0$, $\Delta y\to 0$ 时,$\rho\to 0$;反之,当 $\rho\to 0$ 时,$\Delta x\to 0$, $\Delta y\to 0$,于是上式又可写成

$$\lim_{\rho\to 0} f(x_0+\Delta x,y_0+\Delta y)=A.$$

(4) 二元函数 $z=f(x,y)$ 当 $x\to x_0$, $y\to y_0$ 时的极限为 A 的几何意义是:在点 $P_0(x_0,y_0)$ 的去心邻域内的曲面 $z=f(x,y)$ 界于两个平面 $z=A-\varepsilon$ 和 $z=A+\varepsilon$ 之间.

例 6　试证 $\lim\limits_{\substack{x\to 0\\y\to 0}}(x^2+y^2)\sin\frac{1}{xy}=0.$

证明　因为

$$\left|(x^2+y^2)\sin\frac{1}{xy}-0\right|=|x^2+y^2|\left|\sin\frac{1}{xy}\right|\leqslant x^2+y^2,$$

所以，$\forall\varepsilon>0$，$\exists\delta=\sqrt{\varepsilon}$，当 $0<\sqrt{x^2+y^2}<\delta$ 时，有

$$\left|(x^2+y^2)\sin\frac{1}{xy}-0\right|<\varepsilon,$$

故

$$\lim_{\substack{x\to 0\\y\to 0}}(x^2+y^2)\sin\frac{1}{xy}=0.$$

例 7　讨论 $\lim\limits_{(x,y)\to(0,0)}\frac{xy^2}{x^2+y^4}$ 的存在性.

解　当点 (x,y) 沿直线 $y=kx$ 趋于 $(0,0)$ 时，有

$$\lim_{\substack{x\to 0\\y=kx}}\frac{xy^2}{x^2+y^4}=\lim_{x\to 0}\frac{k^2x^3}{x^2+k^4x^4}=\lim_{x\to 0}\frac{k^2x}{1+k^4x^2}=0.$$

当点 (x,y) 沿直线 $x=0$（y 轴）趋于 $(0,0)$ 时，有

$$\lim_{\substack{y\to 0\\x=0}}\frac{xy^2}{x^2+y^4}=0.$$

说明点 (x,y) 沿任何直线趋于原点时，$f(x,y)$ 均趋于 0，但是，这并不能说明 $f(x,y)$ 以 0 为极限，因为点 (x,y) 趋于 $(0,0)$ 的方式有无穷多种. 当点 (x,y) 沿抛物线 $x=ky^2$ 趋于 $(0,0)$ 时，有

$$\lim_{\substack{y\to 0\\x=ky^2}}\frac{xy^2}{x^2+y^4}=\lim_{y\to 0}\frac{ky^4}{k^2y^4+y^4}=\frac{k}{k^2+1}.$$

该极限随 k 值不同而不同，也就是说，当点 (x,y) 沿不同的抛物线 $x=ky^2$ 趋于 $(0,0)$ 时，极限值不相同，故 $\lim\limits_{(x,y)\to(0,0)}\frac{xy^2}{x^2+y^4}$ 不存在.

最后指出，一元函数极限的运算法则及极限的性质，可以推广到多元函数极限上来.

(1) 局部保号性定理. 如果 $\lim\limits_{(x,y)\to(x_0,y_0)}f(x,y)=A>0$（或 $A<0$），则 $\exists\delta>0$，当

$P(x,y)\in \mathring{U}(P_0,\delta)$时,有$f(x,y)>0(<0)$.

(2) 设$f(x,y)$在(x_0,y_0)的某邻域内有界,且$\lim\limits_{(x,y)\to(x_0,y_0)} g(x,y)=0$,则

$$\lim_{(x,y)\to(x_0,y_0)} f(x,y)g(x,y)=0$$

(3) 如果当$t\to a$时,$f(t)\sim g(t)$,而$\lim\limits_{(x,y)\to(x_0,y_0)}\varphi(x,y)=a$,且在$(x_0,y_0)$的某去心邻域内$\varphi(x,y)\neq a$,则$(x,y)\to(x_0,y_0)$时,有

$$f[\varphi(x,y)]\sim g[\varphi(x,y)].$$

例 8 求$\lim\limits_{\substack{x\to 0\\ y\to 0}} xy\cos\dfrac{1}{x^2+y^2}$.

解 由于$\cos\dfrac{1}{x^2+y^2}$在$(0,0)$的某邻域内有界,且$\lim\limits_{\substack{x\to 0\\ y\to 0}}(xy)=0$,故

$$\lim_{\substack{x\to 0\\ y\to 0}} xy\cos\frac{1}{x^2+y^2}=0.$$

例 9 求$\lim\limits_{\substack{x\to 0\\ y\to 0}}\dfrac{2-\sqrt{xy+4}}{xy}$.

解 $\lim\limits_{\substack{x\to 0\\ y\to 0}}\dfrac{2-\sqrt{xy+4}}{xy}=\lim\limits_{\substack{x\to 0\\ y\to 0}}\dfrac{-1}{2+\sqrt{xy+4}}=-\dfrac{1}{4}.$

例 10 求$\lim\limits_{\substack{x\to 0\\ y\to 0}}\dfrac{1-\cos(x^2+y^2)}{(x^2+y^2)\mathrm{e}^{x^2y^2}}$.

解 $\lim\limits_{\substack{x\to 0\\ y\to 0}}\dfrac{1-\cos(x^2+y^2)}{(x^2+y^2)\mathrm{e}^{x^2y^2}}=\lim\limits_{\substack{x\to 0\\ y\to 0}}\dfrac{\frac{1}{2}(x^2+y^2)^2}{(x^2+y^2)\mathrm{e}^{x^2y^2}}=\lim\limits_{\substack{x\to 0\\ y\to 0}}\dfrac{x^2+y^2}{2\mathrm{e}^{x^2y^2}}=0.$

四、多元函数的连续性

定义 3 设函数$z=f(x,y)$在点$P_0(x_0,y_0)$的某邻域内有定义,如果

$$\lim_{\substack{x\to x_0\\ y\to y_0}} f(x,y)=f(x_0,y_0) \quad 即 \quad \lim_{P\to P_0} f(P)=f(P_0),$$

多元函数的极限与连续

则称函数$z=f(x,y)$在点$P_0(x_0,y_0)$处**连续**,点$P_0(x_0,y_0)$称为函数$f(x,y)$的连续点,否则称函数$f(x,y)$在点$P_0(x_0,y_0)$点处**间**

断,点 $P_0(x_0,y_0)$ 称为函数 $f(x,y)$ 的间断点.

若记 $x-x_0=\Delta x, y-y_0=\Delta y$,则函数 $f(x,y)$ 在点 $P_0(x_0,y_0)$ 处连续的定义,还有以下的等价形式:

$$\lim_{\substack{\Delta x\to 0\\ \Delta y\to 0}}[f(x_0+\Delta x,y_0+\Delta y)-f(x_0,y_0)]=0,\text{即} \lim_{\substack{\Delta x\to 0\\ \Delta y\to 0}}\Delta z=0;$$

$$\lim_{\rho\to 0}[f(x_0+\Delta x,y_0+\Delta y)-f(x_0,y_0)]=0,\text{即} \lim_{\rho\to 0}\Delta z=0,$$

其中,$\rho=\sqrt{(\Delta x)^2+(\Delta y)^2}$.

如果函数 $f(x,y)$ 在区域 D 内的每一点都连续,则称函数 $f(x,y)$ 在 D 内连续.

这里顺便指出,如果二元函数 $z=f(x,y)$ 在闭区域 D 的内部每一点都连续,而对于边界上的任意一点 (x_0,y_0),都有

$$\lim_{\substack{(x,y)\to(x_0,y_0)\\ (x,y)\in D}} f(x,y)=f(x_0,y_0)$$

成立,则称 $f(x,y)$ 是闭区域 D 上的连续函数;同样地,设 C 是连续曲线,对于 C 上任意一点 (x_0,y_0),都有

$$\lim_{\substack{(x,y)\to(x_0,y_0)\\ (x,y)\in C}} f(x,y)=f(x_0,y_0)$$

成立,则称 $f(x,y)$ 是曲线 C 上的**连续函数**.

类似地,可以给出 n 元函数连续性的定义.

例 11　证明函数

$$f(x,y)=\begin{cases}(x^2+y^2)\sin\dfrac{1}{x^2+y^2}, & x^2+y^2\neq 0,\\ 0, & x^2+y^2=0\end{cases}$$

在点 $P_0(0,0)$ 处连续.

证明　由于 $\lim\limits_{\substack{x\to 0\\ y\to 0}}f(x,y)=\lim\limits_{\substack{x\to 0\\ y\to 0}}(x^2+y^2)\sin\dfrac{1}{x^2+y^2}=0$,

又
$$f(0,0)=0,$$
故函数 $f(x,y)$ 在点 $P_0(0,0)$ 处连续.

例 12　证明函数 $f(x,y)=x^2+y^2$ 在整个 xOy 面上连续.

证明　设 (x_0,y_0) 是 xOy 面上任意一点,由于

$$\lim_{\substack{x\to x_0\\ y\to y_0}}f(x,y)=\lim_{\substack{x\to x_0\\ y\to y_0}}(x^2+y^2)=x_0^2+y_0^2=f(x_0,y_0),$$

故函数$f(x,y)=x^2+y^2$在整个xOy面上连续.

例 13 讨论函数

$$f(x,y)=\begin{cases}\dfrac{xy}{x^2+y^2}, & x^2+y^2\neq 0,\\ 0, & x^2+y^2=0\end{cases}$$

在点(0,0)处的连续性.

解 $f(0,0)=0$,而当点沿$y=kx$趋于点(0,0)时,有

$$\lim_{\substack{x\to 0\\ y=kx}}f(x,y)=\lim_{x\to 0}\frac{kx^2}{x^2+k^2x^2}=\frac{k}{1+k^2},$$

该极限值随着k值的变化而变化,即$\lim\limits_{\substack{x\to 0\\ y\to 0}}f(x,y)$不存在,故函数$f(x,y)$在点(0,0)处不连续,即(0,0)是该函数的一个间断点.

对于二元函数,间断点可能形成一条或若干条曲线.

(1) 函数$z=f(x,y)=\dfrac{1}{x^2-y^2}$在$x-y=0$及$x+y=0$上没有定义,故两条直线上的各点都是函数的间断点.

(2) 函数$z=\dfrac{x^2+y^2}{x^2-y}$在$y=x^2$上没有定义,故该抛物线上的各点都是函数的间断点.

(3) 函数$z=f(x,y)=\dfrac{1}{x^2+y^2-1}$的间断点形成$xOy$面上的圆周曲线$x^2+y^2=1$.

与一元函数类似,有限个多元连续函数的和、差、积、商(分母不为0时)仍为连续函数;有限个多元连续函数的复合函数仍为连续函数.

与一元初等函数一样,多元初等函数指的是可用一个式子表示的多元函数,这个式子是由常数及具有不同自变量的一元基本初等函数经过有限次的四则运算和复合运算而得到的. 例如,$\dfrac{x+y}{xy}$,$\tan(xy)$,$\ln(e^x+y^3-\sqrt{z})$等都是多元初等函数. 也可以得到:多元初等函数在其定义区域内是连续的,所谓定义区域是指包含在定义域内的区域或闭区域.

由多元初等函数的连续性知，如果要求函数在 P_0 处的极限，而 P_0 在该函数的定义区域内，则该点处函数的极限值就等于函数在该点的函数值，即

$$\lim_{P\to P_0}f(P)=f(P_0).$$

例 14　求 $\lim\limits_{(x,y)\to(2,1)}\dfrac{x-y}{xy}$.

解　函数 $f(x,y)=\dfrac{x-y}{xy}$ 是初等函数，它的定义域为

$$D=\{(x,y)\mid x\neq 0,y\neq 0\}.$$

由于 D 不是连通的，故定义域 D 不是区域. 而

$$D_1=\{(x,y)\mid x>0,y>0\}$$

是区域，且 $D_1\subset D$，故 D_1 是函数 $f(x,y)$ 的一个定义区域，而 $P_0(2,1)$ 在函数的定义区域 D_1 内，故

$$\lim_{(x,y)\to(2,1)}\frac{x-y}{xy}=f(2,1)=\frac{1}{2}.$$

例 15　求 $\lim\limits_{\substack{x\to 0\\ y\to 0}}\dfrac{xy}{\sqrt{xy+1}-1}$.

解　$\lim\limits_{\substack{x\to 0\\ y\to 0}}\dfrac{xy}{\sqrt{xy+1}-1}=\lim\limits_{\substack{x\to 0\\ y\to 0}}\dfrac{xy(\sqrt{xy+1}+1)}{xy+1-1}=\lim\limits_{\substack{x\to 0\\ y\to 0}}(\sqrt{xy+1}+1)=2.$

与闭区间上一元连续函数的性质类似，有界闭区域上的多元连续函数有以下性质：

性质 1（有界性与最大值、最小值定理）　在有界闭区域 D 上的多元连续函数，必定在 D 上有界，且能取得它的最大值和最小值.

该性质就是说，如果 $f(P)$ 在有界闭区域 D 上连续，则必定存在常数 $M>0$，使得对于一切 $P\in D$，有

$$|f(P)|\leqslant M,$$

且存在 $P_1,P_2\in D$，使得

$$f(P_1)=\max\{f(P)\mid P\in D\},\quad f(P_2)=\min\{f(P)\mid P\in D\}.$$

性质 2（介值定理）　在有界闭区域 D 上的多元连续函数，必能取到介于最大值和最小值之间的一切值.

该性质就是说,如果$f(P)$在有界闭区域D上连续,则有

$$M=\max\{f(P)\mid P\in D\},\quad m=\min\{f(P)\mid P\in D\},$$

若$m<C<M$,则至少存在一点$P_0\in D$,使得$f(P_0)=C$.

习题 8-1

1. 解下列各题.

(1) 已知$f(x,y)=x^2+y^2-xy\tan\dfrac{x}{y}$,求$f(tx,ty)$;

(2) 已知$f\left(x+y,\dfrac{y}{x}\right)=x^2-y^2$,求$f(x,y)$;

(3) 已知$z=x+y+f(x-y)$,且$z\big|_{y=0}=x^2$,求$f(x)$及z;

(4) 已知$f(u,v)=u^v$,求$f(xy,x+y)$;

(5) 已知$f(x,y)=\dfrac{2xy}{x^2+y^2}$,求$f\left(1,\dfrac{y}{x}\right)$;

(6) 将圆弧所对之弦长表示为

1) 半径r与圆心角θ的函数;

2) 半径r与圆心到弦的距离d的函数($\theta<\pi$).

2. 求下列函数的定义域,并绘出定义域的草图.

(1) $z=\ln(y^2-2x+1)$;

(2) $z=\dfrac{1}{\sqrt{x+y}}+\dfrac{1}{\sqrt{x-y}}$;

(3) $z=\sqrt{x-\sqrt{y}}$;

(4) $z=\ln(y-x)+\dfrac{\sqrt{x}}{\sqrt{1-x^2-y^2}}$;

(5) $u=\sqrt{R^2-x^2-y^2-z^2}+\dfrac{1}{\sqrt{x^2+y^2+z^2-r^2}}\quad(R>r>0)$;

(6) $u=\arccos\dfrac{z}{\sqrt{x^2+y^2}}$;

(7) $z=\sqrt{1-\dfrac{x^2}{a^2}-\dfrac{y^2}{b^2}}$;

(8) $u=\frac{1}{\sqrt{x}}-\frac{1}{\sqrt{y}}-\frac{1}{\sqrt{z}}$.

3. 求下列极限.

(1) $\lim\limits_{\substack{x\to0\\y\to1}}\frac{1-xy}{x^2+y^2}$;

(2) $\lim\limits_{\substack{x\to1\\y\to0}}\frac{\ln(x+e^y)}{\sqrt{x^2+y^2}}$;

(3) $\lim\limits_{\substack{x\to0\\y\to0}}\frac{xy}{\sqrt{xy+1}-1}$;

(4) $\lim\limits_{\substack{x\to2\\y\to0}}\frac{\sin(xy)}{y}$;

(5) $\lim\limits_{\substack{x\to+\infty\\y\to+\infty}}(x^2+y^2)e^{-(x+y)}$;

(6) $\lim\limits_{\substack{x\to+\infty\\y\to+\infty}}\left(\frac{xy}{x^2+y^2}\right)^{x^2}$;

(7) $\lim\limits_{\substack{x\to0\\y\to0}}\frac{\tan(x^2+y^2)}{x^2+y^2}$;

(8) $\lim\limits_{\substack{x\to0\\y\to0}}(1+xy)^{\frac{1}{x}}$.

4. 证明下列极限不存在.

(1) $\lim\limits_{\substack{x\to0\\y\to0}}\frac{x^2-y^2}{x^2+y^2}$;

(2) $\lim\limits_{\substack{x\to0\\y\to0}}\frac{x^2y^2}{x^2y^2+(x-y)^2}$.

5. 求下列函数的间断点.

(1) $z=\ln\sqrt{x^2+y^2}$;

(2) $z=\frac{1}{x-y}$;

(3) $u=\frac{1}{x^2+y^2-z^2}$;

(4) $z=\sin\frac{1}{xy}$.

6. 讨论函数

$$f(x,y)=\begin{cases}\frac{\sin(x^2+y^2)}{2(x^2+y^2)}, & x^2+y^2\neq0,\\ \frac{1}{2}, & x^2+y^2=0\end{cases}$$

的连续性.

第二节　偏　导　数

一、偏导数

工程上,常常需要了解一个受多种因素制约的量在其他因素固定不变的情况下随一种因素变化的变化率问题. 这反映在函数关系上,就是研究多元函数在其他自变量不变时,函数随一个自变量变化的变化率——偏导数问题.

定义 设函数 $z=f(x,y)$ 在点 (x_0,y_0) 的某邻域内有定义,固定 $y=y_0$,给 x 在 x_0 处以增量 Δx,称

$$\Delta_x z=f(x_0+\Delta x,y_0)-f(x_0,y_0)$$

偏导数的定义及计算

为 $f(x,y)$ 在点 (x_0,y_0) 处**关于 x 的偏增量**,如果

$$\lim_{\Delta x\to 0}\frac{\Delta_x z}{\Delta x}=\lim_{\Delta x\to 0}\frac{f(x_0+\Delta x,y_0)-f(x_0,y_0)}{\Delta x}$$

存在,则称该极限为函数 $z=f(x,y)$ 在 (x_0,y_0) 处**对 x 的偏导数**(partial derivative),记为

$$\left.\frac{\partial z}{\partial x}\right|_{\substack{x=x_0\\y=y_0}},\quad \left.\frac{\partial f}{\partial x}\right|_{\substack{x=x_0\\y=y_0}},\quad \left.\frac{\partial z}{\partial x}\right|_{(x_0,y_0)},\quad \left.\frac{\partial f}{\partial x}\right|_{(x_0,y_0)},\quad f_x(x_0,y_0)\text{或}z_x\big|_{(x_0,y_0)},$$

即

$$f_x(x_0,y_0)=\lim_{\Delta x\to 0}\frac{f(x_0+\Delta x,y_0)-f(x_0,y_0)}{\Delta x}.$$

类似地,可以定义 $z=f(x,y)$ 在 (x_0,y_0) 处**对 y 的偏导数**为

$$f_y(x_0,y_0)=\lim_{\Delta y\to 0}\frac{f(x_0,y_0+\Delta y)-f(x_0,y_0)}{\Delta y}.$$

如果 $z=f(x,y)$ 在区域 D 内每一点 (x,y) 处都有关于 x(或 y)的偏导数,则这个偏导数就是 D 内点 (x,y) 的函数,称之为 $z=f(x,y)$ 关于 x(或 y)的**偏导函数**,简称为**偏导数**,记为

$$z_x,\quad z_x',\quad \frac{\partial z}{\partial x},\quad \frac{\partial f(x,y)}{\partial x},\quad f_x(x,y),\quad f_x'(x,y)$$

$$\left(z_y,\quad z_y',\quad \frac{\partial z}{\partial y},\quad \frac{\partial f(x,y)}{\partial y},\quad f_y(x,y),\quad f_y'(x,y)\right).$$

偏导函数 $f_x(x,y)$ 在 (x_0,y_0) 处的值就是 $f(x,y)$ 在 (x_0,y_0) 处关于 x 的偏导数 $f_x(x_0,y_0)$,即

$$f_x(x_0,y_0)=f_x(x,y)\big|_{(x_0,y_0)}=\left.\frac{\partial f(x,y)}{\partial x}\right|_{(x_0,y_0)}.$$

偏导函数 $f_y(x,y)$ 在 (x_0,y_0) 处的值就是 $f(x,y)$ 在 (x_0,y_0) 处关于 y 的偏导数 $f_y(x_0,y_0)$，即

$$f_y(x_0,y_0)=f_y(x,y)\big|_{(x_0,y_0)}=\left.\frac{\partial f(x,y)}{\partial y}\right|_{(x_0,y_0)}.$$

对于二元以上的函数可以类似地定义偏导数.

由偏导数的定义可知，要求多元函数对某个自变量的偏导数，只要把其他自变量视为常量，此时函数就可视为一元函数，利用一元函数的求导公式和法则就可计算多元函数的偏导数.

例 1　求 $z=x^2y+\sin(xy)$ 在点 $(1,0)$ 处的偏导数.

解　$\dfrac{\partial z}{\partial x}=2xy+y\cos(xy)$，　$\dfrac{\partial z}{\partial y}=x^2+x\cos(xy)$，

$$\left.\frac{\partial z}{\partial x}\right|_{(1,0)}=[2xy+y\cos(xy)]_{(1,0)}=0,$$

$$\left.\frac{\partial z}{\partial y}\right|_{(1,0)}=[x^2+x\cos(xy)]_{(1,0)}=2.$$

例 2　求 $z=x^y(x>0)$ 的偏导数.

解　$\dfrac{\partial z}{\partial x}=yx^{y-1}$，　$\dfrac{\partial z}{\partial y}=x^y\ln x$.

例 3　求 $f(x,y,z)=(z-a^{xy})\sin\ln x^2$ 在点 $(1,0,2)$ 处的 3 个偏导数.

解　求函数在某一点处的偏导数时，可以先将其他变量的值代入，变为一元函数，再求导，常常较简便.

$$f_x(1,0,2)=(\sin\ln x^2)'\big|_{x=1}=\left.\frac{2}{x}\cos\ln x^2\right|_{x=1}=2,$$

$$f_y(1,0,2)=0'\big|_{y=0}=0,\quad f_z(1,0,2)=0'\big|_{z=2}=0.$$

例 4　已知电阻 R_1,R_2,R_3，并联的等效电阻为

$$R=\left(\frac{1}{R_1}+\frac{1}{R_2}+\frac{1}{R_3}\right)^{-1}\quad(R_1>R_2>R_3>0),$$

问改变 3 个电阻中哪一个对等效电阻 R 的影响最大？

解　$\dfrac{\partial R}{\partial R_1}=\dfrac{R^2}{R_1^2}$，　$\dfrac{\partial R}{\partial R_2}=\dfrac{R^2}{R_2^2}$，　$\dfrac{\partial R}{\partial R_3}=\dfrac{R^2}{R_3^2}$.

由于 R_3 最小,故 $\frac{\partial R}{\partial R_3}$ 最大,即改变 R_3 对 R 的影响最大.

例 5 已知理想气体的状态方程为 $PV=RT$,试证明

$$\frac{\partial P}{\partial V}\frac{\partial V}{\partial T}\frac{\partial T}{\partial P}=-1.$$

证明 因为

$$P=\frac{RT}{V},\quad \frac{\partial P}{\partial V}=-\frac{RT}{V^2};$$

$$V=\frac{RT}{P},\quad \frac{\partial V}{\partial T}=\frac{R}{P};$$

$$T=\frac{PV}{R},\quad \frac{\partial T}{\partial P}=\frac{V}{R};$$

所以

$$\frac{\partial P}{\partial V}\frac{\partial V}{\partial T}\frac{\partial T}{\partial P}=-\frac{RT}{V^2}\frac{R}{P}\frac{V}{R}=-1.$$

上式表明,偏导数的记号是一个整体记号,不能看作分子与分母之商.

二、二元函数偏导数的几何意义

设 $M_0(x_0,y_0,z_0)(z_0=f(x_0,y_0))$ 为曲面 $z=f(x,y)$ 上一点,过 M_0 作平行于 zOx 面的平面 $y=y_0$,截此曲面得一截线(见图 8-4)

$$\begin{cases}z=f(x,y),\\y=y_0,\end{cases}\quad 即\quad \begin{cases}z=f(x,y_0),\\y=y_0.\end{cases}$$

此截线在平面 $y=y_0$ 上的方程为 $z=f(x,y_0)$,则导数 $\frac{\mathrm{d}}{\mathrm{d}x}f(x,y_0)$,即函数 $z=f(x,y)$ 在 (x_0,y_0) 处对 x 的偏导数 $f_x'(x_0,y_0)$ 表示曲面 $z=f(x,y)$ 与平面 $y=y_0$ 的交线

$$\begin{cases}z=f(x,y),\\y=y_0\end{cases}$$

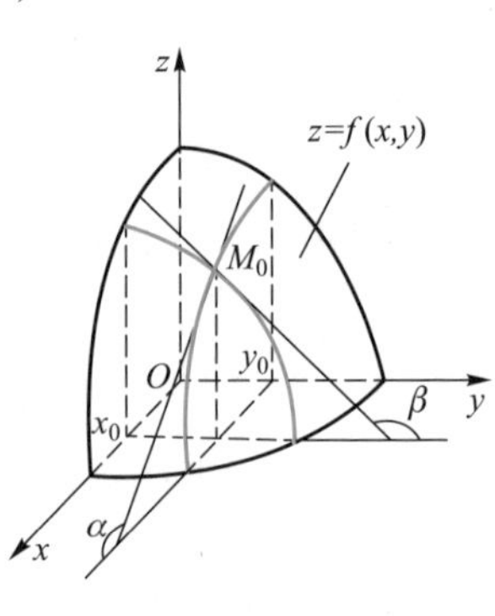

图 8-4

在点(x_0,y_0,z_0)处的切线对 x 轴的斜率,即

$$f_x(x_0,y_0)=\tan\alpha.$$

函数 $z=f(x,y)$ 在(x_0,y_0)处对 y 的偏导数 $f_y'(x_0,y_0)$ 表示曲面 $z=f(x,y)$ 与平面 $x=x_0$ 的交线

$$\begin{cases}z=f(x,y),\\x=x_0\end{cases}$$

在点(x_0,y_0,z_0)处的切线对 y 轴的斜率,即

$$f_y(x_0,y_0)=\tan\beta.$$

大家知道,在一元函数微分学中,如果函数在某点可导,则它在该点必连续,但对于多元函数而言,**即使函数在某点的偏导数都存在,也不能保证函数在该点连续**. 例如函数

$$f(x,y)=\begin{cases}\dfrac{xy}{x^2+y^2}, & x^2+y^2\neq 0,\\0, & x^2+y^2=0\end{cases}$$

在$(0,0)$处

$$f_x(0,0)=\lim_{\Delta x\to 0}\frac{f(0+\Delta x,0)-f(0,0)}{\Delta x}=\lim_{\Delta x\to 0}0=0,$$

$$f_y(0,0)=\lim_{\Delta y\to 0}\frac{f(0,0+\Delta y)-f(0,0)}{\Delta y}=\lim_{\Delta y\to 0}0=0,$$

即该函数在$(0,0)$处偏导数存在,但从上一节知,该函数在点$(0,0)$处不连续.

三、高阶偏导数

设 $z=f(x,y)$ 在区域 D 内有偏导数

$$\frac{\partial z}{\partial x}=f_x(x,y),\quad \frac{\partial z}{\partial y}=f_y(x,y),$$

如果它们仍有偏导数,则称它们的偏导数为 $z=f(x,y)$ 的**二阶偏导数**.

二元函数有以下 4 个二阶偏导数

$$\frac{\partial}{\partial x}\left(\frac{\partial z}{\partial x}\right)=\frac{\partial^2 z}{\partial x^2}=f_{xx}(x,y)=f''_{xx}(x,y)=z_{xx}=z''_{xx},$$

$$\frac{\partial}{\partial y}\left(\frac{\partial z}{\partial x}\right)=\frac{\partial^2 z}{\partial x\partial y}=f_{xy}(x,y)=f''_{xy}(x,y)=z_{xy}=z''_{xy},$$

$$\frac{\partial}{\partial x}\left(\frac{\partial z}{\partial y}\right)=\frac{\partial^2 z}{\partial y\partial x}=f_{yx}(x,y)=f''_{yx}(x,y)=z_{yx}=z''_{yx},$$

$$\frac{\partial}{\partial y}\left(\frac{\partial z}{\partial y}\right)=\frac{\partial^2 z}{\partial y^2}=f_{yy}(x,y)=f''_{yy}(x,y)=z_{yy}=z''_{yy},$$

其中,$f_{xy}(x,y)$和$f_{yx}(x,y)$称为函数$z=f(x,y)$的**二阶混合偏导数**. 类似可定义二阶以上偏导数. 二阶及二阶以上的偏导数统称为**高阶偏导数**.

高阶偏导数

例 6　已知$z=4x^3y+3xy^3$,求其二阶偏导数.

解　$\frac{\partial z}{\partial x}=12x^2y+3y^3$,　$\frac{\partial z}{\partial y}=4x^3+9xy^2$,

$\frac{\partial^2 z}{\partial x^2}=24xy$,　$\frac{\partial^2 z}{\partial x\partial y}=12x^2+9y^2$,

$\frac{\partial^2 z}{\partial y\partial x}=12x^2+9y^2$,　$\frac{\partial^2 z}{\partial y^2}=18xy.$

从上例可以看出,$f_{yx}(x,y)=f_{xy}(x,y)$,即混合偏导数与求导次序无关,即先对x求导再对y求导等于先对y求导再对x求导,这个结论不是偶然的,它的成立需要一定条件,有下面定理.

定理　如果函数$f(x,y)$的两个二阶偏导数$\frac{\partial^2 z}{\partial x\partial y}$及$\frac{\partial^2 z}{\partial y\partial x}$在区域$D$内连续,那么在该区域内这两个二阶混合偏导数相等.

证明略.

对于二阶以上的函数,也可以类似地定义高阶偏导数,而且高阶混合偏导数如果连续就与求导次序无关.

例 7　设$u=\mathrm{e}^{ax}\sin by$,求$u_{xx},u_{xy},u_{yx},u_{yy}$.

解　$u_x=a\mathrm{e}^{ax}\sin by$,　$u_y=b\mathrm{e}^{ax}\cos by$,

$u_{xx}=a^2\mathrm{e}^{ax}\sin by$,　$u_{xy}=ab\mathrm{e}^{ax}\cos by$,

$u_{yx}=ab\mathrm{e}^{ax}\cos by$,　$u_{yy}=-b^2\mathrm{e}^{ax}\sin by.$

例 8　设 $u=\frac{1}{r}, r=\sqrt{x^2+y^2+z^2}$，证明

$$\frac{\partial^2 u}{\partial x^2}+\frac{\partial^2 u}{\partial y^2}+\frac{\partial^2 u}{\partial z^2}=0.$$

证明　$\frac{\partial u}{\partial x}=-r^{-2}\times\frac{1}{2}(x^2+y^2+z^2)^{-\frac{1}{2}}\times 2x=-\frac{x}{r^3}$,

$$\frac{\partial u}{\partial y}=-\frac{y}{r^3},\quad \frac{\partial u}{\partial z}=-\frac{z}{r^3},$$

$$\frac{\partial^2 u}{\partial x^2}=-\frac{r^3-x\times 3r^2\times\frac{1}{2}(x^2+y^2+z^2)^{-\frac{1}{2}}\times 2x}{r^6}$$

$$=\frac{3rx^2-r^3}{r^6}=\frac{3x^2-r^2}{r^5},$$

$$\frac{\partial^2 u}{\partial y^2}=-\frac{1}{r^3}+y\times 3r^{-4}\times\frac{1}{2}(x^2+y^2+z^2)^{-\frac{1}{2}}\times 2y=\frac{3y^2-r^2}{r^5},$$

$$\frac{\partial^2 u}{\partial z^2}=\frac{3z^2-r^2}{r^5},$$

故

$$\frac{\partial^2 u}{\partial x^2}+\frac{\partial^2 u}{\partial y^2}+\frac{\partial^2 u}{\partial z^2}=\frac{3(x^2+y^2+z^2)-3r^2}{r^5}=0.$$

一般地，设有函数 $u=u(x,y,z)$，如果将自变量 x,y,z 位置互换而函数不变，则称自变量具有**轮换对称性**. 例 8 中的函数就具有轮换对称性. 如果一个函数具有轮换对称性，求偏导数时，就可以求出其中的一个，其余的用轮换变量的方法就可以简单地得到.

习题 8-2

1. 求下列函数的偏导数.

(1) $z=x^3y-y^3x$;　　(2) $s=\frac{u^2+v^2}{uv}$;

(3) $z=\sqrt{\ln(xy)}$; (4) $z=\sin(xy)+\cos^2(xy)$;

(5) $z=\ln\tan\dfrac{x}{y}$; (6) $z=(1+xy)^y$;

(7) $u=x^{\frac{y}{z}}$; (8) $u=\arctan(x-y)^z$.

2. 求下列函数的二阶偏导数.

(1) $z=\cos(xy)$; (2) $z=x^{2y}$;

(3) $z=\mathrm{e}^x\cos y$; (4) $z=\ln(\mathrm{e}^x+\mathrm{e}^y)$.

3. 设$f(x,y,z)=xy^2+yz^2+zx^2$,求$f_{xx}(0,0,1)$,$f_{xz}(1,0,2)$,$f_{yz}(0,-1,0)$及$f_{zzx}(2,0,1)$.

4. 设$f(x,y)=\begin{cases}\dfrac{x^3y}{x^6+y^6}, & x^2+y^2\neq 0,\\ 0, & x^2+y^2=0,\end{cases}$试证$f(x,y)$在$(0,0)$处不连续,但在$(0,0)$处两个偏导数都存在.

5. 曲线$\begin{cases}z=\dfrac{x^2+y^2}{4},\\ y=4\end{cases}$在点$(2,4,5)$处的切线对于$x$轴的倾角是多少?

6. 验证:

(1) 设$z=\mathrm{e}^{-\left(\frac{1}{x}+\frac{1}{y}\right)}$,则$x^2\dfrac{\partial z}{\partial x}+y^2\dfrac{\partial z}{\partial y}=2z$;

(2) 设$z=\ln\sqrt{x^2+y^2}$,则$\dfrac{\partial^2 z}{\partial x^2}+\dfrac{\partial^2 z}{\partial y^2}=0$.

7. 设$u=\int_0^{\sqrt{xy}}\mathrm{e}^{-t^2}\mathrm{d}t\quad(x>0,y>0)$,求$\dfrac{\partial u}{\partial x}$.

第三节 全微分及其应用

一、全微分的概念

一元函数$y=f(x)$在某点x处可微时,则有

$$\Delta y=f'(x)\Delta x+o(\Delta x),$$

因而当$|\Delta x|$很小时,有 $\Delta y\approx \mathrm{d}y=f'(x)\Delta x$.

对于二元函数,如果 $z=f(x,y)$ 在点 $P(x,y)$ 的某邻域内有定义,且在点 $P(x,y)$ 处偏导数存在,则当自变量增量$|\Delta x|$,$|\Delta y|$很小时,有

$$\Delta_x z=f(x+\Delta x,y)-f(x,y)\approx f_x(x,y)\Delta x,$$

$$\Delta_y z=f(x,y+\Delta y)-f(x,y)\approx f_y(x,y)\Delta y.$$

以上两式左端分别叫做 $z=f(x,y)$ 关于 x,y 的**偏增量**,右端 $f_x(x,y)\Delta x$,$f_y(x,y)\Delta y$ 分别叫做二元函数 $z=f(x,y)$ 关于 x,y 的**偏微分**.

如果二元函数 $z=f(x,y)$ 在点 $P(x,y)$ 的某邻域内有定义,在该邻域内,自变量都有增量时,相应的函数 z 有**全增量**:

$$\Delta z=f(x+\Delta x,y+\Delta y)-f(x,y).$$

一般来说,Δz 的计算较复杂,当自变量增量$|\Delta x|$,$|\Delta y|$很小时,希望像一元函数一样,用 Δx,Δy 的线性函数来代替它,这就产生了全微分的概念.

定义　若函数 $z=f(x,y)$ 在点 $P(x,y)$ 处的全增量 Δz 可表示为

$$\Delta z=A\Delta x+B\Delta y+o(\rho),$$

其中,A,B 不依赖 $\Delta x,\Delta y$,而仅与 x,y 有关,$\rho=\sqrt{(\Delta x)^2+(\Delta y)^2}$,则称 $z=f(x,y)$ 在点 P 处**可微**,并称 $A\Delta x+B\Delta y$ 为函数在点 $P(x,y)$ 处的**全微分**(total differential),记为 $\mathrm{d}z$ 或$\mathrm{d}f(x,y)$,即

$$\mathrm{d}z=A\Delta x+B\Delta y.$$

全微分的定义及计算

如果函数在区域 D 内每一点都可微,则称该函数在**区域 D 内可微**.

由可微定义易知,如果 $z=f(x,y)$ 在(x,y)处可微,则 $\lim\limits_{\substack{\Delta x\to 0\\ \Delta y\to 0}}\Delta z=0$,故有下面定理.

定理 1　若函数 $z=f(x,y)$ 在点 $P_0(x_0,y_0)$ 处可微,则函数 $z=f(x,y)$ 在点 $P_0(x_0,y_0)$ 处连续.

全微分的概念可以推广到三元及以上的多元函数.

二、全微分与偏导数的关系

定理 2(可微的必要条件) 若函数 $z=f(x,y)$ 在点 (x,y) 处可微,则有

$$\frac{\partial z}{\partial x}=A,\quad \frac{\partial z}{\partial y}=B.$$

证明 $z=f(x,y)$ 在点 (x,y) 处可微,由全微分定义有

$$\Delta z=f(x+\Delta x,y+\Delta y)-f(x,y)=A\Delta x+B\Delta y+o(\rho).$$

在上式中,令 $\Delta y=0$,得

$$\Delta_x z=f(x+\Delta x,y)-f(x,y)=A\Delta x+o(|\Delta x|),$$

$$\frac{\partial z}{\partial x}=\lim_{\Delta x\to 0}\frac{\Delta_x z}{\Delta x}=A+\lim_{\Delta x\to 0}\frac{o(|\Delta x|)}{\Delta x}=A.$$

令 $\Delta x=0$,得

$$\Delta_y z=f(x,y+\Delta y)-f(x,y)=B\Delta y+o(|\Delta y|),$$

$$\frac{\partial z}{\partial y}=\lim_{\Delta y\to 0}\frac{\Delta_y z}{\Delta y}=B+\lim_{\Delta y\to 0}\frac{o(|\Delta y|)}{\Delta y}=B.$$

例 1 证明:函数 $f(x,y)=\sqrt{|xy|}$ 在点 $(0,0)$ 处偏导数存在,但在 $(0,0)$ 点不可微.

证明 $f_x(0,0)=\lim\limits_{\Delta x\to 0}\dfrac{f(0+\Delta x,0)-f(0,0)}{\Delta x}=0,$

$$f_y(0,0)=\lim_{\Delta y\to 0}\frac{f(0,0+\Delta y)-f(0,0)}{\Delta y}=0,$$

$$\Delta z=f(0+\Delta x,0+\Delta y)-f(0,0)=\sqrt{|\Delta x||\Delta y|},$$

$$\lim_{\substack{\Delta x\to 0\\ \Delta y\to 0}}\frac{\Delta z}{\rho}=\lim_{\substack{\Delta x\to 0\\ \Delta y\to 0}}\frac{\sqrt{|\Delta x\Delta y|}}{\sqrt{(\Delta x)^2+(\Delta y)^2}}.$$

因为

$$\lim_{\substack{\Delta y=\Delta x\\ \Delta x\to 0}}\frac{\sqrt{|\Delta x\Delta y|}}{\sqrt{(\Delta x)^2+(\Delta y)^2}}=\frac{1}{\sqrt{2}}\neq 0,$$

所以函数在点 $(0,0)$ 处不可微.

上例表明,偏导数存在是函数可微的必要条件,现在给出函数可微的一个充分条件.

定理 3(可微的充分条件)　若函数 $z=f(x,y)$ 的偏导数$\frac{\partial z}{\partial x},\frac{\partial z}{\partial y}$在点 $P(x,y)$ 处连续,则 $z=f(x,y)$ 在点 $P(x,y)$ 处可微.

* **证明**　设点 $(x+\Delta x,y+\Delta y)$ 在点 $P(x,y)$ 的邻域内,由拉格朗日中值定理得

$$\begin{aligned}\Delta z&=f(x+\Delta x,y+\Delta y)-f(x,y)\\&=f(x+\Delta x,y+\Delta y)-f(x+\Delta x,y)+f(x+\Delta x,y)-f(x,y)\\&=f_y(x+\Delta x,y+\theta_1\Delta y)\Delta y+f_x(x+\theta_2\Delta x,y)\Delta x,\end{aligned}$$

这里 $0<\theta_1<1,0<\theta_2<1$.

因为 f_x,f_y 在点 $P(x,y)$ 处连续,得

$$f_y(x+\Delta x,y+\theta_1\Delta y)=f_y(x,y)+\alpha\quad(\lim_{\rho\to 0}\alpha=0),$$

$$f_x(x+\theta_2\Delta x,y)=f_x(x,y)+\beta\quad(\lim_{\rho\to 0}\beta=0),$$

所以

$$\begin{aligned}\Delta z&=(f_y(x,y)+\alpha)\Delta y+(f_x(x,y)+\beta)\Delta x\\&=f_x(x,y)\Delta x+f_y(x,y)\Delta y+\beta\Delta x+\alpha\Delta y.\end{aligned}$$

又因为

$$\left|\frac{\beta\Delta x+\alpha\Delta y}{\rho}\right|\leqslant|\alpha|\left|\frac{\Delta y}{\rho}\right|+|\beta|\left|\frac{\Delta x}{\rho}\right|\leqslant|\alpha|+|\beta|\to 0(\rho\to 0),$$

所以

$$\beta\Delta x+\alpha\Delta y=o(\rho),$$

则

$$\Delta z=f_x(x,y)\Delta x+f_y(x,y)\Delta y+o(\rho),$$

故函数 $z=f(x,y)$ 在点 $P(x,y)$ 处可微.

由上述讨论可知,如果函数 $z=f(x,y)$ 在点 (x,y) 处可微,则其偏导数 $f_x(x,y),f_y(x,y)$ 就存在,且

$$dz=f_x(x,y)\Delta x+f_y(x,y)\Delta y.$$

如果取 $z=f(x,y)=x$,那么 $f_x(x,y)=1,f_y(x,y)=0$ 都连续,故

$$\mathrm{d}z=\mathrm{d}x=\Delta x.$$

同样地，有 $\mathrm{d}y=\Delta y$. 这样，当函数可微时，全微分可写成

$$\mathrm{d}z=f_x(x,y)\mathrm{d}x+f_y(x,y)\mathrm{d}y.$$

可见，二元函数如果可微，则全微分等于所有偏微分之和——**全微分的叠加原理**.

定理2，定理3以及叠加原理，可类似地推广到二元以上函数. 例如三元函数 $u=u(x,y,z)$ 在某点如果具有连续的偏导数，则在该点可微，而可微时就有

$$\mathrm{d}u=\frac{\partial u}{\partial x}\mathrm{d}x+\frac{\partial u}{\partial y}\mathrm{d}y+\frac{\partial u}{\partial z}\mathrm{d}z.$$

例2 设 $z=x^4y^3+2x$，求 $\mathrm{d}z\big|_{(1,2)}$.

解 $\dfrac{\partial z}{\partial x}=4x^3y^3+2,\quad \dfrac{\partial z}{\partial y}=3x^4y^2,$

$$\left.\frac{\partial z}{\partial x}\right|_{(1,2)}=34,\quad \left.\frac{\partial z}{\partial y}\right|_{(1,2)}=12,$$

$$\mathrm{d}z\big|_{(1,2)}=34\mathrm{d}x+12\mathrm{d}y.$$

例3 设 $u=x+\sin\dfrac{y}{2}+\mathrm{e}^{yz}$，求 $\mathrm{d}u$.

解 $\dfrac{\partial u}{\partial x}=1,\quad \dfrac{\partial u}{\partial y}=\dfrac{1}{2}\cos\dfrac{y}{2}+z\mathrm{e}^{yz},\quad \dfrac{\partial u}{\partial z}=y\mathrm{e}^{yz},$

$$\mathrm{d}u=\mathrm{d}x+\left(\frac{1}{2}\cos\frac{y}{2}+z\mathrm{e}^{yz}\right)\mathrm{d}y+y\mathrm{e}^{yz}\mathrm{d}z.$$

例4 讨论函数 $z=|xy|$ 在 $(0,0)$ 处的可微性.

解 $z_x(0,0)=\lim\limits_{\Delta x\to 0}\dfrac{z(0+\Delta x,0)-z(0,0)}{\Delta x}=0,$

$$z_y(0,0)=0,$$

$$\Delta z=z(\Delta x,\Delta y)-z(0,0)=|\Delta x\Delta y|.$$

因为

$$0\leqslant\frac{|\Delta x\Delta y|}{\sqrt{(\Delta x)^2+(\Delta y)^2}}\leqslant\frac{(\Delta x)^2+(\Delta y)^2}{2\sqrt{(\Delta x)^2+(\Delta y)^2}}=\frac{1}{2}\rho\to 0,$$

所以

$$\lim_{\rho\to 0}\frac{\Delta z}{\rho}=\lim_{\substack{\Delta x\to 0\\ \Delta y\to 0}}\frac{|\Delta x\Delta y|}{\sqrt{(\Delta x)^2+(\Delta y)^2}}=0,$$

故函数 z 在 $(0,0)$ 处可微,但是 $z=f(x,y)$ 在 $(0,0)$ 处偏导数不连续,事实上,有

$$\begin{aligned} z_x(0,b)&=\lim_{\Delta x\to 0}\frac{z(0+\Delta x,b)-z(0,b)}{\Delta x}\\ &=\lim_{\Delta x\to 0}\frac{|\Delta x\cdot b|-0}{\Delta x}=|b|\lim_{\Delta x\to 0}\frac{|\Delta x|}{\Delta x},\end{aligned}$$

$$z_y(a,0)=|a|\lim_{\Delta y\to 0}\frac{|\Delta y|}{\Delta y},$$

即 $z_x(0,b)$,$z_y(a,0)$ 不存在,从而 $z_x(x,y)$,$z_y(x,y)$ 在 $(0,0)$ 处不连续.

通过例 4 可以看出,定理 3 中的偏导数连续是函数可微的充分而非必要条件.

注 (1) 偏导数存在不能保证多元函数在一点连续,更不能保证它在该点可微. 因为多元函数的偏导数只反映函数在特定的方向上的变化率,它对函数在一点附近变化情况的描述是极不完备的.

(2) 全增量的表示式:

1) 当函数 $z=f(x,y)$ 在 (x,y) 处偏导数连续时,有

$$\Delta z=f_x(x,y)\Delta x+f_y(x,y)\Delta y+\alpha\Delta x+\beta\Delta y,$$

其中 $\lim\limits_{\rho\to 0}\alpha=0,\lim\limits_{\rho\to 0}\beta=0$.

2) 当函数 $z=f(x,y)$ 在 (x,y) 处可微时,有

$$\Delta z=f_x(x,y)\Delta x+f_y(x,y)\Delta y+o(\rho).$$

(3) 一元函数与多元函数的极限、连续、可导、可微间的关系.

一元函数:

可微 $\Longleftrightarrow$ 可导 $\overset{\Longrightarrow}{\not\Longleftarrow}$ 连续 $\overset{\Longrightarrow}{\not\Longleftarrow}$ 有极限

多元函数:

偏导数连续 $\overset{\Longrightarrow}{\not\Longleftarrow}$ 可微 $\overset{\Longrightarrow}{\not\Longleftarrow}$ 连续 $\overset{\Longrightarrow}{\not\Longleftarrow}$ 有极限

有偏导数

*三、全微分在近似计算及误差估计中的应用

如果 $z=f(x,y)$ 在点 $P_0(x_0,y_0)$ 处可微，则有

$$\Delta z=f_x(x_0,y_0)\Delta x+f_y(x_0,y_0)\Delta y+o(\rho)=\mathrm{d}z+o(\rho).$$

当 $|\Delta x|\ll 1$，$|\Delta y|\ll 1$ 时，即 $\rho\ll 1$ 时，有

$$\Delta z\approx \mathrm{d}z=f_x(x_0,y_0)\Delta x+f_y(x_0,y_0)\Delta y,$$

即

$$f(x_0+\Delta x,y_0+\Delta y)-f(x_0,y_0)\approx f_x(x_0,y_0)\Delta x+f_y(x_0,y_0)\Delta y,$$

上述公式就是函数 $z=f(x,y)$ 在点 $P_0(x_0,y_0)$ 处的**增量的近似表示公式**.

对上式变形，可得

$$f(x_0+\Delta x,y_0+\Delta y)\approx f(x_0,y_0)+f_x(x_0,y_0)\Delta x+f_y(x_0,y_0)\Delta y,$$

该公式为函数 $z=f(x,y)$ 在点 $(x_0+\Delta x,y_0+\Delta y)$ 处函数值的近似表示公式.

令 $x_0+\Delta x=x$，$y_0+\Delta y=y$，在点 $P_0(x_0,y_0)$ 附近，函数 $f(x,y)$ 有近似表示公式为

$$f(x,y)\approx f(x_0,y_0)+f_x(x_0,y_0)(x-x_0)+f_y(x_0,y_0)(y-y_0).$$

例 5 计算 $(1.01)^{1.98}$ 的近似值.

解 设 $z=x^y$，则

$$\frac{\partial z}{\partial x}=yx^{y-1},\quad \frac{\partial z}{\partial y}=x^y\ln x.$$

取 $x_0=1$，$\Delta x=0.01$，$y_0=2$，$\Delta y=-0.02$，则

$$z\big|_{(1,2)}=1,\quad \left.\frac{\partial z}{\partial x}\right|_{(1,2)}=2,\quad \left.\frac{\partial z}{\partial y}\right|_{(1,2)}=0,$$

$$(1.01)^{1.98}\approx 1+2\times 0.01+0\times(-0.02)=1.02.$$

例 6 有一圆柱体，受压后发生变形，它的半径由 20 cm 增加到 20.05 cm，高度由 100 cm 减少到 99 cm，求此圆柱体体积变化的近似值.

解 设圆柱体的半径为 r，高为 h，体积为 V，则

$$V=\pi r^2h,\quad \frac{\partial V}{\partial r}=2\pi rh,\quad \frac{\partial V}{\partial h}=\pi r^2.$$

取 $r_0=20$，$\Delta r=0.05$，$h_0=100$，$\Delta h=-1$，则

$$\Delta V \approx \mathrm{d}V=\left.\frac{\partial V}{\partial r}\right|_{(r_0,h_0)}\Delta r+\left.\frac{\partial V}{\partial h}\right|_{(r_0,h_0)}\Delta h$$

$$=2\pi\times 20\times 100\times 0.05+\pi\times 20^2\times(-1)$$

$$=-200\pi(\mathrm{cm}^3).$$

例 7　利用单摆测定重力加速度:

$$g=\frac{4\pi^2 l}{T^2}.$$

现已测得摆长 $l=(100\pm 0.1)\mathrm{cm}$,周期 $T=(2\pm 0.004)\mathrm{s}$,问由于 l 与 T 的误差而引起 g 的误差为多少?

解

$$\frac{\partial g}{\partial l}=\frac{4\pi^2}{T^2},\quad \frac{\partial g}{\partial T}=\frac{-8\pi^2 l}{T^3},$$

$$\mathrm{d}g=\frac{4\pi^2}{T^2}\Delta l-\frac{8\pi^2 l}{T^3}\Delta T,$$

则

$$|\Delta g|\approx|\mathrm{d}g|\leqslant\frac{4\pi^2}{T^2}|\Delta l|+\frac{8\pi^2 l}{T^3}|\Delta T|.$$

将 $l_0=100$, $|\Delta l|=0.1$, $T_0=2$, $|\Delta T|=0.004$ 代入,得到 g 的绝对误差为

$$|\Delta g|\approx|\mathrm{d}g|\leqslant\frac{4\pi^2}{2^2}\times 0.1+\frac{8\pi^2\times 100}{2^3}\times 0.004$$

$$=0.5\pi^2<5(\mathrm{cm/s^2})=0.05(\mathrm{m/s^2});$$

相对误差为

$$\frac{|\Delta g|}{g|_{l=l_0,T=T_0}}=\frac{0.5\pi^2}{4\pi^2\times 100/2^2}=0.5\%.$$

习题 8-3

1. 求函数 $z=\frac{y}{x}$ 当 $x=2$, $y=1$, $\Delta x=0.1$, $\Delta y=-0.2$ 时的全微分和全增量.

2. 求下列函数的全微分.

(1) $z=xy+\dfrac{x}{y}$;　(2) $z=e^{\frac{y}{x}}$;　(3) $z=\dfrac{y}{\sqrt{x^2+y^2}}$;　(4) $u=x^{yz}$.

3. 求下列函数在指定点 M_0 处的全微分.

(1) $z=x^2y^3$, $M_0(2,1)$;

(2) $z=e^{xy}$, $M_0(0,0)$;

(3) $z=x\ln(xy)$, $M_0(-1,-1)$;

(4) $u=\cos(xy+xz)$, $M_0\left(1,\dfrac{\pi}{6},\dfrac{\pi}{6}\right)$.

4. 讨论下列函数在(0,0)点的连续性、可偏导性及可微性.

(1) $f(x,y)=\begin{cases} xy\sin\dfrac{1}{\sqrt{x^2+y^2}}, & x^2+y^2\neq 0, \\ 0, & x^2+y^2=0; \end{cases}$

(2) $f(x,y)=\begin{cases} \dfrac{x^3y^3}{x^2+y^2}, & (x,y)\neq(0,0), \\ 0, & (x,y)=(0,0). \end{cases}$

5. 若 $f_x(x_0,y_0)$ 存在, $f_y(x,y)$ 在点 (x_0,y_0) 处连续, 试证 $f(x,y)$ 在点 (x_0,y_0) 可微.

6. 计算 $(10.1)^{2.03}$ 的近似值.

7. 计算 $\sqrt{(1.02)^3+(1.97)^3}$ 的近似值.

*8. 有一直角三角形, 测得两直角边分别为 7 cm 和 24 cm. 测量的精度为 ±0.1 cm, 试求利用上述两值计算斜边长的误差.

*9. 利用全微分证明: 两数之和的绝对误差等于它们各自的绝对误差之和.

第四节 多元复合函数的微分法

一、复合函数的一阶偏导数、全导数

设二元函数 $z=f(x,y)$ 在 (x,y) 处具有一阶连续偏导数, 在 (x,y) 处 x,y

分别有增量 $\Delta x,\Delta y$ 时，有

$$\begin{aligned}\Delta z&=f(x+\Delta x,y+\Delta y)-f(x,y)\\&=\frac{\partial z}{\partial x}\Delta x+\frac{\partial z}{\partial y}\Delta y+\varepsilon_1\Delta x+\varepsilon_2\Delta y,\end{aligned}$$

当 $\Delta x\to 0,\Delta y\to 0$ 时，$\varepsilon_1\to 0,\varepsilon_2\to 0$.

现在设 $z=f(u,v)$ 在 (u,v) 处具有一阶连续偏导数，$u=u(x,y)$，$v=v(x,y)$，在 (x,y) 处给 x 以增量 Δx，y 固定，相应地，u 和 v 有偏增量 $\Delta_x u,\Delta_x v$，于是有

$$\Delta_x z=\frac{\partial z}{\partial u}\Delta_x u+\frac{\partial z}{\partial v}\Delta_x v+\varepsilon_1\Delta_x u+\varepsilon_2\Delta_x v.$$

当 $\Delta_x u\to 0,\Delta_x v\to 0$ 时，$\varepsilon_1\to 0,\varepsilon_2\to 0$，得

$$\frac{\Delta_x z}{\Delta x}=\frac{\partial z}{\partial u}\frac{\Delta_x u}{\Delta x}+\frac{\partial z}{\partial v}\frac{\Delta_x v}{\Delta x}+\varepsilon_1\frac{\Delta_x u}{\Delta x}+\varepsilon_2\frac{\Delta_x v}{\Delta x}.$$

若

$$\lim_{\Delta x\to 0}\frac{\Delta_x u}{\Delta x}=\frac{\partial u}{\partial x},\quad \lim_{\Delta x\to 0}\frac{\Delta_x v}{\Delta x}=\frac{\partial v}{\partial x},$$

则

$$\frac{\partial z}{\partial x}=\lim_{\Delta x\to 0}\frac{\Delta_x z}{\Delta x}=\frac{\partial z}{\partial u}\frac{\partial u}{\partial x}+\frac{\partial z}{\partial v}\frac{\partial v}{\partial x}.$$

同理可得

$$\frac{\partial z}{\partial y}=\frac{\partial z}{\partial u}\frac{\partial u}{\partial y}+\frac{\partial z}{\partial v}\frac{\partial v}{\partial y}.$$

于是得出下述定理：

定理（复合函数的求导法则）　设函数 $z=f(u,v)$ 在 (u,v) 处具有一阶连续偏导数，$u=u(x,y)$，$v=v(x,y)$ 在 (x,y) 处具有偏导数，则复合函数 $z=f[u(x,y),v(x,y)]$ 在 (x,y) 处关于 x,y 的偏导数存在，且有

$$\frac{\partial z}{\partial x}=\frac{\partial z}{\partial u}\frac{\partial u}{\partial x}+\frac{\partial z}{\partial v}\frac{\partial v}{\partial x},\tag{8-1}$$

$$\frac{\partial z}{\partial y}=\frac{\partial z}{\partial u}\frac{\partial u}{\partial y}+\frac{\partial z}{\partial v}\frac{\partial v}{\partial y}.\tag{8-2}$$

这个多元复合函数的求导法则称为**链式规则**(或**链导法则**).

为了便于记忆上面的求导公式,画出变量 z,u,v,x,y 之间的复合关系图(见图 8-5). 复合关系图 8-5 表明,z 是以 u, v 为中间变量,x,y 为自变量的函数. 求导公式可以和复合关系图联系起来记忆. 式(8-1)中,z 对 x 的偏导数由两项构成,对应复合关系图中由 z 到 x 有两条链 $z-u-x$,$z-v-x$,而每项由两个偏导数的乘积构成,对应每条链中由 z 到 x 分两步完成. 求偏导法则可简记为"**同链相乘,分链相加**".

多元复合函数的求导法则(Ⅰ)

多元复合函数的复合关系是多种多样的,不可能穷尽它的复合关系,但其求导法则都可以根据复合关系图写出其求导公式(下面结论中函数 f 具有一阶连续偏导数,函数 u,v,w 对 x,y 偏导数存在).

(1) 设 $z=f(u,v,w)$,$u=u(x)$,$v=v(x)$,$w=w(x)$,则有(见图 8-6)

$$\frac{\mathrm{d}z}{\mathrm{d}x}=\frac{\partial f}{\partial u}\frac{\mathrm{d}u}{\mathrm{d}x}+\frac{\partial f}{\partial v}\frac{\mathrm{d}v}{\mathrm{d}x}+\frac{\partial f}{\partial w}\frac{\mathrm{d}w}{\mathrm{d}x}.$$

上式左边的 $\frac{\mathrm{d}z}{\mathrm{d}x}$ 称为 z 对 x 的**全导数**,它是 z 的全增量与自变量的增量 Δx 之比当 $\Delta x\to 0$ 时的极限.

(2) 设 $z=f(u,v,w)$,$u=u(x,y)$,$v=v(x,y)$,$w=w(x,y)$,则有(见图 8-7)

$$\frac{\partial z}{\partial x}=\frac{\partial z}{\partial u}\frac{\partial u}{\partial x}+\frac{\partial z}{\partial v}\frac{\partial v}{\partial x}+\frac{\partial z}{\partial w}\frac{\partial w}{\partial x},$$

$$\frac{\partial z}{\partial y}=\frac{\partial z}{\partial u}\frac{\partial u}{\partial y}+\frac{\partial z}{\partial v}\frac{\partial v}{\partial y}+\frac{\partial z}{\partial w}\frac{\partial w}{\partial y}.$$

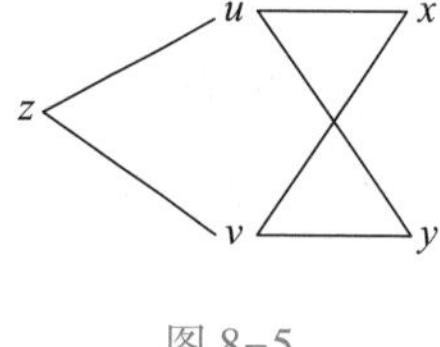

图 8-5

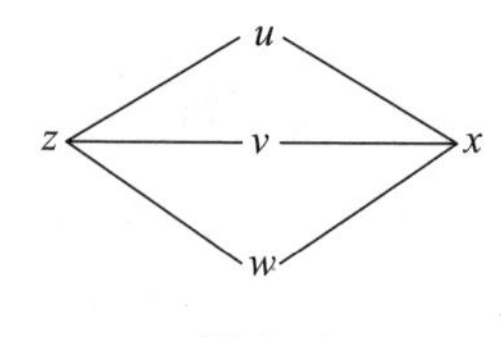

图 8-6

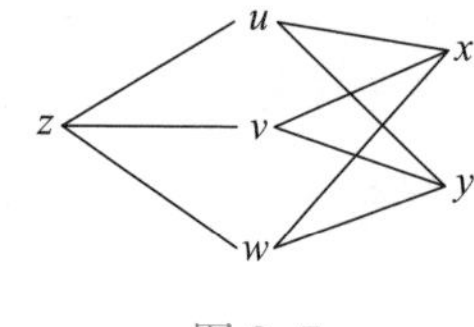

图 8-7

(3) 设 $z=f(x,u,v)$,$u=u(x)$,$v=v(x)$,则有(见图 8-8)

$$\frac{\mathrm{d}z}{\mathrm{d}x}=\frac{\partial f}{\partial x}+\frac{\partial f}{\partial u}\frac{\mathrm{d}u}{\mathrm{d}x}+\frac{\partial f}{\partial v}\frac{\mathrm{d}v}{\mathrm{d}x}.$$

上式中，$\frac{\partial f}{\partial x}\left(即\frac{\partial z}{\partial x}\right)$是指在$f(x,u,v)$中，将$u,v$视为常量而对变量$x$求偏导数.

（4）设$z=f(x,y,u,v)$，$u=u(x,y)$，$v=v(x,y)$，则（见图 8-9）

$$\frac{\partial z}{\partial x}=\frac{\partial f}{\partial x}+\frac{\partial f}{\partial u}\frac{\partial u}{\partial x}+\frac{\partial f}{\partial v}\frac{\partial v}{\partial x},$$

$$\frac{\partial z}{\partial y}=\frac{\partial f}{\partial y}+\frac{\partial f}{\partial u}\frac{\partial u}{\partial y}+\frac{\partial f}{\partial v}\frac{\partial v}{\partial y}.$$

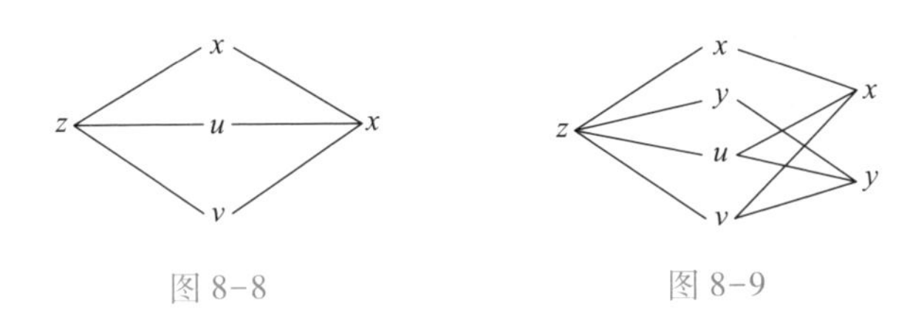

图 8-8　　　　图 8-9

注意上面两式中，$\frac{\partial z}{\partial x}$与$\frac{\partial f}{\partial x}$的区别是：$\frac{\partial z}{\partial x}$表示当变量$y$固定时，复合函数

$$z=f[x,y,u(x,y),v(x,y)]$$

对x的偏导数；而$\frac{\partial f}{\partial x}$表示在$f(x,y,u,v)$中，固定$y,u,v$，对$x$求偏导数，因此右边的$\frac{\partial f}{\partial x}$不要写成$\frac{\partial z}{\partial x}$，以免引起混淆. $\frac{\partial z}{\partial y}$与$\frac{\partial f}{\partial y}$的区别类似.

多元复合函数的求导法则（Ⅱ）

例 1　设$z=e^u\tan v$，$u=x-y$，$v=x^2+y^2$，求$\frac{\partial z}{\partial x},\frac{\partial z}{\partial y}$.

解　复合关系图如图 8-5 所示，有

$$\begin{aligned}\frac{\partial z}{\partial x}&=\frac{\partial z}{\partial u}\frac{\partial u}{\partial x}+\frac{\partial z}{\partial v}\frac{\partial v}{\partial x}=e^u\tan v\times1+e^u\sec^2v\times2x\\&=e^{x-y}\tan(x^2+y^2)+2xe^{x-y}\sec^2(x^2+y^2),\end{aligned}$$

$$\begin{aligned}\frac{\partial z}{\partial y}&=\frac{\partial z}{\partial u}\frac{\partial u}{\partial y}+\frac{\partial z}{\partial v}\frac{\partial v}{\partial y}=e^u\tan v\times(-1)+e^u\sec^2v\times2y\\&=-e^{x-y}\tan(x^2+y^2)+2ye^{x-y}\sec^2(x^2+y^2).\end{aligned}$$

例 2　设$z=e^{\frac{x^2}{y}}\sin(x^2-xy+y^2)$，求$\frac{\partial z}{\partial x},\frac{\partial z}{\partial y}$.

解　引入中间变量 $u=\dfrac{x^2}{y}, v=x^2-xy+y^2$，则 $z=\mathrm{e}^u\sin v$，复合关系图参阅图 8-5，于是有

$$\begin{aligned}\frac{\partial z}{\partial x}&=\frac{\partial z}{\partial u}\frac{\partial u}{\partial x}+\frac{\partial z}{\partial v}\frac{\partial v}{\partial x}=\mathrm{e}^u\sin v\times\frac{2x}{y}+\mathrm{e}^u\cos v\times(2x-y)\\&=\frac{2x}{y}\mathrm{e}^{\frac{x^2}{y}}\sin(x^2-xy+y^2)+(2x-y)\mathrm{e}^{\frac{x^2}{y}}\cos(x^2-xy+y^2),\end{aligned}$$

$$\begin{aligned}\frac{\partial z}{\partial y}&=\frac{\partial z}{\partial u}\frac{\partial u}{\partial y}+\frac{\partial z}{\partial v}\frac{\partial v}{\partial y}=\mathrm{e}^u\sin v\times\left(-\frac{x^2}{y^2}\right)+\mathrm{e}^u\cos v\times(2y-x)\\&=-\frac{x^2}{y^2}\mathrm{e}^{\frac{x^2}{y}}\sin(x^2-xy+y^2)+(2y-x)\mathrm{e}^{\frac{x^2}{y}}\cos(x^2-xy+y^2).\end{aligned}$$

例 3　设 $u=\dfrac{\mathrm{e}^{ax}(y-z)}{a^2+1}, y=a\sin x, z=\cos x$，求 $\dfrac{\mathrm{d}u}{\mathrm{d}x}$.

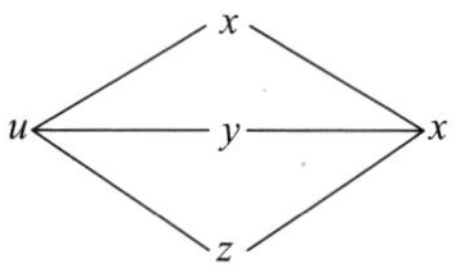

图 8-10

解　复合关系图如图 8-10 所示.

$$\begin{aligned}\frac{\mathrm{d}u}{\mathrm{d}x}&=\frac{\partial u}{\partial x}+\frac{\partial u}{\partial y}\frac{\mathrm{d}y}{\mathrm{d}x}+\frac{\partial u}{\partial z}\frac{\mathrm{d}z}{\mathrm{d}x}\\&=\frac{a}{a^2+1}\mathrm{e}^{ax}(y-z)+\frac{\mathrm{e}^{ax}}{a^2+1}a\cos x+\frac{-\mathrm{e}^{ax}}{a^2+1}(-\sin x)\\&=\frac{\mathrm{e}^{ax}}{a^2+1}(a^2\sin x-a\cos x+a\cos x+\sin x)\\&=\mathrm{e}^{ax}\sin x.\end{aligned}$$

例 4　设 $u=f(x,xy+yz+zx,xyz)$，求 $\dfrac{\partial u}{\partial x},\dfrac{\partial u}{\partial y},\dfrac{\partial u}{\partial z}$.

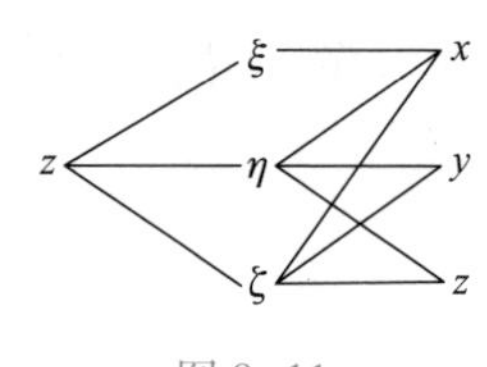

图 8-11

解　引入中间变量

$$\xi=x,\quad \eta=xy+yz+zx,\quad \zeta=xyz,$$

则 $u=f(\xi,\eta,\zeta)$，其复合关系图如图 8-11 所示，从而有

$$\begin{aligned}\frac{\partial u}{\partial x}&=\frac{\partial f}{\partial \xi}\frac{\partial \xi}{\partial x}+\frac{\partial f}{\partial \eta}\frac{\partial \eta}{\partial x}+\frac{\partial f}{\partial \zeta}\frac{\partial \zeta}{\partial x}\\&=\frac{\partial f}{\partial \xi}\times 1+\frac{\partial f}{\partial \eta}(y+z)+\frac{\partial f}{\partial \zeta}yz.\end{aligned}$$

为方便起见，记$\frac{\partial f}{\partial \xi}$为$f_1'$或$f_1$，即$f(\xi,\eta,\zeta)$对第一个位置的变量的偏导数，记$\frac{\partial f}{\partial \eta}$为$f_2'$或$f_2$，$\frac{\partial f}{\partial \zeta}$为$f_3'$或$f_3$，于是有

$$\frac{\partial u}{\partial x}=f_1+(y+z)f_2+yzf_3,$$

$$\frac{\partial u}{\partial y}=(x+z)f_2+xzf_3,$$

$$\frac{\partial u}{\partial z}=(y+x)f_2+xyf_3.$$

例 5　如果函数 $u=f(x,y,z)$ 对于任意实数 t，恒有

$$f(tx,ty,tz)=t^kf(x,y,z),$$

则称$f(x,y,z)$为 k 次齐次函数. 证明：对于 k 次齐次函数 u，有

$$x\frac{\partial u}{\partial x}+y\frac{\partial u}{\partial y}+z\frac{\partial u}{\partial z}=ku.$$

证明　令 $\xi=tx,\eta=ty,\zeta=tz$，则有

$$f(\xi,\eta,\zeta)=t^kf(x,y,z).$$

对 t 求导得

$$\frac{\partial f}{\partial \xi}\frac{\mathrm{d}\xi}{\mathrm{d}t}+\frac{\partial f}{\partial \eta}\frac{\mathrm{d}\eta}{\mathrm{d}t}+\frac{\partial f}{\partial \zeta}\frac{\mathrm{d}\zeta}{\mathrm{d}t}=kt^{k-1}f(x,y,z),$$

$$x\frac{\partial f}{\partial \xi}+y\frac{\partial f}{\partial \eta}+z\frac{\partial f}{\partial \zeta}=kt^{k-1}f(x,y,z).$$

令 $t=1$，得

$$x\frac{\partial f}{\partial x}+y\frac{\partial f}{\partial y}+z\frac{\partial f}{\partial z}=kf(x,y,z),$$

即

$$x\frac{\partial u}{\partial x}+y\frac{\partial u}{\partial y}+z\frac{\partial u}{\partial z}=ku.$$

二、多元复合函数的高阶偏导数

为了简单起见，考虑以下函数的复合：

$$z=f(u,v),\quad u=u(x,y),\quad v=v(x,y).$$

由链导法则可得

$$\frac{\partial z}{\partial x}=\frac{\partial f}{\partial u}\frac{\partial u}{\partial x}+\frac{\partial f}{\partial v}\frac{\partial v}{\partial x},$$

$$\frac{\partial z}{\partial y}=\frac{\partial f}{\partial u}\frac{\partial u}{\partial y}+\frac{\partial f}{\partial v}\frac{\partial v}{\partial y}.$$

事实上，$\frac{\partial f}{\partial u}=\frac{\partial f(u,v)}{\partial u}$是 u,v 的函数，而 u,v 又分别是 x,y 的函数，从而$\frac{\partial f}{\partial u}$是以 u,v 为中间变量的 x,y 的函数. 同样$\frac{\partial f}{\partial v}$也是以 u,v 为中间变量的 x,y 的函数. 于是

$$\frac{\partial^2 z}{\partial x^2}=\left(\frac{\partial^2 f}{\partial u^2}\frac{\partial u}{\partial x}+\frac{\partial^2 f}{\partial u\partial v}\frac{\partial v}{\partial x}\right)\frac{\partial u}{\partial x}+\frac{\partial f}{\partial u}\frac{\partial^2 u}{\partial x^2}+\left(\frac{\partial^2 f}{\partial v\partial u}\frac{\partial u}{\partial x}+\frac{\partial^2 f}{\partial v^2}\frac{\partial v}{\partial x}\right)\frac{\partial v}{\partial x}+\frac{\partial f}{\partial v}\frac{\partial^2 v}{\partial x^2}.$$

同理可得

$$\frac{\partial^2 z}{\partial x\partial y}=\left(\frac{\partial^2 f}{\partial u^2}\frac{\partial u}{\partial y}+\frac{\partial^2 f}{\partial u\partial v}\frac{\partial v}{\partial y}\right)\frac{\partial u}{\partial x}+\frac{\partial f}{\partial u}\frac{\partial^2 u}{\partial x\partial y}+\left(\frac{\partial^2 f}{\partial v\partial u}\frac{\partial u}{\partial y}+\frac{\partial^2 f}{\partial v^2}\frac{\partial v}{\partial y}\right)\frac{\partial v}{\partial x}+\frac{\partial f}{\partial v}\frac{\partial^2 v}{\partial x\partial y},$$

$$\frac{\partial^2 z}{\partial y^2}=\left(\frac{\partial^2 f}{\partial u^2}\frac{\partial u}{\partial y}+\frac{\partial^2 f}{\partial u\partial v}\frac{\partial v}{\partial y}\right)\frac{\partial u}{\partial y}+\frac{\partial f}{\partial u}\frac{\partial^2 u}{\partial y^2}+\left(\frac{\partial^2 f}{\partial v\partial u}\frac{\partial u}{\partial y}+\frac{\partial^2 f}{\partial v^2}\frac{\partial v}{\partial y}\right)\frac{\partial v}{\partial y}+\frac{\partial f}{\partial v}\frac{\partial^2 v}{\partial y^2}.$$

例 6 设 $u=f\left(x^2y,\frac{x}{y^2}\right)$，且 f 具有二阶连续偏导数，求$\frac{\partial^2 u}{\partial x^2},\frac{\partial^2 u}{\partial x\partial y},\frac{\partial^2 u}{\partial y^2}$.

解 设 $\xi=x^2y,\eta=\frac{x}{y^2}$，则 $u=f(\xi,\eta)$. 记

$$\frac{\partial^2}{\partial\xi^2}f(\xi,\eta)=f''_{11}=f_{11},\quad \frac{\partial^2}{\partial\xi\partial\eta}f(\xi,\eta)=f''_{12}=f_{12},$$

$$\frac{\partial^2}{\partial\eta\partial\xi}f(\xi,\eta)=f''_{21}=f_{21},\quad \frac{\partial^2}{\partial\eta^2}f(\xi,\eta)=f''_{22}=f_{22}.$$

$$\frac{\partial u}{\partial x}=2xyf_1'+\frac{1}{y^2}f_2',\quad \frac{\partial u}{\partial y}=x^2f_1'-\frac{2x}{y^3}f_2',$$

$$\frac{\partial^2 u}{\partial x^2}=2yf_1'+2xy\left(f''_{11}\cdot 2xy+f''_{12}\frac{1}{y^2}\right)+\frac{1}{y^2}\left(f''_{21}\cdot 2xy+f''_{22}\frac{1}{y^2}\right)$$

$$=2yf_1'+4x^2y^2f''_{11}+\frac{4x}{y}f''_{12}+\frac{1}{y^4}f''_{22},$$

$$\frac{\partial^2 u}{\partial x\partial y}=2xf_1'+2xy\left(x^2f_{11}''+f_{12}''\frac{-2x}{y^3}\right)+\left(-\frac{2}{y^3}\right)f_2'+\frac{1}{y^2}\left(f_{21}''x^2+f_{22}''\frac{-2x}{y^3}\right)$$

$$=2xf_1'+2x^3yf_{11}''-\frac{3x^2}{y^2}f_{12}''-\frac{2}{y^3}f_2'-\frac{2x}{y^5}f_{22}'',$$

$$\frac{\partial^2 u}{\partial y^2}=x^2\left(x^2f_{11}''+f_{12}''\frac{-2x}{y^3}\right)+\frac{6x}{y^4}f_2'-\frac{2x}{y^3}\left(f_{21}''x^2+f_{22}''\frac{-2x}{y^3}\right)$$

$$=x^4f_{11}''-\frac{4x^3}{y^3}f_{12}''+\frac{6x}{y^4}f_2'+\frac{4x^2}{y^6}f_{22}''.$$

例 7　设 $u=\varphi(x-at)+\psi(x+at)$，其中，$\varphi$ 及 ψ 具有二阶连续导数，证明

$$\frac{\partial^2 u}{\partial t^2}=a^2\frac{\partial^2 u}{\partial x^2}.$$

证明　设 $\xi=x-at,\eta=x+at$，则 $u=\varphi(\xi)+\psi(\eta)$.

$$\frac{\partial u}{\partial x}=\varphi'(\xi)\frac{\partial \xi}{\partial x}+\psi'(\eta)\frac{\partial \eta}{\partial x}=\varphi'(\xi)+\psi'(\eta),$$

$$\frac{\partial u}{\partial t}=\varphi'(\xi)\frac{\partial \xi}{\partial t}+\psi'(\eta)\frac{\partial \eta}{\partial t}=-a\varphi'(\xi)+a\psi'(\eta),$$

$$\frac{\partial^2 u}{\partial t^2}=-a\varphi''(\xi)(-a)+a\psi''(\eta)a=a^2[\varphi''(\xi)+\psi''(\eta)],$$

$$\frac{\partial^2 u}{\partial x^2}=\varphi''(\xi)+\psi''(\eta),$$

故

$$\frac{\partial^2 u}{\partial t^2}=a^2\frac{\partial^2 u}{\partial x^2}.$$

三、全微分的运算性质及全微分的形式不变性

与一元函数类似，多元函数的全微分有以下运算性质：

$$\mathrm{d}(u\pm v)=\mathrm{d}u\pm\mathrm{d}v,$$

$$\mathrm{d}(uv)=u\mathrm{d}v+v\mathrm{d}u,$$

$$\mathrm{d}\left(\frac{u}{v}\right)=\frac{v\mathrm{d}u-u\mathrm{d}v}{v^2}\quad(v\neq 0),$$

其中,u,v 均为可微函数.

对于多元函数来说,也有所谓的全微分形式不变性. 为了方便起见,设 $z=f(u,v)$,$u=u(x,y)$,$v=v(x,y)$,则 z 既是 u,v 的函数,又是以 u,v 为中间变量的 x,y 的函数,则

当把 z 看成 u,v 的函数时,有

$$\mathrm{d}z=\frac{\partial z}{\partial u}\mathrm{d}u+\frac{\partial z}{\partial v}\mathrm{d}v.$$

当把 z 看成以 u,v 为中间变量的 x,y 的函数时,有

$$\begin{aligned}\mathrm{d}z&=\frac{\partial z}{\partial x}\mathrm{d}x+\frac{\partial z}{\partial y}\mathrm{d}y\\&=\left(\frac{\partial z}{\partial u}\frac{\partial u}{\partial x}+\frac{\partial z}{\partial v}\frac{\partial v}{\partial x}\right)\mathrm{d}x+\left(\frac{\partial z}{\partial u}\frac{\partial u}{\partial y}+\frac{\partial z}{\partial v}\frac{\partial v}{\partial y}\right)\mathrm{d}y\\&=\frac{\partial z}{\partial u}\left(\frac{\partial u}{\partial x}\mathrm{d}x+\frac{\partial u}{\partial y}\mathrm{d}y\right)+\frac{\partial z}{\partial v}\left(\frac{\partial v}{\partial x}\mathrm{d}x+\frac{\partial v}{\partial y}\mathrm{d}y\right)\\&=\frac{\partial z}{\partial u}\mathrm{d}u+\frac{\partial z}{\partial v}\mathrm{d}v.\end{aligned}$$

全微分的形式不变性

由此可见,不论 z 是 x,y 的函数或是中间变量 u,v 的函数,它的全微分形式是一样的,这个性质叫做(一阶)**全微分的形式不变性**.

例 8　设 $z=\mathrm{e}^{\sqrt{x^2+y^2}}\arctan\dfrac{y}{x}$,求 $\mathrm{d}z,\dfrac{\partial z}{\partial x},\dfrac{\partial z}{\partial y}$.

解　令 $u=\sqrt{x^2+y^2}$,$v=\dfrac{y}{x}$,那么 $z=\mathrm{e}^u\arctan v$,则

$$\begin{aligned}\mathrm{d}z&=\frac{\partial z}{\partial u}\mathrm{d}u+\frac{\partial z}{\partial v}\mathrm{d}v=\mathrm{e}^u\arctan v\mathrm{d}u+\frac{\mathrm{e}^u}{1+v^2}\mathrm{d}v\\&=\mathrm{e}^u\arctan v\frac{x\mathrm{d}x+y\mathrm{d}y}{\sqrt{x^2+y^2}}+\frac{\mathrm{e}^u}{1+v^2}\frac{x\mathrm{d}y-y\mathrm{d}x}{x^2}\\&=\mathrm{e}^{\sqrt{x^2+y^2}}\left(\frac{x}{\sqrt{x^2+y^2}}\arctan\frac{y}{x}-\frac{y}{x^2+y^2}\right)\mathrm{d}x+\\&\quad\mathrm{e}^{\sqrt{x^2+y^2}}\left(\frac{y}{\sqrt{x^2+y^2}}\arctan\frac{y}{x}+\frac{x}{x^2+y^2}\right)\mathrm{d}y,\end{aligned}$$

于是

$$\frac{\partial z}{\partial x}=\mathrm{e}^{\sqrt{x^2+y^2}}\left(\frac{x}{\sqrt{x^2+y^2}}\arctan\frac{y}{x}-\frac{y}{x^2+y^2}\right),$$

$$\frac{\partial z}{\partial y}=\mathrm{e}^{\sqrt{x^2+y^2}}\left(\frac{y}{\sqrt{x^2+y^2}}\arctan\frac{y}{x}+\frac{x}{x^2+y^2}\right).$$

习题 8-4

1. 完成下列各题.

（1）设 $z=u^2+v^2,u=x+y,v=x-y$，求 $\frac{\partial z}{\partial x},\frac{\partial z}{\partial y}$；

（2）设 $z=\mathrm{e}^{u+v},u=x^2+y,v=xy$，求 $\frac{\partial z}{\partial x},\frac{\partial z}{\partial y}$；

（3）设 $z=u^2v-uv^2,u=x\cos y,v=x\sin y$，求 $\frac{\partial z}{\partial x},\frac{\partial z}{\partial y}$；

（4）设 $z=x^2\ln y,x=\frac{v}{u},y=3v-2u$，求 $\frac{\partial z}{\partial u},\frac{\partial z}{\partial v}$.

2. 求下列函数的全导数.

（1）设 $z=\frac{y}{x},x=\mathrm{e}^t,y=1-\mathrm{e}^{2t}$，求 $\frac{\mathrm{d}z}{\mathrm{d}t}$；

（2）设 $z=\mathrm{e}^{x-2y},x=\sin t,y=t^3$，求 $\frac{\mathrm{d}z}{\mathrm{d}t}$；

（3）设 $z=\arcsin(x-y),x=3t,y=4t^3$，求 $\frac{\mathrm{d}z}{\mathrm{d}t}$；

（4）设 $z=\arctan(xy),y=\mathrm{e}^x$，求 $\frac{\mathrm{d}z}{\mathrm{d}x}$.

3. 求下列函数的一阶偏导数（其中 f 具有一阶连续偏导数或导数）.

（1）$z=(x^2+y^2)\mathrm{e}^{\frac{x^2+y^2}{xy}}$；　　（2）$z=(x^2+y^2)^{xy}$；

(3) $z=\dfrac{xy\arctan(x+y+xy)}{x+y}$；　　(4) $z=f(x^2-y^2,\mathrm{e}^{xy})$；

(5) $u=f\left(\dfrac{x}{y},\dfrac{y}{z}\right)$；　　(6) $z=x^3f\left(xy,\dfrac{y}{x}\right)$；

(7) $z=yf(x^2-y^2)$；　　(8) $z=xy+xf(u)$，其中 $u=\dfrac{y}{x}$.

4. 求下列函数的二阶偏导数(设 f 具有二阶连续的偏导数).

(1) $z=\mathrm{e}^{xy}\cos(x+y)$；　　(2) $z=f\left(x,\dfrac{x}{y}\right)$；

(3) $z=f(xy^2,x^2y)$；　　(4) $z=f(\sin x,\cos y,\mathrm{e}^{x+y})$.

5. 利用全微分的形式不变性和微分运算法则，求下列函数的偏导数.

(1) $z=\mathrm{e}^{xy}\sin(x+y)+\ln(x^2+y^2)$；　　(2) $z=(x^2+y)^4\arctan\sqrt{x^2+y-1}$；

(3) $u=\dfrac{x}{x^2+y^2+z^2}$　　(4) $z=f(x-y,x+y)$；

(5) $z=f\left(xy,\dfrac{x}{y}\right)$；　　(6) $u=f(\sin x+\cos y,\cos x-\cos z)$.

6. 设 $u=f(x,y)$ 的所有二阶偏导数连续，而

$$x=\frac{s-\sqrt{3}t}{2},\quad y=\frac{\sqrt{3}s+t}{2},$$

试证：

(1) $\left(\dfrac{\partial u}{\partial x}\right)^2+\left(\dfrac{\partial u}{\partial y}\right)^2=\left(\dfrac{\partial u}{\partial s}\right)^2+\left(\dfrac{\partial u}{\partial t}\right)^2$；

(2) $\dfrac{\partial^2 u}{\partial x^2}+\dfrac{\partial^2 u}{\partial y^2}=\dfrac{\partial^2 u}{\partial s^2}+\dfrac{\partial^2 u}{\partial t^2}$.

7. 设函数 $z=f(u,v)$ 在 (u,v) 处具有二阶连续偏导数，变换 $u=x-2y$，$v=x+ay$，可把方程 $6\dfrac{\partial^2 z}{\partial x^2}+\dfrac{\partial^2 z}{\partial x\partial y}-\dfrac{\partial^2 z}{\partial y^2}=0$ 简化为 $\dfrac{\partial^2 z}{\partial u\partial v}=0$，求常数 a.

第五节　隐函数及其微分法

在介绍一元函数的微分时，讨论了 $F(x,y)=0$ 所确定的隐函数，但在什

么条件下，这个方程一定能确定一个隐函数，前文对此并没做讨论. 本节主要讨论一个方程或方程组所确定的隐函数的导数问题.

一、一个方程的情形

隐函数存在定理 1　设函数 $F(x,y)$ 满足：

(1) $F(x,y)$ 在点 $P_0(x_0,y_0)$ 的某邻域 $U(P_0)$ 内具有一阶连续偏导数；

(2) $F(x_0,y_0)=0$，且 $F_y(x_0,y_0)\neq 0$，

则方程 $F(x,y)=0$ 在 $U(P_0)$ 内能唯一确定一个连续且具有连续导数的函数 $y=f(x)$，满足 $y_0=f(x_0)$，并有

$$\frac{\mathrm{d}y}{\mathrm{d}x}=-\frac{F_x}{F_y}.$$

现对上式进行推导.

因为 $F(x,y)$ 在 $U(P_0)$ 内具有连续偏导数，故 $F(x,y)$ 在 $U(P_0)$ 内可微，方程两边微分得

$$F_x\mathrm{d}x+F_y\mathrm{d}y=0.$$

又因为 $F_y(x_0,y_0)\neq 0$，则 $\exists\,\delta>0$，当 $(x,y)\in U(P_0,\delta)$ 时，$F_y\neq 0$，所以

$$\mathrm{d}y=-\frac{F_x}{F_y}\mathrm{d}x,$$

即

$$\frac{\mathrm{d}y}{\mathrm{d}x}=-\frac{F_x}{F_y}.$$

隐函数存在定理 2　设函数 $F(x,y,z)$ 满足：

(1) $F(x,y,z)$ 在 $P_0(x_0,y_0,z_0)$ 的某邻域 $U(P_0)$ 内具有一阶连续偏导数；

(2) $F(x_0,y_0,z_0)=0$，且 $F_z(x_0,y_0,z_0)\neq 0$，

则方程 $F(x,y,z)=0$ 在 $U(P_0)$ 内能唯一确定一个连续且具有连续偏导数的函数 $z=f(x,y)$，满足 $z_0=f(x_0,y_0)$，并有

$$\frac{\partial z}{\partial x}=-\frac{F_x}{F_z},\quad \frac{\partial z}{\partial y}=-\frac{F_y}{F_z}.$$

现对上式进行推导.

因为 $F(x,y,z)$ 在 $U(P_0)$ 内具有一阶连续偏导数,故 $F(x,y,z)$ 可微,所以

$$F_x\mathrm{d}x+F_y\mathrm{d}y+F_z\mathrm{d}z=0.$$

又因为 $F_z(x_0,y_0,z_0)\neq 0$,所以 $\exists\delta>0$,当 $(x,y,z)\in U(P_0,\delta)$ 时,$F_z\neq 0$,有

$$\mathrm{d}z=-\frac{F_x}{F_z}\mathrm{d}x-\frac{F_y}{F_z}\mathrm{d}y,$$

一个方程的情形

故

$$\frac{\partial z}{\partial x}=-\frac{F_x}{F_z},\quad \frac{\partial z}{\partial y}=-\frac{F_y}{F_z}.$$

注 (1) 在隐函数存在定理 1 中,若 $F_x(x_0,y_0)\neq 0$,类似可以确定 x 是 y 的函数;在隐函数存在定理 2 中,若 $F_x(x_0,y_0,z_0)\neq 0$,类似可以确定 x 是 y,z 的函数:$x=x(y,z)$. 相应地也可以写出其偏导数公式.

(2) 该定理还可推广到 $u=f(x_1,x_2,\cdots,x_n)$ 的情形中去.

例 1 求由方程 $x^3+y^3-3axy=0$ 确定的隐函数 $y=y(x)$ 的导数.

解 令 $F(x,y)=x^3+y^3-3axy$,于是

$$F_x=3x^2-3ay,\quad F_y=3y^2-3ax,$$

则

$$\frac{\mathrm{d}y}{\mathrm{d}x}=-\frac{3x^2-3ay}{3y^2-3ax}=\frac{ay-x^2}{y^2-ax}.$$

例 2 设 $\frac{x^2}{a^2}+\frac{y^2}{b^2}+\frac{z^2}{c^2}-1=0$,求 $\frac{\partial z}{\partial x},\frac{\partial z}{\partial y}$.

解 设 $F(x,y,z)=\frac{x^2}{a^2}+\frac{y^2}{b^2}+\frac{z^2}{c^2}-1$,于是

$$F_x=\frac{2x}{a^2},\quad F_y=\frac{2y}{b^2},\quad F_z=\frac{2z}{c^2},$$

则

$$\frac{\partial z}{\partial x}=-\frac{F_x}{F_z}=-\frac{c^2x}{a^2z},\quad \frac{\partial z}{\partial y}=-\frac{F_y}{F_z}=-\frac{c^2y}{b^2z}.$$

另解 方程两边微分得 $\frac{2x}{a^2}\mathrm{d}x+\frac{2y}{b^2}\mathrm{d}y+\frac{2z}{c^2}\mathrm{d}z=0$,解得

$$\mathrm{d}z=-\frac{c^2x}{a^2z}\mathrm{d}x-\frac{c^2y}{b^2z}\mathrm{d}y,$$

从而有

$$\frac{\partial z}{\partial x}=-\frac{c^2x}{a^2z},\quad \frac{\partial z}{\partial y}=-\frac{c^2y}{b^2z}.$$

注　如果 $F(x,y)$ 的二阶偏导数都连续，那么由方程 $F(x,y)=0$ 所确定的隐函数 $y=f(x)$ 的导数 $\frac{\mathrm{d}y}{\mathrm{d}x}=-\frac{F_x}{F_y}$ 可再一次求导，即

$$\begin{aligned}\frac{\mathrm{d}^2y}{\mathrm{d}x^2}&=-\frac{\left(F_{xx}+F_{xy}\frac{\mathrm{d}y}{\mathrm{d}x}\right)F_y-F_x\left(F_{yx}+F_{yy}\frac{\mathrm{d}y}{\mathrm{d}x}\right)}{F_y^2}\\&=-\frac{\left[F_{xx}+F_{xy}\left(-\frac{F_x}{F_y}\right)\right]F_y-F_x\left[F_{yx}+F_{yy}\left(-\frac{F_x}{F_y}\right)\right]}{F_y^2}\\&=-\frac{F_{xx}F_y^2-F_{xy}F_xF_y-F_xF_yF_{yx}+F_x^2F_{yy}}{F_y^3}\\&=-\frac{F_{xx}F_y^2-2F_xF_yF_{xy}+F_x^2F_{yy}}{F_y^3}.\end{aligned}$$

例 3　设 $x^2+y^2+z^2=a^2$，求 $\frac{\partial z}{\partial x},\frac{\partial z}{\partial y},\frac{\partial^2 z}{\partial x^2},\frac{\partial^2 z}{\partial x\partial y}$.

解　令 $F(x,y,z)=x^2+y^2+z^2-a^2$，于是

$$F_x=2x,\quad F_y=2y,\quad F_z=2z,$$

则

$$\frac{\partial z}{\partial x}=-\frac{F_x}{F_z}=-\frac{2x}{2z}=-\frac{x}{z},\quad \frac{\partial z}{\partial y}=-\frac{F_y}{F_z}=-\frac{y}{z},$$

$$\frac{\partial^2 z}{\partial x^2}=-\frac{z-x\frac{\partial z}{\partial x}}{z^2}=-\frac{z-x\left(-\frac{x}{z}\right)}{z^2}=-\frac{z^2+x^2}{z^3},$$

$$\frac{\partial^2 z}{\partial x\partial y}=-\frac{0-x\frac{\partial z}{\partial y}}{z^2}=\frac{x\left(-\frac{y}{z}\right)}{z^2}=-\frac{xy}{z^3}.$$

二、方程组的情形

现在将隐函数存在定理作进一步的推广. 不仅增加方程中变量的个数,同时也增加方程的个数,从而得到由方程组所确定的隐函数的偏导数公式.

隐函数存在定理 3 设 $F(x,y,u,v)$,$G(x,y,u,v)$满足:

(1) 在点 $P_0(x_0,y_0,u_0,v_0)$的某邻域内,$F(x,y,u,v)$,$G(x,y,u,v)$具有一阶连续偏导数;

(2) $F(x_0,y_0,u_0,v_0)=0$,$G(x_0,y_0,u_0,v_0)=0$,且由其偏导数所组成的函数行列式(称为**雅可比**(Jacobi)**行列式**)

$$J=\frac{\partial(F,G)}{\partial(u,v)}=\begin{vmatrix}\dfrac{\partial F}{\partial u} & \dfrac{\partial F}{\partial v}\\ \dfrac{\partial G}{\partial u} & \dfrac{\partial G}{\partial v}\end{vmatrix}$$

在点 $P_0(x_0,y_0,u_0,v_0)$处的值不等于 0,则方程组

$$\begin{cases}F(x,y,u,v)=0,\\ G(x,y,u,v)=0\end{cases}$$

在 $P_0(x_0,y_0,u_0,v_0)$的某邻域内唯一确定一组连续且具有一阶连续偏导数的函数 $u=u(x,y)$,$v=v(x,y)$,满足

$$u_0=u(x_0,y_0),\quad v_0=v(x_0,y_0),$$

并有

$$\left.\begin{aligned}&\frac{\partial u}{\partial x}=-\frac{\dfrac{\partial(F,G)}{\partial(x,v)}}{\dfrac{\partial(F,G)}{\partial(u,v)}},\quad \frac{\partial v}{\partial x}=-\frac{\dfrac{\partial(F,G)}{\partial(u,x)}}{\dfrac{\partial(F,G)}{\partial(u,v)}}\\ &\frac{\partial u}{\partial y}=-\frac{\dfrac{\partial(F,G)}{\partial(y,v)}}{\dfrac{\partial(F,G)}{\partial(u,v)}},\quad \frac{\partial v}{\partial y}=-\frac{\dfrac{\partial(F,G)}{\partial(u,y)}}{\dfrac{\partial(F,G)}{\partial(u,v)}}\end{aligned}\right\}\tag{8-3}$$

现对上式进行推导.

在隐函数 $u=u(x,y)$，$v=v(x,y)$ 存在时，方程组

$$\begin{cases}F(x,y,u,v)=0,\\G(x,y,u,v)=0\end{cases}$$

两边对 x,y 求偏导数，得关于$\dfrac{\partial u}{\partial x},\dfrac{\partial v}{\partial x}$的方程组

$$\begin{cases}F_x+F_u\dfrac{\partial u}{\partial x}+F_v\dfrac{\partial v}{\partial x}=0,\\[2ex]G_x+G_u\dfrac{\partial u}{\partial x}+G_v\dfrac{\partial v}{\partial x}=0\end{cases}$$

及关于$\dfrac{\partial u}{\partial y},\dfrac{\partial v}{\partial y}$的方程组

$$\begin{cases}F_y+F_u\dfrac{\partial u}{\partial y}+F_v\dfrac{\partial v}{\partial y}=0,\\[2ex]G_y+G_u\dfrac{\partial u}{\partial y}+G_v\dfrac{\partial v}{\partial y}=0.\end{cases}$$

由假设可知，在点 $P_0(x_0,y_0,u_0,v_0)$ 的某邻域内，有

$$\frac{\partial(F,G)}{\partial(u,v)}=\begin{vmatrix}\dfrac{\partial F}{\partial u}&\dfrac{\partial F}{\partial v}\\[2ex]\dfrac{\partial G}{\partial u}&\dfrac{\partial G}{\partial v}\end{vmatrix}\neq 0,$$

即上面方程组的系数行列式不等于 0，从而可以解出$\dfrac{\partial u}{\partial x},\dfrac{\partial v}{\partial x},\dfrac{\partial u}{\partial y},\dfrac{\partial v}{\partial y}$.

怎样记住式(8-3)呢？可以看出：

(1) 上面公式结构相同，都是分式并且前面都有一个负号.

(2) 分母相同，都是 F,G 关于函数 u,v 的雅可比行列式$\dfrac{\partial(F,G)}{\partial(u,v)}$，而分子不同.

(3) 分子是将分母的雅可比行列式$\dfrac{\partial(F,G)}{\partial(u,v)}$中的 u 或 v 换成 x 或 y 而得

到，如$\frac{\partial u}{\partial x}$的公式中的分子就是将分母的雅可比行列式$\frac{\partial(F,G)}{\partial(u,v)}$中的 u 换成 x；$\frac{\partial u}{\partial y}$的公式中的分子就是将分母的雅可比行列式$\frac{\partial(F,G)}{\partial(u,v)}$中的 u 换成 y.

当然在实际应用中，可以用公式计算，也可以不记公式，而直接用推导公式的方法来求偏导数.

例 4　设 u,v 是由方程组

$$\begin{cases} xu-yv=0, \\ yu+xv-1=0 \end{cases}$$

所确定的 x,y 的函数，求$\frac{\partial u}{\partial x},\frac{\partial u}{\partial y},\frac{\partial v}{\partial x},\frac{\partial v}{\partial y}$.

解　直接利用公式

$$\frac{\partial u}{\partial x}=-\frac{\frac{\partial(F,G)}{\partial(x,v)}}{\frac{\partial(F,G)}{\partial(u,v)}}=-\frac{\begin{vmatrix} \frac{\partial F}{\partial x} & \frac{\partial F}{\partial v} \\ \frac{\partial G}{\partial x} & \frac{\partial G}{\partial v} \end{vmatrix}}{\begin{vmatrix} \frac{\partial F}{\partial u} & \frac{\partial F}{\partial v} \\ \frac{\partial G}{\partial u} & \frac{\partial G}{\partial v} \end{vmatrix}}=-\frac{\begin{vmatrix} u & -y \\ v & x \end{vmatrix}}{\begin{vmatrix} x & -y \\ y & x \end{vmatrix}}=-\frac{xu+yv}{x^2+y^2},$$

$$\frac{\partial u}{\partial y}=-\frac{\frac{\partial(F,G)}{\partial(y,v)}}{\frac{\partial(F,G)}{\partial(u,v)}}=-\frac{\begin{vmatrix} \frac{\partial F}{\partial y} & \frac{\partial F}{\partial v} \\ \frac{\partial G}{\partial y} & \frac{\partial G}{\partial v} \end{vmatrix}}{\begin{vmatrix} \frac{\partial F}{\partial u} & \frac{\partial F}{\partial v} \\ \frac{\partial G}{\partial u} & \frac{\partial G}{\partial v} \end{vmatrix}}=-\frac{\begin{vmatrix} -v & -y \\ u & x \end{vmatrix}}{\begin{vmatrix} x & -y \\ y & x \end{vmatrix}}=-\frac{yu-xv}{x^2+y^2},$$

$$\frac{\partial v}{\partial x}=-\frac{\frac{\partial(F,G)}{\partial(u,x)}}{\frac{\partial(F,G)}{\partial(u,v)}}=-\frac{\begin{vmatrix}\frac{\partial F}{\partial u}&\frac{\partial F}{\partial x}\\ \frac{\partial G}{\partial u}&\frac{\partial G}{\partial x}\end{vmatrix}}{\begin{vmatrix}\frac{\partial F}{\partial u}&\frac{\partial F}{\partial v}\\ \frac{\partial G}{\partial u}&\frac{\partial G}{\partial v}\end{vmatrix}}=-\frac{\begin{vmatrix}x&u\\ y&v\end{vmatrix}}{\begin{vmatrix}x&-y\\ y&x\end{vmatrix}}=-\frac{xv-yu}{x^2+y^2},$$

$$\frac{\partial v}{\partial y}=-\frac{\frac{\partial(F,G)}{\partial(u,y)}}{\frac{\partial(F,G)}{\partial(u,v)}}=-\frac{\begin{vmatrix}\frac{\partial F}{\partial u}&\frac{\partial F}{\partial y}\\ \frac{\partial G}{\partial u}&\frac{\partial G}{\partial y}\end{vmatrix}}{\begin{vmatrix}\frac{\partial F}{\partial u}&\frac{\partial F}{\partial v}\\ \frac{\partial G}{\partial u}&\frac{\partial G}{\partial v}\end{vmatrix}}=-\frac{\begin{vmatrix}x&-v\\ y&u\end{vmatrix}}{\begin{vmatrix}x&-y\\ y&x\end{vmatrix}}=-\frac{xu+yv}{x^2+y^2}.$$

例 5　设 u 及 v 由方程组

$$\begin{cases}xy+yz+zx+u\sin v+v\sin u=1,\\ x^2+y^2+z^2+u^2+v^2=16\end{cases}$$

确定为 x,y,z 的函数,求$\frac{\partial u}{\partial x}$及$\frac{\partial v}{\partial x}$.

解　方程两边对 x 求偏导数,有

$$\begin{cases}y+z+\frac{\partial u}{\partial x}\sin v+u\cos v\,\frac{\partial v}{\partial x}+\sin u\,\frac{\partial v}{\partial x}+v\cos u\,\frac{\partial u}{\partial x}=0,\\ 2x+2u\,\frac{\partial u}{\partial x}+2v\,\frac{\partial v}{\partial x}=0.\end{cases}$$

解关于$\frac{\partial u}{\partial x},\frac{\partial v}{\partial x}$的方程组,得

$$\frac{\partial u}{\partial x}=-\frac{\begin{vmatrix}y+z&u\cos v+\sin u\\ 2x&2v\end{vmatrix}}{\begin{vmatrix}\sin v+v\cos u&u\cos v+\sin u\\ 2u&2v\end{vmatrix}}$$

$$=\frac{x(u\cos v+\sin u)-v(y+z)}{v(\sin v+v\cos u)-u(u\cos v+\sin u)},$$

$$\frac{\partial v}{\partial x}=-\frac{\begin{vmatrix}\sin v+v\cos u & y+z\\ 2u & 2x\end{vmatrix}}{\begin{vmatrix}\sin v+v\cos u & u\cos v+\sin u\\ 2u & 2v\end{vmatrix}}$$

$$=\frac{u(y+z)-x(\sin v+v\cos u)}{v(\sin v+v\cos u)-u(u\cos v+\sin u)}.$$

习题 8-5

1. 求下列方程所确定的隐函数 y 的导数.

(1) $\sin y+e^x-xy^2=0$; (2) $\ln\sqrt{x^2+y^2}=\arctan\dfrac{y}{x}$.

2. 求下列方程所确定的隐函数 z 的偏导数.

(1) $x+2y+z-2\sqrt{xyz}=0$; (2) $\dfrac{x}{z}=\ln\dfrac{z}{y}$;

(3) $2\sin(x+2y-3z)=x+2y-3z$.

3. 求下列方程所确定的隐函数的二阶偏导数.

(1) $e^z-xyz=0$; (2) $z^3-3xyz=a^3$.

4. 求由下列方程组所确定的函数的导数或偏导数.

(1) 设$\begin{cases}z=x^2+y^2,\\ x^2+2y^2+3z^2=20,\end{cases}$求$\dfrac{dy}{dx},\dfrac{dz}{dx}$;

(2) 设$\begin{cases}u=f(ux,v+y),\\ v=g(u-x,v^2y),\end{cases}$其中$f,g$具有一阶连续偏导数,求$\dfrac{\partial u}{\partial x},\dfrac{\partial v}{\partial x}$;

(3) 设$\begin{cases}x=e^u+u\sin v,\\ y=e^u-u\cos v,\end{cases}$求$\dfrac{\partial u}{\partial x},\dfrac{\partial u}{\partial y},\dfrac{\partial v}{\partial x},\dfrac{\partial v}{\partial y}$.

5. 设 $z=z(x,y)$ 由方程 $F\left(x+\dfrac{z}{y},y+\dfrac{z}{x}\right)=0$ 所确定，试证：

$$x\frac{\partial z}{\partial x}+y\frac{\partial z}{\partial y}=z-xy.$$

6. 设 $u=f(x,y,z)$，$\varphi(x^2,e^y,z)=0$，$y=\sin x$，其中 f,φ 具有一阶连续偏导数，且 $\dfrac{\partial\varphi}{\partial z}\neq0$，求 $\dfrac{du}{dx}$.

7. 设 $y=f(x,t)$，而 t 是由方程 $F(x,y,t)=0$ 所确定的 x,y 的函数，其中 f,F 都具有一阶连续偏导数，试证：

$$\frac{dy}{dx}=\frac{\dfrac{\partial f}{\partial x}\dfrac{\partial F}{\partial t}-\dfrac{\partial f}{\partial t}\dfrac{\partial F}{\partial x}}{\dfrac{\partial f}{\partial t}\dfrac{\partial F}{\partial y}+\dfrac{\partial F}{\partial t}}.$$

第六节　微分法在几何上的应用

一、空间曲线的切线及法平面

设有空间曲线

$$\Gamma: x=x(t),\quad y=y(t),\quad z=z(t),$$

其中，$x(t)$，$y(t)$，$z(t)$ 都是 t 的可导函数.

如图 8-12 所示，在曲线 Γ 上取对应于 $t=t_0$ 的一点 $M_0(x_0,y_0,z_0)$，当 t 由 t_0 变到 $t_0+\Delta t$ 时，得到曲线上另一点

$$M(x_0+\Delta x,y_0+\Delta y,z_0+\Delta z).$$

向量 $\overrightarrow{M_0M}=(\Delta x,\Delta y,\Delta z)$，则割线 M_0M 的方程为

$$\frac{x-x_0}{\Delta x}=\frac{y-y_0}{\Delta y}=\frac{z-z_0}{\Delta z},$$

同除以 Δt 后得

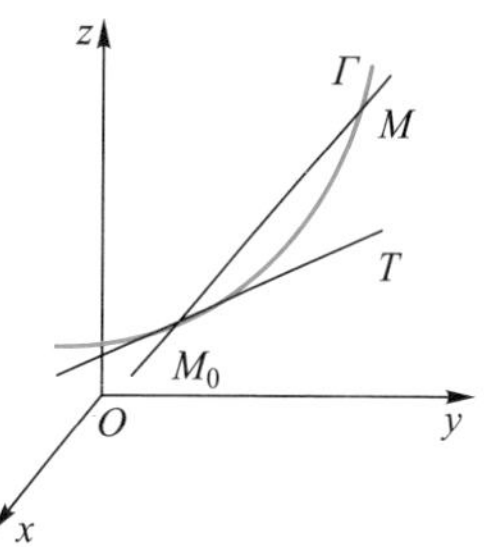

图 8-12

$$\frac{x-x_0}{\frac{\Delta x}{\Delta t}}=\frac{y-y_0}{\frac{\Delta y}{\Delta t}}=\frac{z-z_0}{\frac{\Delta z}{\Delta t}},$$

这里$\frac{\Delta x}{\Delta t},\frac{\Delta y}{\Delta t},\frac{\Delta z}{\Delta t}$为割线的方向数. 当$\Delta t\to 0$时,点$M$沿着曲线$\Gamma$趋向于$M_0$,割线$M_0M$趋向于它的极限位置$M_0T$,由此得曲线$\Gamma$在$M_0$处的**切线**$M_0T$**的方程**为

$$\frac{x-x_0}{x'(t_0)}=\frac{y-y_0}{y'(t_0)}=\frac{z-z_0}{z'(t_0)}.$$

称向量

$$\boldsymbol{T}=(x'(t_0),y'(t_0),z'(t_0))$$

$(x'^2(t_0)+y'^2(t_0)+z'^2(t_0)\neq 0)$为切线$M_0T$的方向向量,也称其为曲线$\Gamma$在$M_0$处的**切向量**(tangent vector).

过点M_0且垂直于切线M_0T的平面称为曲线在M_0处的**法平面**(normal plane),它的方程为

$$x'(t_0)(x-x_0)+y'(t_0)(y-y_0)+z'(t_0)(z-z_0)=0.$$

空间曲线的切线与法平面

如果空间曲线Γ由一般方程

$$\begin{cases}F(x,y,z)=0,\\G(x,y,z)=0\end{cases}$$

给出,这里$F(x,y,z),G(x,y,z)$对各变量具有一阶连续偏导数,则由该方程组可确定y,z是x的函数,即

$$\begin{cases}x=x,\\y=y(x),\\z=z(x),\end{cases}$$

则切向量$\boldsymbol{T}=\left(1,\frac{\mathrm{d}y}{\mathrm{d}x},\frac{\mathrm{d}z}{\mathrm{d}x}\right)$,其中$\frac{\mathrm{d}y}{\mathrm{d}x},\frac{\mathrm{d}z}{\mathrm{d}x}$可由隐函数存在定理得到,即

$$\frac{\mathrm{d}y}{\mathrm{d}x}=-\frac{\frac{\partial(F,G)}{\partial(x,z)}}{\frac{\partial(F,G)}{\partial(y,z)}},\quad \frac{\mathrm{d}z}{\mathrm{d}x}=-\frac{\frac{\partial(F,G)}{\partial(y,x)}}{\frac{\partial(F,G)}{\partial(y,z)}}.$$

则 $\boldsymbol{T}$ 可取

$$\left(1,-\frac{\dfrac{\partial(F,G)}{\partial(x,z)}}{\dfrac{\partial(F,G)}{\partial(y,z)}},-\frac{\dfrac{\partial(F,G)}{\partial(y,x)}}{\dfrac{\partial(F,G)}{\partial(y,z)}}\right),$$

或

$$\left(\frac{\partial(F,G)}{\partial(y,z)},-\frac{\partial(F,G)}{\partial(x,z)},-\frac{\partial(F,G)}{\partial(y,x)}\right)=\begin{vmatrix}\boldsymbol{i} & \boldsymbol{j} & \boldsymbol{k}\\ F_x & F_y & F_z\\ G_x & G_y & G_z\end{vmatrix},$$

故曲线 Γ 在 $M_0(x_0,y_0,z_0)$ 处的切向量为

$$\boldsymbol{T}=\begin{vmatrix}\boldsymbol{i} & \boldsymbol{j} & \boldsymbol{k}\\ F_x & F_y & F_z\\ G_x & G_y & G_z\end{vmatrix}_{(x_0,y_0,z_0)},\tag{8-4}$$

于是由直线的点向式方程就可以得到曲线 Γ 在 $M_0(x_0,y_0,z_0)$ 处的切线方程.

例 1　求螺旋线

$$x=a\cos t,\quad y=a\sin t,\quad z=bt$$

在参数 $t=t_0$ 对应点处的切线及法平面方程,并证明曲线上任一点的切线与 z 轴相交成定角.

解　$$x'(t)=-a\sin t,\quad y'(t)=a\cos t,\quad z'(t)=b,$$

则曲线在参数 $t=t_0$ 对应点处的切线方程为

$$\frac{x-a\cos t_0}{-a\sin t_0}=\frac{y-a\sin t_0}{a\cos t_0}=\frac{z-bt_0}{b},$$

法平面方程为

$$-a\sin t_0(x-a\cos t_0)+a\cos t_0(y-a\sin t_0)+b(z-bt_0)=0,$$

即

$$ax\sin t_0-ay\cos t_0-bz+b^2t_0=0.$$

在参数 $t=t_0$ 对应点处的切向量 $\boldsymbol{T}=(-a\sin t_0,a\cos t_0,b)$,$z$ 轴的方向向量为 $\boldsymbol{k}=(0,0,1)$,则有

$$\cos(\boldsymbol{T}\hat{,}\boldsymbol{k})=\frac{-a\sin t_0\times 0+a\cos t_0\times 0+b}{\sqrt{a^2\sin^2 t_0+a^2\cos^2 t_0+b^2}\times 1}=\frac{b}{\sqrt{a^2+b^2}}\text{（常数）},$$

即切线与 z 轴相交成定角.

例 2　求球面 $x^2+y^2+z^2=4a^2(a\neq 0)$ 及柱面 $x^2+y^2=2ay$ 的交线在点 $M_0(a,a,\sqrt{2}a)$ 处的切线及法平面方程.

解　可以看出

$$F(x,y,z)=x^2+y^2+z^2-4a^2,\quad G(x,y,z)=x^2+y^2-2ay.$$

由式(8-4)知,所给球面与柱面的交线在点 $M_0(a,a,\sqrt{2}a)$ 处的切线的方向向量为

$$\boldsymbol{T}=\left.\begin{vmatrix}\boldsymbol{i} & \boldsymbol{j} & \boldsymbol{k}\\ 2x & 2y & 2z\\ 2x & 2y-2a & 0\end{vmatrix}\right|_{(a,a,\sqrt{2}a)}$$

$$=\begin{vmatrix}\boldsymbol{i} & \boldsymbol{j} & \boldsymbol{k}\\ 2a & 2a & 2\sqrt{2}a\\ 2a & 0 & 0\end{vmatrix}=(0,4\sqrt{2}a^2,-4a^2),$$

故所求切线方程为

$$\frac{x-a}{0}=\frac{y-a}{\sqrt{2}}=\frac{z-\sqrt{2}a}{-1},$$

所求法平面方程为

$$\sqrt{2}(y-a)-(z-\sqrt{2}a)=0,$$

即

$$\sqrt{2}y-z=0.$$

二、曲面的切平面及法线

设曲面 Σ 的方程由

$$F(x,y,z)=0$$

给出,$M_0(x_0,y_0,z_0)$ 是曲面上一点,函数 $F(x,y,z)$ 在该点的偏导数不同时为零.

在曲面 Σ 上，过点 M_0 任意引一条曲线 Γ（见图 8-13），假定曲线 Γ 的参数方程为

$$x=x(t),\quad y=y(t),\quad z=z(t).$$

点 $M_0(x_0,y_0,z_0)$ 对应的参数为 $t=t_0$，$x'(t)$，$y'(t)$，$z'(t)$ 存在，且

$$x'^2(t_0)+y'^2(t_0)+z'^2(t_0)\neq 0,$$

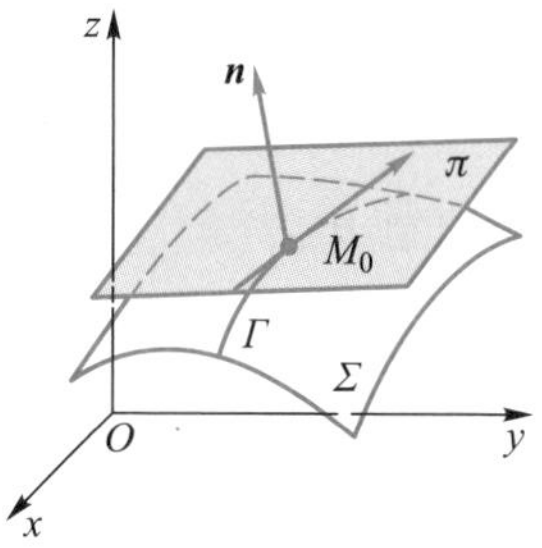

则曲线 Γ 在 M_0 处的切向量为

图 8-13

$$\boldsymbol{T}=(x'(t_0),y'(t_0),z'(t_0)).$$

因为曲线 Γ 在曲面 Σ 上，所以有

$$F[x(t),y(t),z(t)]=0,$$

对 t 求导得

$$F_x(x,y,z)x'(t)+F_y(x,y,z)y'(t)+F_z(x,y,z)z'(t)=0,$$

将 $t=t_0$ 代入上式得

$$F_x(x_0,y_0,z_0)x'(t_0)+F_y(x_0,y_0,z_0)y'(t_0)+F_z(x_0,y_0,z_0)z'(t_0)=0,$$

写成向量形式为

$$(F_x(x_0,y_0,z_0),F_y(x_0,y_0,z_0),F_z(x_0,y_0,z_0))\cdot(x'(t_0),y'(t_0),z'(t_0))=0.$$

引入向量 $\boldsymbol{n}=(F_x(x_0,y_0,z_0),F_y(x_0,y_0,z_0),F_z(x_0,y_0,z_0))$，则上式可写成

$$\boldsymbol{n}\cdot\boldsymbol{T}=0,$$

即向量 $\boldsymbol{n}$ 与向量 $\boldsymbol{T}$ 垂直. 因为曲线 Γ 是曲面 Σ 上过点 M_0 的任意一条曲线，它们在点 M_0 处的切线都与同一个向量 $\boldsymbol{n}$ 垂直，所以曲面 Σ 上通过点 M_0 的一切曲线在点 M_0 处的切线都在同一个平面上（见图 8-13）. 这个平面称为曲面 Σ 在点 M_0 的**切平面**（tangent plane）. 曲面 Σ 在点 $M_0(x_0,y_0,z_0)$ 处的**切平面的方程**为

$$F_x(x_0,y_0,z_0)(x-x_0)+F_y(x_0,y_0,z_0)(y-y_0)+F_z(x_0,y_0,z_0)(z-z_0)=0.$$

通过点 $M_0(x_0,y_0,z_0)$ 且垂直于切平面的直线称为曲面在该点的**法线**（normal line）. 垂直于该点处的切平面的向量称为曲面上该点处的**法向量**（normal vector），曲面 Σ 在点 $M_0(x_0,y_0,z_0)$ 处的**法线方程**为

曲面的切平面与法线

$$\frac{x-x_0}{F_x(x_0,y_0,z_0)}=\frac{y-y_0}{F_y(x_0,y_0,z_0)}=\frac{z-z_0}{F_z(x_0,y_0,z_0)}.$$

法向量 $\boldsymbol{n}$ 为

$$\boldsymbol{n}=(F_x(x_0,y_0,z_0),F_y(x_0,y_0,z_0),F_z(x_0,y_0,z_0)).$$

如果曲面 Σ 的方程由

$$z=f(x,y)$$

给出,可令 $F(x,y,z)=f(x,y)-z$,则曲面 Σ 在点 $M_0(x_0,y_0,z_0)(z_0=f(x_0,y_0))$ 处的法向量为

$$\boldsymbol{n}=(f_x(x_0,y_0),f_y(x_0,y_0),-1),$$

故曲面 Σ 在点 $M_0(x_0,y_0,z_0)$ 处的切平面的方程为

$$f_x(x_0,y_0)(x-x_0)+f_y(x_0,y_0)(y-y_0)-(z-z_0)=0$$

或

$$z-z_0=f_x(x_0,y_0)(x-x_0)+f_y(x_0,y_0)(y-y_0).$$

曲面 Σ 在点 $M_0(x_0,y_0,z_0)$ 处的法线方程为

$$\frac{x-x_0}{f_x(x_0,y_0)}=\frac{y-y_0}{f_y(x_0,y_0)}=\frac{z-z_0}{-1}.$$

如果用 α,β,γ 表示曲面的法向量的方向角,并取法向量的方向是**向上的**,即法向量与 z 轴的正向的夹角是锐角,则法向量取为

$$\boldsymbol{n}=(-f_x(x_0,y_0),-f_y(x_0,y_0),1),$$

且

$$\cos\alpha=\frac{-f_x(x_0,y_0)}{\sqrt{1+f_x^2(x_0,y_0)+f_y^2(x_0,y_0)}},$$

$$\cos\beta=\frac{-f_y(x_0,y_0)}{\sqrt{1+f_x^2(x_0,y_0)+f_y^2(x_0,y_0)}},$$

$$\cos\gamma=\frac{1}{\sqrt{1+f_x^2(x_0,y_0)+f_y^2(x_0,y_0)}}.$$

例 3 求椭球面 $\frac{x^2}{a^2}+\frac{y^2}{b^2}+\frac{z^2}{c^2}=1$ 在点 $P_0(x_0,y_0,z_0)$ 处的切平面及法线

的方程.

解 设 $F(x,y,z)=\frac{x^2}{a^2}+\frac{y^2}{b^2}+\frac{z^2}{c^2}-1$,从而椭球面在点 $P_0(x_0,y_0,z_0)$ 处切平面的法向量为

$$\boldsymbol{n}=\left(\frac{2x_0}{a^2},\frac{2y_0}{b^2},\frac{2z_0}{c^2}\right),$$

故所求切平面方程为

$$\frac{2x_0(x-x_0)}{a^2}+\frac{2y_0(y-y_0)}{b^2}+\frac{2z_0(z-z_0)}{c^2}=0,$$

即

$$\frac{xx_0}{a^2}+\frac{yy_0}{b^2}+\frac{zz_0}{c^2}=1,$$

法线的方程为

$$\frac{x-x_0}{\frac{x_0}{a^2}}=\frac{y-y_0}{\frac{y_0}{b^2}}=\frac{z-z_0}{\frac{z_0}{c^2}}.$$

例 4 在椭圆抛物面 $z=x^2+\frac{1}{4}y^2-1$ 上求一点,使该点处的切平面与平面 $2x+y+z=0$ 平行,并求该点处的切平面及法线方程.

解 在点 $M_0(x_0,y_0,z_0)$ 处,曲面的切平面的法向量为

$$\boldsymbol{n}=(z_x(x_0,y_0),z_y(x_0,y_0),-1)=\left(2x_0,\frac{1}{2}y_0,-1\right).$$

由题意知,切平面与平面 $2x+y+z=0$ 平行,于是有

$$\frac{2x_0}{2}=\frac{\frac{1}{2}y_0}{1}=\frac{-1}{1},$$

解之得 $x_0=-1,y_0=-2,\boldsymbol{n}=(-2,-1,-1)$,故所求切平面方程为

$$2(x+1)+(y+2)+(z-1)=0,$$

即

$$2x+y+z+3=0,$$

法线方程为

$$\frac{x+1}{2}=\frac{y+2}{1}=\frac{z-1}{1}.$$

习题 8-6

1. 求下列曲线在指定点处的切线与法平面方程.

(1) $x=at, y=bt^2, z=ct^3$,在参数 $t=1$ 对应的点;

(2) $x=\cos t+\sin^2 t, y=\sin t(1-\cos t), z=\cos t$,在参数 $t=\frac{\pi}{2}$ 对应的点;

(3) $x=y^2, z=x^2$,在点$(1,1,1)$处;

(4) $\begin{cases}2x^2+y^2+z^2=45,\\x^2+2y^2=z,\end{cases}$ 在点$(-2,1,6)$处.

2. 在曲线 $x=t, y=t^2, z=t^3$ 上求出一点,使曲线在该点的切线平行于平面:

$$x+2y+z=4.$$

3. 求下列曲面上指定点处的切平面与法线方程.

(1) $z=\sqrt{x^2+y^2}$,点$(3,4,5)$;

(2) $x^3+y^3+z^3+xyz=6$,点$(1,2,-1)$;

(3) $e^z-z+xy=3$,点$(2,1,0)$;

(4) $ax^2+by^2+cz^2=1$,点(x_0,y_0,z_0).

4. 求曲面 $x^2+2y^2+z^2=1$ 上平行于平面 $x-y+2z=0$ 的切平面方程.

5. 试证曲面$\sqrt{x}+\sqrt{y}+\sqrt{z}=\sqrt{a}\ (a>0)$上任意点处的切平面在各坐标轴上的截距之和等于 a.

6. 设$f(u,v)$可微,证明$f(ax-bz, ay-cz)=0$ 上任一点处的切平面都与某一定直线平行,其中 a,b,c 是不同时为 0 的常数.

7. 设$f(u,v)$可微,证明曲面$f\left(\frac{y-b}{x-a},\frac{z-c}{x-a}\right)=0$ 上任一点的切平面都过定点.

8. 证明曲面 $xyz=a^2(a>0)$的切平面与三个坐标平面围成的四面体的体积

为常量.

9. 结合曲面的切平面方程解释二元函数全微分的几何意义.

第七节　方向导数与梯度

在物理学中,某一物理量随着它在空间或空间中的部分区域的分布情况不同,所产生的物理现象也不尽相同. 为了研究某一物理现象,就必须了解产生这一物理现象的各种物理量的分布情况. 例如,要预报某一地区在某一时间段内的天气,就必须掌握附近各地区的气压、气温等分布情况以及在该时间段内的变化规律. 要研究电场的变化就必须知道电位、电场强度等的分布情况和变化规律. 把分布着某些物理量的空间或局部空间称为该物理量的**场**(field). 物理量为数量的场称为**数量场**(scalar field),物理量为向量的场称为**向量场**(vector field). 例如,密度、温度、电位形成的场都是数量场,速度、电场强度、力形成的场是向量场. 如果场中的物理量仅与位置有关而不随着时间变化,则称这种场为**稳定场**,否则称为**不稳定场**.

在稳定的数量场中,物理量 u 的分布是点 P 的数量值函数 $u=f(P)$. 例如,场是一空间区域,则可用三元函数 $u=f(x,y,z)$ 表示,场位于一平面区域,则可用二元函数 $z=f(x,y)$ 表示.

本节将介绍稳定的数量场的两个重要概念——方向导数与梯度.

一、方向导数

如果二元函数 $z=f(x,y)$ 在点 $P_0(x_0,y_0)$ 处的偏导数存在,由偏导数的定义可知,$f_x(x_0,y_0)$ 反映了函数 z 沿 x 轴方向($y\equiv y_0$)的变化率;$f_y(x_0,y_0)$ 反映了函数 z 沿 y 轴方向($x\equiv x_0$)的变化率. 那么,怎样刻画 $z=f(x,y)$ 在点 $P_0(x_0,y_0)$ 处沿指定方向的变化率呢? 现在作一般讨论.

设 $z=f(x,y)$ 在点 $P_0(x_0,y_0)$ 的某邻域内有定义,在该邻域内,自变量 (x,y) 沿着以 P_0 为始点的射线方向 $\boldsymbol{l}$ 获得增量 $\Delta x,\Delta y$(见图 8-14),设与 $\boldsymbol{l}$ 同向的单位向量为

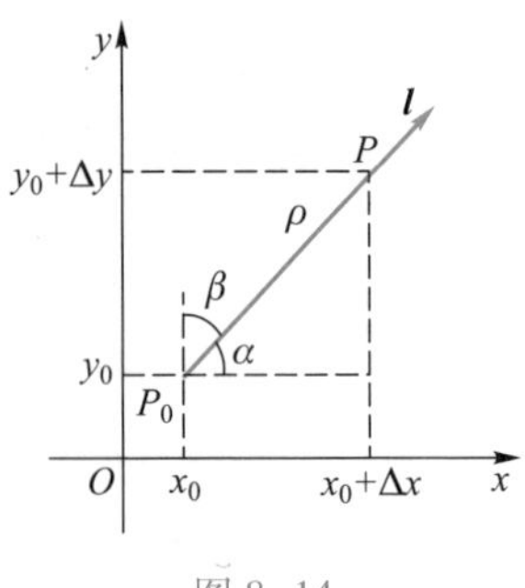

图 8-14

$$\boldsymbol{e}_l=(\cos\alpha,\cos\beta).$$

相应地函数 $z=f(x,y)$ 在点 $P_0(x_0,y_0)$ 处有增量

$$\Delta z=f(x_0+\Delta x,y_0+\Delta y)-f(x_0,y_0).$$

这里 $\Delta y/\Delta x=\cos\beta/\cos\alpha=\tan\alpha$,记 $\rho=\sqrt{(\Delta x)^2+(\Delta y)^2}$,则有

$$\Delta z=f(x_0+\rho\cos\alpha,y_0+\rho\cos\beta)-f(x_0,y_0),$$

这个增量就是函数 $z=f(x,y)$ 在点 $P_0(x_0,y_0)$ 处沿指定方向 $\boldsymbol{l}$ 的增量,如果

$$\lim_{\rho\to0^+}\frac{f(x_0+\rho\cos\alpha,y_0+\rho\cos\beta)-f(x_0,y_0)}{\rho}$$

存在,则称此极限为 $z=f(x,y)$ 在 $P_0(x_0,y_0)$ 处沿方向 $\boldsymbol{l}$ 的**方向导数**(directional derivative),记作 $\left.\frac{\partial z}{\partial \boldsymbol{l}}\right|_{(x_0,y_0)}$,即

$$\left.\frac{\partial z}{\partial \boldsymbol{l}}\right|_{(x_0,y_0)}=\lim_{\rho\to0^+}\frac{f(x_0+\rho\cos\alpha,y_0+\rho\cos\beta)-f(x_0,y_0)}{\rho}.$$

由方向导数的定义可以看出,$z=f(x,y)$ 在点 $P_0(x_0,y_0)$ 处沿 x 轴正向,即沿方向 $\boldsymbol{e}_l=(1,0)$ 的方向导数为

$$\left.\frac{\partial z}{\partial \boldsymbol{l}}\right|_{(x_0,y_0)}=\lim_{\rho\to0^+}\frac{f(x_0+\rho,y_0)-f(x_0,y_0)}{\rho}=\frac{\partial z}{\partial x}.$$

函数 $z=f(x,y)$ 在点 $P_0(x_0,y_0)$ 处沿 x 轴负向,即沿方向 $\boldsymbol{e}_l=(-1,0)$ 的方向导数为

$$\left.\frac{\partial z}{\partial \boldsymbol{l}}\right|_{(x_0,y_0)}=\lim_{\rho\to0^+}\frac{f(x_0-\rho,y_0)-f(x_0,y_0)}{\rho}=-\frac{\partial z}{\partial x}.$$

同理,函数 $z=f(x,y)$ 在点 $P_0(x_0,y_0)$ 处沿 y 轴正向,即沿方向 $\boldsymbol{e}_l=(0,1)$ 的方向导数为 $\frac{\partial z}{\partial y}$;函数 $z=f(x,y)$ 在点 $P_0(x_0,y_0)$ 处沿 y 轴负向,即沿方向 $\boldsymbol{e}_l=(0,-1)$ 的方向导数为 $-\frac{\partial z}{\partial y}$.

需要注意的是,方向导数$\frac{\partial z}{\partial \boldsymbol{l}}$与偏导数$\frac{\partial z}{\partial x}$,$\frac{\partial z}{\partial y}$是两个不同的概念.偏导数是函数在某点沿平行于坐标轴的变化率,其中Δx,Δy可正可负,而方向导数定义中,则要求$\rho>0$.因此即使函数在某点的方向导数存在,也不能保证偏导数一定存在.例如,函数$z=\sqrt{x^2+y^2}$在(0,0)点沿任何方向的方向导数都存在,且

方向导数

$$\left.\frac{\partial z}{\partial \boldsymbol{l}}\right|_{(0,0)}=\lim_{\rho\to 0^+}\frac{\sqrt{(0+\Delta x)^2+(0+\Delta y)^2}}{\rho}=\lim_{\rho\to 0^+}\frac{\rho}{\rho}=1,$$

但在点(0,0)点的两个偏导数都不存在:

$$\left.\frac{\partial z}{\partial x}\right|_{(0,0)}=\lim_{\Delta x\to 0}\frac{\sqrt{(0+\Delta x)^2+0}}{\Delta x}=\lim_{\Delta x\to 0}\frac{|\Delta x|}{\Delta x},$$

故$\frac{\partial z}{\partial x}$不存在.

方向导数的几何解释:设过直线l(其上的方向向量记为$\boldsymbol{l}$)且平行于z轴的平面与曲面$z=f(x,y)$的交线为$\overset{\frown}{M_0M}$(见图8-15).方向导数$\left.\frac{\partial z}{\partial \boldsymbol{l}}\right|_{(x_0,y_0)}$表示函数$z=f(x,y)$在点$P_0(x_0,y_0)$处沿方向$\boldsymbol{e}_l$的变化率,它在几何上表示曲线$\overset{\frown}{M_0M}$在点$M_0(x_0,y_0,f(x_0,y_0))$处的切线相对于方向$\boldsymbol{e}_l$的斜率$\tan\theta$,即

$$\tan\theta=\left.\frac{\partial z}{\partial \boldsymbol{l}}\right|_{(x_0,y_0)}.$$

图 8-15

定理 1　如果函数$z=f(x,y)$在点(x_0,y_0)处可微,那么函数$z=f(x,y)$在点(x_0,y_0)处沿任一方向

$$\boldsymbol{e}_l=(\cos\alpha,\cos\beta)$$

的方向导数$\frac{\partial z}{\partial \boldsymbol{l}}$都存在,且

$$\left.\frac{\partial z}{\partial \boldsymbol{l}}\right|_{(x_0,y_0)}=f_x(x_0,y_0)\cos\alpha+f_y(x_0,y_0)\cos\beta,$$

其中,α,β 是方向 $\boldsymbol{l}$ 的方向角.

证明 因为函数 $f(x,y)$ 在点 (x_0,y_0) 可微,所以有

$$\begin{aligned}\Delta z &= f(x_0+\Delta x,y_0+\Delta y)-f(x_0,y_0)\\ &= f_x(x_0,y_0)\Delta x+f_y(x_0,y_0)\Delta y+o\left(\sqrt{(\Delta x)^2+(\Delta y)^2}\right).\end{aligned}$$

当增量 $\Delta x,\Delta y$ 在 $\boldsymbol{e}_l$ 方向获得时,$\rho=\sqrt{(\Delta x)^2+(\Delta y)^2}$,则

$$\Delta x=\rho\cos\alpha,\quad \Delta y=\rho\cos\beta$$

$$\Delta z=f_x(x_0,y_0)\rho\cos\alpha+f_y(x_0,y_0)\rho\cos\beta+o(\rho),$$

上式两边同除以 ρ,并令 $\rho\to0^+$ 取极限即得

$$\left.\frac{\partial z}{\partial \boldsymbol{l}}\right|_{(x_0,y_0)}=f_x(x_0,y_0)\cos\alpha+f_y(x_0,y_0)\cos\beta.$$

方向导数的概念及其计算公式可以推广到二元以上的函数.特别地,对于三元函数 $u=f(x,y,z)$,如果函数 u 在点 (x_0,y_0,z_0) 处可微,那么沿任一方向

$$\boldsymbol{e}_l=(\cos\alpha,\cos\beta,\cos\gamma)$$

的方向导数 $\dfrac{\partial u}{\partial \boldsymbol{l}}$ 都存在,且

$$\frac{\partial u}{\partial \boldsymbol{l}}=f_x(x_0,y_0,z_0)\cos\alpha+f_y(x_0,y_0,z_0)\cos\beta+f_z(x_0,y_0,z_0)\cos\gamma,$$

其中,α,β,γ 是方向 $\boldsymbol{e}_l$ 的方向角.

例 1 求函数 $z=xe^{2y}$ 在点 $A(1,0)$ 处沿 $A(1,0)$ 到点 $B(2,-1)$ 的方向导数.

解 这里方向 $\boldsymbol{l}=\overrightarrow{AB}=(1,-1)$,单位化得

$$\boldsymbol{e}_l=(\cos\alpha,\cos\beta)=\left(\frac{1}{\sqrt{2}},-\frac{1}{\sqrt{2}}\right)$$

又

$$\left.\frac{\partial z}{\partial x}\right|_{(1,0)}=e^{2y}\big|_{(1,0)}=1,$$

$$\left.\frac{\partial z}{\partial y}\right|_{(1,0)}=2xe^{2y}\big|_{(1,0)}=2,$$

故所求方向导数为

$$\left.\frac{\partial z}{\partial \boldsymbol{l}}\right|_{(1,0)}=1\times\frac{1}{\sqrt{2}}+2\times\frac{-1}{\sqrt{2}}=-\frac{\sqrt{2}}{2}.$$

例 2　求函数 $u=\ln(x+\sqrt{y^2+z^2})$ 在点 $A(1,0,1)$ 处沿点 $A(1,0,1)$ 到点 $B(3,-2,2)$ 的方向导数.

解　这里方向 $\boldsymbol{l}=\overrightarrow{AB}=(2,-2,1)$，单位化得

$$\boldsymbol{e}_l=(\cos\alpha,\cos\beta,\cos\gamma)=\left(\frac{2}{3},-\frac{2}{3},\frac{1}{3}\right),$$

又

$$\left.\frac{\partial u}{\partial x}\right|_{(1,0,1)}=\left.\frac{1}{x+\sqrt{y^2+z^2}}\right|_{(1,0,1)}=\frac{1}{2},$$

$$\left.\frac{\partial u}{\partial y}\right|_{(1,0,1)}=\left.\frac{1}{x+\sqrt{y^2+z^2}}\times\frac{y}{\sqrt{y^2+z^2}}\right|_{(1,0,1)}=0,$$

$$\left.\frac{\partial u}{\partial z}\right|_{(1,0,1)}=\left.\frac{1}{x+\sqrt{y^2+z^2}}\times\frac{z}{\sqrt{y^2+z^2}}\right|_{(1,0,1)}=\frac{1}{2},$$

故所求方向导数为

$$\left.\frac{\partial u}{\partial \boldsymbol{l}}\right|_{(1,0,1)}=\frac{1}{2}\times\frac{2}{3}+0\times\left(-\frac{2}{3}\right)+\frac{1}{2}\times\frac{1}{3}=\frac{1}{2}.$$

二、梯度

一般说来，一个函数在给定点处沿不同方向的方向导数是不一样的，在许多实际问题中需要讨论：函数沿什么方向的方向导数最大？最大值是多少？为此，引入梯度的概念.

定义　设函数 $z=f(x,y)$ 在点 $P_0(x_0,y_0)$ 处可微，称向量

$$f_x(x_0,y_0)\boldsymbol{i}+f_y(x_0,y_0)\boldsymbol{j}$$

梯度及其应用

为函数 $z=f(x,y)$ 在点 (x_0,y_0) 处的**梯度**(gradient)，记作 $\mathbf{grad}\,f(x_0,y_0)$，即

$$\mathbf{grad}\, f(x_0,y_0)=f_x(x_0,y_0)\boldsymbol{i}+f_y(x_0,y_0)\boldsymbol{j}.$$

可以看出,方向导数的计算公式实际上是两个向量的数量积,其中一个向量就是函数 $z=f(x,y)$ 在点 (x_0,y_0) 处的梯度,另一个向量就是

$$\boldsymbol{e}_l=(\cos\alpha,\cos\beta),$$

即

$$\begin{aligned}\left.\frac{\partial z}{\partial \boldsymbol{l}}\right|_{(x_0,y_0)}&=(f_x(x_0,y_0),f_y(x_0,y_0))\cdot(\cos\alpha,\cos\beta)\\&=\mathbf{grad}\, f(x_0,y_0)\cdot\boldsymbol{e}_l\\&=|\mathbf{grad}\, f(x_0,y_0)|\cos\varphi,\end{aligned}$$

其中,φ 为 $\boldsymbol{e}_l$ 与 $\mathbf{grad}\, f(x_0,y_0)$ 的夹角. 函数在该点沿任一方向 $\boldsymbol{e}_l$ 的方向导数就是梯度在 $\boldsymbol{e}_l$ 上的投影.

如果 $|\mathbf{grad}\, f(x_0,y_0)|\neq 0$,则当 $\varphi=0$ 时,方向导数$\frac{\partial z}{\partial \boldsymbol{l}}$取得最大值,这个最大值就是梯度的模 $|\mathbf{grad}\, f(x_0,y_0)|$. 于是有下面的结论.

定理 2 设 $z=f(x,y)$ 在点 (x_0,y_0) 处可微,且 $|\mathbf{grad}\, f(x_0,y_0)|\neq 0$,则 $z=f(x,y)$ 在点 (x_0,y_0) 处的方向导数达到最大值的方向是 $\mathbf{grad}\, f(x_0,y_0)$ 的方向,最大值为 $M=|\mathbf{grad}\, f(x_0,y_0)|$;$z=f(x,y)$ 在点 (x_0,y_0) 处的方向导数达到最小值的方向是 $\mathbf{grad}\, f(x_0,y_0)$ 的反向,最小值为 $m=-|\mathbf{grad}\, f(x_0,y_0)|$;在与 $\mathbf{grad}\, f(x_0,y_0)$ 垂直的方向 $\boldsymbol{l}$ 上,方向导数为 0.

梯度的概念可以推广到二元以上的函数.

设函数 $z=f(x,y,z)$ 在点 $P_0(x_0,y_0,z_0)$ 处可微,称向量

$$f_x(x_0,y_0,z_0)\boldsymbol{i}+f_y(x_0,y_0,z_0)\boldsymbol{j}+f_z(x_0,y_0,z_0)\boldsymbol{k}$$

为函数 $z=f(x,y,z)$ 在点 (x_0,y_0,z_0) 处的梯度,记作 $\mathbf{grad}\, f(x_0,y_0,z_0)$. 即

$$\mathbf{grad}\, f(x_0,y_0,z_0)=f_x(x_0,y_0,z_0)\boldsymbol{i}+f_y(x_0,y_0,z_0)\boldsymbol{j}+f_z(x_0,y_0,z_0)\boldsymbol{k}.$$

例 3 求下列函数在点 P 处的梯度及沿方向 $\boldsymbol{l}$ 的方向导数.

(1) $f(x,y)=x^2+y^3$, $P(-1,3)$, $\boldsymbol{l}=(1,2)$;

(2) $f(x,y,z)=\ln(x^2+y^2+z^2)$, $P(x,y,z)\neq(0,0,0)$, $\boldsymbol{l}=\overrightarrow{OP}$.

解 (1) 因为

$$\mathbf{grad}\, f(x,y)=(2x,3y^2)$$

$$\mathbf{grad}\, f(-1,3)=(-2,27),\quad \boldsymbol{e}_l=\frac{1}{\sqrt{5}}(1,2),$$

所以

$$\left.\frac{\partial f}{\partial \boldsymbol{l}}\right|_{(-1,3)}=(-2,27)\cdot\frac{1}{\sqrt{5}}(1,2)=\frac{52}{\sqrt{5}}.$$

(2) 因为

$$\mathbf{grad}\, f(x,y,z)=\left(\frac{2x}{x^2+y^2+z^2},\frac{2y}{x^2+y^2+z^2},\frac{2z}{x^2+y^2+z^2}\right)=\frac{2}{x^2+y^2+z^2}(x,y,z),$$

$$\boldsymbol{e}_l=\frac{1}{|\overrightarrow{OP}|}\overrightarrow{OP}=\frac{1}{\sqrt{x^2+y^2+z^2}}(x,y,z),$$

所以

$$\frac{\partial f}{\partial \boldsymbol{l}}=\mathbf{grad}\, f(x,y,z)\cdot\boldsymbol{e}_l=\frac{2}{(x^2+y^2+z^2)^{3/2}}(x,y,z)\cdot(x,y,z)$$

$$=\frac{2}{\sqrt{x^2+y^2+z^2}}=|\mathbf{grad}\, f(x,y,z)|.$$

可以看出,这里 $\overrightarrow{OP}$ 的方向与梯度方向相同.

例 4　求函数 $u=3x^2+2y^2-z^2$ 在点 $P_0(1,2,-1)$ 处沿什么方向变化时方向导数最大,沿什么方向变化时方向导数最小？并求出其最大值和最小值.

解　函数 $u=3x^2+2y^2-z^2$ 在点 $P_0(1,2,-1)$ 处的梯度为

$$\mathbf{grad}\, f(1,2,-1)=(6x,4y,-2z)\big|_{(1,2,-1)}=(6,8,2).$$

由定理 2 知,函数在点 $P_0(1,2,-1)$ 处沿梯度方向,即 $(6,8,2)$ 时,方向导数取得最大值,最大值为梯度的模:$\sqrt{6^2+8^2+2^2}=2\sqrt{26}$.

函数在点 $P_0(1,2,-1)$ 处沿梯度的负方向,即 $(-6,-8,-2)$ 时,方向导数取得最小值,最小值为梯度的模的负值:$-\sqrt{6^2+8^2+2^2}=-2\sqrt{26}$.

一般说来,二元函数 $z=f(x,y)$ 在几何上表示一张曲面,该曲面被平面 $z=C$(C 为常数)所截得的曲线 L 的方程为

$$\begin{cases} z=f(x,y), \\ z=C. \end{cases}$$

这条曲线 L 在 xOy 面上的投影是一条平面曲线 L^*，它在 xOy 面上的方程为 $L^*: f(x,y)=C$. 对于曲线 L^* 上的一切点，该函数的函数值都是 C. 因此称平面曲线 L^* 为函数 $z=f(x,y)$ 的**等值线**.

由于等值线 $f(x,y)=C$ 上任一点 $P(x,y)$ 处的法线的斜率为

$$-\frac{1}{\frac{\mathrm{d}y}{\mathrm{d}x}}=-\frac{1}{-\frac{f_x}{f_y}}=\frac{f_y}{f_x},$$

因此法线与梯度 $f_x\boldsymbol{i}+f_y\boldsymbol{j}$ 平行，因此梯度就是等值线上点 $P(x,y)$ 处的法线的方向向量，因此得到梯度与等值线的关系为：函数 $z=f(x,y)$ 在点 $P(x,y)$ 处的梯度的方向与过点 P 的等值线 $f(x,y)=C$ 在这点的法线的一个方向相同，且从数值较低的等值线指向数值较高的等值线（见图 8-16），而梯度的模等于函数在这个法线方向的方向导数，这个法线方向就是方向导数取得最大值的方向.

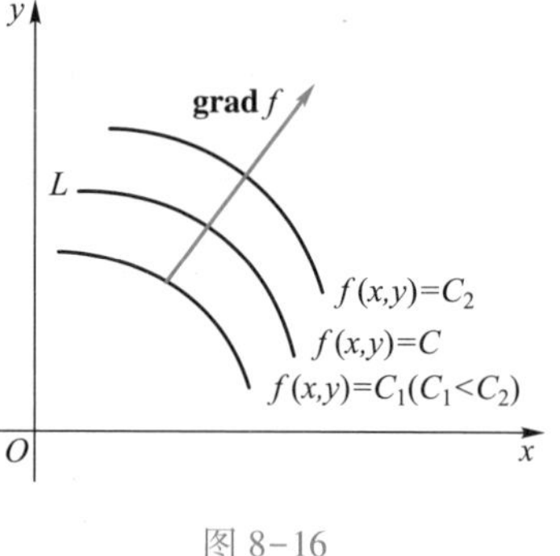

图 8-16

类似地，称曲面

$$f(x,y,z)=C$$

为函数 $u=f(x,y,z)$ 的**等值面**. 函数 $u=f(x,y,z)$ 在点 $P(x,y,z)$ 处的梯度与过点 P 的等值面 $f(x,y,z)=C$ 在点 $P(x,y,z)$ 处的梯度方向相同，且从数值较低的等值面指向数值较高的等值面，而梯度的模等于函数在这个法线方向的方向导数.

习题 8-7

1. 求函数 $z=x^2+y^2$ 在点 $(1,2)$ 处沿点 $(1,2)$ 到点 $(2,2+\sqrt{3})$ 的方向导数.

2. 求函数 $z=\ln(x+y)$ 在抛物线 $y^2=4x$ 上点 $(1,2)$ 处，沿着这抛物线在该点

处偏向 x 轴正向的切线方向的方向导数.

3. 求函数 $u=xy^2+z^2-xyz$ 在点(1,1,2)处沿方向角为 $\alpha=\frac{\pi}{3},\beta=\frac{\pi}{4},\gamma=\frac{\pi}{3}$ 的方向的方向导数.

4. 求函数 $u=x^2+y^2+z^2$ 在曲线 $x=t,y=t^2,z=t^3$ 上点(1,1,1)处,沿曲线在该点的切线正方向(对应于 t 增大的方向)的方向导数.

5. 求下列函数在指定点的梯度.

(1) $u=x^3+y^3-3xy$,　$M(2,1)$;

(2) $u=xyz$,　$M(2,1,1)$;

(3) $u=\frac{1}{\sqrt{x^2+y^2+z^2}}$,　$M(x_0,y_0,z_0)$.

6. 求函数 $z=1-\left(\frac{x^2}{a^2}+\frac{y^2}{b^2}\right)$ 在点 $\left(\frac{a}{\sqrt{2}},\frac{b}{\sqrt{2}}\right)$ 处沿曲线 $\frac{x^2}{a^2}+\frac{y^2}{b^2}=1$ 在这点的内法线方向的方向导数.

7. 对于函数 $f(x,y)=x^2-xy+y^2$,计算在点(1,1)处沿方向($\cos\alpha,\sin\alpha$)的方向导数,并指出沿哪个方向,其方向导数:

(1) 取最大值;　(2) 取最小值;　(3) 等于0.

8. 证明:**grad** u 为常向量的充分必要条件是 u 为线性函数,即

$$u=ax+by+cz+d.$$

第八节　多元函数的极值及其求法

一、多元函数极值的概念

对于多元函数,也有极大值和极小值问题. 这里以二元函数为例给出其定义.

定义　设函数 $z=f(x,y)$ 在点 $P_0(x_0,y_0)$ 的某邻域 $U(P_0)$ 内有定义,如果

对于任意的 $P(x,y)\in \mathring{U}(P_0)$，恒有

$$f(x,y)>f(x_0,y_0),$$

则称函数 $z=f(x,y)$ 在点 $P_0(x_0,y_0)$ 处取得**极小值** $f(x_0,y_0)$，点 $P_0(x_0,y_0)$ 称为函数 $z=f(x,y)$ 的**极小值点**；如果对于任意的 $P(x,y)\in \mathring{U}(P_0)$，恒有

$$f(x,y)<f(x_0,y_0),$$

则称函数 $z=f(x,y)$ 在点 $P_0(x_0,y_0)$ 处取得**极大值** $f(x_0,y_0)$，点 $P_0(x_0,y_0)$ 称为函数 $z=f(x,y)$ 的**极大值点**. 极小值、极大值统称为**极值**，极小值点、极大值点统称为**极值点**.

例如，函数 $z=\dfrac{x^2}{3}+\dfrac{y^2}{4}-1$ 在 $(0,0)$ 点处取得极小值，极小值为 -1；函数 $z=1-\sqrt{(x+1)^2+(y-2)^2}$ 在 $(-1,2)$ 点处取得极大值，极大值为 1；函数 $z=3x^3y^2$ 在点 $(0,0)$ 处既不取得极小值也不取得极大值.

二、极值的必要条件及充分条件

设函数 $z=f(x,y)$ 在点 $P_0(x_0,y_0)$ 处有偏导数，且在 $P_0(x_0,y_0)$ 处取得极值，则当 $y=y_0$ 时，一元函数 $z=f(x,y_0)$ 在 x_0 点处必取得极值，有

$$\frac{\mathrm{d}}{\mathrm{d}x}f(x,y_0)\bigg|_{x=x_0}=\frac{\partial f}{\partial x}\bigg|_{(x_0,y_0)}=0.$$

同理

$$\frac{\mathrm{d}}{\mathrm{d}y}f(x_0,y)\bigg|_{y=y_0}=\frac{\partial f}{\partial y}\bigg|_{(x_0,y_0)}=0.$$

于是有以下定理.

定理 1（必要条件） 设二元函数 $z=f(x,y)$ 在点 $P_0(x_0,y_0)$ 处具有偏导数，且在点 $P_0(x_0,y_0)$ 处取得极值，则必有

$$f_x(x_0,y_0)=0,\quad f_y(x_0,y_0)=0.$$

证明 不妨设 $z=f(x,y)$ 在点 (x_0,y_0) 处有极大值. 依极大值的定义，在点 (x_0,y_0) 的某邻域内异于 (x_0,y_0) 的点 (x,y) 都有

$$f(x,y)<f(x_0,y_0).$$

特殊地，在该邻域内取 $y=y_0$ 而 $x\neq x_0$ 的点，也成立

$$f(x,y_0)<f(x_0,y_0).$$

这表明一元函数 $f(x,y_0)$ 在 $x=x_0$ 处取得极大值，因而必有

$$f_x(x_0,y_0)=0.$$

类似地可证

$$f_y(x_0,y_0)=0.$$

从几何上看，此时如果曲面 $z=f(x,y)$ 在点 $P_0(x_0,y_0,z_0)$ 处有切平面，则切平面方程为

$$z-z_0=f_x(x_0,y_0)(x-x_0)+f_y(x_0,y_0)(y-y_0)=0,$$

即 $z=z_0$，该切平面平行于 xOy 面.

故 $z=f(x,y)$ 在 (x_0,y_0) 处可微且取得极值，曲线 $z=f(x,y)$ 在该点处的切平面必然平行于 xOy 面.

使各个偏导数都等于零的点称为**驻点**，故当函数的偏导数存在时，函数的极值点必然是驻点；但反过来，驻点未必一定是函数的极值点. 如 $z=xy$ 在点(0,0)处各偏导数均为零，即点(0,0)为驻点，但点(0,0)却不是极值点. 与一元函数类似，多元函数的极值也可能在偏导数不存在的点处取得.

定理 2(充分条件) 设函数 $z=f(x,y)$ 在点 $P_0(x_0,y_0)$ 的某邻域内具有连续的一、二阶偏导数，又 $f_x(x_0,y_0)=f_y(x_0,y_0)=0$，记

$$A=\left.\frac{\partial^2 f}{\partial x^2}\right|_{(x_0,y_0)},\quad B=\left.\frac{\partial^2 f}{\partial x\partial y}\right|_{(x_0,y_0)},\quad C=\left.\frac{\partial^2 f}{\partial y^2}\right|_{(x_0,y_0)},$$

则

(1) 当 $AC-B^2>0$ 时，函数 $z=f(x,y)$ 在 (x_0,y_0) 处取得极值，且当 $A<0$ 时取得极大值，当 $A>0$ 时取得极小值.

(2) 当 $AC-B^2<0$ 时，函数 $z=f(x,y)$ 在 (x_0,y_0) 处不能取得极值.

(3) 当 $AC-B^2=0$ 时，函数 $z=f(x,y)$ 在 (x_0,y_0) 处可能取得极值，也可能不取得极值，须另行讨论.

例 1 求函数 $z=x^3+y^3-3xy$ 的极值.

解 $\frac{\partial z}{\partial x}=3x^2-3y$，$\frac{\partial z}{\partial y}=3y^2-3x$，解方程组

$$\begin{cases}3x^2-3y=0,\\3y^2-3x=0,\end{cases}$$

得驻点为(0,0),(1,1). 而

$$\frac{\partial^2 z}{\partial x^2}=6x,\quad \frac{\partial^2 z}{\partial x\partial y}=-3,\quad \frac{\partial^2 z}{\partial y^2}=6y,$$

对于点(0,0),有

$$A=0,\quad B=-3,\quad C=0,\quad AC-B^2=-9<0,$$

故(0,0)不是极值点.

对于点(1,1),有

$$A=6>0,\quad B=-3,\quad C=6,\quad AC-B^2=27>0,$$

故点(1,1)为极小值点,极小值为 $z(1,1)=-1$.

当讨论函数的极值时,如果函数在所讨论的区域内具有偏导数,则极值点只可能在驻点处取得. 如果函数在个别点处的偏导数不存在,这些点也可能是极值点,例如,$z=\sqrt{x^2+y^2}$ 在点(0,0)处偏导数不存在,但该函数在点(0,0)取得极小值. 因此,当讨论极值问题时,除了驻点外,还要考虑偏导数不存在的点.

有界闭区域 D 上的连续函数 $f(x,y)$ 一定在 D 上取得最大值和最小值,最大值和最小值既可能在 D 内部取得,也可能在 D 的边界上取得. 假定 $f(x,y)$ 在 D 上连续,在 D 内只有有限个驻点和有限个偏导数不存在的点,这时如果函数在 D 的内部取得最大值(或最小值),那么这个最大值(或最小值)必为函数的极大值(或极小值).

在上述假设下,求函数的最大值和最小值的一般方法是:求出函数 $f(x,y)$ 在 D 内的所有驻点及偏导数不存在的点,将这些点处的函数值与函数 $f(x,y)$ 在区域 D 的边界上的最大值和最小值进行比较,其中最大者就是函数 $f(x,y)$ 在 D 上的最大值,最小者就是函数 $f(x,y)$ 在 D 上的最小值. 因为要求出 $f(x,y)$ 在 D 的边界上的最大值和最小值,所以往往相当复杂,在通常遇到的实际问题中,如果根据问题的性质,知道函数 $f(x,y)$ 的最大值(最小值)一定在 D 的内部取得,而函数在 D 内只有一个驻点,则可以肯定该驻点处的函数值就是函数

多元函数的极值与最值

$f(x,y)$在 D 上的最大值(最小值).

例 2　一张宽为 a 的铁皮(图 8-17(a)),将它的两边对称地折起来形成一个槽子(见图 8-17(b)).求使梯形的面积(图 8-17(c))最大的折边的长度 x 和折角 θ.

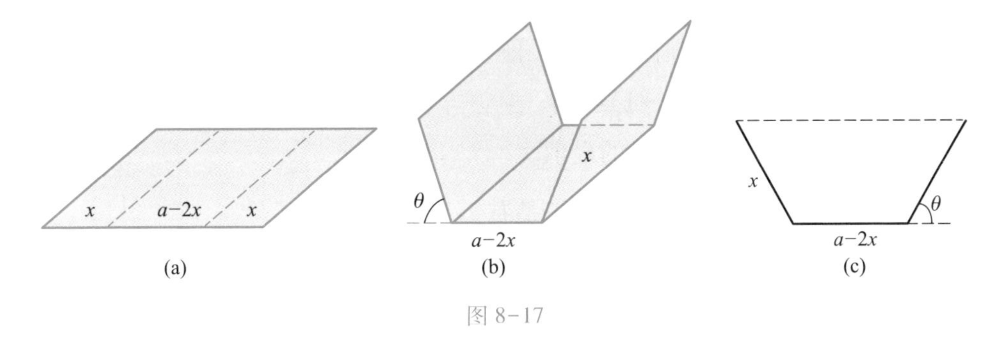

图 8-17

解　根据题意知,梯形的面积 S 为

$$S=f(x,\theta)=\frac{1}{2}x\sin\theta[(a-2x)+(a-2x+2x\cos\theta)],$$

函数的定义域为

$$D=\left\{(x,\theta)\mid 0<x<\frac{1}{2}a,0<\theta<\frac{\pi}{2}\right\}.$$

解方程组

$$\begin{cases}f_x(x,\theta)=\sin\theta(a-4x+2x\cos\theta)=0,\\ f_\theta(x,\theta)=x(a-2x)\cos\theta+x^2(2\cos^2\theta-1)=0,\end{cases}$$

得到在函数定义域 D 内唯一的驻点为$\left(\frac{1}{3}a,\frac{\pi}{3}\right)$.

由于梯形的最大面积是存在的,且最值点不可能在区域 D 的边界上取得,又函数 $f(x,\theta)$ 的驻点唯一,故它一定是最大值点,最大面积为

$$S_{\max}=f\left(\frac{1}{3}a,\frac{\pi}{3}\right)=\frac{\sqrt{3}}{12}a^2.$$

例 3　一块三角板(见图 8-18),其上点(x,y)处的温度为

$$T(x,y)=x^2+xy+2y^2-3x+2y,$$

求三角板上的最冷点和最热点.

解　设三角板所占有的区域为 D. 解方程组

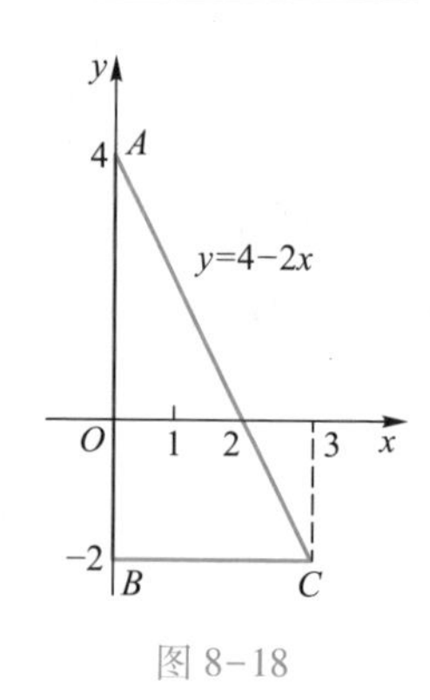

图 8-18

$$\begin{cases}\dfrac{\partial T}{\partial x}=2x+y-3=0,\\[2mm] \dfrac{\partial T}{\partial y}=x+4y+2=0,\end{cases}$$

得驻点$(2,-1)$,该驻点在区域 D 内,且

$$T(2,-1)=-4.$$

现在求函数 T 在边界上的最值.

在 $\overline{CA}$ 上,$y=4-2x,0\leqslant x\leqslant 3$,于是有

$$\begin{aligned}T&=T(x,4-2x)\\&=x^2+x(4-2x)+2(4-2x)^2-3x+2(4-2x)\\&=7x^2-35x+40.\end{aligned}$$

令 $T'=14x-35=0$,得 $x=\dfrac{5}{2}$.

比较函数 T 在 $x=0,x=\dfrac{5}{2}$及 $x=3$ 处的函数值的大小,得函数 T 在 $\overline{CA}$ 上的最大值为 $T(0,4)=40$,最小值为 $T\left(\dfrac{5}{2},-1\right)=-\dfrac{15}{4}$.

同理,可求得函数在边界 $\overline{AB}$ 上的最值为

$$\max_{(x,y)\in AB}T(x,y)=T(0,4)=40,$$

$$\min_{(x,y)\in AB}T(x,y)=T\left(0,-\frac{1}{2}\right)=-\frac{1}{2}.$$

函数在边界 $\overline{BC}$ 上的最值为

$$\max_{(x,y)\in BC}T(x,y)=T(0,-2)=4,$$

$$\min_{(x,y)\in BC}T(x,y)=T\left(\frac{5}{2},-2\right)=-\frac{9}{4}.$$

比较边界上的最值及区域内部驻点处的函数值的大小,得函数 $T(x,y)$ 在区域 D 上的最小值为 $m=T(2,-1)=-4$,最大值为 $M=T(0,4)=40$. 即三角板上的最冷点为$(2,-1)$,最热点为 $A(0,4)$.

三、条件极值

前文所讨论的函数极值问题,除要求自变量在定义域内变化外,没有附加其他条件,故称这种极值问题为**无条件极值**问题. 然而在许多实际问题中,往往对自变量提出一些约束条件.

例如,当圆柱体的体积固定时,求其最小表面积. 设圆柱体的半径为 x,高为 y,表面积为 S,问题就是在条件 $\pi x^2 y=V$(常数)之下,求函数 $S=2\pi x^2+2\pi xy$ 的最小值.

又如,设两曲面的方程分别为

$$f(x,y,z)=0,\quad \varphi(x,y,z)=0,$$

求两曲面之间的最短距离. 则问题就是在条件 $f(x,y,z)=0$ 及 $\varphi(u,v,t)=0$ 之下求

$$d=\sqrt{(x-u)^2+(y-v)^2+(z-t)^2}$$

的最小值,这里自变量为 x,y,z,u,v,t.

一般地,求 n 个自变量 $x_1,x_2,\cdots,x_n$ 的函数

$$u=f(x_1,x_2,\cdots,x_n)$$

受 m 个条件

条件极值

$$\varphi_i(x_1,x_2,\cdots,x_n)=0\ (i=1,2,\cdots,m;m<n)$$

约束的极值,这类问题称为**条件极值问题**. $f(x_1,x_2,\cdots,x_n)$ 称为**目标函数**,而 $\varphi_i(x_1,x_2,\cdots,x_n)=0$ 称为**约束条件**(或附加条件).

对于有些条件极值问题,可以把条件极值转化为无条件极值,然后利用上一目中的方法加以解决. 例如上面例子求圆柱体的最小表面积问题,可由条件 $\pi x^2 y=V$ 解出,有

$$y=\frac{V}{\pi x^2},$$

再把它代入 $S=2\pi x^2+2\pi xy$ 中,于是问题就转化为求

$$S=2\pi x^2+\frac{2V}{x}$$

的无条件极值. 但在很多情况下,将条件极值问题转化为无条件极值问题并不会这样简单,因为不一定能求出约束条件所对应的方程或方程组的解. 因此就要寻找直接求解条件极值问题的方法,可以不必先把问题转化为无条件极值的问题.

先讨论其中最简单的情形,即求函数 $z=f(x,y)$ 在约束条件 $\varphi(x,y)=0$ 下的极值. 一种很自然的想法是:从 $\varphi(x,y)=0$ 中解出其中一个变量,譬如说解出 $y=y(x)$,代入函数 $z=f(x,y)$ 中,得

$$z=f[x,y(x)],$$

它是一个一元函数. 假设 $f(x,y)$ 与 $\varphi(x,y)$ 具有一阶连续偏导数,且 $\varphi_x(x,y)\neq 0$,由隐函数存在定理知,由方程 $\varphi(x,y)=0$ 确定了一个具有连续偏导数的函数 $y=y(x)$,由此得

$$z=f[x,y(x)].$$

由极值的必要条件知

$$\frac{\mathrm{d}z}{\mathrm{d}x}=\frac{\partial f}{\partial x}+\frac{\partial f}{\partial y}\frac{\mathrm{d}y}{\mathrm{d}x}=0.$$

方程 $\varphi(x,y)=0$ 两边对 x 求导,得$\dfrac{\mathrm{d}y}{\mathrm{d}x}=-\dfrac{\varphi_x(x,y)}{\varphi_y(x,y)}$,代入上式得

$$\frac{\dfrac{\partial f}{\partial x}}{\dfrac{\partial \varphi}{\partial x}}=\frac{\dfrac{\partial f}{\partial y}}{\dfrac{\partial \varphi}{\partial y}}.$$

设此比值为$-\lambda$,与约束条件 $\varphi(x,y)=0$ 联立得方程组

$$\begin{cases}\dfrac{\partial f}{\partial x}+\lambda\dfrac{\partial \varphi}{\partial x}=0,\\[2mm] \dfrac{\partial f}{\partial y}+\lambda\dfrac{\partial \varphi}{\partial y}=0,\\[2mm] \varphi(x,y)=0.\end{cases}\tag{8-5}$$

从这个联立方程组解出 x,y,λ,就得到条件极值的可能点.

拉格朗日构造了一个辅助函数

$$L(x,y)=f(x,y)+\lambda\varphi(x,y),$$

其中，λ 为待定常数. 对 $L(x,y)$ 求无条件极值，令$\frac{\partial L}{\partial x}=0,\frac{\partial L}{\partial y}=0$，得

$$\frac{\partial f}{\partial x}+\lambda\frac{\partial \varphi}{\partial x}=0,\quad \frac{\partial f}{\partial y}+\lambda\frac{\partial \varphi}{\partial y}=0.$$

再加上给出的约束条件 $\varphi(x,y)=0$，合在一起就是式(8-5).

函数 $L(x,y)=f(x,y)+\lambda\varphi(x,y)$ 称为**拉格朗日函数**，参数 λ 称为**拉格朗日乘子**(Lagrange multiplier). 方程组(8-5)是函数 $z=f(x,y)$ 在约束条件 $\varphi(x,y)=0$ 下取得极值的必要条件. 至于求得的点是否为极值点尚须作进一步研究. 但在实际问题中往往可以从问题的性质来判断它是否为极值点. 这种求条件极值的方法称为**拉格朗日乘子法**

拉格朗日乘子法可以推广到一般的情形：求函数 $u=f(x_1,x_2,\cdots,x_n)$ 在 m 个约束条件

$$\varphi_i(x_1,x_2,\cdots,x_n)=0\quad(i=1,2,\cdots,m;m<n)\tag{8-6}$$

下可能的极值点. 先作拉格朗日函数：

$$L(x_1,x_2,\cdots,x_n)=f(x_1,x_2,\cdots,x_n)+\sum_{i=1}^{m}\lambda_i\varphi_i(x_1,x_2,\cdots,x_n),$$

其中，$\lambda_1,\lambda_2,\cdots,\lambda_m$ 为待定参数，然后求 $L(x_1,x_2,\cdots,x_n)$ 在无约束条件下的极值，必要条件为

$$\frac{\partial L}{\partial x_j}=\frac{\partial f}{\partial x_j}+\sum_{i=1}^{m}\lambda_i\frac{\partial \varphi_i}{\partial x_j}=0\quad(j=1,2,\cdots,n).$$

这 n 个方程再和 m 个约束条件方程(8-6)联立，从中解出 $m+n$ 个未知数 λ_1，$\lambda_2,\cdots,\lambda_m,x_1,x_2,\cdots,x_n$，而得到可能的极值点的坐标.

拉格朗日乘子法还有另一个优点：因为并没有从约束条件中消去某些变量，因此变量 $x_1,x_2,\cdots,x_n$ 具有对称形式.

例 4　求表面积为 a^2 的长方体的最大体积.

解　设长方体的三棱长依次为 x,y,z，则问题就是在条件

$$\varphi(x,y,z)=2xy+2yz+2zx-a^2=0$$

下，求函数

$$V=xyz\quad(x>0,y>0,z>0)$$

的最大值. 作拉格朗日函数

$$L(x,y,z)=xyz+\lambda(2xy+2yz+2zx-a^2),$$

解方程组

$$\begin{cases}\dfrac{\partial L}{\partial x}=yz+2\lambda(y+z)=0,\\ \dfrac{\partial L}{\partial y}=xz+2\lambda(x+z)=0,\\ \dfrac{\partial L}{\partial z}=xy+2\lambda(x+y)=0,\end{cases}$$

得 $x=y=z$. 将其代入 $2xy+2yz+2zx-a^2=0$,有

$$x=y=z=\frac{\sqrt{6}}{6}a.$$

这是唯一可能的极值点,由问题本身可知,最大值一定存在,故最大值就只能在极值点处取得. 于是在表面积为 a^2 的长方体中,棱长为$\dfrac{\sqrt{6}}{6}$的正方体的体积最大,其最大体积为 $V=\dfrac{\sqrt{6}}{36}a^3$.

例 5 求点 $M_0(x_0,y_0,z_0)$到平面 $Ax+By+Cz+D=0$ 的距离.

解 设 $M(x,y,z)$为平面 $Ax+By+Cz+D=0$ 上任意一点,d 为点 M 到点 M_0 的距离,则

$$d^2=(x-x_0)^2+(y-y_0)^2+(z-z_0)^2.$$

所求问题就是求函数 d^2 在约束条件 $Ax+By+Cz+D=0$ 下的条件极值.

构造拉格朗日函数

$$L=(x-x_0)^2+(y-y_0)^2+(z-z_0)^2+\lambda(Ax+By+Cz+D),$$

对上面函数求偏导并令其为 0,加上约束条件,得

$$\begin{cases}2(x-x_0)+\lambda A=0,\\ 2(y-y_0)+\lambda B=0,\\ 2(z-z_0)+\lambda C=0,\\ Ax+by+Cz+D=0.\end{cases}$$

由上面前三个方程,得

$$x=x_0-\frac{A}{2}\lambda,\quad y=y_0-\frac{B}{2}\lambda,\quad z=z_0-\frac{C}{2}\lambda,$$

于是可得

$$\lambda=\frac{2(Ax_0+By_0+Cz_0+D)}{A^2+B^2+C^2},$$

$$x=x_0-\frac{A(Ax_0+By_0+Cz_0+D)}{A^2+B^2+C^2},$$

$$y=y_0-\frac{B(Ax_0+By_0+Cz_0+D)}{A^2+B^2+C^2},$$

$$z=z_0-\frac{C(Ax_0+By_0+Cz_0+D)}{A^2+B^2+C^2}.$$

由于驻点是唯一的驻点,由问题本身可知,最小值一定存在,故点 $M_0(x_0,y_0,z_0)$到平面 $Ax+by+Cz+D=0$ 的距离为

$$d=\frac{|Ax_0+By_0+Cz_0+D|}{\sqrt{A^2+B^2+C^2}}.$$

例 6　求柱面 $x^2+\frac{y^2}{4}=1$ 被平面$\frac{x}{3}+\frac{y}{2}+z=1$ 所截的曲线上点的竖坐标的最大值及最小值.

解　该问题就是求 $z=1-\frac{x}{3}-\frac{y}{2}$在约束条件 $x^2+\frac{y^2}{4}=1$ 下的最大值及最小值. 作拉格朗日函数

$$L(x,y)=1-\frac{x}{3}-\frac{y}{2}+\lambda\left(x^2+\frac{y^2}{4}-1\right).$$

解方程组

$$\begin{cases}L_x=-\frac{1}{3}+2\lambda x=0,\\ L_y=-\frac{1}{2}+\frac{1}{2}\lambda y=0,\\ x^2+\frac{y^2}{4}=1,\end{cases}$$

得驻点$\left(-\frac{1}{\sqrt{10}},-\frac{6}{\sqrt{10}}\right),\left(\frac{1}{\sqrt{10}},\frac{6}{\sqrt{10}}\right)$.

由问题的性质可知,z 有最大值及最小值. 故

当 $x=-\frac{1}{\sqrt{10}},y=-\frac{6}{\sqrt{10}}$时,$z$ 取得最大值 $1+\frac{\sqrt{10}}{3}$;

当 $x=\frac{1}{\sqrt{10}},y=\frac{6}{\sqrt{10}}$时,$z$ 取得最小值 $1-\frac{\sqrt{10}}{3}$.

习题 8-8

1. 求下列函数的极值.

(1) $f(x,y)=4(x-y)-x^2-y^2$;

(2) $f(x,y)=(6x-x^2)(4y-y^2)$;

(3) $f(x,y)=e^{2x}(x+2y+y^2)$.

2. 求下列函数在指定约束条件下的极值点.

(1) $z=xy$,条件为 $x+y=1$;

(2) $u=x-2y+2z$,条件为 $x^2+y^2+z^2=1$.

3. 要造一个容积等于定数 k 的长方体无盖水池,应如何选择水池的尺寸,方可使它的表面积最小.

4. 在 xOy 面上求一点,使它到 $x=0,y=0$ 及 $x+2y-16=0$ 三直线距离平方和最小.

5. 将周长为 $2p$ 的矩形绕它的一边旋转得到一个圆柱体,问矩形的边长各为多少时,才可使圆柱体的体积最大.

6. 求内接于半径为 a 的球且有最大体积的长方体.

7. 抛物面 $z=x^2+y^2$ 被平面 $x+y+z=1$ 截成一个椭圆,求原点到这椭圆的最长和最短距离.

8. 求 $u=\ln x+\ln y+3\ln z$ 在 $x^2+y^2+z^2=5r^2(x>0,y>0,z>0)$ 上的极大值;并用所

得结论证明:对任意的 $a,b,c>0$,有

$$abc^3 \leqslant 27\left(\frac{a+b+c}{5}\right)^5.$$

第八章总习题

1. 思考题.

(1) 一元函数与多元函数微分学中的基本概念有何不同?

(2) 初等函数如果在某点偏导数存在,在该点一定可微吗?

(3) 多元函数的方向导数与偏导数有怎样的关系?

(4) 如果 $z=f(x,y)$ 在平面区域 D 内连续,且在 D 内有唯一的极大(小)值点,问这个极大(小)值点一定是函数的最大(小)值点吗?

(5) 二元函数 $z=f(x,y)$ 在 (x_0,y_0) 处可微,试叙述 $f_x(x_0,y_0)$,$f_y(x_0,y_0)$ 以及 $\mathrm{d}z\big|_{(x_0,y_0)}=f_x(x_0,y_0)\Delta x+f_y(x_0,y_0)\Delta y$ 的几何意义.

2. 填空题.

(1) 设 $f(x,y)=x+(y-2)\arcsin\sqrt{\dfrac{x}{y}}$,则 $f_x(x,2)=$ ________.

(2) 由方程 $xyz+\sqrt{x^2+y^2+z^2}=\sqrt{2}$ 所确定的函数 $z=z(x,y)$ 在点 $(1,0,-1)$ 处的全微分 $\mathrm{d}z=$ ________.

(3) 曲线 $\begin{cases}x^2+y^2+z^2-3x=0,\\2x-3y+5z-4=0\end{cases}$ 在点 $(1,1,1)$ 处的切线的方程是________,法平面方程是__________.

(4) 曲面 $z=x^2+y^2$ 上与平面 $2x+4y-z=0$ 平行的切平面的方程是________.

(5) 函数 $u=\ln(x+\sqrt{y^2+z^2})$ 在点 $A(1,0,1)$ 处沿 A 指向点 $B(3,-2,2)$ 方向的方向导数为__________.

3. 求二元函数 $z=\dfrac{\ln(x+y-1)}{\sqrt{1-x^2-y^2}}$ 的定义域并作出定义域的图形.

4. 求极限 $\lim\limits_{(x,y)\to(2,1)}\dfrac{\sin[(x-1)(y-1)]}{y^2-1}$.

5. 验证函数 $z=\ln\sqrt{x^2+y^2}$ 满足拉普拉斯(Laplace)方程 $\dfrac{\partial^2 z}{\partial x^2}+\dfrac{\partial^2 z}{\partial y^2}=0$.

6. 函数 $f\left(x+y,\dfrac{y}{x}\right)=x^2-y^2$,求 $f_x(x,y)$, $f_y(x,y)$.

7. 求下列函数的全微分.

(1) $z=xy-\dfrac{y}{x}$;　　　　(2) $u=z^{xy}(z>0)$.

8. 设函数 $z=f(x,y)$ 具有二阶连续偏导数,$x=\rho\cos\theta,y=\rho\sin\theta$,求 $\dfrac{\partial^2 z}{\partial\rho^2}$ 及 $\dfrac{\partial^2 z}{\partial\theta^2}$.

9. 求曲线 $x=t-\sin t,y=1-\cos t,z=4\sin\dfrac{t}{2}$ 在 $t=\dfrac{\pi}{2}$ 对应点处的切线及法平面的方程.

10. 求证:球面 $(x-x_0)^2+(y-y_0)^2+(z-z_0)^2=a^2$ 上任意一点处的法线过球心.

11. 求函数 $z=x^2+y^2-2\ln x-2\ln y(x>0,y>0)$ 的极值.

12. 求函数 $u=x+y+z$ 在条件 $\dfrac{1}{x}+\dfrac{1}{y}+\dfrac{1}{z}=1$ 下的条件极值.

13. 求函数 $z=1-x^2-y^2$ 在 $(1,-1)$ 处的梯度,并求该点处方向导数的最大值.

14. 在椭球面 $\dfrac{x^2}{a^2}+\dfrac{y^2}{b^2}+\dfrac{z^2}{c^2}=1$ 上求一点,使该点处的切平面与坐标面所成的四面体的体积最小.

15. 求斜边长为 l 的直角三角形的最大周长.

第九章 重积分

在一元函数积分学中,介绍了定积分.如果将定积分的被积函数推广到多元函数,将积分区间推广到二维和三维空间,就得到多元函数积分学.多元函数积分学的内容包括二重积分、三重积分、曲线积分和曲面积分.本章先介绍二重积分和三重积分.

第一节 二重积分的概念及性质

一、引例

1. 曲顶柱体的体积

设有一立体,它的底面是 xOy 面上的闭区域 D,它的侧面是以 D 的边界曲线为准线,而母线平行于 z 轴的柱面,它的顶是 $z=f(x,y)$,$f(x,y)\geqslant 0$ 且在 D 上连续.这种立体叫做**曲顶柱体**(见图 9-1).现在讨论如何计算曲顶柱体的体积 V.

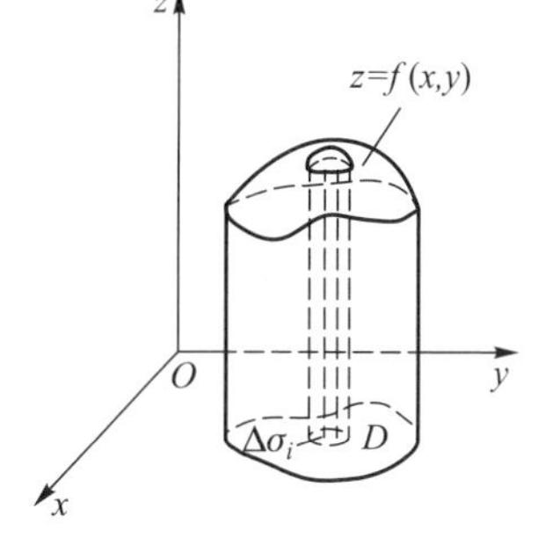

图 9-1

大家知道,平顶柱体的体积可用公式

$$体积=底面积\times高$$

来计算.现在柱体的顶是曲面,当点 (x,y) 在区域 D 上变动时,高度 $f(x,y)$ 随之变化,因此它的体积就不能直接应用上述公式来计算. 但是,不难发现,求曲顶柱体的体积与求曲边梯形的面积十分类似,因而也可以用“分割、近似替代、求和、取极限”的方法来计算.

(1) 分割:用一组曲线网将平面闭区域 D 任意分割成 n 个小闭区域

$$\Delta\sigma_1,\Delta\sigma_2,\cdots,\Delta\sigma_n,$$

这些小闭区域的面积也用 $\Delta\sigma_i(i=1,2,\cdots,n)$ 来表示. 分别以这些小闭区域的边界曲线为准线,作母线平行于 z 轴的柱面,这些柱面就将原来的曲顶柱体分为 n 个小曲顶柱体.

(2) 近似替代:当小闭区域的直径(有界闭区域的直径是指区域上任意两点间距离的最大值)很小时,由于 $f(x,y)$ 连续,对同一小曲顶柱体,它的高 $f(x,y)$ 变化不大. 因此,小曲顶柱体可近似看成是一个平顶柱体. 在小闭区域 $\Delta\sigma_i$ 上任取一点 (ξ_i,η_i),该点处的函数值为 $f(\xi_i,\eta_i)$,于是,第 i 个小曲顶柱体的体积为

$$\Delta V_i\approx f(\xi_i,\eta_i)\Delta\sigma_i,\quad i=1,2,\cdots,n.$$

(3) 求和:曲顶柱体的体积近似值为

$$V=\sum_{i=1}^{n}\Delta V_i\approx\sum_{i=1}^{n}f(\xi_i,\eta_i)\Delta\sigma_i.$$

(4) 取极限:显而易见,分割越细,和式 $\sum\limits_{i=1}^{n}f(\xi_i,\eta_i)\Delta\sigma_i$ 越接近曲顶柱体的体积 V. 当对闭区域 D 无限细分,即每个小区域都趋向于一个点(它等价于 n 个小闭区域的直径最大值 λ 趋于 0)时,上述和式的极限便自然地定义为所求曲顶柱体的体积 V,即

$$V=\lim_{\lambda\to 0}\sum_{i=1}^{n}f(\xi_i,\eta_i)\Delta\sigma_i.$$

2. 平面薄片的质量

设平面薄片占有 xOy 面上的闭区域 D,它在点 (x,y) 处的面密度为 $\mu(x,y)$,$\mu(x,y)>0$ 且在 D 上连续. 现计算平面薄片的质量 M.

如果薄片是均匀的,即面密度是常数,则薄片的质量可用公式

质量=面密度×面积

来计算. 这里面密度 $\mu(x,y)$ 是变量,薄片的质量就不能直接用上面的公式来

计算,可以采用计算曲顶柱体的体积的方法来解决这个问题.

（1）分割:用一组曲线网将平面闭区域 D 任意分割成 n 个小闭区域

$$\Delta\sigma_1,\Delta\sigma_2,\cdots,\Delta\sigma_n,$$

这些小闭区域的面积也用 $\Delta\sigma_i(i=1,2,\cdots,n)$ 来表示.

（2）近似替代:当小闭区域 $\Delta\sigma_i$ 的直径很小时,由于 $\mu(x,y)$ 连续,小闭区域上各点处的面密度 $\mu(x,y)$ 变化不大. 因此,小闭区域可近似看成均匀薄片. 在小闭区域 $\Delta\sigma_i$ 上任取一点 (ξ_i,η_i),该点处的面密度为 $\mu(\xi_i,\eta_i)$,于是,第 i 块小均匀薄片的质量为

$$\Delta M_i\approx\mu(\xi_i,\eta_i)\Delta\sigma_i,\quad i=1,2,\cdots,n.$$

（3）求和:平面薄片的质量近似值为

$$M=\sum_{i=1}^{n}\Delta M_i\approx\sum_{i=1}^{n}\mu(\xi_i,\eta_i)\Delta\sigma_i.$$

（4）取极限:用 λ 表示 n 个小闭区域的直径的最大值,则

$$M=\lim_{\lambda\to0}\sum_{i=1}^{n}\mu(\xi_i,\eta_i)\Delta\sigma_i.$$

以上两个问题虽然实际意义不同,但所求的量都可以归结为同一形式的和式的极限

$$\lim_{\lambda\to0}\sum_{i=1}^{n}f(\xi_i,\eta_i)\Delta\sigma_i.$$

在科学技术中还有大量类似的问题,因此,有必要对其进行抽象并作进一步深入地研究.

二、二重积分的概念

定义　设 $f(x,y)$ 是有界闭区域 D 上的有界函数,

（1）将闭区域 D 任意分割成 n 个小闭区域

$$\Delta\sigma_1,\Delta\sigma_2,\cdots,\Delta\sigma_n,$$

其中,$\Delta\sigma_i(i=1,2,\cdots,n)$ 也表示第 i 个小闭区域的面积.

（2）在每个 $\Delta\sigma_i$ 上任取一点 (ξ_i,η_i),作乘积 $f(\xi_i,\eta_i)\Delta\sigma_i$.

(3) 把每个小闭区域上所作的乘积 $f(\xi_i,\eta_i)\Delta\sigma_i$ 求和，得 $\sum_{i=1}^{n} f(\xi_i,\eta_i)\Delta\sigma_i$.

(4) 记 n 个小闭区域的直径的最大值为 λ，如果不论对 D 怎样分割，也不论点 (ξ_i,η_i) 在 $\Delta\sigma_i$ 上怎样的取法，极限 $\lim\limits_{\lambda\to 0}\sum\limits_{i=1}^{n} f(\xi_i,\eta_i)\Delta\sigma_i$ 总存在，则称此极限为函数 $f(x,y)$ 在闭区域 D 上的**二重积分**(double integral)，记为 $\iint\limits_D f(x,y)\,\mathrm{d}\sigma$，即

$$\iint\limits_D f(x,y)\,\mathrm{d}\sigma=\lim_{\lambda\to 0}\sum_{i=1}^{n} f(\xi_i,\eta_i)\Delta\sigma_i,$$

其中，$\iint$ 称为二重积分的**积分号**，D 称为**积分区域**，$f(x,y)$ 称为**被积函数**，$f(x,y)\,\mathrm{d}\sigma$ 称为**被积表达式**，$\mathrm{d}\sigma$ 称为**面积元素**(area element).

由二重积分的定义可知，上述引例中的曲顶柱体的体积 V 和平面薄片的质量 M 就可用二重积分表示为

$$V=\iint\limits_D f(x,y)\,\mathrm{d}\sigma,\quad M=\iint\limits_D \mu(x,y)\,\mathrm{d}\sigma.$$

因为二重积分 $\iint\limits_D f(x,y)\,\mathrm{d}\sigma$ 的值，与对积分区域 D 的分割方法无关. 故在直角坐标系中，可用平行于坐标轴的直线网来分割区域 D. 这时，除了包含 D 的边界点的一些不规则的小闭区域外，得到的其余小闭区域都是长方形，设其长、宽分别为 $\Delta x_i,\Delta y_i$，则其面积为 $\Delta\sigma_i=\Delta x_i\Delta y_i$. 于是在直角坐标系下，面积元素可记作 $\mathrm{d}\sigma=\mathrm{d}x\mathrm{d}y$，二重积分可记作

$$\iint\limits_D f(x,y)\,\mathrm{d}x\mathrm{d}y.$$

注 (1) 二重积分是一个极限，其结果是一个数值.

(2) 二重积分的值仅与积分区域 D 和被积函数有关，而与表示积分变量的字母无关. 即有

$$\iint\limits_D f(x,y)\,\mathrm{d}x\mathrm{d}y=\iint\limits_D f(u,v)\,\mathrm{d}u\mathrm{d}v=\cdots.$$

(3) 二重积分的几何意义：

如果在闭区域 D 上，$f(x,y)>0$，则 $\iint\limits_D f(x,y)\mathrm{d}\sigma$ 表示以 D 为底，以 D 的边界曲线为准线，而母线平行于 z 轴的柱面为侧面，$z=f(x,y)$ 为顶的曲顶柱体的体积.

如果在闭区域 D 上，$f(x,y)<0$，则二重积分的值为负，其绝对值是以 D 为底，以 D 的边界曲线为准线，而母线平行于 z 轴的柱面为侧面，$z=f(x,y)$ 为顶的曲顶柱体的体积.

如果在闭区域 D 的若干部分上 $f(x,y)\geqslant 0$，另外部分上 $f(x,y)<0$，则二重积分等于 xOy 面上方的柱体体积减去 xOy 面下方的柱体体积.

(4) 二重积分的物理意义是平面薄片的质量，即 $M=\iint\limits_D \mu(x,y)\mathrm{d}\sigma$.

类似于定积分，二重积分也有积分存在定理.

二重积分存在定理　如果函数 $f(x,y)$ 在有界闭区域 D 上连续，则函数 $f(x,y)$ 在 D 上的二重积分存在，即函数 $f(x,y)$ 在 D 上可积.

以后如果不特别说明，总假定所遇到的二重积分都是存在的，所对应的闭区域都是有界闭区域.

三、二重积分的性质

由二重积分的定义，不难得出二重积分有以下性质.

性质 1　如果在闭区域 D 上，$f(x,y)\equiv 1$，σ 为 D 的面积，则

$$\iint\limits_D 1\mathrm{d}\sigma=\iint\limits_D \mathrm{d}\sigma=\sigma.$$

这个性质的几何意义是明显的，即高为 1 的平顶柱体的体积在数值上就等于柱体的底面积.

性质 2（线性性质）

$$\iint\limits_D [k_1 f_1(x,y)+k_2 f_2(x,y)]\mathrm{d}\sigma=k_1\iint\limits_D f_1(x,y)\mathrm{d}\sigma+k_2\iint\limits_D f_2(x,y)\mathrm{d}\sigma,$$

其中，k_1,k_2 是常数.

注　(1) 特别地，当 $k_2=0$ 时，有

$$\iint_D k_1 f_1(x,y)\,\mathrm{d}\sigma = k_1 \iint_D f_1(x,y)\,\mathrm{d}\sigma.$$

当 $k_1=1, k_2=\pm 1$ 时，有

$$\iint_D [f_1(x,y) \pm f_2(x,y)]\,\mathrm{d}\sigma = \iint_D f_1(x,y)\,\mathrm{d}\sigma \pm \iint_D f_2(x,y)\,\mathrm{d}\sigma.$$

性质2表明两个函数的和(差)的二重积分等于二重积分的和(差)，被积函数中含有常数，则常数可以提到积分符号外面.

(2) 线性性质可推广到有限个函数的情形，即有限个函数线性组合的二重积分等于它们的二重积分的线性组合.

性质3(可加性) 如果 D 可以分成两个闭区域 D_1, D_2，记为 $D=D_1+D_2$，则

$$\iint_D f(x,y)\,\mathrm{d}\sigma = \iint_{D_1} f(x,y)\,\mathrm{d}\sigma + \iint_{D_2} f(x,y)\,\mathrm{d}\sigma.$$

性质4(积分不等式) 如果 $\forall (x,y)\in D$，有 $f(x,y)\geqslant 0$，则

$$\iint_D f(x,y)\,\mathrm{d}\sigma \geqslant 0.$$

推论1(比较性质) 如果在闭区域 D 上，有 $f(x,y)\leqslant g(x,y)$，则

$$\iint_D f(x,y)\,\mathrm{d}\sigma \leqslant \iint_D g(x,y)\,\mathrm{d}\sigma.$$

推论2 $\left|\iint_D f(x,y)\,\mathrm{d}\sigma\right| \leqslant \iint_D |f(x,y)|\,\mathrm{d}\sigma.$

推论3(估值不等式) 设 M, m 分别是函数 $f(x,y)$ 在闭区域 D 上的最大值与最小值，即 $\forall (x,y)\in D, m\leqslant f(x,y)\leqslant M$，$\sigma$ 是 D 的面积，则

$$m\sigma \leqslant \iint_D f(x,y)\,\mathrm{d}\sigma \leqslant M\sigma.$$

性质5(二重积分中值定理) 如果函数 $f(x,y)$ 在有界闭区域 D 上连续，则在 D 上至少存在一点 (ξ,η)，使得

$$\iint_D f(x,y)\,\mathrm{d}\sigma = f(\xi,\eta)\sigma.$$

证明 因为函数 $f(x,y)$ 在有界闭区域 D 上连续，所以 $f(x,y)$ 在 D 上有最大值 M 和最小值 m，即 $\forall (x,y)\in D$，有 $m\leqslant f(x,y)\leqslant M$. 由估值不等式，得

$$m\sigma \leqslant \iint_D f(x,y)\,\mathrm{d}\sigma \leqslant M\sigma,$$

故

$$m \leqslant \frac{1}{\sigma}\iint_D f(x,y)\,\mathrm{d}\sigma \leqslant M.$$

再由有界闭区域上连续函数的介值定理知,在 D 上至少存在一点(ξ,η),使

$$f(\xi,\eta)=\frac{1}{\sigma}\iint_D f(x,y)\,\mathrm{d}\sigma,$$

即

$$\iint_D f(x,y)\,\mathrm{d}\sigma = f(\xi,\eta)\sigma,\quad (\xi,\eta)\in D.$$

性质 6(对称性)　设积分区域 D 关于 $y=0$(x 轴)对称,

(1) 如果被积函数 $f(x,y)$ 是关于 y 的奇函数,即 $f(x,-y)=-f(x,y)$,则

$$\iint_D f(x,y)\,\mathrm{d}\sigma = 0;$$

(2) 如果被积函数 $f(x,y)$ 是关于 y 的偶函数,即 $f(x,-y)=f(x,y)$,则

$$\iint_D f(x,y)\,\mathrm{d}\sigma = 2\iint_{D^+} f(x,y)\,\mathrm{d}\sigma,$$

其中,$D^+=\{(x,y)\mid (x,y)\in D, y\geqslant 0\}$.

当积分区域 D 关于 $x=0$(y 轴)对称,$f(x,y)$ 关于 x 具有奇偶性时,也有类似的结论.

用二重积分的定义和性质,很容易证明这个性质. 例如,D 关于 x 轴对称,D 在 x 轴上、下两侧的区域分别是 D^+ 与 D^-,采用对称的分法,在 D^+ 中有小区域 $\Delta\sigma_i$,则在 D^- 中有对称的小区域 $\Delta\sigma_i'$,且其面积相等. 任意点也取对称的点,在 $\Delta\sigma_i$ 中取点(ξ_i,η_i)时,在 $\Delta\sigma_i'$上就取其对称点$(\xi_i,-\eta_i)$,这样当函数是关于 y 的奇函数时,总有

$$f(\xi_i,\eta_i)\Delta\sigma_i = -f(\xi_i,-\eta_i)\Delta\sigma_i'$$

则积分和为零,故

$$\iint_D f(x,y)\,\mathrm{d}\sigma = 0.$$

其他情形的证明类似.

例 1 设$f(x,y)$是定义在有界闭区域D上的非负连续函数,证明:如果在D上的一点$P_0(x_0,y_0)$处$f(x_0,y_0)>0$,则$\iint\limits_D f(x,y)\,\mathrm{d}\sigma>0$.

证明 设$f(x_0,y_0)=A>0$. 因为$f(x,y)$在D上连续,所以存在P_0的某邻域$U(P_0)\subset D$,使在$U(P_0)$上$f(x,y)>\dfrac{A}{2}$成立. 取$D_1\subset U(P_0)$,设D_1的面积为$S>0$,则

$$\iint\limits_D f(x,y)\,\mathrm{d}\sigma\geqslant\iint\limits_{D_1} f(x,y)\,\mathrm{d}\sigma\geqslant\frac{A}{2}S>0.$$

例 2 判定

$$\iint\limits_D (x^2+y^2-1)\,\mathrm{d}\sigma$$

的符号,其中$D:|x|+|y|\leqslant 1$.

解 从图 9-2 可看出,区域D位于圆$x^2+y^2=1$的内部. 除 4 个顶点外,其余各点均满足$x^2+y^2<1$,因此,当(x,y)满足$|x|+|y|<1$时,有

$$x^2+y^2-1<0.$$

由二重积分的性质及例 1 的结论,有

$$\iint\limits_D (x^2+y^2-1)\,\mathrm{d}\sigma<0.$$

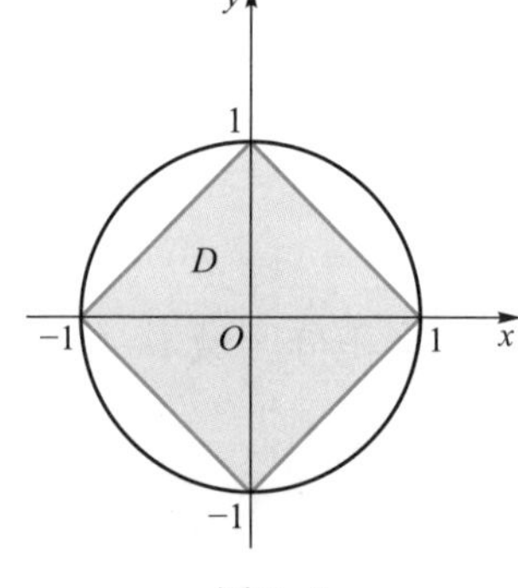

图 9-2

例 3 估计$I=\iint\limits_D (x^2+4y^2+9)\,\mathrm{d}\sigma$的值,其中$D$是圆域:$x^2+y^2\leqslant 4$.

解 先求$f(x,y)=x^2+4y^2+9$在D上的最大值和最小值.

由方程组

$$\begin{cases} f_x=2x=0, \\ f_y=8y=0, \end{cases}$$

解得唯一驻点$(0,0)$. 该点处的函数值$f(0,0)=9$.

$f(x,y)$在D的边界$x^2+y^2=4$上变成$f(x,y)=3y^2+13$或$f(x,y)=25-$

$3x^2$. 此时,可求得 $f(x,y)$ 的最小值为 $f(\pm2,0)=13$,最大值为 $f(0,\pm2)=25$.

比较得

$$m=f(0,0)=9,\quad M=f(0,\pm2)=25.$$

区域 D 的面积 $\sigma=4\pi$,由估值不等式,得

$$36\pi\leqslant\iint\limits_D(x^2+4y^2+9)\mathrm{d}\sigma\leqslant100\pi.$$

注　上述估计二重积分值的方法属于一般方法. 对于本题,也可通过观察的方法求出 $f(x,y)$ 的最值,即

$$9\leqslant x^2+4y^2+9=(x^2+y^2)+3y^2+9\leqslant25.$$

例 4　设 $f(x,y)$ 在 $D:x^2+y^2\leqslant r^2$ 上连续,证明:

$$\lim_{r\to0}\frac{1}{\pi r^2}\iint\limits_D f(x,y)\mathrm{d}\sigma=f(0,0).$$

证明　由二重积分中值定理,得

$$\iint\limits_D f(x,y)\mathrm{d}\sigma=f(\xi,\eta)\pi r^2,\quad(\xi,\eta)\in D.$$

因为 $f(x,y)$ 在 D 上连续,所以有

$$\lim_{\substack{\xi\to0\\\eta\to0}}f(\xi,\eta)=f(0,0),$$

因此

$$\lim_{r\to0}\frac{1}{\pi r^2}\iint\limits_D f(x,y)\mathrm{d}\sigma=\lim_{r\to0}f(\xi,\eta)=\lim_{\substack{\xi\to0\\\eta\to0}}f(\xi,\eta)=f(0,0).$$

习题 9-1

1. 试估计下列各积分的值.

(1) $\iint\limits_D(x+y+1)\mathrm{d}\sigma$,其中 $D:x^2+y^2\leqslant4$;

(2) $\iint\limits_D\sin^2x\sin^2y\mathrm{d}\sigma$,其中 $D:0\leqslant x\leqslant\pi,0\leqslant y\leqslant\pi$;

(3) $\iint\limits_D (x+xy-x^2-y^2)\,\mathrm{d}\sigma$,其中 $D:0\leqslant x\leqslant 1,0\leqslant y\leqslant 2$;

(4) $\iint\limits_D \dfrac{\mathrm{d}\sigma}{100+\cos^2 x+\cos^2 y}$,其中 $D:|x|+|y|\leqslant 10$.

2. 证明:$\left|\iint\limits_D f(x,y)\,\mathrm{d}\sigma\right|\leqslant \iint\limits_D |f(x,y)|\,\mathrm{d}\sigma$.

3. 判断 $\iint\limits_D \ln(x^2+y^2)\,\mathrm{d}\sigma$ 的正、负号,其中 $D:\dfrac{1}{2}\leqslant x^2+y^2\leqslant 1$.

4. 求函数 $z=\sqrt{R^2-x^2-y^2}$ 在圆域 $D:x^2+y^2\leqslant R^2$ 上的平均值(利用二重积分的几何意义).

5. 已知 $D:x^2+y^2\leqslant 1$;$D_1:x^2+y^2\leqslant 1,x\geqslant 0,y\geqslant 0$. 问下列式子成立吗,为什么?

(1) $\iint\limits_D \sqrt{1-x^2-y^2}\,\mathrm{d}\sigma=4\iint\limits_{D_1}\sqrt{1-x^2-y^2}\,\mathrm{d}\sigma$;

(2) $\iint\limits_D xy\,\mathrm{d}\sigma=4\iint\limits_{D_1} xy\,\mathrm{d}\sigma$;

(3) $\iint\limits_D (x+y^2)\,\mathrm{d}\sigma=4\iint\limits_{D_1}(x+y^2)\,\mathrm{d}\sigma$.

6. 设 D 为圆域 $x^2+y^2\leqslant R^2$,试利用对称性质求下列二重积分的值.

(1) $\iint\limits_D x^2y^3\,\mathrm{d}\sigma$;　　(2) $\iint\limits_D x^3y^2\,\mathrm{d}\sigma$;

(3) $\iint\limits_D x\sqrt{R^2-x^2}\,\mathrm{d}\sigma$;　　(4) $\iint\limits_D y^5\sqrt{R^2-y^2}\,\mathrm{d}\sigma$.

第二节 二重积分的计算

利用二重积分的定义直接计算二重积分,一般来说是困难的. 本节介绍计算二重积分的基本方法:二重积分可以化为两次定积分(称二次积分)来计算.

一、利用直角坐标计算二重积分

1. X-型区域和 Y-型区域

如果闭区域 D 可表示为

$$D=\{(x,y)\mid y_1(x)\leqslant y\leqslant y_2(x),a\leqslant x\leqslant b\},$$

其中,函数 $y_1(x)$,$y_2(x)$在$[a,b]$上连续,则称 D 是 **X-型区域**(或**上下型区域**),其特点是:用平行于 y 轴的直线穿过区域 D 内部,直线与区域 D 的边界曲线的交点最多只有两个(见图 9-3).

如果闭区域 D 可表示为

$$D=\{(x,y)\mid x_1(y)\leqslant x\leqslant x_2(y),c\leqslant y\leqslant d\},$$

其中,函数 $x_1(y)$,$x_2(y)$在$[c,d]$上连续,则称 D 是 **Y-型区域**(或**左右型区域**),其特点是:用平行于 x 轴的直线穿过区域 D 内部,直线与区域 D 的边界曲线的交点最多只有两个(见图 9-4).

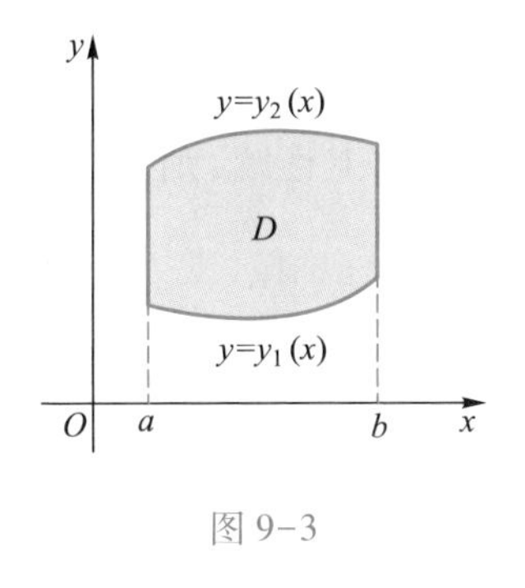

图 9-3

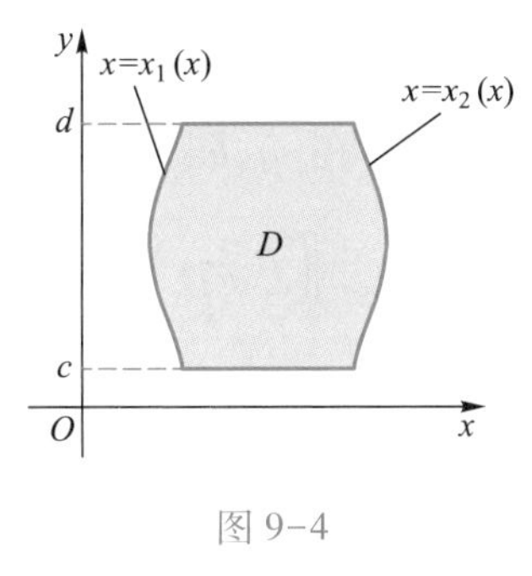

图 9-4

2. 二重积分的计算法

假设积分区域 D 是 X-型区域,即

$$D=\{(x,y)\mid y_1(x)\leqslant y\leqslant y_2(x),a\leqslant x\leqslant b\}.$$

现借助二重积分的几何意义来寻求二重积分 $\iint\limits_D f(x,y)\mathrm{d}x\mathrm{d}y$ 的计算方法.

设 $f(x,y)\geqslant 0$,由二重积分的几何意义知, $\iint\limits_D f(x,y)\mathrm{d}x\mathrm{d}y$ 的值等于以闭区域 D 为底,以曲面 $z=f(x,y)$ 为顶的曲顶柱体(见图 9-5)的体积. 曲顶柱体

可以看成是一个平行截面面积为已知的立体，平行截面即为图中阴影部分（曲边梯形），其面积 $A(x)$ 为

$$A(x)=\int_{y_1(x)}^{y_2(x)} f(x,y)\,\mathrm{d}y.$$

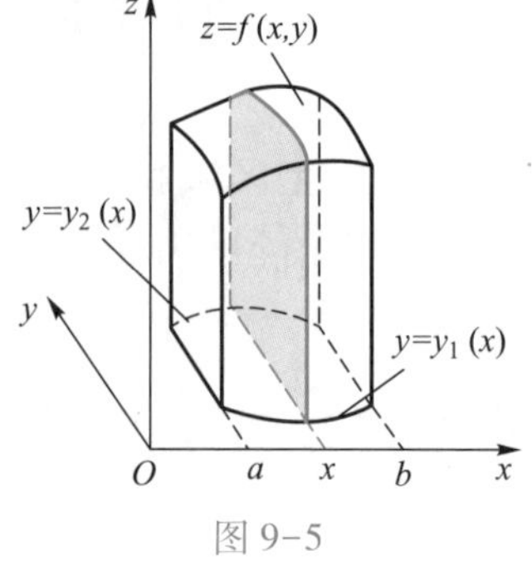

图 9-5

利用平行截面面积为已知的立体体积的计算公式，有

$$V=\int_a^b A(x)\,\mathrm{d}x=\int_a^b\left[\int_{y_1(x)}^{y_2(x)} f(x,y)\,\mathrm{d}y\right]\mathrm{d}x,$$

故有

$$\iint\limits_D f(x,y)\,\mathrm{d}x\mathrm{d}y=\int_a^b\left[\int_{y_1(x)}^{y_2(x)} f(x,y)\,\mathrm{d}y\right]\mathrm{d}x.$$

一般写成

$$\iint\limits_D f(x,y)\,\mathrm{d}x\mathrm{d}y=\int_a^b \mathrm{d}x\int_{y_1(x)}^{y_2(x)} f(x,y)\,\mathrm{d}y.$$

利用直角坐标计算二重积分

综上分析，可得下述定理.

定理 1　设积分区域 D 可表示为

$$D=\{(x,y)\mid y_1(x)\leqslant y\leqslant y_2(x),a\leqslant x\leqslant b\},$$

其中，$y_1(x)$，$y_2(x)$ 在 $[a,b]$ 上连续，且 $f(x,y)$ 在 D 上连续，则有

$$\iint\limits_D f(x,y)\,\mathrm{d}x\mathrm{d}y=\int_a^b \mathrm{d}x\int_{y_1(x)}^{y_2(x)} f(x,y)\,\mathrm{d}y.$$

定理 1 表明，当 D 是 X-型区域时，二重积分 $\iint\limits_D f(x,y)\,\mathrm{d}x\mathrm{d}y$ 可化为先对 y，后对 x 的**二次积分**，先对 y 积分时，应把 $f(x,y)$ 中的 x 看作常数.

类似地，当积分区域 D 是 Y-型区域时，有

定理 2　设积分区域 D 可表示为

$$D=\{(x,y)\mid x_1(y)\leqslant x\leqslant x_2(y),c\leqslant y\leqslant d\},$$

其中，$x_1(y)$，$x_2(y)$ 在 $[c,d]$ 上连续，且 $f(x,y)$ 在 D 上连续，则有

$$\iint\limits_D f(x,y)\,\mathrm{d}x\mathrm{d}y=\int_c^d \mathrm{d}y\int_{x_1(y)}^{x_2(y)} f(x,y)\,\mathrm{d}x.$$

定理 2 说明，当 D 是 Y-型区域时，二重积分 $\iint\limits_D f(x,y)\,\mathrm{d}x\mathrm{d}y$ 可化为先对

x,后对 y 的**二次积分**,在对 x 积分时,应把 $f(x,y)$ 中的 y 看作常数.

当积分区域 D 既不是 X-型区域,又不是 Y-型区域时,可把 D 用平行于坐标轴的直线划分成有限个 X-型或 Y-型小闭区域,然后利用二重积分对积分区域的可加性来计算 $\iint\limits_D f(x,y)\mathrm{d}x\mathrm{d}y$. 例如,如图 9-6 所示区域 D,可用图示虚线划分成 3 块闭区域 D_1, D_2 和 D_3.

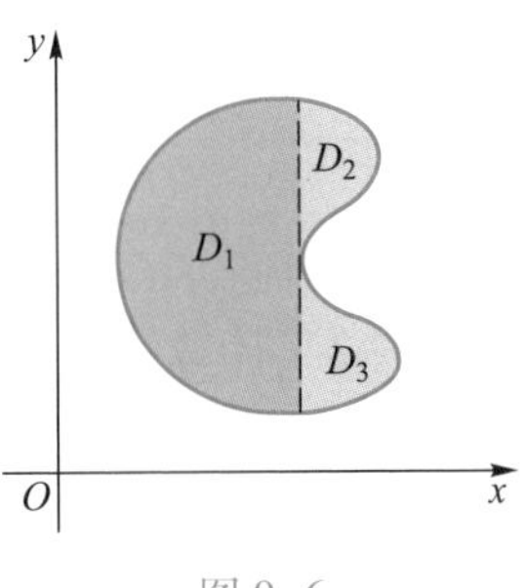

图 9-6

例 1　计算 $\iint\limits_D xy\mathrm{d}x\mathrm{d}y$,其中 D 是由直线 $x=2$, $y=x$ 及 $y=2x$ 围成的闭区域.

解　首先画出积分区域 D(见图 9-7). D 是 X-型区域,D 可表示为

$$x\leqslant y\leqslant 2x,\quad 0\leqslant x\leqslant 2.$$

先对 y,后对 x 积分,得

$$\iint\limits_D xy\mathrm{d}x\mathrm{d}y = \int_0^2 \mathrm{d}x\int_x^{2x} xy\mathrm{d}y = \int_0^2 \left[\frac{1}{2}xy^2\right]_x^{2x}\mathrm{d}x$$

$$= \int_0^2 \frac{3}{2}x^3\mathrm{d}x = \left[\frac{3}{8}x^4\right]_0^2 = 6.$$

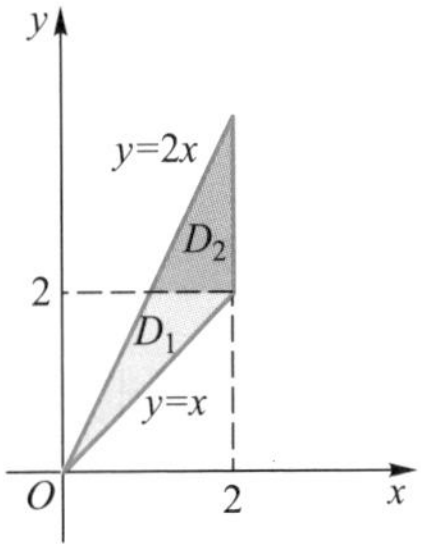

图 9-7

另解　积分区域 D 虽然是 Y-型区域,但曲线 $x=x_2(y)$ 由两段构成,此时不能直接应用定理 2,可用直线 $y=2$ 把 D 分成两个闭区域 D_1 和 D_2,且

$$D_1=\left\{(x,y)\ \middle|\ \frac{y}{2}\leqslant x\leqslant y, 0\leqslant y\leqslant 2\right\},$$

$$D_2=\left\{(x,y)\ \middle|\ \frac{y}{2}\leqslant x\leqslant 2, 2\leqslant y\leqslant 4\right\}.$$

由二重积分关于积分区域的可加性及定理 2,得

$$\iint\limits_D xy\mathrm{d}x\mathrm{d}y = \iint\limits_{D_1} xy\mathrm{d}x\mathrm{d}y + \iint\limits_{D_2} xy\mathrm{d}x\mathrm{d}y$$

$$= \int_0^2 \mathrm{d}y\int_{\frac{y}{2}}^{y} xy\mathrm{d}x + \int_2^4 \mathrm{d}y\int_{\frac{y}{2}}^{2} xy\mathrm{d}x$$

$$=\frac{3}{8}\int_0^2 y^3\mathrm{d}y+\int_2^4\left(2y-\frac{1}{8}y^3\right)\mathrm{d}y$$

$$=\left[\frac{3}{32}y^4\right]_0^2+\left[y^2-\frac{1}{32}y^4\right]_2^4=6.$$

例 2 计算 $\iint\limits_D \frac{x^2}{y^2}\mathrm{d}x\mathrm{d}y$,其中 D 是由直线 $y=2$,$y=x$ 及曲线 $xy=1$ 围成的闭区域.

解 画出积分区域 D(见图 9-8). D 是 Y-型区域,D 可用不等式表示为

$$\frac{1}{y}\leqslant x\leqslant y,\quad 1\leqslant y\leqslant 2.$$

先对 x,后对 y 积分,得

$$\iint\limits_D \frac{x^2}{y^2}\mathrm{d}x\mathrm{d}y=\int_1^2\mathrm{d}y\int_{\frac{1}{y}}^{y}\frac{x^2}{y^2}\mathrm{d}x=\int_1^2\left[\frac{x^3}{3y^2}\right]_{\frac{1}{y}}^{y}\mathrm{d}y=\frac{27}{64}.$$

例 3 计算 $\iint\limits_D \mathrm{e}^{-y^2}\mathrm{d}x\mathrm{d}y$,其中 D 是由直线 $y=x$,$y=1$ 及 $x=0$ 围成的闭区域.

解 画出积分区域 D(见图 9-9). D 既是 X-型区域,又是 Y-型区域. 把 D 看成 Y-型区域,则 D 可表示为

$$0\leqslant x\leqslant y,\quad 0\leqslant y\leqslant 1.$$

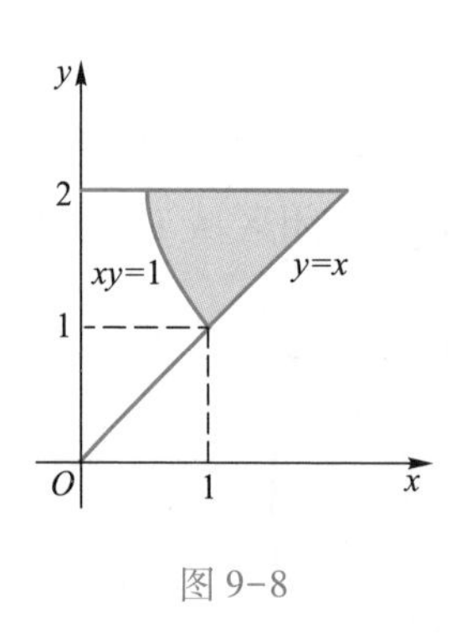

图 9-8

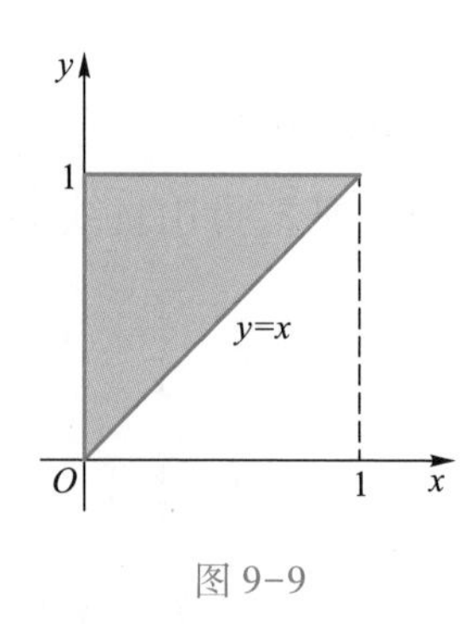

图 9-9

先对 x,后对 y 积分,得

$$\iint\limits_D \mathrm{e}^{-y^2}\mathrm{d}x\mathrm{d}y=\int_0^1\mathrm{d}y\int_0^y \mathrm{e}^{-y^2}\mathrm{d}x=\int_0^1 y\mathrm{e}^{-y^2}\mathrm{d}y=\frac{1}{2}\left(1-\frac{1}{\mathrm{e}}\right).$$

如果把 D 看成 X-型区域,则

$$D: x \leqslant y \leqslant 1,\quad 0 \leqslant x \leqslant 1.$$

先对 y,后对 x 积分,得

$$\iint_D e^{-y^2}dxdy = \int_0^1 dx\int_x^1 e^{-y^2}dy,$$

这里遇到求 $\int e^{-y^2}dy$,该积分不能用初等函数的有限形式表示,因而先对 y,后对 x 积分是行不通的.

当化二重积分为二次积分时,虽然两种积分次序都可以选择,但为了使计算简单,还需要兼顾积分区域的形状与被积函数的特点来选择恰当的积分次序. 比如,例 1 中的积分先对 x,后对 y 积分时,需要分割区域 D;例 2 中的积分,如果换成另一种次序的二次积分,积分区域也需要分割,比较复杂;而例 3 中的积分,如果换为另一种次序的二次积分,因被积函数的原函数不能用初等形式表示,所以行不通.

因此,常常需要考虑将一种次序的二次积分换为另一种次序的二次积分,这一过程称为**交换积分次序**. 现举例说明交换积分次序的方法.

例 4　交换下列积分次序

(1) $\int_0^1 dx\int_0^x f(x,y)dy + \int_1^2 dx\int_0^{2-x} f(x,y)dy$;

(2) $\int_0^1 dx\int_{\frac{1-x^2}{2}}^{\sqrt{1-x^2}} f(x,y)dy$.

解　(1) 该二次积分是先对 y,后对 x 的积分,按要求应化为先对 x,后对 y 的积分. 由原二次积分的上、下限知,它所对应的二重积分的积分区域 D 可用不等式表示为

$$0 \leqslant y \leqslant x,\quad 0 \leqslant x \leqslant 1$$

及

$$0 \leqslant y \leqslant 2-x,\quad 1 \leqslant x \leqslant 2,$$

从而可画出积分区域 D(见图 9-10).

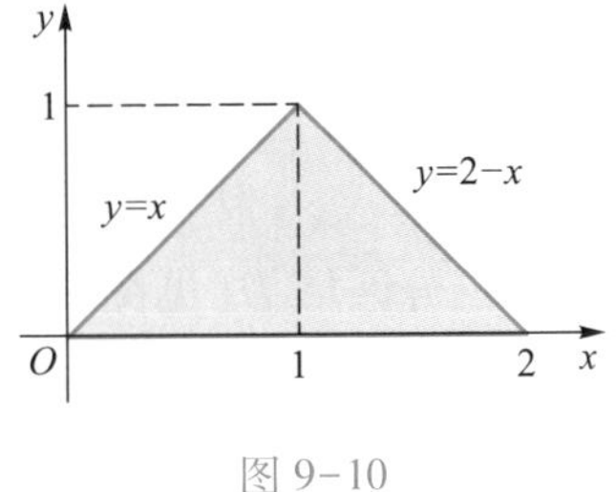

图 9-10

D 是 Y-型区域,即 D 可用不等式表示为

$$y \leqslant x \leqslant 2-y,\quad 0 \leqslant y \leqslant 1,$$

于是交换积分次序,得

$$\int_0^1 dx\int_0^x f(x,y)dy+\int_1^2 dx\int_0^{2-x} f(x,y)dy=\int_0^1 dy\int_y^{2-y} f(x,y)dx.$$

(2) 由题设知,原二次积分所对应的二重积分的积分区域 D 可表示为

$$\frac{1-x^2}{2}\leqslant y\leqslant\sqrt{1-x^2},\quad 0\leqslant x\leqslant 1,$$

画出积分区域 D(见图 9-11).

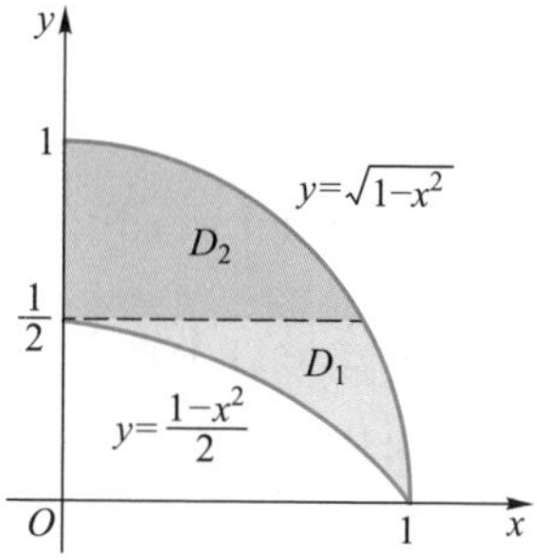

图 9-11

要交换积分次序必须划分区域 D,使划分后的小区域为 Y-型区域,为此,过$\left(0,\frac{1}{2}\right)$作平行于 x 轴的直线,将 D 分成两个 Y-型区域 D_1 和 D_2,且

$$D_1:\begin{cases}\sqrt{1-2y}\leqslant x\leqslant\sqrt{1-y^2},\\ 0\leqslant y\leqslant\frac{1}{2},\end{cases}\qquad D_2:\begin{cases}0\leqslant x\leqslant\sqrt{1-y^2},\\ \frac{1}{2}\leqslant y\leqslant 1.\end{cases}$$

交换积分次序,得

$$\int_0^1 dx\int_{\frac{1-x^2}{2}}^{\sqrt{1-x^2}} f(x,y)dy=\int_0^{\frac{1}{2}} dy\int_{\sqrt{1-2y}}^{\sqrt{1-y^2}} f(x,y)dx+\int_{\frac{1}{2}}^1 dy\int_0^{\sqrt{1-y^2}} f(x,y)dx.$$

例 5 证明:

$$\int_0^a dx\int_0^x f(y)dy=\int_0^a (a-x)f(x)dx\quad(a>0).$$

证明 因左端二次积分中的 $f(y)$ 是 y 的抽象函数,不能具体计算,所以应交换积分次序.

由二次积分的上、下限知,对应的二重积分的积分区域 D 可表示为

$$0\leqslant y\leqslant x,\quad 0\leqslant x\leqslant a,$$

画出积分区域 D(见图 9-12).

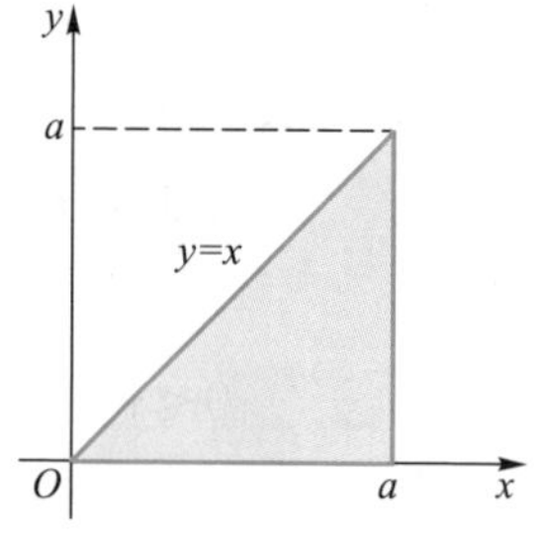

图 9-12

显然,D 既是 X-型区域,又是 Y-型区域. 为交换积分次序,把 D 看成 Y-型区域,即有

$$y\leqslant x\leqslant a,\quad 0\leqslant y\leqslant a,$$

故

$$\int_0^a \mathrm{d}x \int_0^x f(y)\,\mathrm{d}y = \int_0^a \mathrm{d}y \int_y^a f(y)\,\mathrm{d}x = \int_0^a (a-y)f(y)\,\mathrm{d}y$$

$$= \int_0^a (a-x)f(x)\,\mathrm{d}x.$$

例 6 计算二重积分

$$\iint_D \sqrt{|y-x^2|}\,\mathrm{d}x\mathrm{d}y,$$

其中，D：$|x|\leqslant 1, 0\leqslant y\leqslant 2$.

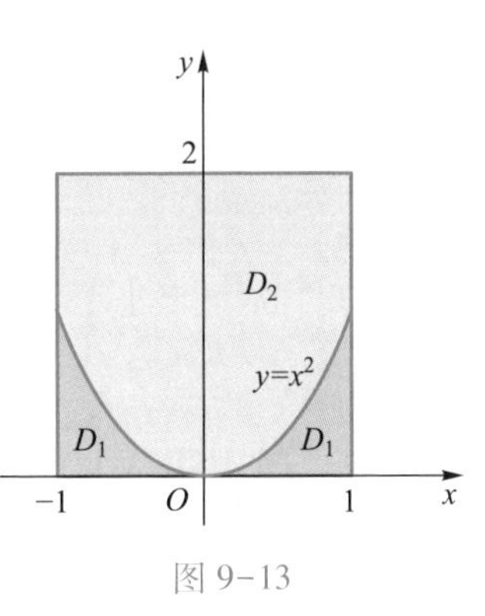

图 9-13

解 由于被积函数中含有绝对值，故应先去掉绝对值符号. 若 $y-x^2\geqslant 0$，则 $|y-x^2|=y-x^2$；若 $y-x^2\leqslant 0$，则 $|y-x^2|=x^2-y$.

令 $y-x^2=0$，得 $y=x^2$，故用 $y=x^2$ 把 D 分为 D_1, D_2 两部分（见图 9-13）.

$$\iint_D \sqrt{|y-x^2|}\,\mathrm{d}x\mathrm{d}y = \iint_{D_1} \sqrt{x^2-y}\,\mathrm{d}x\mathrm{d}y + \iint_{D_2} \sqrt{y-x^2}\,\mathrm{d}x\mathrm{d}y$$

$$= \int_{-1}^1 \mathrm{d}x \int_0^{x^2} \sqrt{x^2-y}\,\mathrm{d}y + \int_{-1}^1 \mathrm{d}x \int_{x^2}^2 \sqrt{y-x^2}\,\mathrm{d}y$$

$$= \frac{2}{3}\int_{-1}^1 (x^2)^{\frac{3}{2}}\mathrm{d}x + \frac{2}{3}\int_{-1}^1 (2-x^2)^{\frac{3}{2}}\mathrm{d}x$$

$$= \frac{4}{3}\int_0^1 x^3\mathrm{d}x + \frac{4}{3}\int_0^1 (2-x^2)^{\frac{3}{2}}\mathrm{d}x$$

$$= \frac{5}{3} + \frac{\pi}{2}.$$

例 7 设平面薄片所占闭区域 D 由抛物线 $x=y^2$ 与直线 $y=2x-1$ 围成（见图 9-14），面密度为 $\mu(x, y)=y^2$，求此薄片的质量 M.

解 根据二重积分的物理意义知

$$M = \iint_D \mu(x,y)\,\mathrm{d}\sigma.$$

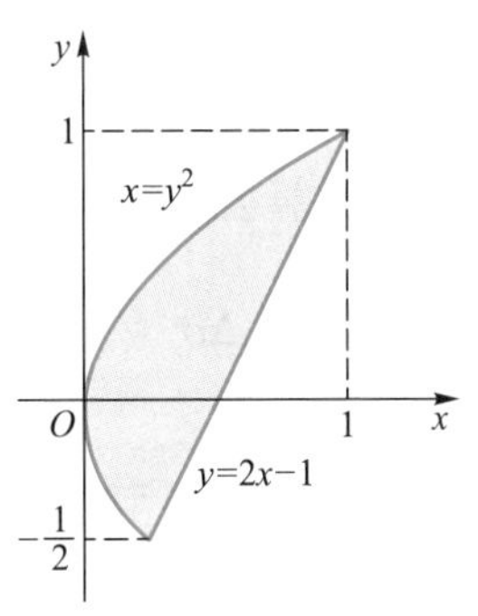

图 9-14

由$\begin{cases}x=y^2,\\y=2x-1\end{cases}$解得交点$(1,1)$与$\left(\frac{1}{4},-\frac{1}{2}\right)$,则积分区域$D$可用不等式表示为

$$y^2\leqslant x\leqslant\frac{1}{2}(y+1),\quad -\frac{1}{2}\leqslant y\leqslant 1.$$

先对x,后对y积分,得

$$M=\iint\limits_D \mu(x,y)\mathrm{d}x\mathrm{d}y=\iint\limits_D y^2\mathrm{d}x\mathrm{d}y=\int_{-\frac{1}{2}}^{1}\mathrm{d}y\int_{y^2}^{\frac{1}{2}(y+1)}y^2\mathrm{d}x$$

$$=\int_{-\frac{1}{2}}^{1}\left[\frac{1}{2}y^2(y+1)-y^4\right]\mathrm{d}y=\frac{63}{640}.$$

二、利用极坐标计算二重积分

已知平面上任一点的极坐标(ρ,θ)与直角坐标(x,y)的变换公式为

$$x=\rho\cos\theta,\quad y=\rho\sin\theta,$$

在极坐标系中,$\rho=$常数,表示以极点为圆心、以ρ为半径的圆;$\theta=$常数,表示从极点出发的射线.现在介绍利用极坐标计算二重积分的方法.

设从极点O出发且穿过闭区域D内部的射线与D的边界曲线的交点不多于两个.用一族以极点O为圆心的同心圆($\rho=$常数),和一族从极点O出发的射线($\theta=$常数),将区域D分成若干个小闭区域.除了包含边界点的一些小闭区域外,其余的小闭区域(见图9-15)由θ与$\theta+\Delta\theta$的两条射线和半径分别为ρ与$\rho+\Delta\rho$两条圆弧所围成,小区域的面积记作$\Delta\sigma$,则由扇形面积计算公式,得

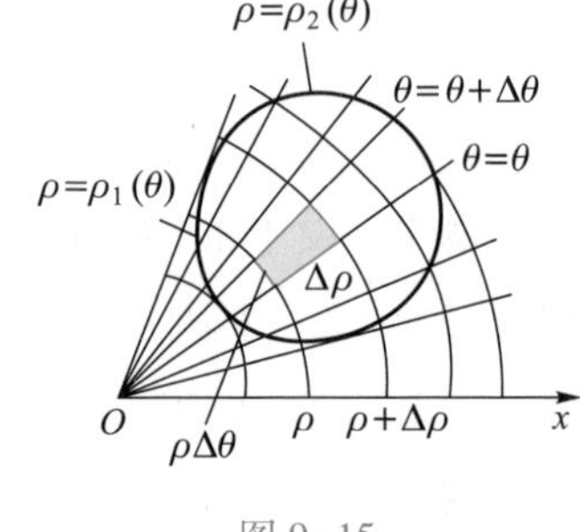

图9-15

$$\Delta\sigma=\frac{1}{2}(\rho+\Delta\rho)^2\Delta\theta-\frac{1}{2}\rho^2\Delta\theta$$

$$=\rho\Delta\rho\Delta\theta+\frac{1}{2}(\Delta\rho)^2\Delta\theta,$$

略去高阶无穷小$\frac{1}{2}(\Delta\rho)^2\Delta\theta$,得在极坐标系下的面积元素是$\mathrm{d}\sigma=\rho\mathrm{d}\rho\mathrm{d}\theta$,于是极坐标系下二重积分可记作

$$\iint_D f(x,y)\,\mathrm{d}x\mathrm{d}y=\iint_D f(\rho\cos\theta,\rho\sin\theta)\rho\mathrm{d}\rho\mathrm{d}\theta.$$

如果积分区域 D 和被积函数 $f(x,y)$ 用极坐标表示简单，如 D 为圆、圆环、圆扇形域；$f(x,y)$ 中含有 x^2+y^2，$\dfrac{y}{x}$ 等，则二重积分用极坐标计算较为方便. 具体方法如下：

利用极坐标计算二重积分

(1) 把被积表达式中的 x,y 及 $\mathrm{d}x\mathrm{d}y$ 依次换成 $\rho\cos\theta,\rho\sin\theta$ 及 $\rho\mathrm{d}\rho\mathrm{d}\theta$.

(2) 根据积分区域确定 ρ,θ 的变化范围.

(3) 化极坐标下的二重积分为二次积分并计算结果.

如果积分区域 $D_{\rho\theta}$（见图 9-16）可用不等式表示为

$$\rho_1(\theta)\leqslant\rho\leqslant\rho_2(\theta),\quad \alpha\leqslant\theta\leqslant\beta,$$

其中，$\rho_1(\theta)$，$\rho_2(\theta)$ 在 $[\alpha,\beta]$ 上连续，则

$$\iint_{D_{\rho\theta}} f(\rho\cos\theta,\rho\sin\theta)\rho\mathrm{d}\rho\mathrm{d}\theta=\int_\alpha^\beta\mathrm{d}\theta\int_{\rho_1(\theta)}^{\rho_2(\theta)} f(\rho\cos\theta,\rho\sin\theta)\rho\mathrm{d}\rho.$$

特别地，如果积分区域 $D_{\rho\theta}$ 是曲边扇形（见图 9-17），$D_{\rho\theta}$ 可用不等式

$$0\leqslant\rho\leqslant\rho(\theta),\quad \alpha\leqslant\theta\leqslant\beta$$

来表示，则

$$\iint_{D_{\rho\theta}} f(\rho\cos\theta,\rho\sin\theta)\rho\mathrm{d}\rho\mathrm{d}\theta=\int_\alpha^\beta\mathrm{d}\theta\int_0^{\rho(\theta)} f(\rho\cos\theta,\rho\sin\theta)\rho\mathrm{d}\rho.$$

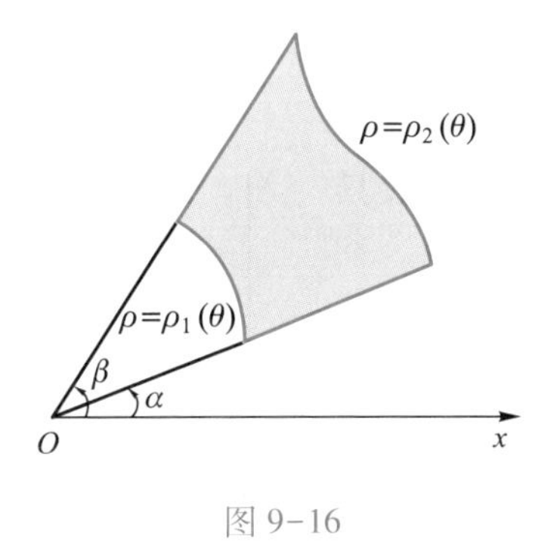

图 9-16

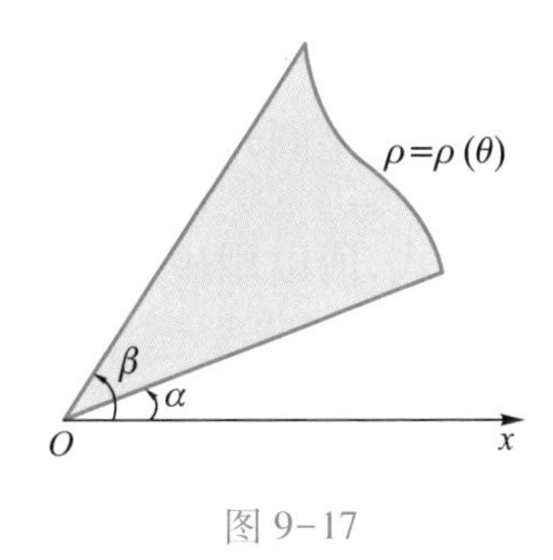

图 9-17

如果极点 O 在积分区域 $D_{\rho\theta}$ 的内部（见图 9-18），$D_{\rho\theta}$ 可用不等式

$$0\leqslant\rho\leqslant\rho(\theta),\quad 0\leqslant\theta\leqslant2\pi$$

来表示，则

$$\iint\limits_{D_{\rho\theta}} f(\rho\cos\theta,\rho\sin\theta)\rho\mathrm{d}\rho\mathrm{d}\theta=\int_0^{2\pi}\mathrm{d}\theta\int_0^{\rho(\theta)} f(\rho\cos\theta,\rho\sin\theta)\rho\mathrm{d}\rho.$$

例 8　计算 $\iint\limits_D \sqrt{a^2-x^2-y^2}\,\mathrm{d}\sigma$,其中 $D: x^2+y^2\leqslant a^2$,且 $y\geqslant 0$.

解　因为 D(见图 9-19)是圆域的一部分,且被积函数中含有 x^2+y^2 的形式,所以选用极坐标计算. D 用不等式表示为

$$0\leqslant\rho\leqslant a,\quad 0\leqslant\theta\leqslant\pi,$$

所以

$$\iint\limits_D \sqrt{a^2-x^2-y^2}\,\mathrm{d}\sigma=\iint\limits_D \sqrt{a^2-\rho^2}\,\rho\mathrm{d}\rho\mathrm{d}\theta=\int_0^{\pi}\mathrm{d}\theta\int_0^a \sqrt{a^2-\rho^2}\,\rho\mathrm{d}\rho$$

$$=-\frac{1}{2}\int_0^{\pi}\frac{2}{3}\left[(a^2-\rho^2)^{\frac{3}{2}}\right]_0^a\mathrm{d}\theta=\frac{\pi}{3}a^3.$$

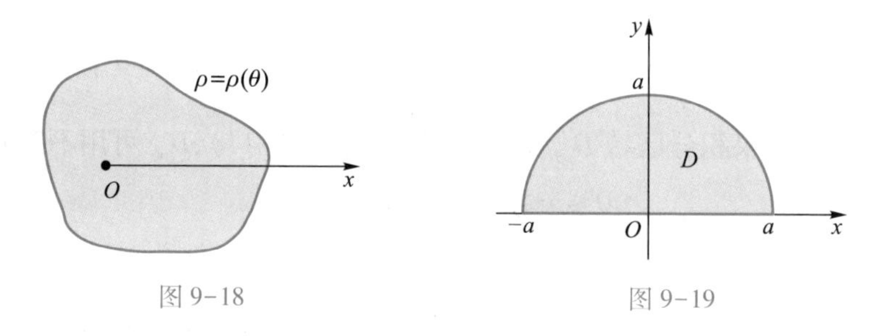

图 9-18　　图 9-19

例 9　计算 $\iint\limits_D \arctan\frac{y}{x}\mathrm{d}\sigma$,其中闭区域 D 是由 $x^2+y^2=4$, $x^2+y^2=1$, $y=0$ 及 $y=x$ 围成的位于第一象限的部分(见图 9-20).

解　因为 D 是圆环域的一部分,且被积函数具有 $f\left(\frac{y}{x}\right)$ 的形式,所以用极坐标来计算.

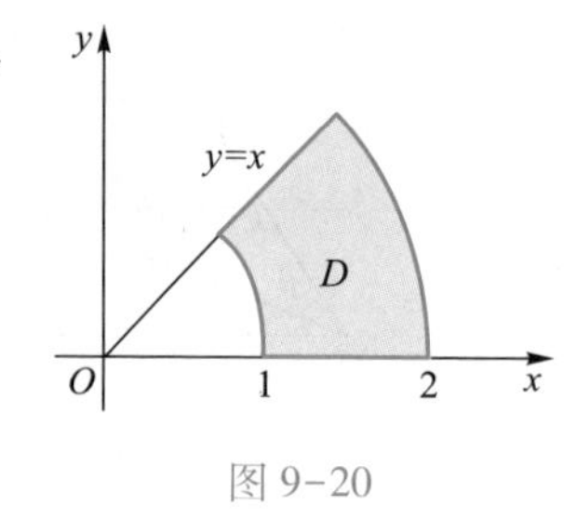

图 9-20

因为

$$D:\quad 1\leqslant\rho\leqslant 2,\quad 0\leqslant\theta\leqslant\frac{\pi}{4},$$

所以

$$\iint\limits_D \arctan\frac{y}{x}\mathrm{d}\sigma=\iint\limits_D \theta\rho\mathrm{d}\rho\mathrm{d}\theta=\int_0^{\frac{\pi}{4}}\mathrm{d}\theta\int_1^2 \theta\rho\mathrm{d}\rho$$

$$=\int_0^{\frac{\pi}{4}}\theta\mathrm{d}\theta\int_1^2\rho\mathrm{d}\rho=\frac{3}{64}\pi^2.$$

例 10　计算 $\iint\limits_D|x^2+y^2-4|\mathrm{d}x\mathrm{d}y$，其中 D 是由圆 $x^2+y^2=9$ 所围成的闭区域.

解　用曲线 $x^2+y^2=4$ 分 D 为 D_1,D_2 两个部分(见图 9-21)，因被积函数中含有 x^2+y^2 且 D 为圆域，所以选用极坐标计算，得

$$\begin{aligned}\iint\limits_D|x^2+y^2-4|\mathrm{d}x\mathrm{d}y&=\iint\limits_{D_1}[4-(x^2+y^2)]\mathrm{d}\sigma+\iint\limits_{D_2}(x^2+y^2-4)\mathrm{d}\sigma\\&=\int_0^{2\pi}\mathrm{d}\theta\int_0^2(4-\rho^2)\rho\mathrm{d}\rho+\int_0^{2\pi}\mathrm{d}\theta\int_2^3(\rho^2-4)\rho\mathrm{d}\rho\\&=\frac{41}{2}\pi.\end{aligned}$$

例 11　计算积分 $I=\int_0^{2a}\mathrm{d}y\int_{-\sqrt{2ay-y^2}}^{\sqrt{2ay-y^2}}\sqrt{x^2+y^2}\,\mathrm{d}x.$

解　积分区域 D 用不等式表示为

$$-\sqrt{2ay-y^2}\leqslant x\leqslant\sqrt{2ay-y^2},\quad 0\leqslant y\leqslant 2a$$

或

$$x^2+y^2\leqslant 2ay,\quad 0\leqslant y\leqslant 2a,$$

它是圆形区域(见图 9-22)，选用极坐标计算较方便.

$$D:\quad 0\leqslant\rho\leqslant 2a\sin\theta,\quad 0\leqslant\theta\leqslant\pi,$$

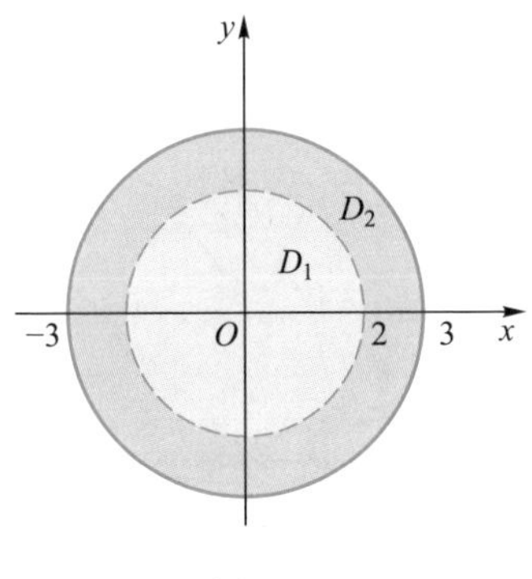

图 9-21

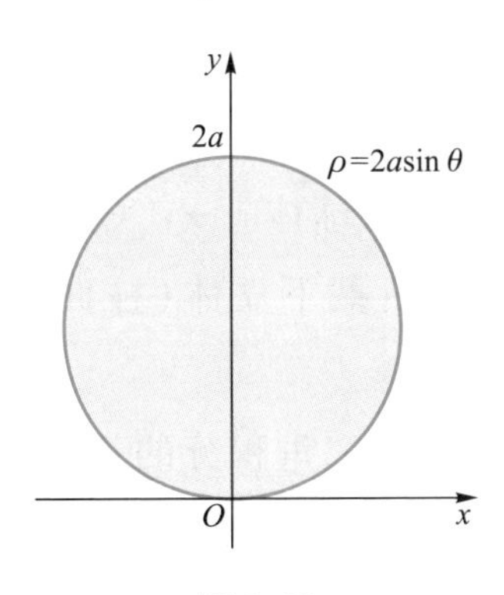

图 9-22

故

$$I=\iint_D \sqrt{x^2+y^2}\,\mathrm{d}x\mathrm{d}y=\int_0^{\pi}\mathrm{d}\theta\int_0^{2a\sin\theta}\rho^2\mathrm{d}\rho$$

$$=\frac{8}{3}a^3\int_0^{\pi}\sin^3\theta\mathrm{d}\theta=\frac{32}{9}a^3.$$

注　如果积分区域 D 是由曲线 $\rho=\rho(\theta)$ 围成的闭区域，且极点在 D 的边界曲线上，则可按下面的方法确定 θ 的变化范围：

由于在极点处 $\rho=0$，所以在一个周期内解方程 $\rho(\theta)=0$，得两个根 $\theta_1=\alpha$，$\theta_2=\beta$，不妨设 $\alpha<\beta$，于是 $\alpha\leqslant\theta\leqslant\beta$.

如例 11 中，令 $2a\sin\theta=0$，解得 $\theta_1=0,\theta_2=\pi$，故 $0\leqslant\theta\leqslant\pi$.

例 12　用二重积分计算 $I=\int_0^{+\infty}\mathrm{e}^{-x^2}\mathrm{d}x$.

解　因为

$$I^2=\int_0^{+\infty}\mathrm{e}^{-x^2}\mathrm{d}x\int_0^{+\infty}\mathrm{e}^{-y^2}\mathrm{d}y=\iint_D \mathrm{e}^{-x^2-y^2}\mathrm{d}x\mathrm{d}y,$$

其中，$D:0\leqslant x<+\infty,0\leqslant y<+\infty$，$\int_0^{+\infty}\mathrm{e}^{-x^2}\mathrm{d}x$ 存在，所以 $\iint_D \mathrm{e}^{-x^2-y^2}\mathrm{d}x\mathrm{d}y$ 也存在.

故取积分区域为：$x^2+y^2\leqslant R^2(x\geqslant 0,y\geqslant 0,R\to+\infty)$. 利用极坐标计算，得

$$I^2=\iint_D \mathrm{e}^{-x^2-y^2}\mathrm{d}x\mathrm{d}y=\lim_{R\to+\infty}\int_0^{\frac{\pi}{2}}\mathrm{d}\theta\int_0^R\rho\mathrm{e}^{-\rho^2}\mathrm{d}\rho$$

$$=\lim_{R\to+\infty}\frac{\pi}{4}(1-\mathrm{e}^{-R^2})=\frac{\pi}{4},$$

从而得
$$I=\frac{\sqrt{\pi}}{2}.$$

例 13　求球体 $x^2+y^2+z^2\leqslant R^2$ 被圆柱面 $x^2+y^2=Rx$ 所截下立体（柱面内的部分）的体积.

解　根据二重积分的几何意义，并考虑立体的对称性知所求体积等于第 I 卦限部分体积（如图 9-23）的 4 倍，即

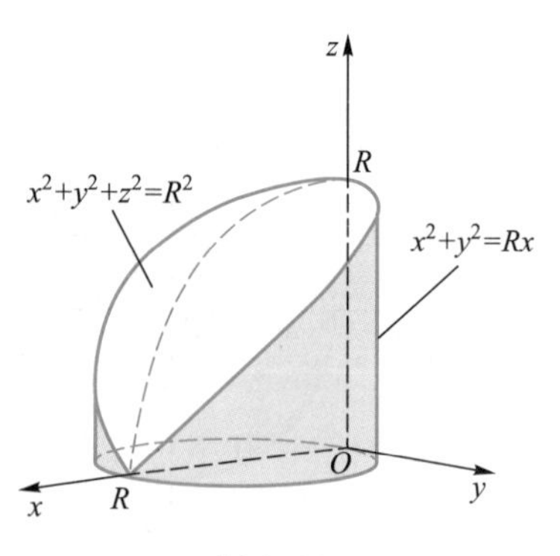

图 9-23

$$V=4\iint\limits_{D}\sqrt{R^2-x^2-y^2}\,\mathrm{d}x\mathrm{d}y,$$

其中 D 为半圆周 $y=\sqrt{Rx-x^2}$ 与 x 轴围成的闭区域. 利用极坐标计算,D 用不等式表示为

$$0\leqslant\rho\leqslant R\cos\theta,\quad 0\leqslant\theta\leqslant\frac{\pi}{2},$$

故

$$\begin{aligned}V&=4\int_0^{\frac{\pi}{2}}\mathrm{d}\theta\int_0^{R\cos\theta}\rho\sqrt{R^2-\rho^2}\,\mathrm{d}\rho=\frac{4}{3}R^3\int_0^{\frac{\pi}{2}}(1-\sin^3\theta)\,\mathrm{d}\theta\\&=\frac{4}{3}R^3\left(\frac{\pi}{2}-\frac{2}{3}\right).\end{aligned}$$

*三、二重积分的换元法

像定积分一样,对二重积分使用变量代换叫换元积分法. 目的在于简化被积函数和易于确定积分限,从而简化积分运算.

设函数 $f(x,y)$ 在闭区域 D_{xy} 上连续,对 $\iint\limits_{D_{xy}}f(x,y)\,\mathrm{d}x\mathrm{d}y$ 作变换:

$$x=x(u,v),\quad y=y(u,v),\tag{9-1}$$

其中,$x(u,v)$,$y(u,v)$ 在闭区域 D_{uv} 上具有连续偏导数,且式(9-1)的雅可比行列式为

$$J=\frac{\partial(x,y)}{\partial(u,v)}=\begin{vmatrix}x_u & x_v\\ y_u & y_v\end{vmatrix}\neq0.$$

由隐函数存在定理知,式(9-1)能唯一地确定出两个函数:

$$u=u(x,y),\quad v=v(x,y),$$

它将 D_{xy} 变成 D_{uv}(见图 9-24(a),(b)),且 D_{xy} 与 D_{uv} 中的点一一对应. 设 D_{xy} 中的 A,B,C,D 依次对应于 D_{uv} 中 A',B',C',D',注意到 A,B,C,D 各点的坐标:

$$A(x(u,v),y(u,v)),\quad B(x(u+\Delta u,v),y(u+\Delta u,v)),$$

$$C(x(u+\Delta u,v+\Delta v),y(u+\Delta u,v+\Delta v)),D(x(u,v+\Delta v),y(u,v+\Delta v)),$$

于是有

$$\overrightarrow{AB}=[x(u+\Delta u,v)-x(u,v)]\boldsymbol{i}+[y(u+\Delta u,v)-y(u,v)]\boldsymbol{j}$$
$$\approx x_u\Delta u\boldsymbol{i}+y_u\Delta u\boldsymbol{j}.$$

同理,有

$$\overrightarrow{AD}\approx x_v\Delta v\boldsymbol{i}+y_v\Delta v\boldsymbol{j}.$$

则$(\Delta\sigma_i)_{xy}$可用$|\overrightarrow{AB}\times\overrightarrow{AD}|$近似代替,即

$$(\Delta\sigma_i)_{xy}\approx|\overrightarrow{AB}\times\overrightarrow{AD}|=\left\|\begin{matrix}\boldsymbol{i} & \boldsymbol{j} & \boldsymbol{k}\\ x_u\Delta u & y_u\Delta u & 0\\ x_v\Delta v & y_v\Delta v & 0\end{matrix}\right\|$$
$$=\left\|\begin{matrix}x_u & x_v\\ y_u & y_v\end{matrix}\right\|\Delta u\Delta v=|J|(\Delta\sigma_i)_{uv},$$

故有

$$\mathrm{d}x\mathrm{d}y=|J|\mathrm{d}u\mathrm{d}v,$$
$$\iint\limits_{D_{xy}}f(x,y)\mathrm{d}x\mathrm{d}y=\iint\limits_{D_{uv}}f[x(u,v),y(u,v)]|J|\mathrm{d}u\mathrm{d}v.$$

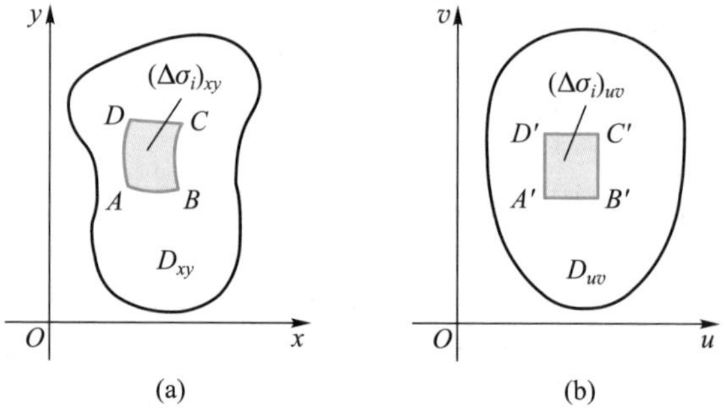

(a) (b)

图 9-24

综上所述,得

定理 3 设函数$f(x,y)$在闭区域D_{xy}上连续,变换$x=x(u,v),y=y(u,v)$将D_{xy}变成D_{uv},且满足

(1) $x(u,v),y(u,v)$在D_{uv}上具有一阶连续偏导数;

(2) 在D_{uv}上,雅可比行列式$J=\dfrac{\partial(x,y)}{\partial(u,v)}\neq 0$;

(3) 变换在 D_{xy} 与 D_{uv} 上建立了一一对应关系,

则有二重积分换元公式

$$\iint_{D_{xy}} f(x,y)\,\mathrm{d}x\mathrm{d}y=\iint_{D_{uv}} f[x(u,v),y(u,v)]\,|J|\,\mathrm{d}u\mathrm{d}v.$$

注　(1) 当 J 仅在 D_{uv} 的某些点或一条线上等于 0 时,换元公式仍适用.

(2) 换元的目的是化难为易. 要实现这一目的,关键是选取合适的变换,一般来说,变换后的区域应尽可能简单(如长方形、正方形、圆域或其他简单区域),从而化为二次积分时易于确定积分限.

例 14　计算 $\iint\limits_{D}\ln(xy)\,\mathrm{d}x\mathrm{d}y$. 其中,$D$:$x\leqslant y\leqslant 4x, 1\leqslant xy\leqslant 2, x>0$.

解　选择怎样的变换可使积分域简单呢? 从 D 的不等式可以看出,若令 $xy=u, \dfrac{y}{x}=v$,则有 D_{uv}:$1\leqslant u\leqslant 2, 1\leqslant v\leqslant 4$(见图 9-25). 这是 uv 平面上的一个长方形区域,因而上述变换是可行的.

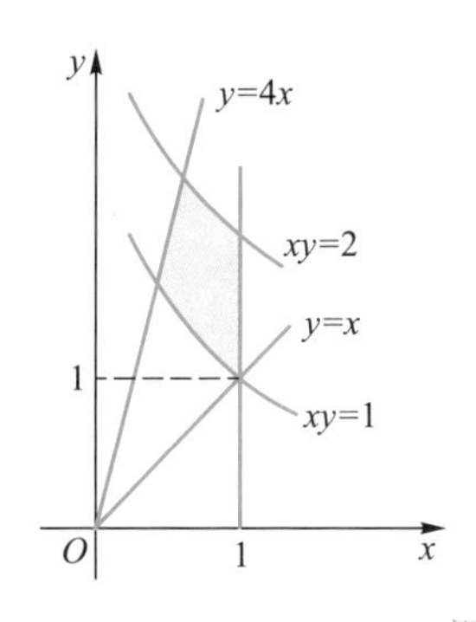

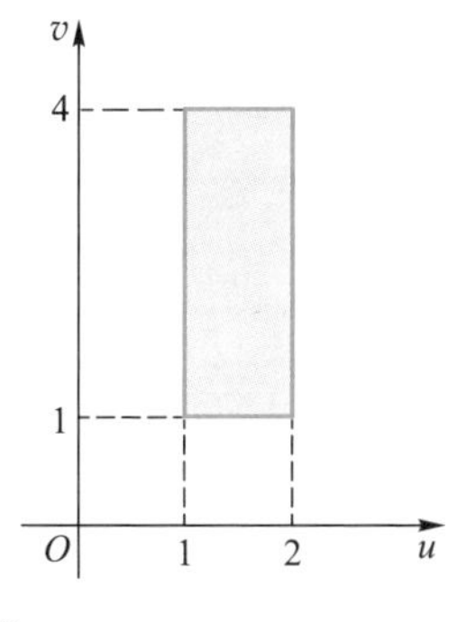

图 9-25

由 $\begin{cases}xy=u\\ \dfrac{y}{x}=v\end{cases}$,可得 $\begin{cases}x=\sqrt{\dfrac{u}{v}}\\ y=\sqrt{uv}\end{cases}$,则

$$J=\begin{vmatrix}\dfrac{1}{2\sqrt{uv}} & -\dfrac{1}{2}\sqrt{\dfrac{u}{v^3}}\\ \dfrac{1}{2}\sqrt{\dfrac{v}{u}} & \dfrac{1}{2}\sqrt{\dfrac{u}{v}}\end{vmatrix}=\frac{1}{2v},$$

故

$$\iint\limits_{D} \ln(xy)\,\mathrm{d}x\mathrm{d}y = \iint\limits_{D_{uv}} \ln u\,\frac{1}{2v}\mathrm{d}u\mathrm{d}v = \int_{1}^{2} \ln u\,\mathrm{d}u \int_{1}^{4} \frac{1}{2v}\mathrm{d}v = \ln 2(2\ln 2-1).$$

根据定理 3 易得极坐标系下二重积分的换元公式.

推论　如果二重积分 $\iint\limits_{D_{xy}} f(x,y)\,\mathrm{d}x\mathrm{d}y$ 用极坐标代换,即

$$x=\rho\cos\theta,\quad y=\rho\sin\theta,$$

对应的雅可比行列式为

$$J=\frac{\partial(x,y)}{\partial(\rho,\theta)}=\begin{vmatrix}\cos\theta & -\rho\sin\theta\\ \sin\theta & \rho\cos\theta\end{vmatrix}=\rho,$$

则有

$$\iint\limits_{D_{xy}} f(x,y)\,\mathrm{d}x\mathrm{d}y = \iint\limits_{D_{\rho\theta}} f(\rho\cos\theta,\rho\sin\theta)\rho\,\mathrm{d}\rho\mathrm{d}\theta.$$

其中,$\rho\mathrm{d}\rho\mathrm{d}\theta$ 就是极坐标系下的**面积元素**.

习题 9-2

1. 将二重积分 $\iint\limits_{D} f(x,y)\,\mathrm{d}x\mathrm{d}y$ 化为直角坐标系下的二次积分. 这里 D 分别为

(1) 以 $O(0,0)$,$A(2,1)$,$B(-2,1)$ 为顶点的三角形区域;

(2) 由 $x+y=1$,$x-y=1$ 及 $x=0$ 所围成的闭区域;

(3) 由 $y=x^2$ 及 $y=4-x^2$ 所围成的闭区域;

(4) $x^2+y^2\leqslant y$;

(5) $(x-1)^2+(y-1)^2\leqslant 1$;

(6) 由 $y-2x=0$,$2y-x=0$ 及 $xy=2$ 所围成的在第一象限中的闭区域.

2. 计算下列二重积分.

(1) $\iint\limits_{D} x\mathrm{e}^{xy}\,\mathrm{d}x\mathrm{d}y$,其中 D:$0\leqslant x\leqslant 1$,$-1\leqslant y\leqslant 0$;

(2) $\iint\limits_D \cos(x+y)\mathrm{d}x\mathrm{d}y$,其中 D 是由直线 $x=0, y=\pi$ 及 $y=x$ 所围成的闭区域;

(3) $\iint\limits_D (x^2+y^2)\mathrm{d}x\mathrm{d}y$,其中 D 是由直线 $y=x, y=x+a, y=a$ 及 $y=3a(a>0)$ 所围成的闭区域;

(4) $\iint\limits_D \frac{x}{y}\mathrm{d}x\mathrm{d}y$,其中 D 是由直线 $y=1, x=2$ 及抛物线 $y=x^2$ 所围成的闭区域;

(5) $\iint\limits_D \frac{\sin y}{y}\mathrm{d}x\mathrm{d}y$,其中 D 是由直线 $y=x$ 及抛物线 $y^2=x$ 所围成的闭区域;

(6) $\iint\limits_D x^2\mathrm{e}^{-y^2}\mathrm{d}x\mathrm{d}y$,其中 D 是由直线 $x=0, y=1$ 及 $y=x$ 所围成的闭区域;

(7) $\iint\limits_D xy\mathrm{d}x\mathrm{d}y$,其中 D 是由抛物线 $y=x^2$ 及 $x=y^2$ 所围成的闭区域;

(8) $\iint\limits_D (|x|+|y|)\mathrm{d}x\mathrm{d}y$,其中 D:$|x|+|y|\leqslant 1$.

3. 交换下列积分次序.

(1) $\int_1^{\mathrm{e}}\mathrm{d}x\int_0^{\ln x}f(x,y)\mathrm{d}y$;

(2) $\int_{-6}^{2}\mathrm{d}x\int_{\frac{1}{4}x^2-1}^{2-x}f(x,y)\mathrm{d}y$;

(3) $\int_0^{a}\mathrm{d}x\int_{\sqrt{2ax-x^2}}^{\sqrt{2ax}}f(x,y)\mathrm{d}y(a>0)$;

(4) $\int_0^{1}\mathrm{d}x\int_0^{x^2}f(x,y)\mathrm{d}y+\int_1^{3}\mathrm{d}x\int_0^{\frac{1}{2}(3-x)}f(x,y)\mathrm{d}y$.

4. 如果 $f(x,y)$ 在定义域中是连续的,证明:

$$\int_a^b\mathrm{d}x\int_a^x f(x,y)\mathrm{d}y=\int_a^b\mathrm{d}y\int_y^b f(x,y)\mathrm{d}x.$$

5. 设 $f(x)$ 是闭区间 $[a,b]$ 上的连续函数,则不等式

$$\left[\int_a^b f(x)\mathrm{d}x\right]^2\leqslant(b-a)\int_a^b f^2(x)\mathrm{d}x$$

成立,等号当且仅当 $f(x)$ 为常数时成立.

6. 计算下列二重积分.

(1) $\iint\limits_D \mathrm{e}^{-(x^2+y^2)}\mathrm{d}x\mathrm{d}y$,其中 D 是由单位圆 $x^2+y^2=1$ 所围成的闭区域;

（2）$\iint\limits_D \ln(1+x^2+y^2)\mathrm{d}x\mathrm{d}y$，其中 D：$x^2+y^2\leqslant 1, x\geqslant 0, y\geqslant 0$；

（3）$\iint\limits_D \sin\sqrt{x^2+y^2}\,\mathrm{d}x\mathrm{d}y$，其中 D 是圆环域：$\pi^2\leqslant x^2+y^2\leqslant 4\pi^2$；

（4）$\iint\limits_D \sqrt{x^2+y^2}\,\mathrm{d}x\mathrm{d}y$，其中 D 是由圆 $x^2+y^2=1$ 与 $x^2+y^2=2x$ 所围成的公共部分闭区域；

（5）$\iint\limits_D (x^2+y^2)\mathrm{d}x\mathrm{d}y$，其中 D 是由 $y=0, y=x+1$ 及 $y=\sqrt{1-x^2}$ 所围成的闭区域；

（6）$\iint\limits_D |x^2+y^2-1|\mathrm{d}x\mathrm{d}y$，其中 D 是由圆 $x^2+y^2=4$ 所围成的闭区域.

7. 用二重积分计算由下列曲线所围成的平面区域的面积.

（1）$y=x^2-2x, y=x$；

（2）$y=\sqrt{2x-x^2}, x=\sqrt{2y-y^2}$；

（3）$xy=a^2, xy=2a^2, y=x, y=2x(x>0, y>0)$；

（4）$\rho=a(1-\cos\theta)$ 与 $\rho=a(a>0)$ 所围成的圆外部分；

（5）$\rho^2=2a\cos 2\theta$（双纽线）.

8. 利用二重积分求下列各曲面所围成的空间闭区域的体积（$a>0$）.

（1）坐标平面，$x+y=1, z=x^2+y^2$；

（2）$x^2+y^2=a^2, x^2+z^2=a^2$；

（3）$z=x^2+2y^2, z=6-2x^2-y^2$；

（4）球面 $x^2+y^2+z^2=a^2$，柱面 $x^2+y^2=ax$（公共部分）.

9. 利用二重积分换元法计算 $\iint\limits_D \left(\frac{x^2}{a^2}+\frac{y^2}{b^2}\right)\mathrm{d}x\mathrm{d}y$，其中 D：$\frac{x^2}{a^2}+\frac{y^2}{b^2}\leqslant 1$.

第三节 三重积分的概念与性质

一、引例

设空间某物体占有闭区域 Ω，它在点 (x,y,z) 处的密度为 $\mu(x,y,z)$，

$\mu(x,y,z)>0$ 且在 Ω 上连续. 计算物体的质量 m.

如果物体是均匀的,即密度是常数,则物体的质量可用公式

$$质量=密度\times体积$$

来计算. 这里密度 $\mu(x,y,z)$ 是变量,物体的质量就不能直接用上面的公式来计算,可以采用计算平面薄片的质量的方法来解决这个问题.

(1) 分割:将空间闭区域 Ω 任意分割成 n 个小闭区域

$$\Delta v_1, \Delta v_2, \cdots, \Delta v_n,$$

这些小闭区域的体积也用 $\Delta v_i(i=1,2,\cdots,n)$ 来表示.

(2) 近似替代:当各小闭区域 Δv_i 的直径很小时,由于 $\mu(x,y,z)$ 连续,小闭区域上各点处的密度 $\mu(x,y,z)$ 变化不大. 因此,小闭区域可近似看成均匀物体. 在小闭区域 Δv_i 上任取一点 (ξ_i,η_i,ζ_i),该点处的密度为 $\mu(\xi_i,\eta_i,\zeta_i)$,于是第 i 块小均匀物体的质量为

$$\Delta m_i \approx \mu(\xi_i,\eta_i,\zeta_i)\Delta v_i, \quad i=1,2,\cdots,n.$$

(3) 求和:物体的质量近似值为

$$m=\sum_{i=1}^{n}\Delta m_i \approx \sum_{i=1}^{n}\mu(\xi_i,\eta_i,\zeta_i)\Delta v_i.$$

(4) 取极限:用 λ 表示 n 个小闭区域的直径的最大值,则

$$m=\lim_{\lambda\to 0}\sum_{i=1}^{n}\mu(\xi_i,\eta_i,\zeta_i)\Delta v_i.$$

像上面这种和式的极限在许多问题中都会遇到,为此抛开它的物理意义给出三重积分的定义.

二、三重积分的概念

定义 设 $f(x,y,z)$ 是空间有界闭区域 Ω 上的有界函数,

(1) 将 Ω 任意分割成 n 个小闭区域

$$\Delta v_1, \Delta v_2, \cdots, \Delta v_n,$$

其中,$\Delta v_i(i=1,2,\cdots,n)$ 也表示第 i 个小闭区域的体积.

(2) 在 Δv_i 上任取一点 (ξ_i,η_i,ζ_i),作乘积 $f(\xi_i,\eta_i,\zeta_i)\Delta v_i$.

(3) 求和,得 $\sum_{i=1}^{n} f(\xi_i,\eta_i,\zeta_i)\Delta v_i$.

(4) 记 n 个小闭区域的直径的最大值为 λ,如果不论对 Ω 怎样的分割,也不论点 (ξ_i,η_i,ζ_i) 在 Δv_i 上怎样的取法,极限 $\lim\limits_{\lambda\to 0}\sum_{i=1}^{n} f(\xi_i,\eta_i,\zeta_i)\Delta v_i$ 总存在,则称此极限为函数 $f(x,y,z)$ 在闭区域 Ω 上的**三重积分**(triple integral),记为 $\iiint\limits_{\Omega} f(x,y,z)\,\mathrm{d}v$,即

三重积分的概念和性质

$$\iiint\limits_{\Omega} f(x,y,z)\,\mathrm{d}v=\lim_{\lambda\to 0}\sum_{i=1}^{n} f(\xi_i,\eta_i,\zeta_i)\Delta v_i,$$

其中,$\iiint$ 称为三重积分的**积分号**,Ω 称为**积分区域**,$f(x,y,z)$ 称为**被积函数**,$f(x,y,z)\mathrm{d}v$ 称为**被积表达式**,$\mathrm{d}v$ 称为**体积元素**(volume element).

由三重积分的定义可知,引例中的空间物体的质量可用三重积分表示为

$$m=\iiint\limits_{\Omega}\mu(x,y,z)\,\mathrm{d}v.$$

在直角坐标系中,如果用平行于坐标面的平面分割 Ω,则除了包含 Ω 的边界点的一些不规则的小闭区域外,得到的 Δv_i 都是小长方体(见图 9-26),设小长方体的边长分别为 $\Delta x_i,\Delta y_i,\Delta z_i$,则其体积为

$$\Delta v_i=\Delta x_i\Delta y_i\Delta z_i.$$

于是在直角坐标系中,有时把体积元素记作 $\mathrm{d}v=\mathrm{d}x\mathrm{d}y\mathrm{d}z$,从而把三重积分记作

$$\iiint\limits_{\Omega} f(x,y,z)\,\mathrm{d}v=\iiint\limits_{\Omega} f(x,y,z)\,\mathrm{d}x\mathrm{d}y\mathrm{d}z.$$

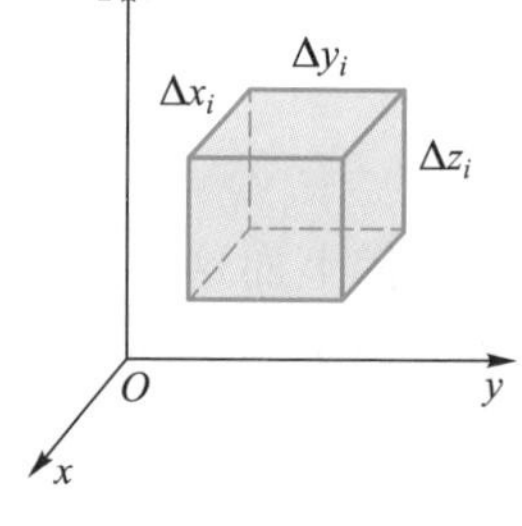

图 9-26

三重积分存在定理 如果函数 $f(x,y,z)$ 在空间有界闭区域 Ω 上连续,则函数 $f(x,y,z)$ 在 Ω 上的三重积分存在.

以后如果不特别说明,总假定遇到的三重积分都是存在的.

三、三重积分的性质

比较二重积分与三重积分的定义,不难得到三重积分有与二重积分类似

的性质. 现叙述如下.

性质 1　如果在闭区域 Ω 上,$f(x,y,z)\equiv 1$,V 为 Ω 的体积,则

$$\iiint_{\Omega} 1\mathrm{d}v=\iiint_{\Omega}\mathrm{d}v=V.$$

这个性质的几何意义是明显的,即密度为 1 的物体的质量在数值上就等于物体的体积.

性质 2(线性性质)

$$\iiint_{\Omega}[k_1 f_1(x,y,z)+k_2 f_2(x,y,z)]\mathrm{d}v=k_1\iiint_{\Omega} f_1(x,y,z)\mathrm{d}v+k_2\iiint_{\Omega} f_2(x,y,z)\mathrm{d}v,$$

其中,k_1,k_2 是常数.

注　(1) 特别地,当 $k_2=0$ 时,有

$$\iiint_{\Omega} k_1 f_1(x,y,z)\mathrm{d}v=k_1\iiint_{\Omega} f_1(x,y,z)\mathrm{d}v.$$

当 $k_1=1,k_2=\pm 1$ 时,有

$$\iiint_{\Omega}[f_1(x,y,z)\pm f_2(x,y,z)]\mathrm{d}v=\iiint_{\Omega} f_1(x,y,z)\mathrm{d}v\pm\iiint_{\Omega} f_2(x,y,z)\mathrm{d}v.$$

性质 2 表明,两个函数的和(差)的三重积分等于三重积分的和(差);被积函数中含有常数,则常数可以提到积分符号外面.

(2) 线性性质可推广到有限个函数的情形,即有限个函数线性组合的三重积分等于它们的三重积分的线性组合.

性质 3(可加性)　若闭区域 Ω 可分成两个闭区域 Ω_1,Ω_2,记为 $\Omega=\Omega_1+\Omega_2$,则

$$\iiint_{\Omega} f(x,y,z)\mathrm{d}v=\iiint_{\Omega_1} f(x,y,z)\mathrm{d}v+\iiint_{\Omega_2} f(x,y,z)\mathrm{d}v.$$

性质 4(积分不等式)　如果 $\forall (x,y,z)\in\Omega$,有 $f(x,y,z)\geqslant 0$,则

$$\iiint_{\Omega} f(x,y,z)\mathrm{d}v\geqslant 0.$$

推论 1(比较性质)　如果在闭区域 Ω 上,有 $f(x,y,z)\leqslant g(x,y,z)$,则

$$\iiint_{\Omega} f(x,y,z)\mathrm{d}v\leqslant\iiint_{\Omega} g(x,y,z)\mathrm{d}v.$$

推论 2　$\left|\iiint\limits_{\Omega} f(x,y,z)\mathrm{d}v\right| \leqslant \iiint\limits_{\Omega} |f(x,y,z)|\mathrm{d}v.$

推论 3(估值不等式)　设 M,m 分别是函数 $f(x,y,z)$ 在闭区域 Ω 上的最大值与最小值,即 $\forall (x,y,z)\in\Omega, m\leqslant f(x,y,z)\leqslant M$,$V$ 是 Ω 的体积,则

$$mV\leqslant \iiint\limits_{\Omega} f(x,y,z)\mathrm{d}v\leqslant MV.$$

性质 5(三重积分中值定理)　如果函数 $f(x,y,z)$ 在有界闭区域 Ω 上连续,则在 Ω 上至少存在一点 (ξ,η,ζ),使得

$$\iiint\limits_{\Omega} f(x,y,z)\mathrm{d}v=f(\xi,\eta,\zeta)V.$$

性质 6(对称性)　设积分区域 Ω 关于坐标面 $x=0$(即 yOz 面)对称.

(1) 如果 $f(x,y,z)$ 是关于 x 的奇函数,即 $f(-x,y,z)=-f(x,y,z)$,则

$$\iiint\limits_{\Omega} f(x,y,z)\mathrm{d}v=0.$$

(2) 如果 $f(x,y,z)$ 是关于 x 的偶函数,即 $f(-x,y,z)=f(x,y,z)$,则

$$\iiint\limits_{\Omega} f(x,y,z)\mathrm{d}v=2\iiint\limits_{\Omega^+} f(x,y,z)\mathrm{d}v,$$

其中,$\Omega^+=\{(x,y,z)\mid(x,y,z)\in\Omega,且\ x\geqslant 0\}$.

当 Ω 关于其他坐标面对称时,也有类似的性质. 请读者自己叙述.

习题 9-3

1. 证明三重积分的下列性质(其中 Ω 是空间的界闭区域,其体积为 V):

(1) $\iiint\limits_{\Omega}\mathrm{d}v=V$;

(2) 设在 Ω 上,有 $m\leqslant f(x,y,z)\leqslant M$,则

$$mV\leqslant \iiint\limits_{\Omega} f(x,y,z)\mathrm{d}v\leqslant MV;$$

(3) 设 $f(x,y,z)$ 在 Ω 上连续,则至少存在一点 $(\xi,\eta,\zeta)\in\Omega$,使

$$\iiint_{\Omega} f(x,y,z)\,\mathrm{d}v = f(\xi,\eta,\zeta)V.$$

2. 设闭区域 Ω 为球体 $x^2+y^2+z^2\leqslant R^2$,试利用对称性质求下列三重积分的值.

(1) $\iiint\limits_{\Omega} x^2y^3z^2\mathrm{d}v$;　　(2) $\iiint\limits_{\Omega} x^3y^2z\mathrm{d}v$;

(3) $\iiint\limits_{\Omega} x\sqrt{R^2-x^2}\,\mathrm{d}v$;　　(4) $\iiint\limits_{\Omega} z^5\sqrt{R^2-z^2}\,\mathrm{d}v$.

第四节　三重积分的计算

计算三重积分的基本方法是将三重积分化为三次积分来计算. 首先介绍利用直角坐标计算三重积分的方法,然后介绍三重积分的换元法,最后介绍利用柱面坐标和球面坐标计算三重积分的方法.

一、利用直角坐标计算三重积分

现在介绍把三重积分化为三次积分的方法.

1. 投影法(先一后二法)

如果平行于 z 轴且穿过闭区域 Ω 内部的直线与闭区域 Ω 的边界曲面 Σ 的交点不多于两个,则这种区域称为**上下型区域**(见图 9-27).

将 Ω 投影到 xOy 面上,得平面闭区域 D_{xy}. 以 D_{xy} 的边界曲线为准线而母线平行于 z 轴的柱面与曲面 Σ 的交线把 Σ 分成至少两个部分,其中上、下两部分的方程分别为

$$\Sigma_1: z=z_1(x,y),\quad \Sigma_2: z=z_2(x,y),$$

其中,$z_1(x,y)$,$z_2(x,y)$ 都在 D_{xy} 上连续,且 $z_1(x,y)\leqslant z_2(x,y)$.

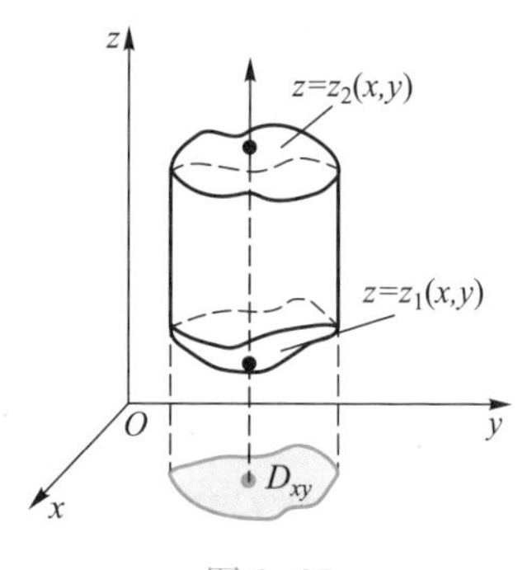

图 9-27

过 D_{xy} 内任意一点 (x,y) 作平行于 z 轴的直

线，这直线通过曲面 Σ_1 穿入 Ω 内，然后通过曲面 Σ_2 穿出 Ω 外，穿入点与穿出点的竖坐标分别为 $z_1(x,y)$ 与 $z_2(x,y)$. 于是积分区域 Ω 就可表示为

$$\Omega=\{(x,y,z)\mid z_1(x,y)\leqslant z\leqslant z_2(x,y),(x,y)\in D_{xy}\},$$

则三重积分化为

$$\iiint\limits_{\Omega} f(x,y,z)\,\mathrm{d}x\mathrm{d}y\mathrm{d}z=\iint\limits_{D_{xy}}\left[\int_{z_1(x,y)}^{z_2(x,y)} f(x,y,z)\,\mathrm{d}z\right]\mathrm{d}x\mathrm{d}y$$

$$=\iint\limits_{D_{xy}}\mathrm{d}x\mathrm{d}y\int_{z_1(x,y)}^{z_2(x,y)} f(x,y,z)\,\mathrm{d}z.$$

当计算 $\int_{z_1(x,y)}^{z_2(x,y)} f(x,y,z)\,\mathrm{d}z$ 时，将 x,y 看作常数而对 z 积分，计算出它后三重积分变为闭区域 D_{xy} 上的二重积分.

如果闭区域 D_{xy} 可表示为

$$y_1(x)\leqslant y\leqslant y_2(x),\quad a\leqslant x\leqslant b,$$

则三重积分就可化为先对 z，次对 y，最后对 x 的三次积分：

$$\iiint\limits_{\Omega} f(x,y,z)\,\mathrm{d}x\mathrm{d}y\mathrm{d}z=\int_a^b \mathrm{d}x\int_{y_1(x)}^{y_2(x)}\mathrm{d}y\int_{z_1(x,y)}^{z_2(x,y)} f(x,y,z)\,\mathrm{d}z.$$

利用直角坐标计算三重积分

当积分区域 Ω 是**左右型区域**（如图 9-28 所示，特点是平行于 y 轴且穿过闭区域 Ω 内部的直线与闭区域 Ω 的边界曲面 Σ 的交点不多于两个）时，三重积分可化为

$$\iiint\limits_{\Omega} f(x,y,z)\,\mathrm{d}x\mathrm{d}y\mathrm{d}z=\iint\limits_{D_{zx}}\mathrm{d}x\mathrm{d}z\int_{y_1(x,z)}^{y_2(x,z)} f(x,y,z)\,\mathrm{d}y$$

来计算，其中，D_{zx} 是 Ω 在 zOx 面上的投影区域.

当积分区域 Ω 是**前后型区域**（如图 9-29 所示，特点是平行于 x 轴且穿过闭区域 Ω 内部的直线与闭区域 Ω 的边界曲面 Σ 的交点不多于两个）时，三重积分可化为

$$\iiint\limits_{\Omega} f(x,y,z)\,\mathrm{d}x\mathrm{d}y\mathrm{d}z=\iint\limits_{D_{yz}}\mathrm{d}y\mathrm{d}z\int_{x_1(y,z)}^{x_2(y,z)} f(x,y,z)\,\mathrm{d}x$$

来计算，其中，D_{yz} 是 Ω 在 yOz 面上的投影区域.

当 Ω 既不是上下型区域、左右型区域，也不是前后型区域时，可用平行于坐标面的平面把 Ω 分为有限个闭区域，使每一个闭区域都属于上述三种

类型之一，然后利用三重积分的可加性来计算.

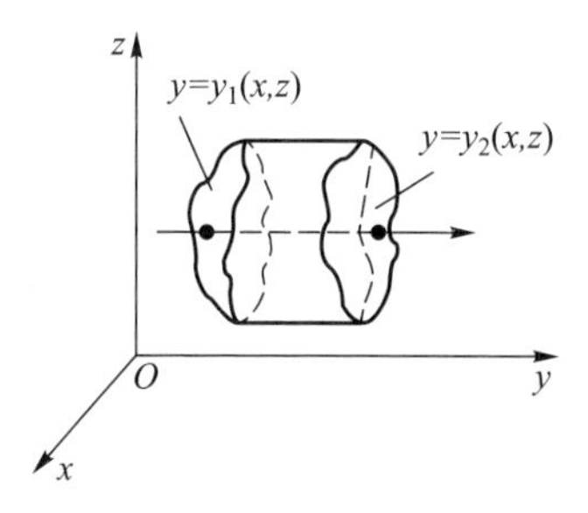

图 9-28

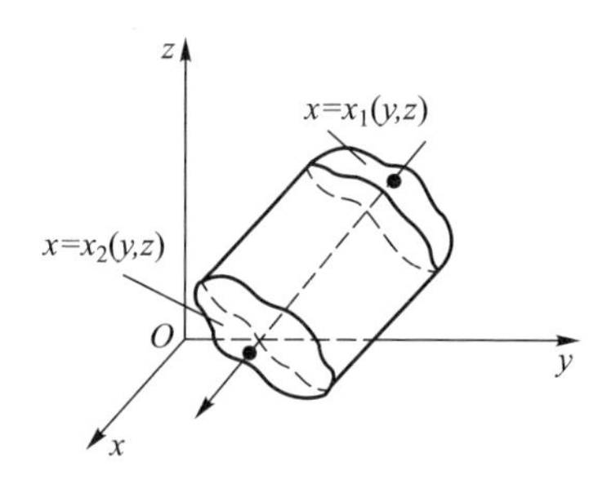

图 9-29

例 1　计算三重积分

$$\iiint\limits_{\Omega} x\mathrm{d}x\mathrm{d}y\mathrm{d}z,$$

其中，Ω 是由平面 $x+y+z=1$ 及三个坐标面所围成的空间闭区域.

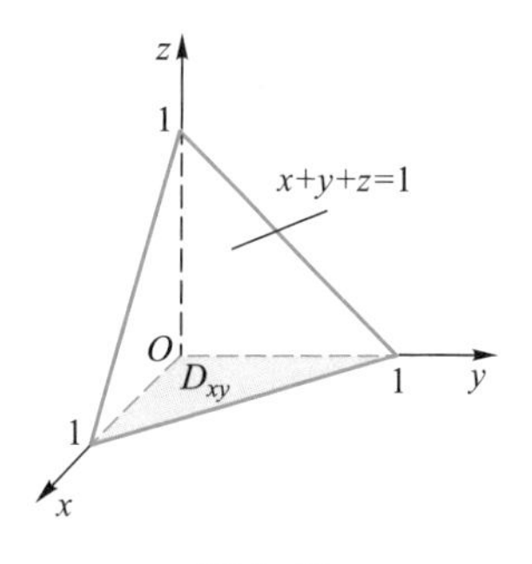

图 9-30

解　积分区域 Ω 既是上下型、左右型、也是前后型区域（见图 9-30），不妨把它看成上下型区域，Ω 在 xOy 面上的投影区域为

$$D_{xy}=\{(x,y)\mid 0\leqslant y\leqslant 1-x,\quad 0\leqslant x\leqslant 1\},$$

于是 Ω 可表示为

$$0\leqslant z\leqslant 1-x-y,\quad 0\leqslant y\leqslant 1-x,\quad 0\leqslant x\leqslant 1,$$

故

$$\begin{aligned}\iiint\limits_{\Omega} x\mathrm{d}x\mathrm{d}y\mathrm{d}z &= \iint\limits_{D_{xy}}\mathrm{d}x\mathrm{d}y\int_0^{1-x-y}x\mathrm{d}z=\int_0^1\mathrm{d}x\int_0^{1-x}\mathrm{d}y\int_0^{1-x-y}x\mathrm{d}z\\ &=\int_0^1 x\mathrm{d}x\int_0^{1-x}(1-x-y)\mathrm{d}y=\frac{1}{2}\int_0^1(x-2x^2+x^3)\mathrm{d}x\\ &=\frac{1}{24}.\end{aligned}$$

例 2　计算 $\iiint\limits_{\Omega} y\mathrm{d}v$，其中 Ω 是由半球面 $y=-\sqrt{1-x^2-z^2}$，柱面 $x^2+z^2=1$ 及平面 $y=1$ 所围成的闭区域.

解　这里 Ω 是左右型区域(见图 9-31),Ω 在 zOx 面上的投影区域为 $D_{zx}:x^2+z^2\leqslant 1$,故有

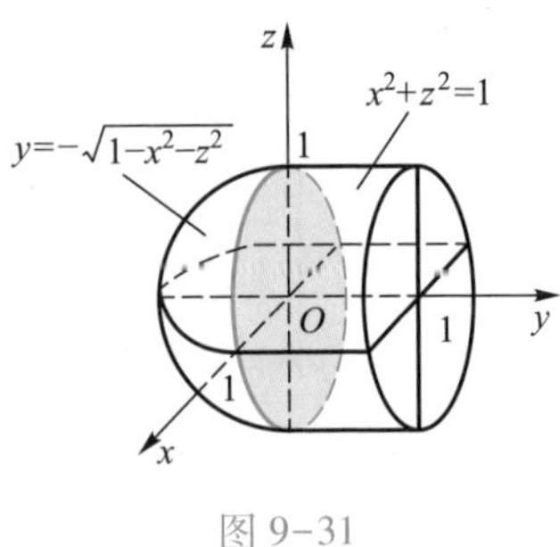

图 9-31

$$\iiint\limits_{\Omega} y\mathrm{d}v = \iint\limits_{D_{zx}} \mathrm{d}x\mathrm{d}z \int_{-\sqrt{1-x^2-z^2}}^{1} y\mathrm{d}y$$

$$=\frac{1}{2}\iint\limits_{D_{zx}}(x^2+z^2)\mathrm{d}x\mathrm{d}z$$

$$=\frac{1}{2}\int_0^{2\pi}\mathrm{d}\theta\int_0^1\rho^3\mathrm{d}\rho=\frac{\pi}{4}.$$

2. 截面法(先二后一法)

计算三重积分也可以采用先计算一个二重积分,再计算一个定积分的方法.

设 Ω 位于两平行平面 $z=a$ 及 $z=b$ 之间(见图 9-32),在区间 $[a,b]$ 内任取 z,过点 z 作垂直于 z 轴的平面,设截面为 D_z,则区域 Ω 可表示为

$$\Omega=\{(x,y,z)\mid(x,y)\in D_z,a\leqslant z\leqslant b\},$$

于是三重积分化为

$$\iiint\limits_{\Omega} f(x,y,z)\mathrm{d}x\mathrm{d}y\mathrm{d}z=\int_a^b\mathrm{d}z\iint\limits_{D_z}f(x,y,z)\mathrm{d}x\mathrm{d}y.$$

这就是计算三重积分的**截面法(先二后一法)**.

当被积函数 $f(x,y,z)$ 仅与变量 z 有关,且截面 D_z 的面积易知时,适合用上面的公式计算三重积分.

例 3　计算 $\iiint\limits_{\Omega} z^2\mathrm{d}x\mathrm{d}y\mathrm{d}z$,其中 Ω 为椭球体 $\frac{x^2}{a^2}+\frac{y^2}{b^2}+\frac{z^2}{c^2}\leqslant 1$(见图 9-33).

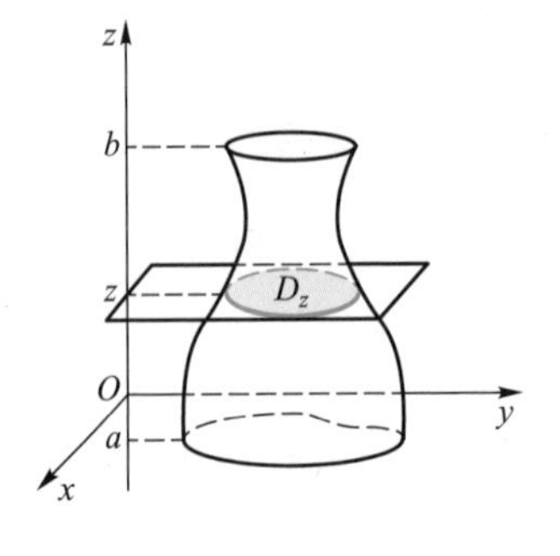

图 9-32

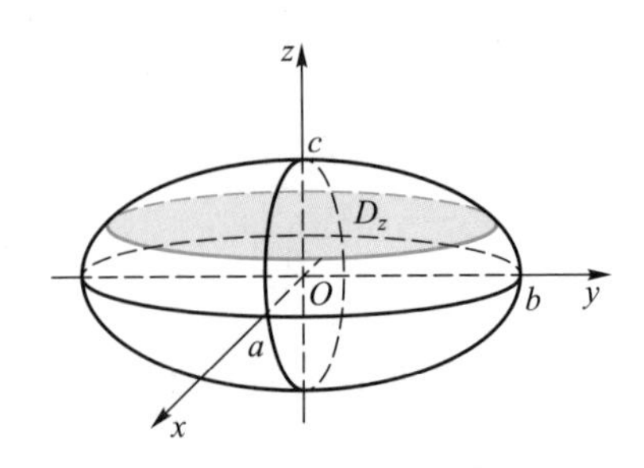

图 9-33

解　Ω 可表示为

$$\Omega=\left\{(x,y,z)\ \middle|\ \frac{x^2}{a^2}+\frac{y^2}{b^2}\leqslant 1-\frac{z^2}{c^2},-c\leqslant z\leqslant c\right\},$$

故
$$\iiint_{\Omega} z^2\mathrm{d}x\mathrm{d}y\mathrm{d}z=\int_{-c}^{c} z^2\mathrm{d}z\iint_{D_z}\mathrm{d}x\mathrm{d}y=\pi ab\int_{-c}^{c} z^2\left(1-\frac{z^2}{c^2}\right)\mathrm{d}z=\frac{4}{15}\pi abc^3,$$

其中，$\iint_{D_z}\mathrm{d}x\mathrm{d}y$ 表示椭圆$\frac{x^2}{a^2}+\frac{y^2}{b^2}=1-\frac{z^2}{c^2}$的面积，其值为

$$\pi\left(a\sqrt{1-\frac{z^2}{c^2}}\right)\left(b\sqrt{1-\frac{z^2}{c^2}}\right)=\pi ab\left(1-\frac{z^2}{c^2}\right).$$

二、三重积分的换元法

像二重积分一样，三重积分也有换元公式.

定理　设$f(x,y,z)$在有界闭区域 Ω 上连续，变换

$$x=x(u,v,w),\quad y=y(u,v,w),\quad z=z(u,v,w)$$

将 $Oxyz$ 空间的闭区域 Ω 变成 $Ouvw$ 空间的闭区域 Ω'，且满足

（1）$x=x(u,v,w),y=y(u,v,w),z=z(u,v,w)$ 在 Ω' 上具有一阶连续偏导数；

（2）雅可比行列式在 Ω' 上不等于 0，即

$$J=\frac{\partial(x,y,z)}{\partial(u,v,w)}=\begin{vmatrix}\frac{\partial x}{\partial u} & \frac{\partial x}{\partial v} & \frac{\partial x}{\partial w}\\ \frac{\partial y}{\partial u} & \frac{\partial y}{\partial v} & \frac{\partial y}{\partial w}\\ \frac{\partial z}{\partial u} & \frac{\partial z}{\partial v} & \frac{\partial z}{\partial w}\end{vmatrix}\neq 0;$$

（3）变换在 Ω 与 Ω'之间建立了一一对应关系，则三重积分有换元公式

$$\iiint_{\Omega} f(x,y,z)\mathrm{d}v=\iiint_{\Omega'} f[x(u,v,w),y(u,v,w),z(u,v,w)]|J|\mathrm{d}u\mathrm{d}v\mathrm{d}w.$$

定理的证明略.

当雅可比行列式仅在 Ω 的个别点或某条曲线、某片曲面上等于 0 时，三

重积分换元公式同样适合.

下面介绍三重积分在柱面坐标下的计算方法.

三、利用柱面坐标计算三重积分

设 $M(x,y,z)$ 为空间内一点,并设点 M 在 xOy 面上的投影点 P 的极坐标为 (ρ,θ),则三个数 ρ,θ,z 叫做点 M 的**柱面坐标**(见图 9-34). 这里规定 ρ,θ,z 的取值范围是

$$0\leqslant\rho<+\infty,\quad 0\leqslant\theta\leqslant 2\pi,\quad -\infty<z<+\infty$$

三组坐标面分别为

$\rho=$常数,表示母线平行于 z 轴且与 z 轴的距离等于 ρ 的圆柱面;

$\theta=$常数,表示过 z 轴且与 zOx 面夹角为 θ 的半平面;

$z=$常数,表示平行于 xOy 面的平面.

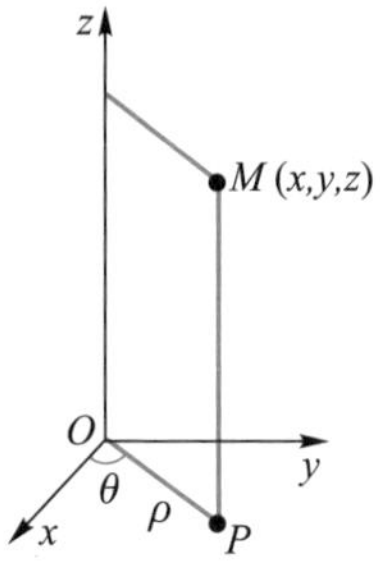

图 9-34

显然,点 M 的直角坐标与柱面坐标的关系为

$$\begin{cases} x=\rho\cos\theta, \\ y=\rho\sin\theta, \\ z=z. \end{cases}$$

此时,根据定理,可得雅可比行列式为

$$J=\frac{\partial(x,y,z)}{\partial(\rho,\theta,z)}=\begin{vmatrix} \cos\theta & -\rho\sin\theta & 0 \\ \sin\theta & \rho\cos\theta & 0 \\ 0 & 0 & 1 \end{vmatrix}=\rho.$$

于是,在**柱面坐标下三重积分的换元公式为**

$$\iiint\limits_{\Omega} f(x,y,z)\,\mathrm{d}v=\iiint\limits_{\Omega'} f(\rho\cos\theta,\rho\sin\theta,z)\rho\mathrm{d}\rho\mathrm{d}\theta\mathrm{d}z,$$

其中,$\mathrm{d}v=\rho\mathrm{d}\rho\mathrm{d}\theta\mathrm{d}z$ 是柱面坐标下的**体积元素**. 图 9-35 所示为柱面坐标系内体积元素的几何表示.

对于三重积分 $\iiint\limits_{\Omega} f(x,y,z)\,\mathrm{d}v$,当 Ω 是圆柱体或投影区域为圆、圆环、圆

扇形域或 $f(x,y,z)$ 中含有 x^2+y^2 时，用柱面坐标计算较为简便. 计算步骤如下：

（1）分别用 $\rho\cos\theta,\rho\sin\theta,z$ 及 $\rho\mathrm{d}\rho\mathrm{d}\theta\mathrm{d}z$ 依次代换被积表达式中的 x,y,z 及 $\mathrm{d}v$；

（2）确定 ρ,θ,z 的变换范围，化三重积分为三次积分（习惯上化为先对 z，次对 ρ，最后对 θ 的三次积分）.

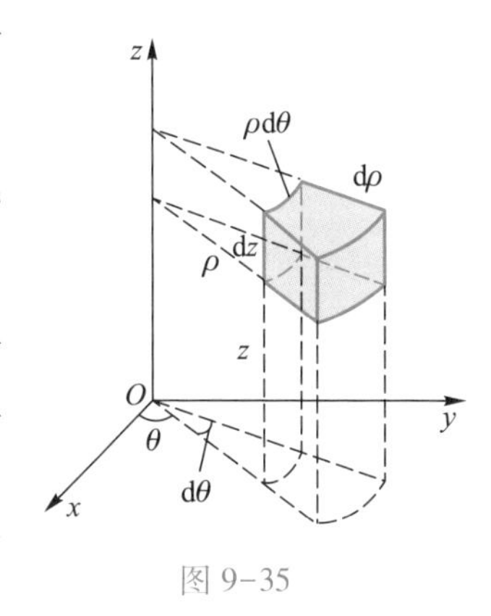

图 9-35

这里 z 按空间直角坐标系中 Ω 为上下型时的方法确定，不妨设为

$$z_1(x,y)\leqslant z\leqslant z_2(x,y),$$

即
$$z_1(\rho\cos\theta,\rho\sin\theta)\leqslant z\leqslant z_2(\rho\cos\theta,\rho\sin\theta).$$

ρ,θ 是将 Ω 投影到 xOy 面上得投影区域，然后按平面极坐标的方法确定，不妨设为

$$\rho_1(\theta)\leqslant\rho\leqslant\rho_2(\theta),\quad \alpha\leqslant\theta\leqslant\beta,$$

利用柱面坐标计算三重积分

于是三重积分化为柱面坐标下的三次积分

$$\iiint\limits_{\Omega}f(x,y,z)\,\mathrm{d}v=\int_{\alpha}^{\beta}\mathrm{d}\theta\int_{\rho_1(\theta)}^{\rho_2(\theta)}\rho\mathrm{d}\rho\int_{z_1(\rho\cos\theta,\rho\sin\theta)}^{z_2(\rho\cos\theta,\rho\sin\theta)}f(\rho\cos\theta,\rho\sin\theta,z)\,\mathrm{d}z.$$

例 4　计算三重积分 $\iiint\limits_{\Omega}z\mathrm{d}v$，其中 Ω 是由锥面 $z=\sqrt{x^2+y^2}$ 及半球面 $z=\sqrt{1-x^2-y^2}$ 所围成的闭区域（见图 9-36）.

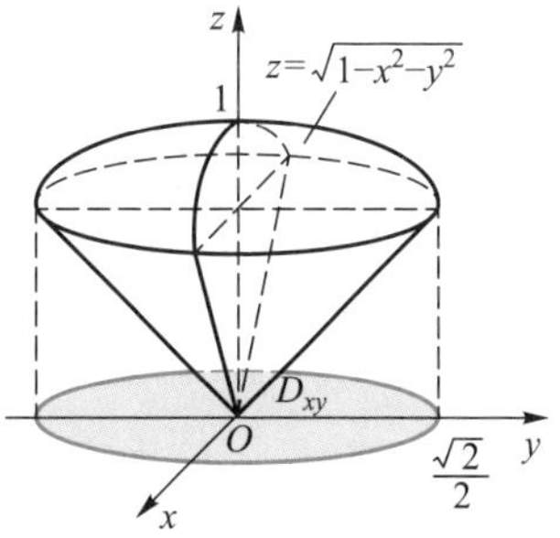

图 9-36

解　因为 Ω 的方程中含有 x^2+y^2，所以用柱面坐标来计算. 易得

$$\sqrt{x^2+y^2}\leqslant z\leqslant\sqrt{1-x^2-y^2},$$

或
$$\rho\leqslant z\leqslant\sqrt{1-\rho^2}.$$

将 Ω 投影到 xOy 面上得投影区域 $D_{xy}: x^2+y^2\leqslant\dfrac{1}{2}$，按极坐标的方法确定 ρ,θ，可得

$$0\leqslant\rho\leqslant\frac{\sqrt{2}}{2},\quad 0\leqslant\theta\leqslant 2\pi,$$

故
$$\iiint\limits_{\Omega} z\mathrm{d}v=\int_0^{2\pi}\mathrm{d}\theta\int_0^{\frac{\sqrt{2}}{2}}\rho\mathrm{d}\rho\int_{\rho}^{\sqrt{1-\rho^2}}z\mathrm{d}z$$
$$=2\pi\int_0^{\frac{\sqrt{2}}{2}}\rho\times\frac{1}{2}(1-2\rho^2)\mathrm{d}\rho=\frac{\pi}{8}.$$

例 5 计算 $\iiint\limits_{\Omega} z\sqrt{x^2+y^2}\,\mathrm{d}v$,其中 Ω 是由曲面 $x^2+y^2-2x=0$ 及平面 $z=0,z=a>0$ 所围成的闭区域在第 I 卦限的部分(见图 9-37).

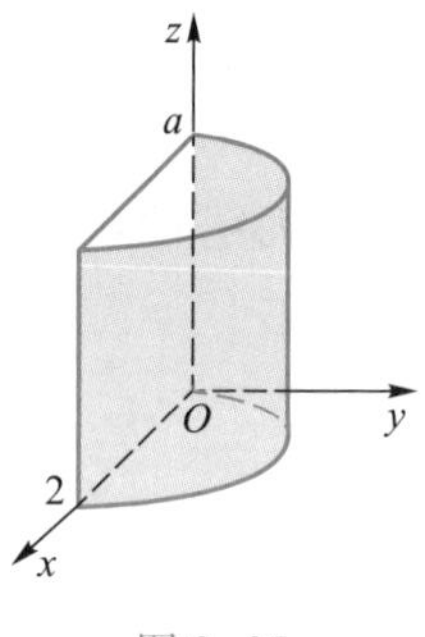

图 9-37

解 由于 Ω 的方程及被积函数中均含有 x^2+y^2,故用柱面坐标计算简便. Ω 可用不等式表示为

$$0\leqslant z\leqslant a,\quad 0\leqslant\rho\leqslant 2\cos\theta,\quad 0\leqslant\theta\leqslant\frac{\pi}{2},$$

所以

$$\iiint\limits_{\Omega} z\sqrt{x^2+y^2}\,\mathrm{d}v=\int_0^{\frac{\pi}{2}}\mathrm{d}\theta\int_0^{2\cos\theta}\rho\mathrm{d}\rho\int_0^a z\rho\mathrm{d}z$$
$$=\frac{4a^2}{3}\int_0^{\frac{\pi}{2}}\cos^3\theta\mathrm{d}\theta=\frac{8}{9}a^2.$$

*四、利用球面坐标计算三重积分

设 $M(x,y,z)$ 为空间内一点,则点 M 也可用三个有序数 r,φ,θ 来确定,其中 r 为原点 O 与点 M 间的距离,φ 为有向线段 $\overrightarrow{OM}$ 与 z 轴正向的夹角,θ 为从 z 轴正向来看,从 x 轴按逆时针方向转到有向线段 $\overrightarrow{OP}$ 所形成的角,这里 P 为点 M 在 xOy 面上的投影点(见图 9-38). 这三个数 r,φ,θ 称为点 M 的**球面坐标**,这里 r,φ,θ 的变化范围是

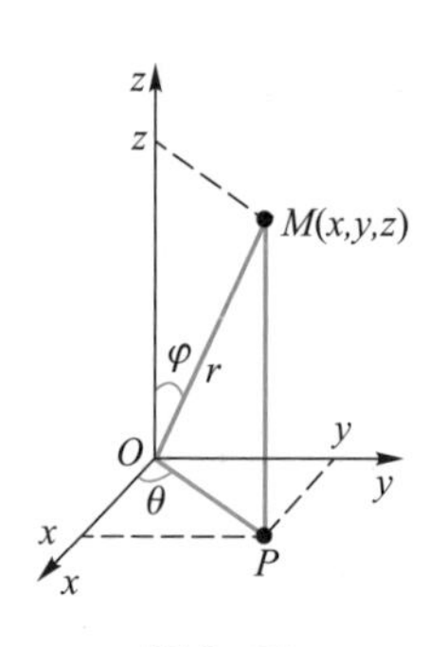

图 9-38

$$0\leqslant r<+\infty,\quad 0\leqslant\varphi\leqslant\pi,\quad 0\leqslant\theta\leqslant 2\pi.$$

三组坐标面分别为

$r=$常数,表示以 r 为半径,以原点为球心的球面;

$\varphi=$常数,表示以原点为顶点,z 轴为轴,半顶角为 φ 的圆锥面;

$\theta=$常数,表示过 z 轴且与 zOx 面夹角为 θ 的半平面.

显然,点 M 的直角坐标与球面坐标的关系为

$$\begin{cases}x=r\sin\varphi\cos\theta,\\ y=r\sin\varphi\sin\theta,\\ z=r\cos\varphi.\end{cases}$$

此时,根据定理,可得雅可比行列式为

$$J=\frac{\partial(x,y,z)}{\partial(r,\varphi,\theta)}=\begin{vmatrix}\sin\varphi\cos\theta & r\cos\varphi\cos\theta & -r\sin\varphi\sin\theta\\ \sin\varphi\sin\theta & r\cos\varphi\sin\theta & r\sin\varphi\cos\theta\\ \cos\varphi & -r\sin\varphi & 0\end{vmatrix}=r^2\sin\varphi,$$

于是,在**球面坐标下三重积分的换元公式为**

$$\iiint\limits_{\Omega}f(x,y,z)\,\mathrm{d}v=\iiint\limits_{\Omega}f(r\sin\varphi\cos\theta,r\sin\varphi\sin\theta,r\cos\varphi)r^2\sin\varphi\mathrm{d}r\mathrm{d}\varphi\mathrm{d}\theta,$$

其中,$\mathrm{d}v=r^2\sin\varphi\mathrm{d}r\mathrm{d}\varphi\mathrm{d}\theta$ 是球面坐标下的**体积元素**. 图 9-39 所示为球面坐标系下体积元素的几何表示.

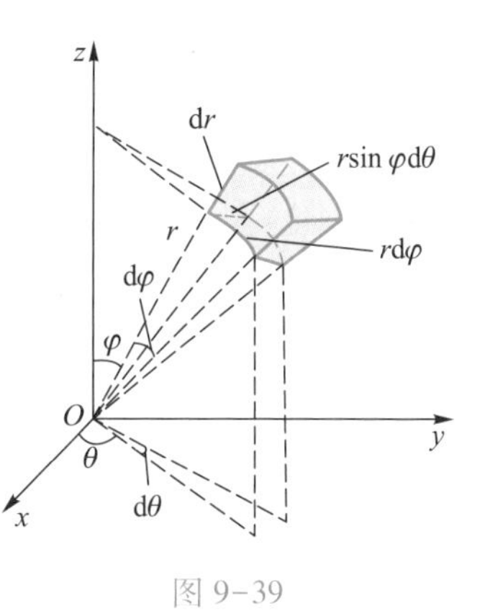

图 9-39

对于三重积分 $\iiint\limits_{\Omega}f(x,y,z)\,\mathrm{d}v$,当 Ω 是球域(或球域的一部分)或 $f(x,y,z)$ 中含有 $x^2+y^2+z^2$ 时,利用球面坐标计算较简便. 计算步骤如下:

(1) 分别用 $r\sin\varphi\cos\theta,r\sin\varphi\sin\theta,r\cos\varphi$ 及 $r^2\sin\varphi\mathrm{d}r\mathrm{d}\varphi\mathrm{d}\theta$ 依次代换被积表达式中的 x,y,z 及 $\mathrm{d}v$;

(2) 确定 r,φ,θ 的取值范围,化三重积分为三次积分(习惯上化为先对 r,次对 φ,最后对 θ 的三次积分).

利用球面坐标计算三重积分

这里 r,φ,θ 的取值范围可按下面的方法来确定:

将 Ω 向 xOy 面投影得投影区域 D_{xy},对平面区域 D_{xy} 按极

坐标的方法确定 θ,不妨设为 $\alpha\leqslant\theta\leqslant\beta$;自原点出发作射线穿过 Ω,则射线与 z 轴正向夹角的最小值到最大值的范围即为 φ 的取值范围,设为 $\varphi_1(\theta)\leqslant\varphi\leqslant\varphi_2(\theta)$;射线穿入的曲面 $r=r_1(\varphi,\theta)$ 与穿出的曲面 $r=r_2(\varphi,\theta)$ 即为 r 的取值范围,即 $r_1(\varphi,\theta)\leqslant r\leqslant r_2(\varphi,\theta)$.

于是三重积分就可化为球面坐标下的三次积分

$$\iiint\limits_{\Omega} f(x,y,z)\,\mathrm{d}v=\int_{\alpha}^{\beta}\mathrm{d}\theta\int_{\varphi_1(\theta)}^{\varphi_2(\theta)}\sin\varphi\mathrm{d}\varphi\int_{r_1(\varphi,\theta)}^{r_2(\varphi,\theta)}r^2 f(r\sin\varphi\cos\theta,r\sin\varphi\sin\theta,r\cos\varphi)\,\mathrm{d}r.$$

例 6 计算三重积分 $\iiint\limits_{\Omega}\left(\frac{x^4}{2}+\frac{y^4}{2}+x^2y^2\right)\mathrm{d}v$,其中 Ω 是由半球面 $z=\sqrt{A^2-x^2-y^2}$, $z=\sqrt{a^2-x^2-y^2}$ 及 $z=0$ 所围成的闭区域($A>a>0$)(见图 9-40).

解 Ω 的方程中含有 $x^2+y^2+z^2$,用球面坐标计算. Ω 可用不等式表示为

$$0\leqslant\theta\leqslant2\pi,\quad 0\leqslant\varphi\leqslant\frac{\pi}{2},\quad a\leqslant r\leqslant A,$$

故

$$\iiint\limits_{\Omega}\left(\frac{x^4}{2}+\frac{y^4}{2}+x^2y^2\right)\mathrm{d}v=\frac{1}{2}\int_0^{2\pi}\mathrm{d}\theta\int_0^{\frac{\pi}{2}}\sin^5\varphi\mathrm{d}\varphi\int_a^A r^6\mathrm{d}r=\frac{8\pi}{105}(A^7-a^7).$$

例 7 计算三重积分 $\iiint\limits_{\Omega}(x^2+y^2+z^2)\,\mathrm{d}v$,其中 Ω 是由锥面 $z=\sqrt{x^2+y^2}$ 和球面 $x^2+y^2+z^2=R^2$ 所围成的闭区域(见图 9-41).

解 选用球面坐标计算,Ω 可用不等式表示为

$$0\leqslant\theta\leqslant2\pi,\quad 0\leqslant\varphi\leqslant\frac{\pi}{4},\quad 0\leqslant r\leqslant R,$$

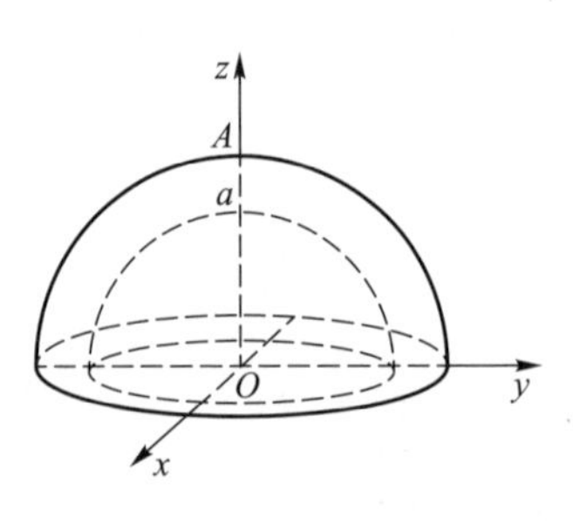

图 9-40

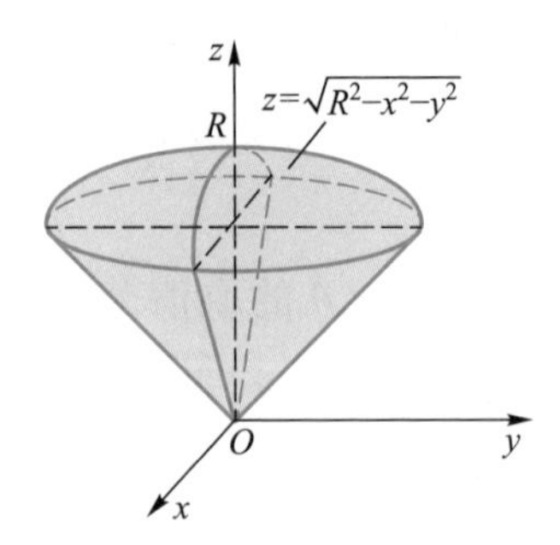

图 9-41

故

$$\iiint_{\Omega}(x^2+y^2+z^2)\,\mathrm{d}v=\int_0^{2\pi}\mathrm{d}\theta\int_0^{\frac{\pi}{4}}\sin\varphi\,\mathrm{d}\varphi\int_0^R r^4\,\mathrm{d}r=\frac{\pi}{5}R^5(2-\sqrt{2}).$$

例 8　求球面 $x^2+y^2+z^2=2az$ 和以原点为顶点，z 轴为轴，顶角为 2α 的锥面所围成立体上方部分的体积(见图 9-42).

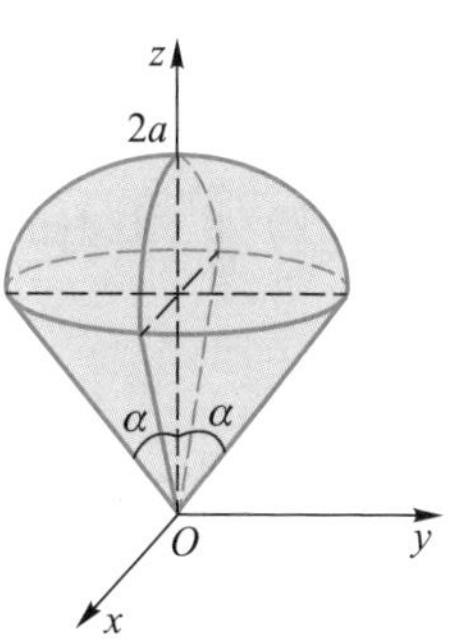

图 9-42

解　在球面坐标系中，所给球面的方程为 $r=2a\cos\varphi$，锥面方程为 $\varphi=\alpha$，它们所围成的闭区域 Ω 可表示为

$$0\leqslant\theta\leqslant 2\pi,\quad 0\leqslant\varphi\leqslant\alpha,\quad 0\leqslant r\leqslant 2a\cos\varphi,$$

故所求立体的体积为

$$\begin{aligned}V&=\iiint_{\Omega}\mathrm{d}v=\iiint_{\Omega}r^2\sin\varphi\,\mathrm{d}r\mathrm{d}\varphi\mathrm{d}\theta\\&=\int_0^{2\pi}\mathrm{d}\theta\int_0^{\alpha}\mathrm{d}\varphi\int_0^{2a\cos\varphi}r^2\sin\varphi\,\mathrm{d}r=\frac{16}{3}\pi a^3\int_0^{\alpha}\cos^3\varphi\sin\varphi\,\mathrm{d}\varphi\\&=\frac{4}{3}\pi a^3(1-\cos^4\alpha).\end{aligned}$$

习题 9-4

1. 将三重积分 $\iiint_{\Omega}f(x,y,z)\,\mathrm{d}x\mathrm{d}y\mathrm{d}z$ 化为三次积分，这里闭区域 Ω 分别为

(1) 由椭球面 $\dfrac{x^2}{a^2}+\dfrac{y^2}{b^2}+\dfrac{z^2}{c^2}=1$ 所围成的闭区域；

(2) 由曲面 $x^2+y^2=z^2$ 及平面 $z=1$ 所围成的闭区域；

(3) 由球面 $x^2+y^2+z^2=a^2$ 及 $x^2+y^2+(z-a)^2=a^2$ 所围成的公共部分区域；

(4) 由柱面 $x^2+y^2=R^2$ 及平面 $z=0,z=H(H>0)$ 所围成的闭区域；

(5) 由柱面 $z=1-x^2$ 及平面 $y=0,z=0,x+y=1$ 所围成的闭区域.

2. 计算下列三重积分.

(1) $\iiint\limits_{\Omega}\frac{\mathrm{d}x\mathrm{d}y\mathrm{d}z}{(x+y+z)^3}$,其中 $\Omega=\{(x,y,z)\mid 1\leqslant x\leqslant 2,1\leqslant y\leqslant 2,1\leqslant z\leqslant 2\}$ 是长方体闭区域;

(2) $\iiint\limits_{\Omega}y\mathrm{d}x\mathrm{d}y\mathrm{d}z$,其中 Ω 是由平面 $x=0,y=0,z=0$ 及 $x+y+z=1$ 所围成的闭区域;

(3) $\iiint\limits_{\Omega}(x+2y)\mathrm{d}x\mathrm{d}y\mathrm{d}z$,其中 Ω 是球面 $x^2+y^2+z^2=1$ 所围成的立体在第Ⅰ卦限的部分;

(4) $\iiint\limits_{\Omega}x\mathrm{d}x\mathrm{d}y\mathrm{d}z$,其中 Ω 是由抛物面 $z=x^2+y^2$ 及平面 $x+y=1,x=0,y=0,z=0$ 所围成的闭区域;

(5) $\iiint\limits_{\Omega}z\mathrm{d}x\mathrm{d}y\mathrm{d}z$,其中 Ω 是由锥面 $R^2z^2=h^2(x^2+y^2)$ 及平面 $z=h$ 所围成的闭区域($R>0,h>0$);

(6) $\iiint\limits_{\Omega}xy^2z^3\mathrm{d}x\mathrm{d}y\mathrm{d}z$,其中 Ω 是由马鞍面 $z=xy$ 及平面 $y=x,x=1,z=0$ 所围成的闭区域.

3. 选择合适的坐标计算下列三重积分.

(1) $\iiint\limits_{\Omega}\sqrt{x^2+y^2}\mathrm{d}x\mathrm{d}y\mathrm{d}z$,其中 Ω 是由锥面 $z=\sqrt{x^2+y^2}$ 及平面 $z=1$ 所围成的闭区域;

(2) $\iiint\limits_{\Omega}(xz+y)\mathrm{d}x\mathrm{d}y\mathrm{d}z$,其中 Ω 是由抛物面 $x^2+y^2=2z$ 及平面 $z=2$ 所围成的闭区域;

(3) $\iiint\limits_{\Omega}(x^2+y^2)\mathrm{d}x\mathrm{d}y\mathrm{d}z$,其中 Ω 是由球面 $z=\sqrt{a^2-x^2-y^2}$, $z=\sqrt{b^2-x^2-y^2}$ ($a>b$)及平面 $z=0$ 所围成的闭区域;

(4) $\iiint\limits_{\Omega}z\sqrt{x^2+y^2}\,\mathrm{d}v$,其中 Ω 是由上半球面 $z=\sqrt{2-x^2-y^2}$ 及抛物面 $z=x^2+y^2$ 所围成的闭区域;

(5) $\iiint\limits_{\Omega} \frac{z\ln(x^2+y^2+z^2+1)}{1+x^2+y^2+z^2}\mathrm{d}x\mathrm{d}y\mathrm{d}z$，其中 Ω 是由球面 $x^2+y^2+z^2=1$ 所围成的闭区域；

(6) $\iiint\limits_{\Omega} xyz\mathrm{d}x\mathrm{d}y\mathrm{d}z$，其中 Ω 是由球面 $x^2+y^2+z^2=4$ 及 $x^2+y^2+(z-2)^2=4$ 所围成的公共部分，且 $x\geqslant 0, y\geqslant 0$.

4. 画出积分区域，并选择合适的坐标计算下列积分.

(1) $\int_0^1 \mathrm{d}x\int_0^{\sqrt{1-x^2}}\mathrm{d}y\int_0^{\sqrt{1-x^2-y^2}}\sqrt{x^2+y^2+z^2}\,\mathrm{d}z$；

(2) $\int_{-R}^{R}\mathrm{d}x\int_{-\sqrt{R^2-x^2}}^{\sqrt{R^2-x^2}}\mathrm{d}y\int_0^{\sqrt{R^2-x^2-y^2}}(x^2+y^2)\mathrm{d}z$；

(3) $\int_0^2\mathrm{d}x\int_0^{\sqrt{2x-x^2}}\mathrm{d}y\int_0^a z\sqrt{x^2+y^2}\,\mathrm{d}z$.

5. 利用三重积分求下列曲面所围成的立体 Ω 的体积.

(1) 平面 $\frac{x}{a}+\frac{y}{b}+\frac{z}{c}=1\,(a>0,b>0,c>0)$ 及坐标平面；

(2) 柱面 $z=9-y^2$，坐标平面及 $3x+4y=12$（$y\geqslant 0$ 的那一部分）；

(3) $x^2+y^2-z^2=0$ 及 $x^2+y^2+z^2=a^2$（锥面内部的那一部分）；

(4) $x^2+y^2+z^2=1, x^2+y^2+z^2=16, z^2=x^2+y^2, x=0$ 及 $y=0$（第Ⅰ卦限内的那一部分）.

第五节 重积分的应用

重积分有着广泛的应用，例如前文介绍过曲顶柱体的体积、平面薄片的质量、平面区域的面积或空间物体的质量等都可用二重积分或三重积分来计算. 重积分是定积分的推广，因而定积分的元素法可推广到重积分的应用中来. 本节主要介绍重积分在计算曲面的面积、物体的质心、转动惯量、引力、压力等方面的应用.

一、曲面的面积

为了计算曲面面积，先研究空间平面图形的面积与它在坐标面上的投影面积之间的关系. 为方便起见，设空间平面图形为矩形，边长分别为 a 和 b，面积 $A=ab$，它与 xOy 面的夹角为 θ（取锐角），在 xOy 面上的投影区域的面积设为 σ_0，由图 9-43 可知

$$\sigma_0=ab\cos\theta=A\cos\theta$$

或

$$A=\frac{\sigma_0}{\cos\theta}. \tag{9-2}$$

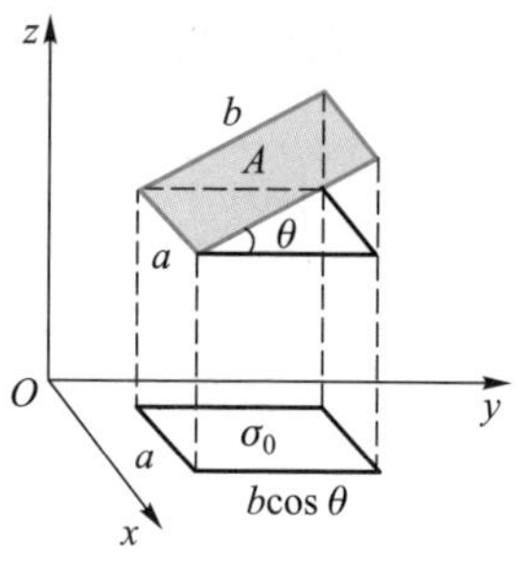

图 9-43

设曲面 Σ 方程为 $z=f(x,y)$，它在 xOy 面上的投影区域为 D_{xy}，函数 $f(x,y)$ 在 D_{xy} 上具有连续偏导数 $f_x(x,y)$，$f_y(x,y)$. 用平行于 x 轴和 y 轴的直线网划分 D_{xy} 成若干个小闭区域 $\mathrm{d}\sigma$，其面积也用 $\mathrm{d}\sigma$ 表示，在 $\mathrm{d}\sigma$ 内任取一点 (x,y)，则它所对应的曲面 Σ 上的点为 $P(x,y,f(x,y))$，在曲面上作过点 P 的切平面，以小闭区域 $\mathrm{d}\sigma$ 的边界曲线为准线作母线平行于 z 轴的柱面，则这柱面在曲面 Σ 和切平面上分别截出一小片曲面和一小片平面 $\mathrm{d}A$，其面积也记为 $\mathrm{d}A$（见图 9-44）. 因为 $\mathrm{d}\sigma$ 的直径很小，所以相应小片曲面的面积近似等于 $\mathrm{d}A$. 设曲面在 P 处的法向量向上且与 z 轴正向的夹角为 γ，则由式(9-2)，得

$$\mathrm{d}A=\frac{\mathrm{d}\sigma}{\cos\gamma}.$$

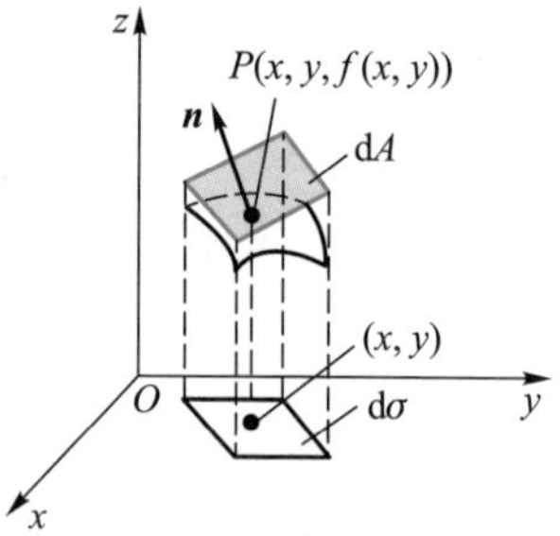

由多元函数微分学知，曲面 $z=f(x,y)$ 在 (x,y,z) 处的法向量为 $(-f_x,-f_y,1)$，且

$$\cos\gamma=\frac{1}{\sqrt{1+f_x^2+f_y^2}},$$

图 9-44

故

$$\mathrm{d}A=\sqrt{1+f_x^2+f_y^2}\,\mathrm{d}\sigma.$$

上式就是**曲面 Σ 的面积元素**，以它为被积表达式在闭区域 D_{xy} 上积分，得曲面的面积

$$A=\iint\limits_{D_{xy}}\sqrt{1+f_x^2(x,y)+f_y^2(x,y)}\,\mathrm{d}\sigma$$

曲面的面积

或
$$A=\iint\limits_{D_{xy}}\sqrt{1+\left(\frac{\partial z}{\partial x}\right)^2+\left(\frac{\partial z}{\partial y}\right)^2}\,\mathrm{d}x\mathrm{d}y.$$

此为计算曲面面积的公式.

类似于上述讨论，可得：当曲面 Σ 的方程为 $x=x(y,z)$ 或 $y=y(z,x)$ 时，可分别将曲面向 yOz 面上投影（投影域记为 D_{yz}）或向 zOx 面上投影（投影域记为 D_{zx}），则曲面 Σ 的面积为

$$A=\iint\limits_{D_{yz}}\sqrt{1+\left(\frac{\partial x}{\partial y}\right)^2+\left(\frac{\partial x}{\partial z}\right)^2}\,\mathrm{d}y\mathrm{d}z$$

或

$$A=\iint\limits_{D_{zx}}\sqrt{1+\left(\frac{\partial y}{\partial x}\right)^2+\left(\frac{\partial y}{\partial z}\right)^2}\,\mathrm{d}z\mathrm{d}x.$$

例 1　求球面 $x^2+y^2+z^2=R^2$ 的面积.

解　由对称性，只要算出球面在第 Ⅰ 卦限部分的面积 A_1，则球面的面积 $A=8A_1$.

在第 Ⅰ 卦限，球面的方程为 $z=\sqrt{R^2-x^2-y^2}$，它在 xOy 面上的投影区域为 $D_{xy}:x^2+y^2\leqslant R^2,x\geqslant 0,y\geqslant 0$，而

$$\frac{\partial z}{\partial x}=-\frac{x}{\sqrt{R^2-x^2-y^2}},$$

$$\frac{\partial z}{\partial y}=-\frac{y}{\sqrt{R^2-x^2-y^2}},$$

于是

$$\begin{aligned}A&=8A_1=8\iint\limits_{D_{xy}}\sqrt{1+\left(\frac{\partial z}{\partial x}\right)^2+\left(\frac{\partial z}{\partial y}\right)^2}\,\mathrm{d}x\mathrm{d}y\\&=8\iint\limits_{D_{xy}}\frac{R}{\sqrt{R^2-x^2-y^2}}\mathrm{d}x\mathrm{d}y\end{aligned}$$

$$=8\int_0^{\frac{\pi}{2}}\mathrm{d}\theta\int_0^R\frac{\rho R}{\sqrt{R^2-\rho^2}}\mathrm{d}\rho=4\pi R^2.$$

$\left(\text{注意:上式中出现的积分}\int_0^R\frac{\rho R}{\sqrt{R^2-\rho^2}}\mathrm{d}\rho\text{ 是个瑕积分.}\right)$

例 2 求直线 $y=x$ 上由(0,0)到(4,4)之间的线段绕 x 轴旋转一周所得旋转曲面的面积.

解 由空间解析几何的知识,易得直线 $y=x(0\leqslant x\leqslant 4)$ 绕 x 轴旋转所得旋转曲面的方程为

$$x=\sqrt{y^2+z^2},$$

它在 yOz 面上的投影区域为 $D_{yz}:y^2+z^2\leqslant 4^2$. 于是

$$\begin{aligned}A&=\iint_{D_{yz}}\sqrt{1+\left(\frac{\partial x}{\partial y}\right)^2+\left(\frac{\partial x}{\partial z}\right)^2}\mathrm{d}y\mathrm{d}z\\&=\iint_{D_{yz}}\sqrt{1+\frac{y^2}{y^2+z^2}+\frac{z^2}{y^2+z^2}}\mathrm{d}y\mathrm{d}z\\&=\sqrt{2}\iint_{D_{yz}}\mathrm{d}y\mathrm{d}z=16\sqrt{2}\pi.\end{aligned}$$

二、质心

由静力学知识知,一个质点对一个轴(或平面)的静力矩等于质点的质量与该质点到轴(或平面)的距离的乘积. 一个质点系对一个轴(或平面)的静力矩等于每个质点对轴(或平面)的静力矩之和.

设在 xOy 面上有 n 个质点,它们分别位于$(x_i,y_i)(i=1,2,\cdots,n)$处,质量分别为 $m_i(i=1,2,\cdots,n)$. 由力学知识知,质点系的质心的坐标为

$$\bar{x}=\frac{M_y}{M}=\frac{\sum\limits_{i=1}^n m_ix_i}{\sum\limits_{i=1}^n m_i},\quad \bar{y}=\frac{M_x}{M}=\frac{\sum\limits_{i=1}^n m_iy_i}{\sum\limits_{i=1}^n m_i},$$

其中,$M=\sum\limits_{i=1}^n m_i$ 为质点系的总质量,$M_x=\sum\limits_{i=1}^n m_iy_i$,$M_y=\sum\limits_{i=1}^n m_ix_i$ 分别为质点系

对 x 轴和 y 轴的静力矩.

设有一平面薄片,在 xOy 面上所占区域为 D,点 $P(x,y)$ 处的面密度为 $\mu(x,y)$,假定 $\mu(x,y)$ 在 D 上连续. 现求该薄片的质心坐标.

在 D 上任取一小闭区域 $\mathrm{d}\sigma$(其面积也用 $\mathrm{d}\sigma$ 表示),(x,y) 是 $\mathrm{d}\sigma$ 上任意一点,则相应地 $\mathrm{d}\sigma$ 的质量 $\mathrm{d}m=\mu(x,y)\mathrm{d}\sigma$,该小区域可近似看成一个质点,它对 x 轴和 y 轴的静力矩分别为

$$\mathrm{d}M_x=y\mu(x,y)\mathrm{d}\sigma,\quad \mathrm{d}M_y=x\mu(x,y)\mathrm{d}\sigma,$$

称它们为静力矩元素. 于是,在 D 上积分,得平面薄片对 x 轴和 y 轴的静力矩分别为

$$M_x=\iint\limits_D y\mu(x,y)\mathrm{d}\sigma,\quad M_y=\iint\limits_D x\mu(x,y)\mathrm{d}\sigma,$$

从而,薄片的质心坐标为

$$\bar{x}=\frac{\iint\limits_D x\mu(x,y)\mathrm{d}\sigma}{\iint\limits_D \mu(x,y)\mathrm{d}\sigma},\quad \bar{y}=\frac{\iint\limits_D y\mu(x,y)\mathrm{d}\sigma}{\iint\limits_D \mu(x,y)\mathrm{d}\sigma}.$$

类似于上述的讨论可得:空间物体(所占区域为 Ω,其密度 $\mu(x,y,z)$ 在 Ω 上连续)的质心坐标为

$$\bar{x}=\frac{M_{yOz}}{M}=\frac{\iiint\limits_\Omega x\mu(x,y,z)\mathrm{d}v}{\iiint\limits_\Omega \mu(x,y,z)\mathrm{d}v},$$

物体的质心

$$\bar{y}=\frac{M_{zOx}}{M}=\frac{\iiint\limits_\Omega y\mu(x,y,z)\mathrm{d}v}{\iiint\limits_\Omega \mu(x,y,z)\mathrm{d}v},$$

$$\bar{z}=\frac{M_{xOy}}{M}=\frac{\iiint\limits_\Omega z\mu(x,y,z)\mathrm{d}v}{\iiint\limits_\Omega \mu(x,y,z)\mathrm{d}v},$$

其中 M_{yOz},M_{zOx},M_{xOy} 分别为物体对 yOz,zOx 及 xOy 面的静力矩,M 是物体的质量.

注 如果占有空间闭区域 Ω 的物体的质量分布是均匀的,即密度 μ 是常数,则物体的质心就是该物体的几何形心.

思考 空间物体对坐标轴的静力矩怎么计算?

例 3 求位于两圆 $\rho=2\sin\theta,\rho=4\sin\theta$ 之间的均匀薄片 D 的质心坐标(见图 9-45).

解 由于薄片 D 关于 y 轴对称,且是均匀的(面密度 μ 为常数),故 $\bar{x}=0$,只需求 $\bar{y}$.

因为

$$M_x=\iint_D \mu y\mathrm{d}\sigma=\int_0^{\pi}\mathrm{d}\theta\int_{2\sin\theta}^{4\sin\theta}\mu\rho^2\sin\theta\mathrm{d}\rho$$

$$=\frac{112}{3}\mu\int_0^{\frac{\pi}{2}}\sin^4\theta\mathrm{d}\theta=7\pi\mu.$$

$$M=\iint_D \mu\mathrm{d}\sigma=\mu(\pi\times2^2-\pi\times1^2)=3\pi\mu,$$

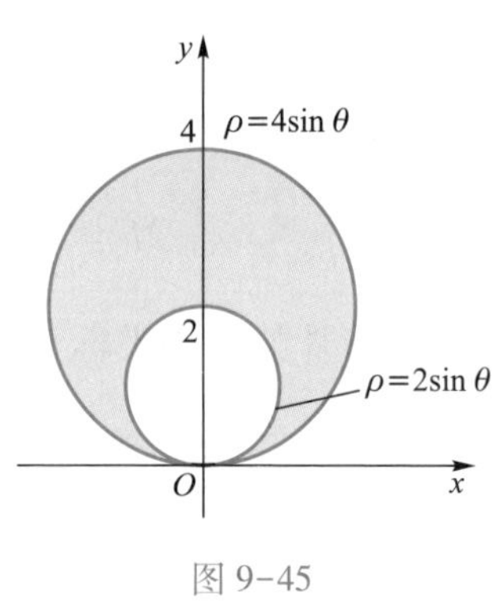

图 9-45

所以 $\bar{y}=\dfrac{M_x}{M}=\dfrac{7}{3}$,即质心(形心)坐标为$\left(0,\dfrac{7}{3}\right)$.

例 4 设立体 Ω 是由半径为 R 的球面和半顶角为 β 的锥面所围成的闭区域的上方部分(见图 9-46),其密度为 $\mu(x,y,z)=k(x^2+y^2+z^2)$,$k$ 为常数,求物体的质心.

解 Ω 关于 yOz 面及 zOx 面对称,又密度函数是 x,y 的偶函数,则质心必在 z 轴上,只需求 $\bar{z}$.

因为

$$M_{xOy}=\iiint_\Omega z\mu(x,y,z)\mathrm{d}v=\iiint_\Omega k(x^2+y^2+z^2)z\mathrm{d}v$$

$$=\int_0^{2\pi}\mathrm{d}\theta\int_0^{\beta}k\sin\varphi\cos\varphi\mathrm{d}\varphi\int_0^R r^5\mathrm{d}r$$

$$=\frac{\pi}{6}kR^6(1-\cos^2\beta),$$

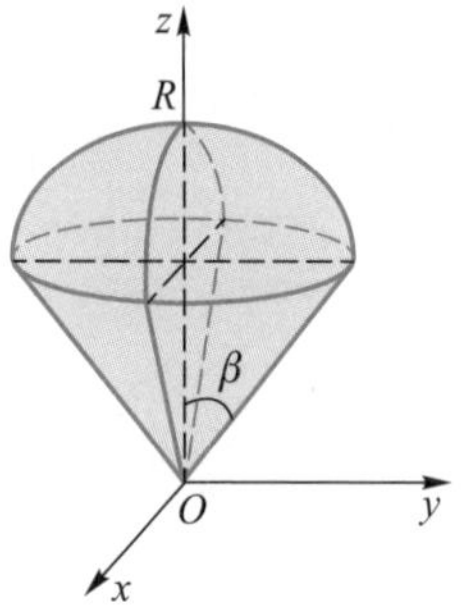

图 9-46

$$M=\iiint_\Omega k(x^2+y^2+z^2)\mathrm{d}v=\int_0^{2\pi}\mathrm{d}\theta\int_0^{\beta}k\sin\varphi\mathrm{d}\varphi\int_0^R r^4\mathrm{d}r$$

$$=\frac{2\pi}{5}kR^5(1-\cos\beta),$$

所以

$$\bar{z}=\frac{M_{xOy}}{M}=\frac{5}{12}R(1+\cos\beta)=\frac{5}{12}(2R-h),$$

其中 $h=R(1-\cos\beta)$. 于是所求立体的质心坐标为$\left(0,0,\frac{5}{12}(2R-h)\right)$.

三、转动惯量

由静力学知识知,一个质点对一个轴(或定点)的转动惯量等于质点的质量与该点到轴(或定点)的距离的平方的乘积. 一个质点系对轴(或定点)的转动惯量为每个质点对轴(或定点)的转动惯量之和.

设在 xOy 面上有 n 个质点,它们分别位于$(x_i,y_i)(i=1,2,\cdots,n)$处,质量分别为 $m_i(i=1,2,\cdots,n)$. 由力学知识知,质点系对于 x 轴和 y 轴的转动惯量分别为

$$I_x=\sum_{i=1}^{n}y_i^2m_i,\quad I_y=\sum_{i=1}^{n}x_i^2m_i.$$

现在讨论物体对轴(或定点)的转动惯量,以平面薄片的情形为例.

设一块面密度为$\mu(x,y)$的平面薄片位于 xOy 面上,所占闭区域为 D. 在 D 上,任取一个小闭区域 $\mathrm{d}\sigma$,(x,y)是 $\mathrm{d}\sigma$ 上任意一点,把 $\mathrm{d}\sigma$ 近似看成一个质点,于是它对 x 轴、y 轴、原点 O 的转动惯量分别为

$$\mathrm{d}I_x=y^2\mu(x,y)\mathrm{d}\sigma,\quad \mathrm{d}I_y=x^2\mu(x,y)\mathrm{d}\sigma,\quad \mathrm{d}I_O=(x^2+y^2)\mu(x,y)\mathrm{d}\sigma.$$

称它们为转动惯量元素. 在 D 上积分,得平面薄片对 x 轴、y 轴、原点 O 点的转动惯量分别为

$$I_x=\iint\limits_D y^2\mu(x,y)\mathrm{d}\sigma,\quad I_y=\iint\limits_D x^2\mu(x,y)\mathrm{d}\sigma,\quad I_O=\iint\limits_D (x^2+y^2)\mu(x,y)\mathrm{d}\sigma,$$

显然有

$$I_O=I_x+I_y.$$

类似地,空间物体(所占区域为 Ω,密度为 $\mu(x,y,z)$)对原点 O、x 轴、y 轴、z 轴的转动惯量分别为

$$I_O=\iiint\limits_{\Omega}(x^2+y^2+z^2)\mu(x,y,z)\,\mathrm{d}v,$$

$$I_x=\iiint\limits_{\Omega}(y^2+z^2)\mu(x,y,z)\,\mathrm{d}v,$$

$$I_y=\iiint\limits_{\Omega}(x^2+z^2)\mu(x,y,z)\,\mathrm{d}v,$$

$$I_z=\iiint\limits_{\Omega}(x^2+y^2)\mu(x,y,z)\,\mathrm{d}v.$$

例 5 求半径为 R 的均匀半圆薄片对其直径的转动惯量.

解 取圆心为坐标原点,直径在 x 轴上(见图 9-47),易知薄片所占区域 D 为 $x^2+y^2\leqslant R^2,y\geqslant 0$,设面密度为 μ(常数),则

$$I_x=\iint\limits_D \mu y^2\mathrm{d}\sigma=\mu\int_0^{\pi}\mathrm{d}\theta\int_0^R\rho^3\sin^2\theta\mathrm{d}\rho$$

$$=\frac{1}{4}\mu R^4\times\frac{\pi}{2}=\frac{1}{4}MR^2,$$

其中,$M=\frac{1}{2}\pi R^2\mu$ 是半圆薄片的质量.

例 6 由平面 $\frac{x}{a}+\frac{y}{b}+\frac{z}{c}=1$ 及三个坐标面围成一立体 Ω(见图 9-48),其密度 $\mu=1$,求该立体对三个坐标轴及原点 O 的转动惯量.

解 Ω 用不等式表示为

$$0\leqslant z\leqslant c\left(1-\frac{x}{a}-\frac{y}{b}\right),\quad 0\leqslant y\leqslant b\left(1-\frac{x}{a}\right),\quad 0\leqslant x\leqslant a,$$

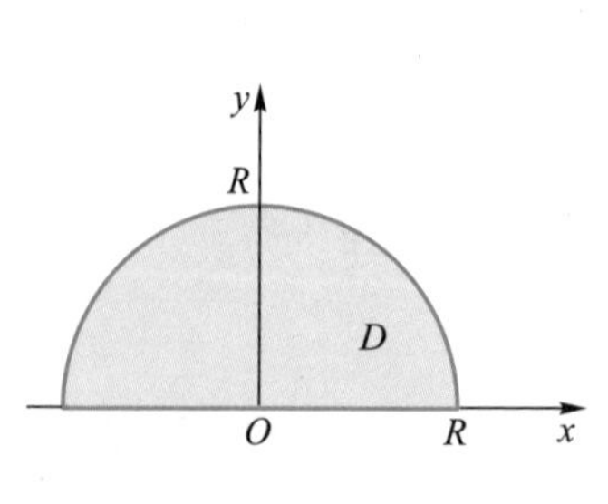

图 9-47

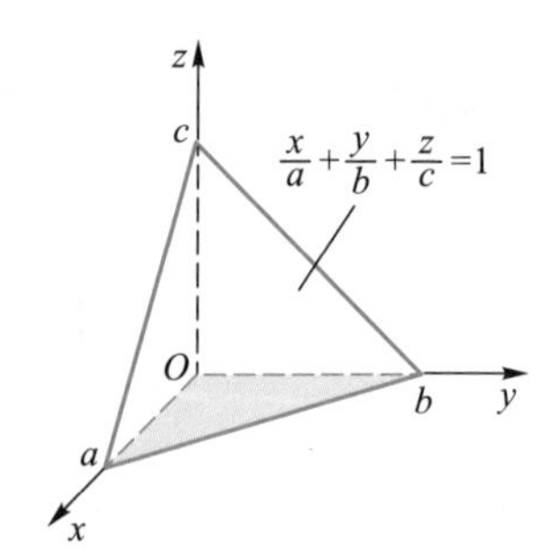

图 9-48

故

$$I_x=\iiint\limits_{\Omega}(y^2+z^2)\mathrm{d}v=\iiint\limits_{\Omega}y^2\mathrm{d}v+\iiint\limits_{\Omega}z^2\mathrm{d}v$$

$$=\int_0^a\mathrm{d}x\int_0^{b\left(1-\frac{x}{a}\right)}\mathrm{d}y\int_0^{c\left(1-\frac{x}{a}-\frac{y}{b}\right)}y^2\mathrm{d}z+\int_0^a\mathrm{d}x\int_0^{b\left(1-\frac{x}{a}\right)}\mathrm{d}y\int_0^{c\left(1-\frac{x}{a}-\frac{y}{b}\right)}z^2\mathrm{d}z$$

$$=\frac{1}{60}ab^3c+\frac{1}{60}abc^3=\frac{1}{60}abc(b^2+c^2),$$

类似地，可得

$$I_y=\frac{1}{60}abc(a^2+c^2),$$

$$I_z=\frac{1}{60}abc(a^2+b^2),$$

$$I_O=\frac{1}{2}(I_x+I_y+I_z)=\frac{1}{60}abc(a^2+b^2+c^2).$$

四、引力与液体压力

首先讨论空间物体对于物体外一点 $P(x_0,y_0,z_0)$ 处的单位质量的质点的引力问题.

设物体占有空间闭区域 Ω，它在点 (x,y,z) 处的密度为 $\mu(x,y,z)$，$\mu(x,y,z)$ 在 Ω 上连续. 在物体内任取一直径很小的闭区域 $\mathrm{d}v$（其体积也记为 $\mathrm{d}v$），(x,y,z) 是 $\mathrm{d}v$ 上任意一点. 把 $\mathrm{d}v$ 近似看成质点，质量集中在点 (x,y,z) 处，由两点间的引力公式，可得 $\mathrm{d}v$ 对位于 $P(x_0,y_0,z_0)$ 处单位质量的质点的引力在三个坐标轴上的分量近似为

$$\mathrm{d}F_x=G\frac{\mu(x-x_0)\mathrm{d}v}{r^3},\quad \mathrm{d}F_y=G\frac{\mu(y-y_0)\mathrm{d}v}{r^3},\quad \mathrm{d}F_z=G\frac{\mu(z-z_0)\mathrm{d}v}{r^3},$$

其中，$r=\sqrt{(x-x_0)^2+(y-y_0)^2+(z-z_0)^2}$，$G$ 为引力系数. 将 $\mathrm{d}F_x,\mathrm{d}F_y,\mathrm{d}F_z$ 在 Ω 上分别积分，得

$$F_x=\iiint\limits_{\Omega} G\frac{\mu(x,y,z)(x-x_0)}{r^3}\mathrm{d}v,$$

$$F_y=\iiint\limits_{\Omega} G\frac{\mu(x,y,z)(y-y_0)}{r^3}\mathrm{d}v,$$

$$F_z=\iiint\limits_{\Omega} G\frac{\mu(x,y,z)(z-z_0)}{r^3}\mathrm{d}v.$$

例 7 求半径为 R 的均匀球体 $\Omega: x^2+y^2+z^2\leqslant R^2$ 对于位于点 $M_0(0,0,a)(a>R)$ 处的单位质量的质点的引力.

解 设均匀球体的密度为 μ_0，由球体的对称性易知 $F_x=F_y=0$，而

$$\begin{aligned}F_z&=\iiint\limits_{\Omega} G\frac{\mu_0(z-a)}{[x^2+y^2+(z-a)^2]^{\frac{3}{2}}}\mathrm{d}v\\&=G\mu_0\int_{-R}^{R}(z-a)\mathrm{d}z\iint\limits_{x^2+y^2\leqslant R^2-z^2}\frac{\mathrm{d}x\mathrm{d}y}{[x^2+y^2+(z-a)^2]^{\frac{3}{2}}}\\&=G\mu_0\int_{-R}^{R}(z-a)\mathrm{d}z\int_0^{2\pi}\mathrm{d}\theta\int_0^{\sqrt{R^2-z^2}}\frac{\rho\mathrm{d}\rho}{[\rho^2+(z-a)^2]^{\frac{3}{2}}}\\&=2\pi G\mu_0\int_{-R}^{R}(z-a)\left(\frac{1}{a-z}-\frac{1}{\sqrt{R^2-2az+a^2}}\right)\mathrm{d}z\\&=-G\frac{4\pi R^3\mu_0}{3}\frac{1}{a^2}=-\frac{GM}{a^2},\end{aligned}$$

其中，$M=\dfrac{4}{3}\pi R^3\mu_0$ 为球的质量.

故球体 Ω 对位于点 M_0 处的单位质量的质点的引力为 $\boldsymbol{F}=(0,0,F_z)$.

现在举例说明重积分在计算液体压力方面的应用.

例 8 设有一半径为 R 的圆管道（其端截面如图 9-49 所示），内部充满液体，已知液体的压强 $p=f(x,y)$ 为一连续函数，求液体对管道闸门（垂直于管道的轴）的静压力 F.

解 设闸门所占区域 $D: x^2+y^2\leqslant R^2$，在 D 内任取小闭区域 $\mathrm{d}\sigma$（其面积也用 $\mathrm{d}\sigma$ 表示），相应于它上面的静压力设为 $\mathrm{d}F$，于是

$$\frac{\mathrm{d}F}{\mathrm{d}\sigma}=p=f(x,y),$$

从而

$$\mathrm{d}F=f(x,y)\,\mathrm{d}\sigma,$$

则液体对闸门的静压力为

$$F=\iint\limits_{D}f(x,y)\,\mathrm{d}\sigma.$$

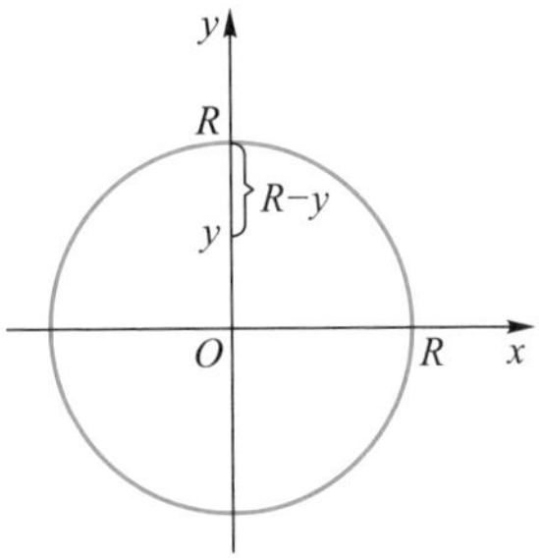

图 9-49

比如,设管道内充满水,则

$$p=f(x,y)=(R-y)\mu g,$$

故水对闸门的压力为

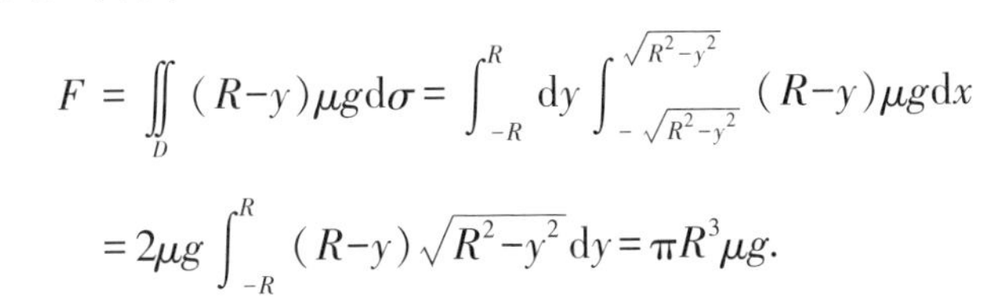

$$F=\iint\limits_{D}(R-y)\mu g\,\mathrm{d}\sigma=\int_{-R}^{R}\mathrm{d}y\int_{-\sqrt{R^2-y^2}}^{\sqrt{R^2-y^2}}(R-y)\mu g\,\mathrm{d}x$$

$$=2\mu g\int_{-R}^{R}(R-y)\sqrt{R^2-y^2}\,\mathrm{d}y=\pi R^3\mu g.$$

习题 9-5

1. 计算球面 $x^2+y^2+z^2=a^2$ 在圆柱面 $x^2+y^2-ax=0$ 内的部分的面积($a>0$);

2. 求锥面 $z=\sqrt{x^2+y^2}$ 在圆柱面 $\left(x-\frac{1}{2}\right)^2+y^2=\frac{1}{4}$ 内的那部分的面积.

3. 设均匀薄片在 xOy 面上所占区域为 $D:x^2+y^2\leqslant R^2,y\geqslant 0$. 求薄片的质心坐标.

4. 求位于两圆 $\rho=a\cos\theta,\rho=b\cos\theta$ 之间的均匀薄片 D 的质心坐标($0<a<b$).

5. 设均匀薄片占有 xOy 面上由曲线 $x=y^2$ 及直线 $y=x$ 所围成的闭区域 D. 求该薄片的质心坐标.

6. 求由圆锥面 $z=1-\sqrt{x^2+y^2}$ 与平面 $z=0$ 所围成的均匀立体的质心坐标.

7. 球体 $x^2+y^2+z^2\leqslant 2az$ 内各点密度与各点到原点的距离成反比,求它的质心坐标.

8. 设立体由一个半径为 1 的半球体和相同半径的圆柱体拼接而成(圆柱体底圆与半球体底圆重合),已知整个物体的质心在球心 M 处,求圆柱体的高 h(这里假设球和圆柱体都是均匀的且密度相同).

9. 求半径为 a,高为 h 的均匀圆柱体对于它的过底面中心的对称轴的转动惯量,设密度为 1.

10. 求下列转动惯量(物体的密度是常数 μ):

(1) 半径为 R 的均匀薄圆盘对通过中心并与盘面垂直的轴的转动惯量;

(2) 半径为 R 的均匀薄圆盘对直径的转动惯量.

11. 求在锥面 $z\tan\alpha=\sqrt{x^2+y^2}$ 外而在球面 $x^2+y^2+z^2=2Rz$ 内的立体对于 z 轴的转动惯量. 其中 R,α 为常数,且 $R>0,0<\alpha<\dfrac{\pi}{2}$,并设密度与点到 z 轴的距离平方成反比,比例系数为 1.

12. 一个底半径为 R,高为 h,密度为 μ 的均匀圆柱体,在其底的中心处有一单位质点,求此圆柱体与该质点间的引力.

13. 一个密度为 μ 的均匀截锥体 $z=\sqrt{x^2+y^2}\ (0<a\leqslant z\leqslant b)$,求它对处在锥顶的质点的引力.

第九章总习题

1. 思考题.

(1) 重积分的计算主要是通过化为定积分来实现的,试总结化二、三重积分为二、三次积分的主要方法;

(2) 对称性在重积分计算中有哪些应用?

(3) 结合你的专业知识,说明重积分有哪些应用?

(4) 设 $f(x,y)$ 在 D_1,D_2 上连续,如果 D_1 的面积小于 D_2 的面积,则有

$$\iint\limits_{D_1} f(x,y)\,\mathrm{d}\sigma\leqslant\iint\limits_{D_2} f(x,y)\,\mathrm{d}\sigma.$$

这个推断是否正确?

2. 计算下列二重积分:

(1) $\iint\limits_D ye^{xy}\mathrm{d}\sigma$,其中 D 是由直线 $x=-1,x=0,y=-1$ 及 $y=1$ 所围成的闭区域;

(2) $\iint\limits_D xy^2\mathrm{d}\sigma$,其中 D 是由 x 轴,y 轴与 $y=1-x^2$ 围成的第一象限部分的闭区域;

(3) $\iint\limits_D \sin(x+y)\mathrm{d}x\mathrm{d}y$,其中 D 是以 $(\pi,0),(\pi,\pi),(0,\pi)$ 为顶点的三角形所围的闭区域;

(4) $\iint\limits_D \sin y^2\mathrm{d}x\mathrm{d}y$,其中 D 是由直线 $y=x,y=2$ 及 y 轴所围成的闭区域;

(5) $\iint\limits_D \sqrt{x^2+y^2}\,\mathrm{d}x\mathrm{d}y$,其中 D 是由圆 $x^2+y^2=x$ 所围成的闭区域;

(6) $\iint\limits_D (\sqrt{x^2+y^2}-xy^2)\mathrm{d}x\mathrm{d}y$,其中 D 是由上半圆 $y=\sqrt{1-x^2}$ 及 x 轴所围成的闭区域.

3. 交换积分次序.

(1) $\int_1^2\mathrm{d}y\int_1^y f(x,y)\mathrm{d}x+\int_2^4\mathrm{d}y\int_{\frac{y}{2}}^2 f(x,y)\mathrm{d}x$;

(2) $\int_0^1\mathrm{d}x\int_0^{x^2} f(x,y)\mathrm{d}y+\int_1^3\mathrm{d}x\int_0^{\frac{3-x}{2}} f(x,y)\mathrm{d}y$;

(3) $\int_1^2\mathrm{d}x\int_{2-x}^{\sqrt{2x-x^2}} f(x,y)\mathrm{d}y$.

4. 已知 $\int_0^x f(t)\mathrm{d}t=\dfrac{x}{1+x^2}$,计算 $\int_0^1\mathrm{d}y\int_y^1 f(y)\mathrm{d}x$.

5. 计算二重积分 $\iint\limits_D |y-x|\mathrm{d}x\mathrm{d}y$,其中 D 是由 $x=\pm1,y=\pm1$ 所围成的闭区域.

6. 设 $D=\{(x,y)\mid a\leqslant x\leqslant b,c\leqslant y\leqslant d\}$,$f(x)$ 在 $(-\infty,+\infty)$ 上连续,证明

$$\iint\limits_D f(x)f(y)\mathrm{d}x\mathrm{d}y=\left[\int_a^b f(x)\mathrm{d}x\right]\left[\int_c^d f(y)\mathrm{d}y\right].$$

7. 若 $f(x)$ 在 $[a,b]$ 上连续,证明:

$$\left[\int_a^b f(x)\mathrm{d}x\right]^2\leqslant(b-a)\int_a^b f^2(x)\mathrm{d}x.$$

（提示：设 $D=\{(x,y)\mid a\leqslant x\leqslant b,a\leqslant y\leqslant b\}$，考虑 $\iint\limits_{D}[f(x)-f(y)]^2\mathrm{d}x\mathrm{d}y$.）

8. 计算下列三重积分：

（1）$\iiint\limits_{\Omega}(x+y+z)\mathrm{d}v$，其中 Ω 是由 $x+y+z=1$ 与三个坐标面围成的闭区域；

（2）$\iiint\limits_{\Omega}(x^2+y^2)\mathrm{d}v$，其中 Ω 是由 $z=\sqrt{x^2+y^2}$ 与 $z=2$ 所围成的闭区域；

（3）$\iiint\limits_{\Omega}x^2\mathrm{d}v$，其中 Ω 是由球面 $x^2+y^2+z^2=2z$ 所围成的闭区域.

9. 求由曲面 $z=x^2+y^2$，$y=x^2$，$y=1$ 及坐标面所围成的第 I 卦限部分立体的体积.

10. 求双纽线 $\rho^2=a^2\cos 2\theta$ 所围成的平面图形的面积.

11. 计算抛物面 $z=x^2+y^2$ 含在圆柱面 $x^2+y^2=4$ 内部的那部分的面积.

12. 求密度为 μ 的均匀半球体 $\Omega=\{(x,y,z)\mid x^2+y^2+z^2=R^2,z\geqslant 0\}$ 的质心坐标，并求其对 z 轴的转动惯量.

第十章　曲线积分与曲面积分

通过上一章重积分的学习可以发现，二重积分和三重积分与定积分研究的对象尽管不尽相同，但处理问题的方法是极为相似的. 把定积分中的被积函数推广到二元函数，积分区间推广到平面区域，就得到了二重积分；再把被积函数推广到三元函数，平面区域推广到空间区域，就得到了三重积分. 如果进一步把积分范围推广到一条曲线弧或一张曲面上，就得到了所谓的曲线积分或曲面积分. 本章就来介绍曲线积分和曲面积分的概念、性质、计算以及简单应用.

第一节　对弧长的曲线积分

一、对弧长的曲线积分的概念与性质

1. 曲线形构件的质量

设有一曲线形构件，所占的位置为 xOy 面内的弧 $L=\overset{\frown}{AB}$（见图 10-1），已知构件上任意一点(x,y)处的线密度为 $\mu=\mu(x,y)$，假定 $\mu(x,y)$ 在 L 上连续，求这个构件的质量 M.

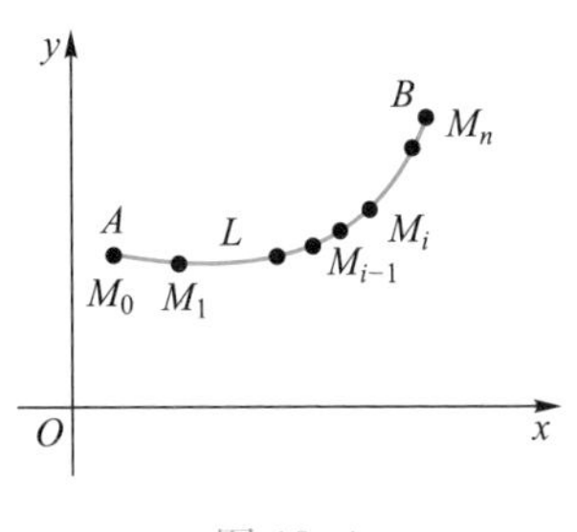

图 10-1

所谓线密度，是指单位长度对应的质量. 如果

构件的线密度是常量μ(即构件是均匀的),则构件的质量$M=\mu s$,其中s是构件的长度. 但这个问题中线密度不是常量,而是点(x,y)的函数$\mu(x,y)$,不能直接用公式$M=\mu s$来求该曲线形构件的质量. 考虑到$\mu=\mu(x,y)$是连续函数,所以很短的一段构件就可以近似地看作是均匀构件,利用"分割、近似替代、求和、取极限"的思想就可以求得构件的质量,具体过程如下.

在曲线弧$\widehat{AB}$上依次插入$n-1$个分点:

$$A=M_0,M_1,M_2,\cdots,M_{n-1},M_n=B,$$

把$\widehat{AB}$分成n段小曲线弧$\widehat{M_{i-1}M_i}$,其弧长记为$\Delta s_i(i=1,2,\cdots,n)$.

设$\widehat{M_{i-1}M_i}$对应的一小段构件的质量为ΔM_i,因为构件的线密度$\mu(x,y)$连续,所以当Δs_i很小时就可以近似地看作是均匀构件. 在$\widehat{M_{i-1}M_i}$上任取一点(ξ_i,η_i),以$\mu(\xi_i,\eta_i)$作为这一小段构件密度的近似值,因此

$$\Delta M_i\approx\mu(\xi_i,\eta_i)\Delta s_i,$$

于是构件的质量可近似地表示为

$$M\approx\sum_{i=1}^{n}\mu(\xi_i,\eta_i)\Delta s_i.$$

随着分点的无限加密,即小弧段的长度越来越小,所得到的近似值精确度越来越高. 记$\lambda=\max\limits_{1\leqslant i\leqslant n}\{\Delta s_i\}$,令$\lambda\to 0$,取极限即有

$$M=\lim_{\lambda\to 0}\sum_{i=1}^{n}\mu(\xi_i,\eta_i)\Delta s_i.$$

这种形式的极限在实际问题中经常出现,抛开问题的物理意义,就可以抽象出如下定义.

2. 对弧长的曲线积分的定义

定义 设L为xOy面内的一条光滑曲线弧,函数$f(x,y)$在L上有界. 在L上任意插入一列点$M_1,M_2,\cdots,M_{n-1}$,把L分成n个小弧段. 设第i个小段的长度为$\Delta s_i(i=1,2,\cdots,n)$,又$(\xi_i,\eta_i)$为第$i$个小弧段上任意取定的一点,作乘积$f(\xi_i,\eta_i)\Delta s_i(i=1,2,\cdots,n)$,并作和$\sum\limits_{i=1}^{n}f(\xi_i,\eta_i)\Delta s_i$,记$\lambda=\max\limits_{1\leqslant i\leqslant n}\{\Delta s_i\}$,如果极限

$$\lim_{\lambda\to 0}\sum_{i=1}^{n}f(\xi_i,\eta_i)\Delta s_i$$

总存在,则称此极限为函数$f(x,y)$在曲线 L 上**对弧长的曲线积分**(line integral with respect to arc length),又称为**第一类(型)曲线积分**,记作$\int_L f(x,y)\mathrm{d}s$,即

$$\int_L f(x,y)\mathrm{d}s=\lim_{\lambda\to 0}\sum_{i=1}^{n}f(\xi_i,\eta_i)\Delta s_i,$$

对弧长的曲线积分的概念

其中函数$f(x,y)$叫做**被积函数**,L 叫做**积分曲线**.

按照定义,前面所提到的曲线形构件的质量就可以表示为$\int_L \mu(x,y)\mathrm{d}s$. 关于对弧长的曲线积分,作下述几点说明.

(1) 如果$f(x,y)$在光滑曲线 L 上连续,则$\int_L f(x,y)\mathrm{d}s$ 存在,即连续函数沿光滑曲线的积分是存在的;

(2) $\int_L f(x,y)\mathrm{d}s$ 如果存在,其结果就是一个常数;

(3) 当积分曲线 L 是闭曲线时,曲线积分常记为$\oint_L f(x,y)\mathrm{d}s$;

(4) 对弧长的曲线积分可推广到空间曲线 Γ 上,即

$$\int_\Gamma f(x,y,z)\mathrm{d}s=\lim_{\lambda\to 0}\sum_{i=1}^{n}f(\xi_i,\eta_i,\zeta_i)\Delta s_i.$$

3. 对弧长的曲线积分的性质

假定下面所涉及的积分都是存在的,由对弧长的曲线积分的定义可以得到以下主要性质.

性质 1　$\int_L [f(x,y)\pm g(x,y)]\mathrm{d}s=\int_L f(x,y)\mathrm{d}s\pm\int_L g(x,y)\mathrm{d}s.$

性质 2　$\int_L kf(x,y)\mathrm{d}s=k\int_L f(x,y)\mathrm{d}s$($k$ 为常数).

性质 3　如果 L 由分段光滑曲线 L_1,L_2 所组成,即 $L=L_1+L_2$,则

$$\int_L f(x,y)\mathrm{d}s=\int_{L_1}f(x,y)\mathrm{d}s+\int_{L_2}f(x,y)\mathrm{d}s.$$

这个性质表明,对弧长的曲线积分关于积分曲线具有可加性.

性质 4　设曲线弧 L 的长度为 s,则

$$\int_L \mathrm{d}s = s.$$

性质 5　如果在曲线 L 上，$f(x,y) \leqslant g(x,y)$，那么

$$\int_L f(x,y)\,\mathrm{d}s \leqslant \int_L g(x,y)\,\mathrm{d}s.$$

特别地，如果 $f(x,y)$ 在曲线 L 上的最大值和最小值分别为 M 和 m，L 的长度为 s，则

$$ms \leqslant \int_L f(x,y)\,\mathrm{d}s \leqslant Ms.$$

上述性质是以平面曲线积分为例给出的，对于空间曲线积分仍然成立.

4. 对弧长的曲线积分的几何意义

设 $z=f(x,y)$ 是定义在光滑的平面曲线弧段 L 上的正值连续函数，则对弧长的曲线积分 $\int_L f(x,y)\,\mathrm{d}s$ 的几何意义：以 L 为准线，母线平行于 z 轴，高为 $z=f(x,y)(\geqslant 0)$ 的柱面的面积（见图 10-2）. 请读者注意，这里叙述的几何意义是平面曲线积分的几何意义，而空间曲线积分已经没有明显的几何意义了.

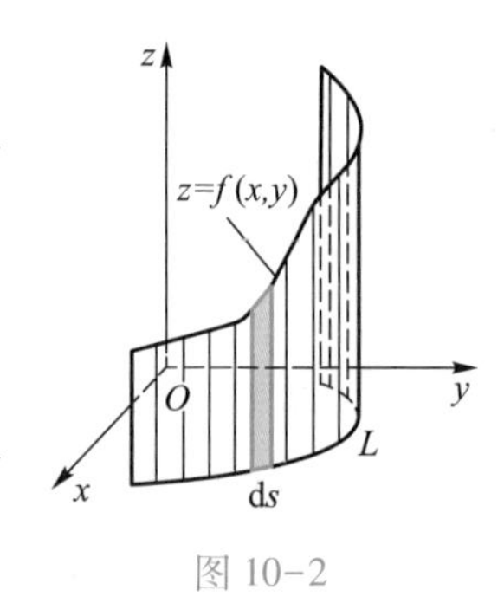

图 10-2

二、对弧长的曲线积分的计算

定理　设函数 $f(x,y)$ 在平面曲线 L 上连续，L 的参数方程为 $x=\varphi(t)$，$y=\psi(t)\,(\alpha\leqslant t\leqslant\beta)$，其中 $x=\varphi(t)$，$y=\psi(t)$ 在区间 $[\alpha,\beta]$ 上具有一阶连续的导数且 $\varphi'^2(t)+\psi'^2(t)\neq 0$，则曲线积分 $\int_L f(x,y)\,\mathrm{d}s$ 存在，且有公式

$$\int_L f(x,y)\,\mathrm{d}s = \int_\alpha^\beta f[\varphi(t),\psi(t)]\sqrt{\varphi'^2(t)+\psi'^2(t)}\,\mathrm{d}t.$$

满足定理条件的曲线是光滑曲线，由前面的讨论可知，积分 $\int_L f(x,y)\,\mathrm{d}s$ 存在. 这里只证明上面计算公式.

证明　设曲线弧 L 的两个端点分别为 A，B，当参数 t 从 α 单调增加地变

化到 β 时,曲线上对应的点 $(\varphi(t),\psi(t))$ 由 A 变化到 B. 在曲线 L 上,按照由 A 到 B 的方向依次插入分点

$$A=M_0,M_1,M_2,\cdots,M_{n-1},M_n=B,$$

这样就把 L 分成了 n 个小的曲线弧. 设分点 M_i 对应的参数 $t=t_i$,则有

$$\alpha=t_0<t_1<\cdots<t_{i-1}<t_i<\cdots<t_n=\beta.$$

设第 i 段曲线弧 $\overset{\frown}{M_{i-1}M_i}$ 的长度为 Δs_i, $\Delta t_i=t_i-t_{i-1}$,由弧长的计算可得

$$\Delta s_i=\int_{t_{i-1}}^{t_i}\sqrt{\varphi'^2(t)+\psi'^2(t)}\,\mathrm{d}t.$$

因为 $\sqrt{\varphi'^2(t)+\psi'^2(t)}$ 连续,由积分中值定理可知,存在 $\tau_i\in[t_{i-1},t_i]$ 使得

$$\Delta s_i=\int_{t_{i-1}}^{t_i}\sqrt{\varphi'^2(t)+\psi'^2(t)}\,\mathrm{d}x=\sqrt{\varphi'^2(\tau_i)+\psi'^2(\tau_i)}\,\Delta t_i\quad(i=1,2,\cdots,n).$$

因为函数 $f(x,y)$ 在光滑曲线弧 L 上连续,所以积分 $\int_L f(x,y)\,\mathrm{d}s$ 存在,且与对曲线的分法以及任意点的选取无关,在第 i 段曲线弧 $\overset{\frown}{M_{i-1}M_i}$ 上取 $(\xi_i,\eta_i)=(\varphi(\tau_i),\psi(\tau_i))$,记 $\lambda=\max\limits_{1\leqslant i\leqslant n}\{\Delta t_i\}$,由曲线积分和定积分的定义可知

$$\begin{aligned}\int_L f(x,y)\,\mathrm{d}s&=\lim_{\lambda\to 0}\sum_{i=1}^{n}f(\xi_i,\eta_i)\Delta s_i\\&=\lim_{\lambda\to 0}\sum_{i=1}^{n}f[\varphi(\tau_i),\psi(\tau_i)]\sqrt{\varphi'^2(\tau_i)+\psi'^2(\tau_i)}\,\Delta t_i\\&=\int_{\alpha}^{\beta}f[\varphi(t),\psi(t)]\sqrt{\varphi'^2(t)+\psi'^2(t)}\,\mathrm{d}t,\end{aligned}$$

故

$$\int_L f(x,y)\,\mathrm{d}s=\int_{\alpha}^{\beta}f[\varphi(t),\psi(t)]\sqrt{\varphi'^2(t)+\psi'^2(t)}\,\mathrm{d}t.$$

定理表明,对弧长的曲线积分可以化为定积分来计算,并且定理也提供了化曲线积分为定积分的方法. 具体步骤归纳如下:

第一步　确定积分限. 写出曲线 L 的参数方程 $x=\varphi(t)$, $y=\psi(t)$ $(\alpha\leqslant t\leqslant\beta)$,当参数 t 由 α 连续地变化至 β 时,动点 $(\varphi(t),\psi(t))$ 的轨迹恰好是曲线 L,则 α 为积分下限, β 为积分上限. 特别注意,对弧长的曲线积分转化为定积分后,积分下限一定要小于积分上限.

第二步　确定被积表达式. 将曲线积分的被积函数 $f(x,y)$ 中的 x 换为

$\varphi(t)$,y 换为 $\psi(t)$,ds 换为 $\sqrt{\varphi'^2(t)+\psi'^2(t)}\,\mathrm{d}t$ 即得被积表达式.

例 1 计算 $\oint_L (x^2+y^2)\,\mathrm{d}s$,其中 L 是圆心在坐标原点,半径为 R 的圆.

解 圆的参数方程为 $L: x=R\cos t, y=R\sin t, 0\leqslant t\leqslant 2\pi$,此时

$$x^2+y^2=R^2,\quad \mathrm{d}s=\sqrt{(R\cos t)'^2+(R\sin t)'^2}\,\mathrm{d}t=R\mathrm{d}t,$$

由计算公式可得

$$\int_L (x^2+y^2)\,\mathrm{d}s=\int_0^{2\pi} R^3\,\mathrm{d}t=2\pi R^3.$$

例 2 计算 $\int_L \sqrt{y}\,\mathrm{d}s$,其中 L 为摆线 $\begin{cases}x=a(t-\sin t),\\ y=a(1-\cos t)\end{cases}$ 的一拱(相应于 $0\leqslant t\leqslant 2\pi$ 的一段弧).

解 这里因为 $x'=a(1-\cos t), y'=a\sin t$,所以

$$\mathrm{d}s=\sqrt{x'^2+y'^2}\,\mathrm{d}t=\sqrt{2a^2(1-\cos t)}\,\mathrm{d}t,$$

故

$$\int_L \sqrt{y}\,\mathrm{d}s=\int_0^{2\pi}\sqrt{a(1-\cos t)}\sqrt{2a^2(1-\cos t)}\,\mathrm{d}t=(2a)^{\frac{3}{2}}\pi.$$

当曲线方程由直角坐标方程给出时,利用定理,就可以得到化曲线积分为定积分的方法:

(1) 曲线 L 的直角坐标方程 $y=y(x)\ (a\leqslant x\leqslant b)$ 可以看成是以 x 为参数的参数方程,即

$$L: x=x, y=y(x)\quad (a\leqslant x\leqslant b).$$

如果 $y=y(x)$ 具有连续的导数,则计算公式变为

$$\int_L f(x,y)\,\mathrm{d}s=\int_a^b f[x,y(x)]\sqrt{1+y'^2(x)}\,\mathrm{d}x.$$

(2) 曲线 L 的直角坐标方程 $x=x(y)\ (c\leqslant y\leqslant d)$ 可以看成是以 y 为参数的参数方程,即

$$L: x=x(y), y=y\quad (c\leqslant y\leqslant d).$$

如果 $x=x(y)$ 具有连续的导数,则计算公式变为

$$\int_L f(x,y)\,\mathrm{d}s=\int_c^d f[x(y),y]\sqrt{1+x'^2(y)}\,\mathrm{d}y.$$

例 3　计算曲线积分 $I=\oint_L(x+y)\,\mathrm{d}s$，其中 L 为直线 $y=2x$，$y=2$ 及 $x=0$ 所围成的平面区域的边界曲线.

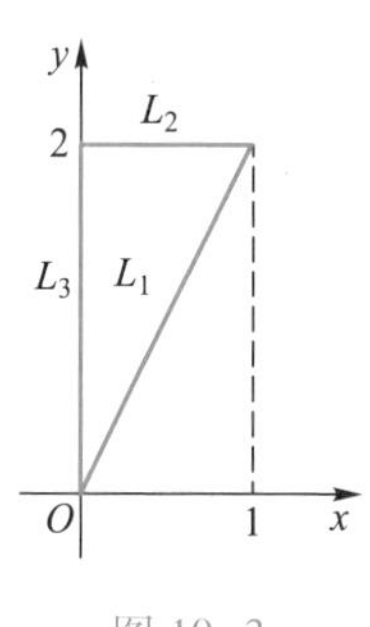

图 10-3

解　如图 10-3 所示，L 由 L_1,L_2,L_3 三条直线段组成，即 $L=L_1+L_2+L_3$，根据可加性有

$$I=\int_{L_1}(x+y)\,\mathrm{d}s+\int_{L_2}(x+y)\,\mathrm{d}s+\int_{L_3}(x+y)\,\mathrm{d}s.$$

现分别计算上式右端的三个积分.

$L_1:y=2x(0\leqslant x\leqslant 1)$，$\mathrm{d}s=\sqrt{5}\,\mathrm{d}x$

得
$$\int_{L_1}(x+y)\,\mathrm{d}s=\int_0^1(x+2x)\sqrt{5}\,\mathrm{d}x=\frac{3}{2}\sqrt{5}.$$

$L_2:y=2(0\leqslant x\leqslant 1)$，$\mathrm{d}s=\mathrm{d}x$

得
$$\int_{L_2}(x+y)\,\mathrm{d}s=\int_0^1(x+2)\,\mathrm{d}x=\frac{5}{2}.$$

$L_3:x=0(0\leqslant y\leqslant 2)$，$\mathrm{d}s=\mathrm{d}y$

得
$$\int_{L_3}(x+y)\,\mathrm{d}s=\int_0^2 y\,\mathrm{d}y=2.$$

故

$$\begin{aligned}I&=\int_{L_1}(x+y)\,\mathrm{d}s+\int_{L_2}(x+y)\,\mathrm{d}s+\int_{L_3}(x+y)\,\mathrm{d}s\\&=\frac{3}{2}\sqrt{5}+\frac{5}{2}+2=\frac{3}{2}(3+\sqrt{5}).\end{aligned}$$

例 4　计算曲线积分 $I=\int_L y\,\mathrm{d}s$，其中 L 为 $y^2=4x$ 上由 $A(1,-2)$ 到 $B(1,2)$ 的一段弧(见图 10-4).

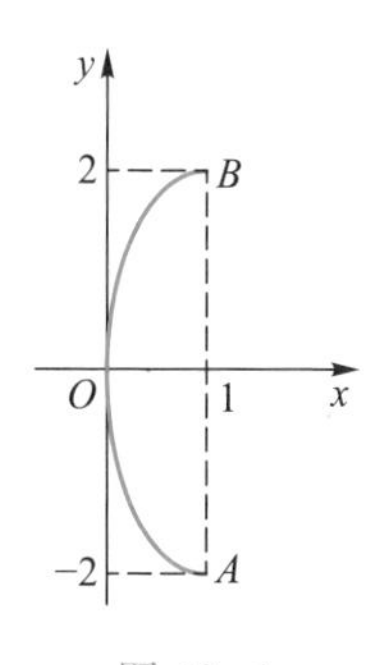

图 10-4

解　曲线 L 的方程为

$$x=\frac{1}{4}y^2\quad(-2\leqslant y\leqslant 2),$$

$$\mathrm{d}s=\sqrt{1+\left(\frac{y}{2}\right)^2}\,\mathrm{d}y,$$

得

$$I=\int_{-2}^{2} y\sqrt{1+\left(\frac{y}{2}\right)^2}\,\mathrm{d}y=0.$$

这个曲线积分如果要化成 x 的定积分来计算,则 L 的方程为 $y=\pm 2\sqrt{x}$,要将 L 分为 $L_1: y=2\sqrt{x}\,(0\leqslant x\leqslant 1)$ 和 $L_2: y=-2\sqrt{x}\,(0\leqslant x\leqslant 1)$ 两部分,计算比较麻烦. 并且在这个问题中还会涉及瑕积分. 可见,计算曲线积分时,适当选取曲线的参数方程可使计算简化.

定理可以推广到空间曲线积分的情形.

设 $\Gamma: x=\varphi(t), y=\psi(t), z=w(t)\,(\alpha\leqslant t\leqslant\beta)$,函数 $f(x,y,z)$ 在 Γ 上连续,$x=\varphi(t), y=\psi(t), z=w(t)$ 具有连续的导数,则

$$\int_\Gamma f(x,y,z)\,\mathrm{d}s=\int_\alpha^\beta f[\varphi(t),\psi(t),w(t)]\sqrt{\varphi'^2(t)+\psi'^2(t)+w'^2(t)}\,\mathrm{d}t.$$

例 5　计算曲线积分 $\int_\Gamma \frac{\mathrm{d}s}{x^2+y^2+z^2}$,其中 Γ 为螺旋线 $x=a\cos\theta, y=a\sin\theta, z=b\theta$ 上相应于 $0\leqslant\theta\leqslant\frac{\pi}{2}$ 的弧段.

解　由于 $\mathrm{d}s=\sqrt{x'^2+y'^2+z'^2}\,\mathrm{d}\theta=\sqrt{a^2+b^2}\,\mathrm{d}\theta$,故得

$$\begin{aligned}\int_\Gamma \frac{\mathrm{d}s}{x^2+y^2+z^2}&=\int_0^{\frac{\pi}{2}}\frac{\sqrt{a^2+b^2}}{a^2+b^2\theta^2}\mathrm{d}\theta\\&=\sqrt{a^2+b^2}\,\frac{1}{ab}\int_0^{\frac{\pi}{2}}\frac{\mathrm{d}\left(\frac{b}{a}\theta\right)}{1+\left(\frac{b}{a}\theta\right)^2}\\&=\frac{\sqrt{a^2+b^2}}{ab}\arctan\frac{b\pi}{2a}.\end{aligned}$$

例 6　计算 $\int_\Gamma x^2z\,\mathrm{d}s$,其中 Γ 是连接 $A(1,2,3)$ 和 $B(-1,0,2)$ 的直线段.

解　由直线的两点式方程可得,Γ 的方程为

$$\frac{x-1}{2}=\frac{y-2}{2}=\frac{z-3}{1},$$

化为参数方程,有

$$x=1+2t,\quad y=2+2t,\quad z=3+t\quad(-1\leqslant t\leqslant 0),$$

故
$$\int_{\Gamma} x^2 z\mathrm{d}s=\int_{-1}^{0}(1+2t)^2(3+t)\sqrt{2^2+2^2+1^2}\,\mathrm{d}t=\frac{5}{2}.$$

三、对弧长的曲线积分的应用举例

应用对弧长的曲线积分可以解决很多的实际问题,例如

对弧长的曲线积分的应用

(1) 曲线段的弧长为 $s=\int_L \mathrm{d}s$.

(2) 柱面的面积. 以 xOy 面上的曲线 L 为准线,母线平行于 z 轴,高为 $z=|f(x,y)|$的柱面的面积为

$$A=\int_L |f(x,y)|\mathrm{d}s.$$

(3) 曲线形构件 L(或 Γ)的质量为

$$M_L=\int_L \mu(x,y)\mathrm{d}s\quad\left(M_\Gamma=\int_\Gamma \mu(x,y,z)\mathrm{d}s\right).$$

(4) 曲线形构件 L 的质心坐标为

$$\bar{x}=\frac{\int_L x\mu(x,y)\mathrm{d}s}{\int_L \mu(x,y)\mathrm{d}s},\quad \bar{y}=\frac{\int_L y\mu(x,y)\mathrm{d}s}{\int_L \mu(x,y)\mathrm{d}s}.$$

(5) 曲线形构件的转动惯量为

$$I_x=\int_L y^2\mu(x,y)\mathrm{d}s,$$

$$I_y=\int_L x^2\mu(x,y)\mathrm{d}s,$$

$$I_O=\int_L (x^2+y^2)\mu(x,y)\mathrm{d}s.$$

其中 $\mu(x,y)$,$\mu(x,y,z)$ 为曲线形构件的线密度.

上述应用主要以平面曲线的形式给出,空间曲线情形类似,这里不再赘述.

例 7　求半径为 R,圆心角为 2α 的均匀圆弧 L 关于其对称轴的转动惯量.

解 如图 10-5 所示. 圆弧 L 的参数方程为

$$x=R\cos\theta, y=R\sin\theta, \quad -\alpha\leqslant\theta\leqslant\alpha,$$

L 的线密度为 μ(常量),则所求转动惯量

$$I_x=\int_L \mu y^2 \mathrm{d}s=\int_{-\alpha}^{\alpha}\mu R^2\sin^2\theta R\mathrm{d}\theta=\mu R^3\left(\alpha-\frac{1}{2}\sin 2\alpha\right).$$

例 8 求半径为 R 的均匀半圆弧形构件 L 的质心.

解 如图 10-6 所示. 利用参数方程

$$x=R\cos t, \quad y=R\sin t, \quad 0\leqslant t\leqslant\pi,$$

因为均匀半圆弧对称于 y 轴,所以质心的横坐标为 $\bar{x}=0$,

$$\bar{y}=\frac{\int_L \mu y\mathrm{d}s}{\int_L \mu\mathrm{d}s}=\frac{\mu\int_L y\mathrm{d}s}{\mu\pi R}=\frac{1}{\pi R}\int_0^{\pi} R\sin tR\mathrm{d}t=\frac{2}{\pi}R.$$

故所求的质心坐标为$\left(0,\frac{2}{\pi}R\right)$.

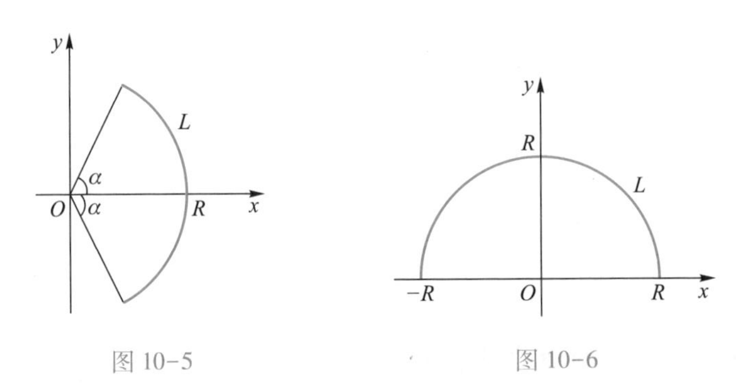

图 10-5　　图 10-6

例 9 设有一半径为 R 的均匀半圆周曲线弧,圆心处有一个单位质量的质点. 求曲线弧对该质点的引力(曲线弧的线密度 $\mu=1$).

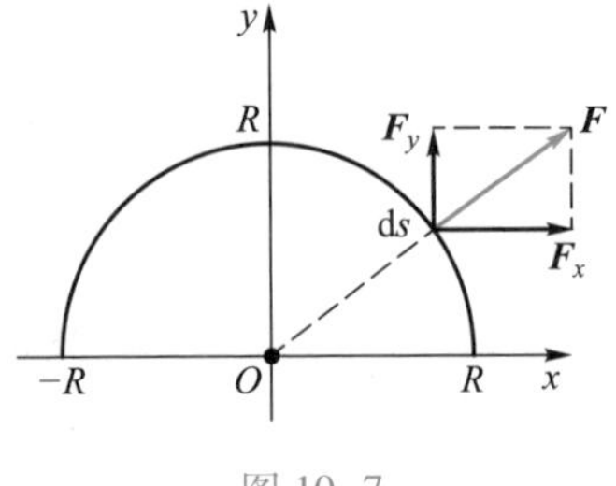

图 10-7

解 如图 10-7 所示. 质点位于原点. 在半圆周上任取一小弧段 $\mathrm{d}s$,其质量为 $\mathrm{d}m=\mu\mathrm{d}s=\mathrm{d}s$. 小弧段对质点的引力 $\mathrm{d}\boldsymbol{F}$ 的大小为

$$\mathrm{d}F=G\frac{1\times\mathrm{d}m}{r^2}=G\frac{\mathrm{d}s}{r^2}.$$

方向是由原点指向(x,y). 因为不同方向上的力不具有可加性(即不能简单地表示成数量的加法),所以将 $\mathrm{d}\boldsymbol{F}$ 分解到 x 方向和 y 方向. $\mathrm{d}\boldsymbol{F}$ 在 y 方向上的分力大小为

$$\mathrm{d}F_y=G\frac{\mathrm{d}s}{r^2}\frac{y}{r}=G\frac{y}{r^3}\mathrm{d}s=\frac{Gy\mathrm{d}s}{(x^2+y^2)^{\frac{3}{2}}},$$

则

$$F_y=\int_L\frac{Gy\mathrm{d}s}{(x^2+y^2)^{\frac{3}{2}}}=G\int_{-R}^{R}\frac{\sqrt{R^2-x^2}}{R^3}\frac{R}{\sqrt{R^2-x^2}}\mathrm{d}x=\frac{2G}{R}.$$

由对称性知,$F_x=0$. 故所求的引力为 $\boldsymbol{F}=\left(0,\dfrac{2G}{R}\right)$.

习题 10-1

1. 计算下列对弧长的曲线积分.

(1) $\oint_L(x^2+y^2)^n\mathrm{d}s$,其中 L 为圆周 $x=\cos t,y=\sin t(0\leqslant t\leqslant2\pi)$;

(2) $\int_L(x+y)\mathrm{d}s$,其中 L 为连接$(1,0)$及$(0,1)$两点的直线段;

(3) $\int_L\sqrt{2y}\,\mathrm{d}s$,其中 L 为摆线 $x=a(t-\sin t),y=a(1-\cos t)$的一拱$(0\leqslant t\leqslant2\pi)$;

(4) $\int_L(x^{\frac{4}{3}}+y^{\frac{4}{3}})\mathrm{d}s$,其中 L 为星形线 $x=a\cos^3t,y=a\sin^3t\left(0\leqslant t\leqslant\dfrac{\pi}{2}\right)$在第一象限内的弧;

(5) $\oint_c\sqrt{x^2+y^2}\,\mathrm{d}s$,其中 c 是 $x^2+y^2=ax$;

(6) $\int_c|y|\mathrm{d}s$,其中 c 为 $x=\sqrt{1-y^2}$;

(7) $\oint_c\mathrm{e}^{\sqrt{x^2+y^2}}\mathrm{d}s$,其中 c 为曲线 $x^2+y^2=a^2$,直线 $y=x$ 及 x 轴正半轴在第一象限内所围成平面区域的边界线;

(8) $\int_{\Gamma} z\mathrm{d}s$，其中 Γ 为曲线 $x=t\cos t, y=t\sin t, z=t$ 从 $t=0$ 到 $t=t_0$ 的弧段；

(9) $\int_{\Gamma} \frac{z^2}{x^2+y^2}\mathrm{d}s$，其中 Γ 为螺线 $x=a\cos t, y=a\sin t, z=at$ 从 $t=0$ 到 $t=2\pi$ 的弧段；

(10) $\oint_{\Gamma} (2yz+2zx+2xy)\mathrm{d}s$，其中 Γ 是空间圆周

$$\begin{cases} x^2+y^2+z^2=a^2, \\ x+y+z=\frac{3}{2}a. \end{cases}$$

2. 求半径为 a，中心角为 2φ 的均匀圆弧（线密度 $\mu=1$）的质心.

3. 设螺旋形弹簧一圈的方程为 $x=a\cos t, y=a\sin t, z=kt$，其中 $0\leqslant t\leqslant 2\pi$，它的线密度 $\mu(x,y,z)=x^2+y^2+z^2$，求它的质心及它关于 z 轴的转动惯量.

4. 求圆柱面 $x^2+y^2=R^2$ 界于 xOy 面及柱面 $z=R+\frac{x^2}{R}$ 之间的一块曲面的面积.

第二节　对坐标的曲线积分

一、对坐标的曲线积分的概念与性质

1. 变力沿曲线所做的功

设 xOy 面内一质点在变力 $\boldsymbol{F}=P(x,y)\boldsymbol{i}+Q(x,y)\boldsymbol{j}$ 作用下，从点 A 沿该平面内光滑曲线 L 移至点 B，计算变力 $\boldsymbol{F}$ 所做的功 W（其中函数 $P(x,y)$，$Q(x,y)$ 在 L 上连续）（见图 10-8）.

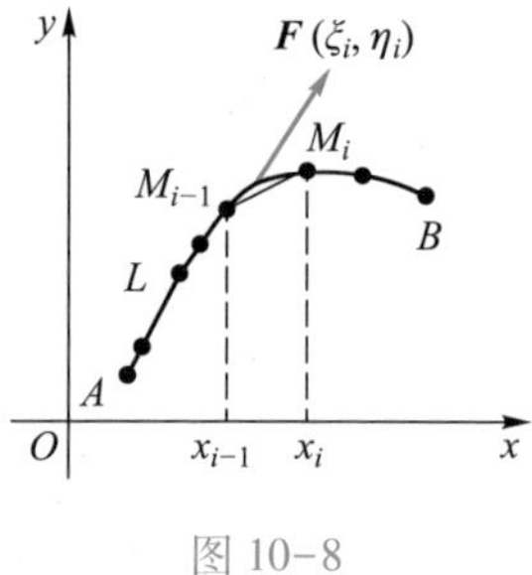

图 10-8

由物理学可知，如果质点在常力 $\boldsymbol{F}$ 作用下发生位移 $\overrightarrow{AB}$（即从点 A 运动到点 B），常力 $\boldsymbol{F}$ 所做的功为 $W=\boldsymbol{F}\cdot\overrightarrow{AB}$. 而现在 $\boldsymbol{F}(x,y)$ 是变力，且质点沿曲线 L 移动，再次用"分割、近似替代、求和、取极限"的思想

来解决.

在有向曲线 L 上,按照从 A 到 B 的顺序插入点:

$$A=M_0(x_0,y_0),M_1(x_1,y_1),\cdots,M_n(x_n,y_n)=B$$

就把弧 $\widehat{AB}$ 分成 n 个有向小弧段 $\widehat{M_{i-1}M_i}(i=1,2,\cdots,n)$,质点由 M_{i-1} 运动到 M_i 所产生的位移是 $\overrightarrow{M_{i-1}M_i}=(\Delta x_i)\boldsymbol{i}+(\Delta y_i)\boldsymbol{j}$. 其中

$$\Delta x_i=x_i-x_{i-1},\quad \Delta y_i=y_i-y_{i-1}(i=1,2,\cdots,n).$$

因为函数 $P(x,y)$ 和 $Q(x,y)$ 在曲线 L 上连续,故当 $|\Delta x_i|$, $|\Delta y_i|$ 很小时,$\boldsymbol{F}=P(x,y)\boldsymbol{i}+Q(x,y)\boldsymbol{j}$ 变化就很小,所以质点在 $\widehat{M_{i-1}M_i}$ 上所受的力可以近似地看作是常力. 在 $\widehat{M_{i-1}M_i}$ 上任取一点 (ξ_i,η_i),用该处的力

$$\boldsymbol{F}(\xi_i,\eta_i)=P(\xi_i,\eta_i)\boldsymbol{i}+Q(\xi_i,\eta_i)\boldsymbol{j}=(P(\xi_i,\eta_i),Q(\xi_i,\eta_i))$$

作为小弧段 $\widehat{M_{i-1}M_i}$ 上受力的近似值,则变力 $\boldsymbol{F}(x,y)$ 沿小弧段 $\widehat{M_{i-1}M_i}$ 所做的功 ΔW_i 近似地为

$$\begin{aligned}\Delta W_i &\approx \boldsymbol{F}(\xi_i,\eta_i)\cdot\overrightarrow{M_{i-1}M_i}=(P(\xi_i,\eta_i),Q(\xi_i,\eta_i))\cdot(\Delta x_i,\Delta y_i)\\&=P(\xi_i,\eta_i)\Delta x_i+Q(\xi_i,\eta_i)\Delta y_i.\end{aligned}$$

把各个小弧段上做功的近似值相加,即得

$$W\approx\sum_{i=1}^{n}[P(\xi_i,\eta_i)\Delta x_i+Q(\xi_i,\eta_i)\Delta y_i].$$

用 λ 表示 n 个小弧段中的最大长度,令 $\lambda\to 0$,取上述和式的极限,所得到的极限即为变力 $\boldsymbol{F}$ 沿有向曲线弧 L 所做的功,即

$$W=\lim_{\lambda\to 0}\sum_{i=1}^{n}[P(\xi_i,\eta_i)\Delta x_i+Q(\xi_i,\eta_i)\Delta y_i].$$

这种和式的极限在研究其他问题时也会遇到. 现在引出下面的定义.

2. 对坐标的曲线积分的定义

定义　设 L 是 xOy 面内从点 A 到点 B 的一条有向光滑曲线弧,向量函数 $\boldsymbol{A}(x,y)=P(x,y)\boldsymbol{i}+Q(x,y)\boldsymbol{j}$ 在 L 上有定义,函数 $P(x,y)$,$Q(x,y)$ 在 L 上有界. 在 L 上由点 A 到点 B 任意插入一点列

$$A=M_0(x_0,y_0),M_1(x_1,y_1),\cdots,M_n(x_n,y_n)=B,$$

将 L 分成 n 个有向小弧段 $\widehat{M_{i-1}M_i}$，其长度为 $\Delta s_i(i=1,2,\cdots,n)$，记小段位移 $\Delta\boldsymbol{r}_i=\overrightarrow{M_{i-1}M_i}=(\Delta x_i)\boldsymbol{i}+(\Delta y_i)\boldsymbol{j}$，其中 $\Delta x_i=x_i-x_{i-1}$，$\Delta y_i=y_i-y_{i-1}(i=1,2,\cdots,n)$，点 (ξ_i,η_i) 为 $\widehat{M_{i-1}M_i}$ 上任意取定的点，记 $\lambda=\max\limits_{1\leqslant i\leqslant n}\{\Delta s_i\}$，如果

$$\lim_{\lambda\to 0}\sum_{i=1}^{n}\boldsymbol{A}(\xi_i,\eta_i)\cdot\Delta\boldsymbol{r}_i=\lim_{\lambda\to 0}\sum_{i=1}^{n}[P(\xi_i,\eta_i)\Delta x_i+Q(\xi_i,\eta_i)\Delta y_i]$$

总存在，则称此极限为 $\boldsymbol{A}(x,y)$ 在有向曲线弧 L 上**对坐标的曲线积分**，也称为**第二类(型)曲线积分**，记作

$$\int_L\boldsymbol{A}\cdot\mathrm{d}\boldsymbol{r}=\int_L P(x,y)\mathrm{d}x+Q(x,y)\mathrm{d}y,$$

对坐标的曲线积分的概念

其中，$\mathrm{d}\boldsymbol{r}=\mathrm{d}x\boldsymbol{i}+\mathrm{d}y\boldsymbol{j}=(\mathrm{d}x,\mathrm{d}y)$ 称为**有向弧元素**，$P\mathrm{d}x+Q\mathrm{d}y$ 称为**被积表达式**，L 称为**积分路径(曲线)**.

有了上述定义后，实例中的变力做功可表示为

$$W=\int_L\boldsymbol{F}\cdot\mathrm{d}\boldsymbol{r}=\int_L P(x,y)\mathrm{d}x+Q(x,y)\mathrm{d}y.$$

关于对坐标的曲线积分，作下述几点说明.

(1) 通常，积分 $\int_L P(x,y)\mathrm{d}x$ 称为函数 $P(x,y)$ 在有向曲线弧 L 上对坐标 x 的曲线积分；积分 $\int_L Q(x,y)\mathrm{d}y$ 称为函数 $Q(x,y)$ 在有向曲线弧 L 上对坐标 y 的曲线积分.

(2) 可以证明，当 $P(x,y)$，$Q(x,y)$ 在有向光滑的曲线弧 L 上连续时，对坐标的曲线积分 $\int_L P(x,y)\mathrm{d}x$，$\int_L Q(x,y)\mathrm{d}y$ 都存在.

(3) 当 L 为有向闭曲线时，曲线积分常记作 $\oint_L P\mathrm{d}x+Q\mathrm{d}y$.

(4) 对坐标的曲线积分的定义可推广到空间有向曲线 Γ 上. 类似地，有

$$\int_\Gamma\boldsymbol{A}\cdot\mathrm{d}\boldsymbol{r}=\int_\Gamma P(x,y,z)\mathrm{d}x+Q(x,y,z)\mathrm{d}y+R(x,y,z)\mathrm{d}z,$$

其中，$\boldsymbol{A}=(P(x,y,z),Q(x,y,z),R(x,y,z))$，$\mathrm{d}\boldsymbol{r}=(\mathrm{d}x,\mathrm{d}y,\mathrm{d}z)$.

3. 对坐标的曲线积分的性质

性质 1　设 k_1,k_2 为常数，则

$$\int_L [k_1\boldsymbol{A}_1(x,y)+k_2\boldsymbol{A}_2(x,y)]\cdot \mathrm{d}\boldsymbol{r}$$
$$=k_1\int_L \boldsymbol{A}_1(x,y)\cdot \mathrm{d}\boldsymbol{r}+k_2\int_L \boldsymbol{A}_2(x,y)\cdot \mathrm{d}\boldsymbol{r}.$$

性质 2 若有向曲线弧 L 可分成两段光滑的有向曲线弧 L_1,L_2,则

$$\int_L \boldsymbol{A}(x,y)\cdot \mathrm{d}\boldsymbol{r}=\int_{L_1} \boldsymbol{A}(x,y)\cdot \mathrm{d}\boldsymbol{r}+\int_{L_2} \boldsymbol{A}(x,y)\cdot \mathrm{d}\boldsymbol{r}.$$

性质 1 和性质 2 与第一类曲线积分的性质类似,下面的性质 3 反映了第二类曲线积分的特点.

性质 3 设 L 是有向光滑曲线弧,$-L$ 是与 L 方向相反的有向曲线弧,则

$$\int_L \boldsymbol{A}\cdot \mathrm{d}\boldsymbol{r}=-\int_{-L} \boldsymbol{A}\cdot \mathrm{d}\boldsymbol{r},$$

即
$$\int_L P\mathrm{d}x+Q\mathrm{d}y=-\int_{-L} P\mathrm{d}x+Q\mathrm{d}y.$$

也就是说,在第二类曲线积分中,当积分曲线的方向改变时,积分值变号. 这个性质的物理意义是明显的,用第二类曲线积分的定义也不难证明,请读者自己思考.

二、对坐标的曲线积分的计算

定理 设函数 $P(x,y),Q(x,y)$ 在有向光滑曲线弧 L 上连续,L 的参数方程为

$$x=\varphi(t),\quad y=\psi(t).$$

当参数 t 由 α 单调地变化到 β 时,L 上对应的点由 L 的起点 A 变化到终点 B,$\varphi(t),\psi(t)$ 在以 α,β 为端点的区间上具有一阶连续导数,并且在 $[\alpha,\beta]$(或 $[\beta,\alpha]$)上 $\varphi'^2(t)+\psi'^2(t)\neq 0$,则曲线积分 $\int_L P(x,y)\mathrm{d}x+Q(x,y)\mathrm{d}y$ 存在,且有

$$\int_L P(x,y)\mathrm{d}x+Q(x,y)\mathrm{d}y$$
$$=\int_\alpha^\beta \{P[\varphi(t),\psi(t)]\varphi'(t)+Q[\varphi(t),\psi(t)]\psi'(t)\}\mathrm{d}t.$$

证明 这里 $\int_L P(x,y)\mathrm{d}x+Q(x,y)\mathrm{d}y$ 存在性的证明要用到较多的基础理

论,从略. 只在积分存在的条件下证明计算公式.

在有向曲线弧 L 上,从 L 的起点 A 到终点 B 插入分点

$$A=M_0(x_0,y_0),M_1(x_1,y_1),\cdots,M_n(x_n,y_n)=B,$$

这些点对应了一列单调的参数

$$\alpha=t_0,t_1,\cdots,t_{i-1},t_i,\cdots,t_n=\beta.$$

由于 $x=\varphi(t)$ 连续,记 $\Delta t_i=t_i-t_{i-1}$,对 $x=\varphi(t)$ 在以 t_{i-1} 和 t_i 为端点的区间上用拉格朗日中值定理,则有

$$\Delta x_i=x_i-x_{i-1}=\varphi(t_i)-\varphi(t_{i-1})=\varphi'(\tau_i)\Delta t_i,\tau_i\text{ 介于 }t_{i-1}\text{ 和 }t_i\text{ 之间}.$$

因为曲线积分 $\int_L P(x,y)\mathrm{d}x$ 存在,所以与分法和任意点的取法无关,取 $\xi_i=\varphi(\tau_i),\eta_i=\psi(\tau_i)$,因此,有

$$\int_L P(x,y)\mathrm{d}x=\lim_{\lambda\to 0}\sum_{i=1}^{n}P(\xi_i,\eta_i)\Delta x_i=\lim_{\lambda\to 0}\sum_{i=1}^{n}P[\varphi(\tau_i),\psi(\tau_i)]\varphi'(\tau_i)\Delta t_i.$$

因为函数 $P[\varphi(t),\psi(t)]\varphi'(t)$ 连续,所以有

$$\lim_{\lambda\to 0}\sum_{i=1}^{n}P[\varphi(\tau_i),\psi(\tau_i)]\varphi'(\tau_i)\Delta t_i=\int_\alpha^\beta P[\varphi(t),\psi(t)]\varphi'(t)\mathrm{d}t,$$

即

$$\int_L P(x,y)\mathrm{d}x=\int_\alpha^\beta P[\varphi(t),\psi(t)]\varphi'(t)\mathrm{d}t.$$

类似地,可以证明

$$\int_L Q(x,y)\mathrm{d}y=\int_\alpha^\beta Q[\varphi(t),\psi(t)]\psi'(t)\mathrm{d}t.$$

上面两式的两端相加即得所要证明的计算公式.

为了便于记忆,定理也可以用下面的方法进行形式推导.

$$\begin{aligned}\int_L P(x,y)\mathrm{d}x+Q(x,y)\mathrm{d}y&=\int_L (P(x,y),Q(x,y))\cdot(\mathrm{d}x,\mathrm{d}y)\\&=\int_\alpha^\beta \{P[\varphi(t),\psi(t)],Q[\varphi(t),\psi(t)]\}\cdot(\varphi'(t),\psi'(t))\mathrm{d}t\\&=\int_\alpha^\beta \{P[\varphi(t),\psi(t)]\varphi'(t)+Q[\varphi(t),\psi(t)]\psi'(t)\}\mathrm{d}t.\end{aligned}$$

有了这个定理之后,就可以把第二类曲线积分化为定积分来计算. 关于定理及其应用,作如下几点说明.

（1）当计算 $\int_L P(x,y)\,\mathrm{d}x+Q(x,y)\,\mathrm{d}y$ 时，先写出 L 的参数方程 $x=\varphi(t)$，$y=\psi(t)$，再把 $x,y,\mathrm{d}x,\mathrm{d}y$ 依次换为 $\varphi(t),\psi(t),\varphi'(t)\,\mathrm{d}t,\psi'(t)\,\mathrm{d}t$，然后从 L 的起点所对应参数值 α 到 L 的终点所对应参数值 β 作定积分即可. 特别注意下限 α 对应于 L 的起点、上限 β 对应于 L 的终点，下限 α 不一定小于上限 β.

（2）曲线 L 的直角坐标方程 $y=y(x)$ 可以看作是以 x 为参数的参数方程：$x=x,y=y(x)$，计算公式就变为

$$\int_L P(x,y)\,\mathrm{d}x+Q(x,y)\,\mathrm{d}y=\int_a^b \{P[x,y(x)]+Q[x,y(x)]y'(x)\}\,\mathrm{d}x,$$

其中，a 对应起点参数，b 对应终点参数；

类似地，曲线 L 的方程为 $x=x(y)$ 时，有

$$\int_L P(x,y)\,\mathrm{d}x+Q(x,y)\,\mathrm{d}y=\int_c^d \{P[x(y),y]x'(y)+Q[x(y),y]\}\,\mathrm{d}y,$$

其中，c 对应起点参数，d 对应终点参数.

（3）如果 Γ 是空间光滑曲线，其方程为

$$x=\varphi(t),\quad y=\psi(t),\quad z=w(t),$$

并且 α 是 Γ 的起点 A 对应的 t 值，β 是 Γ 的终点 B 对应的 t 值，那么

$$\begin{aligned}&\int_\Gamma P(x,y,z)\,\mathrm{d}x+Q(x,y,z)\,\mathrm{d}y+R(x,y,z)\,\mathrm{d}z\\=&\int_\alpha^\beta \{P[\varphi(t),\psi(t),w(t)]\varphi'(t)+Q[\varphi(t),\psi(t),w(t)]\psi'(t)+\\&R[\varphi(t),\psi(t),w(t)]w'(t)\}\,\mathrm{d}t\end{aligned}$$

例 1　计算 $\int_L xy\,\mathrm{d}x$，其中 L 为 $y^2=x$ 上从点 $A(1,-1)$ 到点 $B(1,1)$ 的弧段（见图 10-9）.

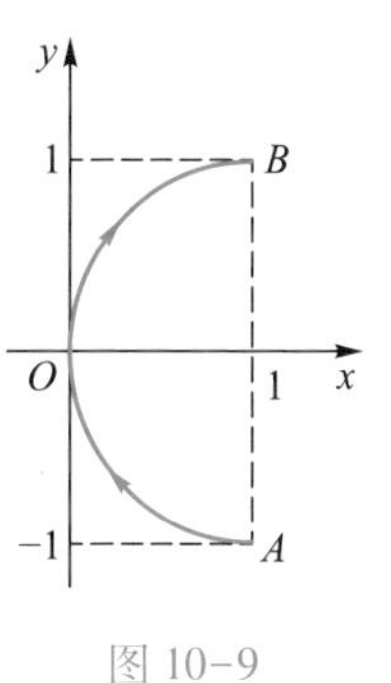

图 10-9

解　方法一　取 x 为参数，由 $y^2=x$ 可得 $y=\pm\sqrt{x}$，把 L 分为 $\overset{\frown}{AO}$ 和 $\overset{\frown}{OB}$ 两部分.

在 $\overset{\frown}{AO}$ 上，$y=-\sqrt{x}$，x 从 1 变到 0；在 $\overset{\frown}{OB}$ 上，$y=\sqrt{x}$，x 从 0 变到 1，所以

$$\begin{aligned}\int_L xy\mathrm{d}x &= \int_{\widehat{AO}} xy\mathrm{d}x+\int_{\widehat{OB}} xy\mathrm{d}x\\&=\int_1^0 x(-\sqrt{x})\mathrm{d}x+\int_0^1 x\sqrt{x}\mathrm{d}x\\&=2\int_0^1 x^{\frac{3}{2}}\mathrm{d}x=\frac{4}{5}.\end{aligned}$$

方法二 取 y 为参数，L 的方程为 $x=y^2$，起点处 $y=-1$，终点处 $y=1$，所以

$$\int_L xy\mathrm{d}x=\int_{-1}^1 y^2y(y^2)'\mathrm{d}y=2\int_{-1}^1 y^4\mathrm{d}y=\frac{4}{5}.$$

例 2 计算 $I=\int_L x\mathrm{d}y-y\mathrm{d}x$，其中 L 分别为

（1）抛物线 $y=x^2$ 上由点 $O(0,0)$ 到点 $B(1,1)$ 的弧段；

（2）曲线 $y=x^3$ 上由点 $O(0,0)$ 到点 $B(1,1)$ 的弧段（见图 10-10）.

解 （1）因为曲线 L 的方程为 $y=x^2$，所以取 x 为参数，将 $I=\int_L x\mathrm{d}y-y\mathrm{d}x$ 化为 x 的定积分. 起点处 $x=0$，终点处 $x=1$，所以

$$\begin{aligned}I&=\int_L x\mathrm{d}y-y\mathrm{d}x\\&=\int_0^1[x(2x)-x^2]\mathrm{d}x=\int_0^1 x^2\mathrm{d}x=\frac{1}{3}.\end{aligned}$$

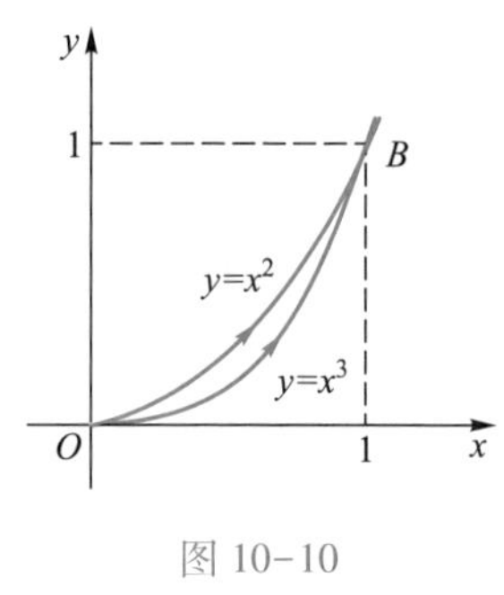

图 10-10

（2）以 x 为参数. L：$y=x^3$，x 从 0 到 1，则

$$I=\int_0^1(x\cdot 3x^2-x^3)\mathrm{d}x=2\int_0^1 x^3\mathrm{d}x=\frac{1}{2}.$$

例 3 计算曲线积分 $I=\int_L (x+y)\mathrm{d}x+(x-y)\mathrm{d}y$，其中 L 为

（1）上半圆 $x^2+y^2=R^2(y\geqslant 0)$ 上由点 $A(R,0)$ 到点 $B(0,R)$ 的一段弧；

（2）从点 $A(R,0)$ 经点 $O(0,0)$ 再到点 $B(0,R)$ 的折线段；

（3）直线 $x+y=R$ 上从点 $A(R,0)$ 到点 $B(0,R)$ 的直线段（见图 10-11）.

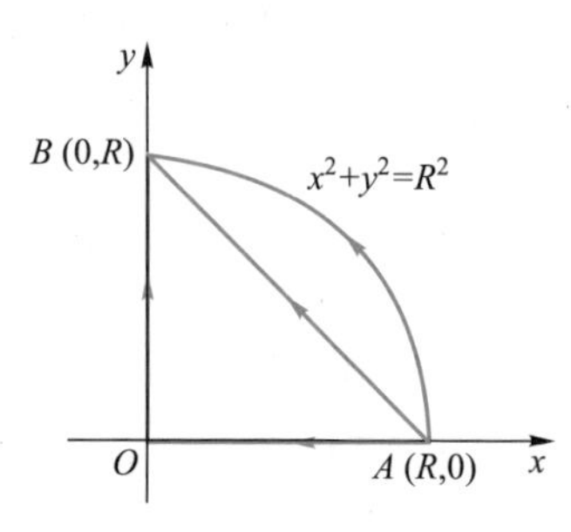

图 10-11

解 （1）L 的参数方程为

$$x=R\cos\theta,\quad y=R\sin\theta,$$

参数 θ 从 0 变到$\frac{\pi}{2}$,故

$$I=\int_0^{\frac{\pi}{2}}[(R\cos\theta+R\sin\theta)(-R\sin\theta)+(R\cos\theta-R\sin\theta)R\cos\theta]\mathrm{d}\theta$$

$$=\int_0^{\frac{\pi}{2}}[-2R^2\sin\theta\cos\theta+R^2(\cos^2\theta-\sin^2\theta)]\mathrm{d}\theta=-R^2.$$

(2) 对于折线 L,在 $\overline{AO}$ 上 $y=0,\mathrm{d}y=0,x$ 从 R 到 0;在 $\overline{OB}$ 上 $x=0,\mathrm{d}x=0,y$ 从 0 到 R,故

$$I=\int_{\overline{AO}}(x+y)\mathrm{d}x+(x-y)\mathrm{d}y+\int_{\overline{OB}}(x+y)\mathrm{d}x+(x-y)\mathrm{d}y$$

$$=\int_R^0 x\mathrm{d}x+\int_0^R(-y)\mathrm{d}y=-R^2.$$

(3) 选 x 作为参数,$L:y=R-x$,x 从 R 变到 0,故

$$I=\int_R^0[R-(2x-R)]\mathrm{d}x=-R^2.$$

在例 2 中,曲线积分 $\int_L \boldsymbol{F}\cdot\mathrm{d}\boldsymbol{r}$ 尽管起点与终点相同,但沿不同路径得出的值不相等,即曲线积分与路径有关. 而在例 3 中,具有相同的起点与终点,但沿着不同路径计算,曲线积分值却总相等,即曲线积分与积分路径无关. 这里读者自然要问,在怎样的条件下,曲线积分与路径无关? 这个问题将在下节讨论.

例 4　计算 $I=\int_\Gamma x^3\mathrm{d}x+3zy^2\mathrm{d}y-x^2y\mathrm{d}z$,其中 Γ 是从点 $A(0,0,0)$ 到点 $B(3,2,1)$ 的直线段 $\overline{AB}$.

解　直线 AB 的方程为$\frac{x}{3}=\frac{y}{2}=\frac{z}{1}$,化为参数方程,得

$$x=3t,\quad y=2t,\quad z=t,$$

t 从 0 变到 1,所以

$$I=\int_0^1[(3t)^3\times3+3t\times(2t)^2\times2-(3t)^2\times2t]\mathrm{d}t$$

$$=\int_0^1 87t^3\mathrm{d}t=\frac{87}{4}.$$

例 5 计算 $I=\oint_\Gamma (y-z)\mathrm{d}x+(z-x)\mathrm{d}y+(x-y)\mathrm{d}z$，其中 Γ 为 $x^2+y^2=1$ 和 $x+z=1$ 的交线，若从 x 轴正向看去，Γ 的方向是顺时针方向(见图 10-12).

解 曲线 Γ 的参数方程为

$$x=\cos\theta,\quad y=\sin\theta,\quad z=1-\cos\theta,$$

θ 从 2π 变到 0，所以

$$I=\int_{2\pi}^{0}(\sin\theta+\cos\theta-2)\mathrm{d}\theta=4\pi.$$

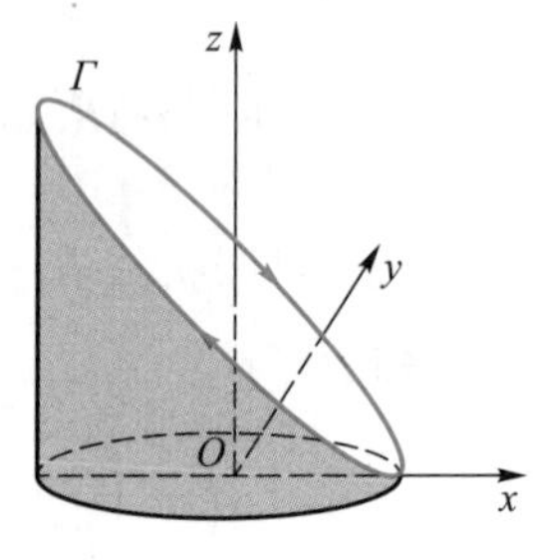

图 10-12

例 6 设一个质点在 $M(x,y)$ 处受到力 $\boldsymbol{F}$ 的作用，$\boldsymbol{F}$ 的大小与 M 到原点 O 的距离成正比，$\boldsymbol{F}$ 的方向恒指向原点，此质点由点 $A(a,0)$ 沿椭圆 $\frac{x^2}{a^2}+\frac{y^2}{b^2}=1$ 按逆时针方向移动到点 $B(0,b)$，求力 $\boldsymbol{F}$ 所做的功 W.

解 $\overrightarrow{OM}=x\boldsymbol{i}+y\boldsymbol{j}$，$|\overrightarrow{OM}|=\sqrt{x^2+y^2}$. 由假设有

$$\boldsymbol{F}=-k(x\boldsymbol{i}+y\boldsymbol{j}),$$

其中 $k>0$ 是比例常数. 于是

$$W=\int_{\widehat{AB}}\boldsymbol{F}\cdot\mathrm{d}\boldsymbol{r}=\int_{\widehat{AB}}-kx\mathrm{d}x-ky\mathrm{d}y=-k\int_{\widehat{AB}}x\mathrm{d}x+y\mathrm{d}y.$$

根据椭圆的参数方程$\begin{cases}x=a\cos t,\\ y=b\sin t,\end{cases}$起点 A，终点 B 分别对应参数 $0,\frac{\pi}{2}$，于是

$$W=-k\int_0^{\frac{\pi}{2}}(-a^2\cos t\sin t+b^2\sin t\cos t)\mathrm{d}t$$

$$=k(a^2-b^2)\int_0^{\frac{\pi}{2}}\sin t\cos t\mathrm{d}t=\frac{k}{2}(a^2-b^2).$$

三、两类曲线积分之间的联系

现在讨论两类曲线积分之间的联系.

假定有向曲线弧 L 的参数方程为 $x=\varphi(t)$，$y=\psi(t)$，其方向是参数增加的方向（即起点参数小于终点参数）. 设起点参数为 α，终点参数是 β，则有 $\alpha<\beta$. $x=\varphi(t)$ 和 $y=\psi(t)$ 在区间 $[\alpha,\beta]$ 上具有连续的导数，且 $\varphi'^2(t)+\psi'^2(t)\neq 0$，函数 $P=P(x,y)$，$Q=Q(x,y)$ 在 L 上连续. 由第二类曲线积分计算法可知

$$\begin{aligned}&\int_L P(x,y)\,\mathrm{d}x+Q(x,y)\,\mathrm{d}y\\ =&\int_\alpha^\beta\{P[\varphi(t),\psi(t)]\varphi'(t)+Q[\varphi(t),\psi(t)]\psi'(t)\}\,\mathrm{d}t.\end{aligned}$$

曲线 L 上任意一点 $(\varphi(t),\psi(t))$ 处的切向量为 $\boldsymbol{T}=(\varphi'(t),\psi'(t))$，如果记

$$\cos\alpha=\frac{\varphi'(t)}{\sqrt{\varphi'^2(t)+\psi'^2(t)}},\quad \cos\beta=\frac{\psi'(t)}{\sqrt{\varphi'^2(t)+\psi'^2(t)}},$$

由第一类曲线积分的计算可得

$$\begin{aligned}&\int_L [P(x,y)\cos\alpha+Q(x,y)\cos\beta]\,\mathrm{d}s\\ =&\int_\alpha^\beta\{P[\varphi(t),\psi(t)]\varphi'(t)+Q[\varphi(t),\psi(t)]\psi'(t)\}\,\mathrm{d}t.\end{aligned}$$

两类曲线积分之间的联系

这样就得到了两类曲线积分之间的联系，即

$$\int_L P(x,y)\,\mathrm{d}x+Q(x,y)\,\mathrm{d}y=\int_L [P(x,y)\cos\alpha+Q(x,y)\cos\beta]\,\mathrm{d}s,$$

其中，$(\cos\alpha,\cos\beta)$ 是曲线 L 上 (x,y) 处与 L 方向一致的单位切向量.

例 7　设 L 是抛物线 $y=x^2$ 上由 $O(0,0)$ 到 $A(1,1)$ 的一段有向曲线弧，函数 $P(x,y)$，$Q(x,y)$ 在曲线 L 上连续，试把第二类曲线积分

$$\int_L P(x,y)\,\mathrm{d}x+Q(x,y)\,\mathrm{d}y$$

化为第一类曲线积分.

解　曲线 L 上任意一点 (x,y) 处的切线斜率为 $y'=2x$，故该点处的单位切向量为

$$\boldsymbol{e}_T=\pm\left(\frac{1}{\sqrt{1+4x^2}},\frac{2x}{\sqrt{1+4x^2}}\right).$$

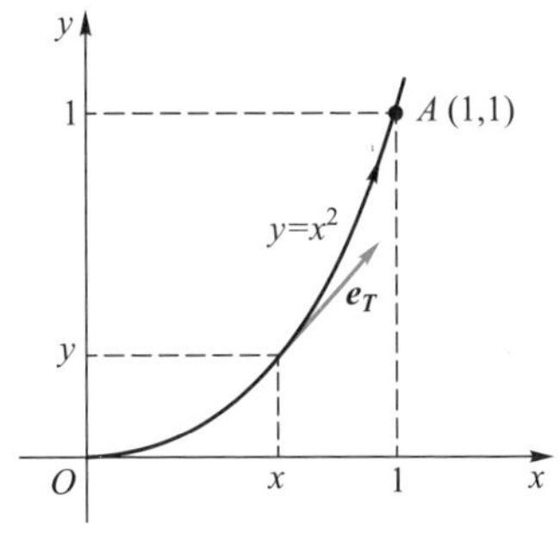

图 10-13

因为 L 的方向是由 $O(0,0)$ 到 $A(1,1)$，结合图 10-13 可知，与 L 方向一致的单位向量应取

$$(\cos\alpha,\cos\beta)=\left(\frac{1}{\sqrt{1+4x^2}},\frac{2x}{\sqrt{1+4x^2}}\right).$$

由两类曲线积分之间的联系,得

$$\int_L P(x,y)\mathrm{d}x+Q(x,y)\mathrm{d}y=\int_L \frac{P(x,y)+2xQ(x,y)}{\sqrt{1+4x^2}}\mathrm{d}s.$$

此例中,曲线 $-L$ 的方向为由 $A(1,1)$ 到 $O(0,0)$ 的方向,与 $-L$ 方向一致的单位向量应取

$$(\cos\alpha,\cos\beta)=-\left(\frac{1}{\sqrt{1+4x^2}},\frac{2x}{\sqrt{1+4x^2}}\right),$$

此时有

$$\int_{-L} P(x,y)\mathrm{d}x+Q(x,y)\mathrm{d}y=-\int_L \frac{P(x,y)+2xQ(x,y)}{\sqrt{1+4x^2}}\mathrm{d}s.$$

由第二类曲线积分的性质可知,这个结果和前述结果是一致的.

上述利用曲线积分的计算法,已经建立了两类曲线积分之间的联系. 为了更好地把握两类曲线积分之间的联系,再作如下形式的推导.

如果记 $\boldsymbol{A}=P(x,y)\boldsymbol{i}+Q(x,y)\boldsymbol{j}=(P(x,y),Q(x,y))$,

$$\mathrm{d}\boldsymbol{r}=\mathrm{d}x\boldsymbol{i}+\mathrm{d}y\boldsymbol{j}=(\mathrm{d}x,\mathrm{d}y),$$

则第二类曲线积分可表示为

$$\int_L P(x,y)\mathrm{d}x+Q(x,y)\mathrm{d}y=\int_L \boldsymbol{A}\cdot\mathrm{d}\boldsymbol{r}.$$

根据弧微分知

$$|\mathrm{d}\boldsymbol{r}|=\sqrt{(\mathrm{d}x)^2+(\mathrm{d}y)^2}=\mathrm{d}s,$$

从而
$$\frac{\mathrm{d}\boldsymbol{r}}{|\mathrm{d}\boldsymbol{r}|}=\frac{\mathrm{d}\boldsymbol{r}}{\mathrm{d}s}=\left(\frac{\mathrm{d}x}{\mathrm{d}s},\frac{\mathrm{d}y}{\mathrm{d}s}\right),$$

故
$$\mathrm{d}\boldsymbol{r}=\left(\frac{\mathrm{d}x}{\mathrm{d}s},\frac{\mathrm{d}y}{\mathrm{d}s}\right)\mathrm{d}s.$$

记 $\frac{\mathrm{d}x}{\mathrm{d}s}=\cos\alpha,\frac{\mathrm{d}y}{\mathrm{d}s}=\cos\beta$,则 $\boldsymbol{e}_T=(\cos\alpha,\cos\beta)$ 就是曲线 L 上 (x,y) 处与 L 方向一致的单位向量(见图 10-14). 从而有

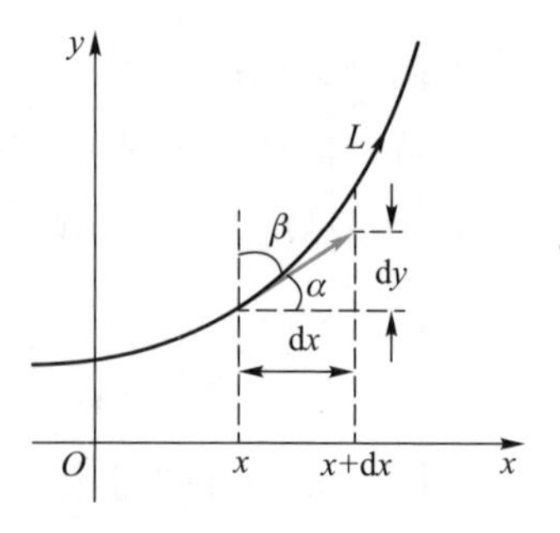

图 10-14

$$\int_L \boldsymbol{A}\cdot \mathrm{d}\boldsymbol{r}=\int_L (P,Q)\cdot\left(\frac{\mathrm{d}x}{\mathrm{d}s},\frac{\mathrm{d}y}{\mathrm{d}s}\right)\mathrm{d}s=\int_L\left(P\frac{\mathrm{d}x}{\mathrm{d}s}+Q\frac{\mathrm{d}y}{\mathrm{d}s}\right)\mathrm{d}s$$

$$=\int_L (P\cos\alpha+Q\cos\beta)\,\mathrm{d}s.$$

用向量形式表示为

$$\int_L \boldsymbol{A}\cdot \mathrm{d}\boldsymbol{r}=\int_L \boldsymbol{A}\cdot \boldsymbol{e}_T\mathrm{d}s=\int_L A_T\mathrm{d}s,$$

其中,A_T 为向量 $\boldsymbol{A}$ 在切向量 $\boldsymbol{e}_T$ 上的投影.

类似地,空间曲线 Γ 上的两类曲线积分之间的联系可表示为

$$\int_\Gamma P\mathrm{d}x+Q\mathrm{d}y+R\mathrm{d}z=\int_\Gamma (P\cos\alpha+Q\cos\beta+R\cos\gamma)\,\mathrm{d}s,$$

或者写成向量形式

$$\int_\Gamma \boldsymbol{A}\cdot \mathrm{d}\boldsymbol{r}=\int_\Gamma \boldsymbol{A}\cdot \boldsymbol{e}_T\mathrm{d}s=\int_\Gamma A_T\mathrm{d}s,$$

其中,$P=P(x,y,z)$,$Q=Q(x,y,z)$,$R=R(x,y,z)$,$\boldsymbol{A}=(P,Q,R)$,$\boldsymbol{e}_T=(\cos\alpha,\cos\beta,\cos\gamma)$为有向曲线弧 Γ 上点(x,y,z)处与 Γ 方向一致的单位切向量,$\mathrm{d}\boldsymbol{r}=\boldsymbol{e}_T\mathrm{d}s=(\mathrm{d}x,\mathrm{d}y,\mathrm{d}z)$,称为有向曲线元素. A_T 为向量 $\boldsymbol{A}$ 在切向量 $\boldsymbol{e}_T$ 上的投影.

习题 10-2

1. 计算下列对坐标的曲线积分.

(1) $\int_L x\mathrm{d}y$,其中 L 是由坐标轴和直线$\frac{x}{2}+\frac{y}{3}=1$ 所围的三角形区域边界,取逆时针方向;

(2) $\int_L (x^2-2xy)\mathrm{d}x+(y^2-2xy)\mathrm{d}y$,其中 L 为抛物线 $y=x^2$ 上对应于 x 由-1 增加到 1 的那一段弧;

(3) $\int_L (2a-y)\mathrm{d}x-(a-y)\mathrm{d}y$,其中 L 为摆线(也叫旋轮线)$x=a(t-\sin t)$,$y=$

$a(1-\cos t)$上从 $t=0$ 到 $t=2\pi$ 的有向弧段；

(4) $\int_L \frac{(x+y)\,dx-(x-y)\,dy}{x^2+y^2}$,其中 L 为 $x^2+y^2=a^2$,取顺时针方向；

(5) $\int_L (x^2+y^2)\,dx+(x^2-y^2)\,dy$,其中 L 为曲线 $y=1-|1-x|$上对应于 x 由 0 变到 2 的一段；

(6) $\int_L 2xe^{xy}\,dx+ye^{xy}\,dy$,其中 L 是沿椭圆 $x^2+\frac{y^2}{2}=1$ 逆时针方向从点 $A(1,0)$ 到点 $B(0,\sqrt{2})$的一段弧；

(7) $\int_\Gamma y\,dx+z\,dy+x\,dz$,其中 Γ 为螺旋线 $x=a\cos t, y=a\sin t, z=bt$ 从 $t=0$ 到 $t=2\pi$ 的一段弧；

(8) $\int_\Gamma x\,dx+y\,dy+(x+y-1)\,dz$,其中 Γ 是从点$(1,1,1)$到点$(4,7,10)$的直线段；

(9) $\int_\Gamma (y^2+z^2)\,dx+(z^2+x^2)\,dy+(x^2+y^2)\,dz$,其中 Γ 为

$$\begin{cases} x^2+y^2+z^2=4x, \\ x^2+y^2=2x, \end{cases}$$

从 z 轴正向看 Γ 取逆时针方向.

2. 计算 $\int_L (x+y)\,dx+(y-x)\,dy$,其中 L 分别是

(1) 抛物线 $y^2=x$ 上从点$(1,1)$到点$(4,2)$的一段弧；

(2) 从点$(1,1)$到点$(4,2)$的直线段；

(3) 先沿直线从点$(1,1)$到点$(1,2)$,然后再沿直线到点$(4,2)$的折线；

(4) 曲线 $x=2t^2+t+1, y=t^2+1$ 上从点$(1,1)$到点$(4,2)$的一段弧.

3. 设 Γ 为曲线 $x=t, y=t^2, z=t^3$ 上相应于 t 从 0 变到 1 的曲线弧,把对坐标的曲线积分 $\int_\Gamma P\,dx+Q\,dy+R\,dz$ 化为对弧长的曲线积分.

4. 设 z 轴与重力方向一致,求质量为 m 的质点从位置(x_1,y_1,z_1)沿直线移到(x_2,y_2,z_2)时重力做的功.

5. 设质点从原点沿直线运动到椭球面$\frac{x^2}{a^2}+\frac{y^2}{b^2}+\frac{z^2}{c^2}=1$上点$M(x_1,y_1,z_1)$处($x_1>0,y_1>0,z_1>0$),求在此运动过程中$\boldsymbol{F}=yz\boldsymbol{i}+xz\boldsymbol{j}+xy\boldsymbol{k}$所做的功$W$,并确定$M$使$W$取得最大值.

第三节 格林公式及其应用

一、格林公式

在定积分中,牛顿-莱布尼茨公式$\int_a^b f(x)\mathrm{d}x=F(b)-F(a)$表明,$f(x)$在区间$[a,b]$上的定积分可以通过它的原函数$F(x)$在这个区间端点上的值来表达.本节要介绍的格林公式,反映了平面区域D上的二重积分与D的边界曲线L上的曲线积分之间的关系,在某种意义上可以看作是牛顿-莱布尼茨公式的推广.

这里先介绍几个概念.

单连通与复连通区域　设D为平面区域,如果D内任一闭曲线所围部分都包含于D,则称D为平面**单连通区域**,否则称为**复连通区域**(也称为**多连通区域**).通俗地说,平面单连通区域就指的是不含有“裂缝”“洞”或“点洞”的区域.例如,圆形区域$\{(x,y)\mid x^2+y^2<1\}$、半平面区域$\{(x,y)\mid x+y>1\}$以及带形区域$\{(x,y)\mid |y|<1\}$等,都是单连通区域.而圆环形区域$\{(x,y)\mid 0<x^2+y^2<1\}$是复连通区域.

区域边界的方向　对于平面区域D的边界曲线L,规定L的正向:当观察者沿L的这个方向行走时,D内在近处的那一部分总在它的左边.例如,D是由边界曲线l_1,l_2与l_3所围成的复连通区域(见图10-15),作为D的正向边界,l_1,l_2的正向是顺时针方向,而l_3的

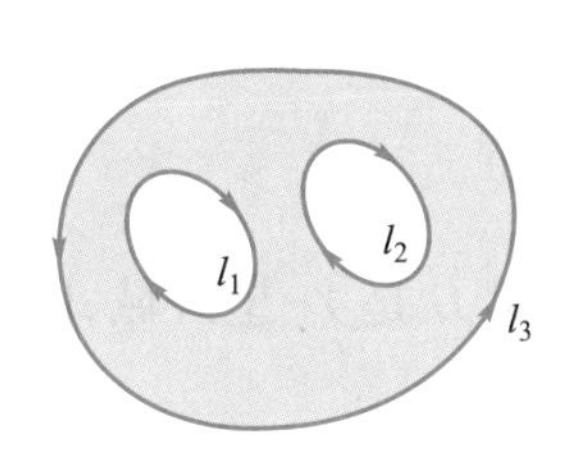

图 10-15

正向是逆时针方向.

定理 1 设有界闭区域 D 由分段光滑的曲线 L 围成,函数 $P(x,y)$ 及 $Q(x,y)$ 在 D 上具有一阶连续的偏导数,则有

$$\iint_D \left(\frac{\partial Q}{\partial x}-\frac{\partial P}{\partial y}\right)\mathrm{d}x\mathrm{d}y=\oint_L P\mathrm{d}x+Q\mathrm{d}y,$$

格林(Green)公式

其中,L 是 D 的取正向的边界曲线.

定理中的公式叫做**格林(Green)公式**.

证明 先证明 D 是单连通区域的情形.

(1) 假设区域 D 既是 X-型区域又是 Y-型区域,即穿过区域 D 且平行于坐标轴的直线与 D 的边界曲线 L 至多有两个交点(见图 10-16). 设

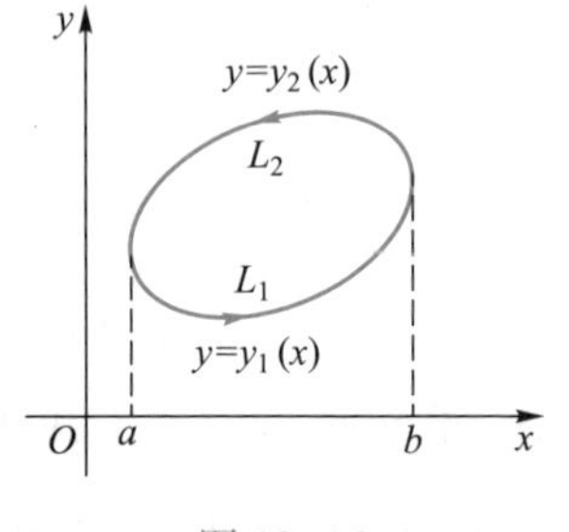

图 10-16

$$D=\{(x,y)\mid y_1(x)\leqslant y\leqslant y_2(x),a\leqslant x\leqslant b\},$$

由二重积分的计算法,有

$$\begin{aligned}\iint_D \frac{\partial P}{\partial y}\mathrm{d}x\mathrm{d}y &= \int_a^b \mathrm{d}x\int_{y_1(x)}^{y_2(x)}\frac{\partial P}{\partial y}\mathrm{d}y\\ &= \int_a^b \{P[x,y_2(x)]-P[x,y_1(x)]\}\mathrm{d}x.\end{aligned}$$

另一方面,由对坐标的曲线积分的性质及计算法有

$$\begin{aligned}\oint_L P\mathrm{d}x &= \int_{L_1} P\mathrm{d}x+\int_{L_2} P\mathrm{d}x\\ &= \int_a^b P[x,y_1(x)]\mathrm{d}x+\int_b^a P[x,y_2(x)]\mathrm{d}x\\ &= \int_a^b \{P[x,y_1(x)]-P[x,y_2(x)]\}\mathrm{d}x,\end{aligned}$$

因此

$$-\iint_D \frac{\partial P}{\partial y}\mathrm{d}x\mathrm{d}y=\oint_L P\mathrm{d}x.$$

又 D 是 Y-型区域,同理可证

$$\iint_D \frac{\partial Q}{\partial x}\mathrm{d}x\mathrm{d}y=\oint_L Q\mathrm{d}y.$$

由于 D 既是 X-型区域，又是 Y-型区域，上面两式同时成立，合并后即可得证.

(2) 对于更一般的单连通区域 D，总可以在 D 内引入一条或若干条辅助曲线，把 D 分成有限个部分区域，使得每个部分闭区域都满足条件(1). 例如，就图 10-17 所示的闭区域 D 而言，它的边界曲线 L 为 $\widehat{MNPM}$，引进一条辅助线 ABC，把 D 分成 D_1，D_2，D_3 三部分，在 D_1，D_2，D_3 上有

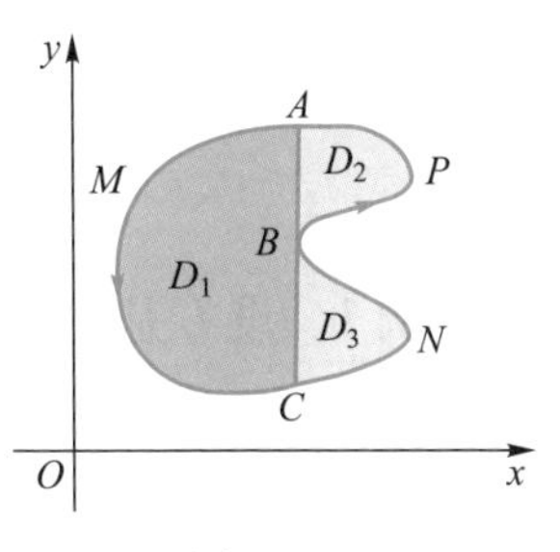

图 10-17

$$\iint_{D_1}\left(\frac{\partial Q}{\partial x}-\frac{\partial P}{\partial y}\right)\mathrm{d}x\mathrm{d}y=\oint_{\widehat{MCBAM}} P\mathrm{d}x+Q\mathrm{d}y,$$

$$\iint_{D_2}\left(\frac{\partial Q}{\partial x}-\frac{\partial P}{\partial y}\right)\mathrm{d}x\mathrm{d}y=\oint_{\widehat{ABPA}} P\mathrm{d}x+Q\mathrm{d}y,$$

$$\iint_{D_3}\left(\frac{\partial Q}{\partial x}-\frac{\partial P}{\partial y}\right)\mathrm{d}x\mathrm{d}y=\oint_{\widehat{BCNB}} P\mathrm{d}x+Q\mathrm{d}y.$$

把以上三个等式相加，并注意到相加时沿辅助曲线的曲线积分相互抵消，便得

$$\iint_{D}\left(\frac{\partial Q}{\partial x}-\frac{\partial P}{\partial y}\right)\mathrm{d}x\mathrm{d}y=\oint_{L} P\mathrm{d}x+Q\mathrm{d}y,$$

其中，L 是区域 D 的正向边界曲线.

一般地，格林公式对于由分段光滑曲线围成的单连通闭区域都成立.

如果 D 为复连通区域，则可引入一条或若干条辅助曲线，使之成为若干个单连通区域，再由沿辅助曲线的曲线积分相互抵消，可证格林公式依然成立.

由此可见，格林公式对于单连通区域和复连通区域都是成立的. 要注意的是，对于复连通区域，其边界曲线就不止一条. 例如，图 10-18 所示的闭区域 D 上，格林公式就可以表示成

$$\iint_{D}\left(\frac{\partial Q}{\partial x}-\frac{\partial P}{\partial y}\right)\mathrm{d}x\mathrm{d}y=\oint_{L+l} P\mathrm{d}x+Q\mathrm{d}y.$$

作为区域 D 正向边界曲线，L 取逆时针方向，l 取顺时针方向.

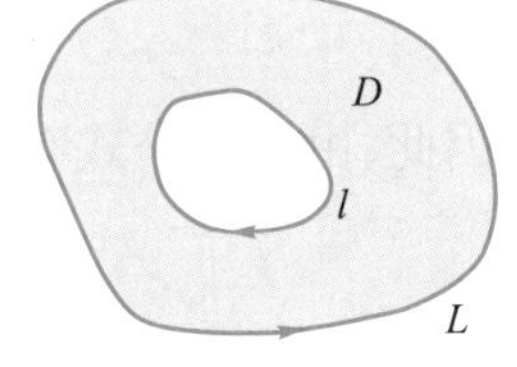

图 10-18

另外,格林公式也可以用下列形式的行列式助记

$$\oint_L P\mathrm{d}x+Q\mathrm{d}y=\iint_D \begin{vmatrix} \dfrac{\partial}{\partial x} & \dfrac{\partial}{\partial y} \\ P & Q \end{vmatrix} \mathrm{d}x\mathrm{d}y.$$

例 1 设 L 是任意一条分段光滑的闭曲线,证明

$$\oint_L 2xy\mathrm{d}x+x^2\mathrm{d}y=0.$$

证明 设 L 所围闭区域为 D,不妨取 D 的边界正向,由于 $P=2xy$, $Q=x^2$ 在 D 上具有连续的偏导数,且 $\dfrac{\partial Q}{\partial x}-\dfrac{\partial P}{\partial y}=0$. 由格林公式可得

$$\oint_L 2xy\mathrm{d}x+x^2\mathrm{d}y=\iint_D 0\mathrm{d}x\mathrm{d}y=0.$$

例 2 计算 $\oint_L xy^2\mathrm{d}y-x^2y\mathrm{d}x$,其中 L 是圆周 $x^2+y^2=R^2$,取逆时针方向.

解 这里 $P=-x^2y$, $Q=xy^2$, $D=\{(x,y)\mid x^2+y^2\leqslant R^2\}$,在区域 D 上有 $\dfrac{\partial Q}{\partial x}-\dfrac{\partial P}{\partial y}=y^2+x^2$,则由格林公式,有

$$\oint_L xy^2\mathrm{d}y-x^2y\mathrm{d}x=\iint_D (x^2+y^2)\mathrm{d}x\mathrm{d}y=\int_0^{2\pi}\mathrm{d}\theta\int_0^R \rho^3\mathrm{d}\rho=\frac{\pi}{2}R^4.$$

上述两个例子都是利用格林公式把曲线积分转化成二重积分计算的,有时也可以把二重积分转化成曲线积分来计算.

例 3 计算二重积分 $\iint_D \mathrm{e}^{-y^2}\mathrm{d}x\mathrm{d}y$,其中 D 是以 $O(0,0)$, $A(1,1)$, $B(0,1)$ 为顶点的三角形闭区域(见图 10-19).

解 令 $P=0$, $Q=x\mathrm{e}^{-y^2}$,则

$$\frac{\partial Q}{\partial x}-\frac{\partial P}{\partial y}=\mathrm{e}^{-y^2},$$

因此,由格林公式有

$$\iint_D \mathrm{e}^{-y^2}\mathrm{d}x\mathrm{d}y=\oint_{OA+AB+BO} x\mathrm{e}^{-y^2}\mathrm{d}y$$

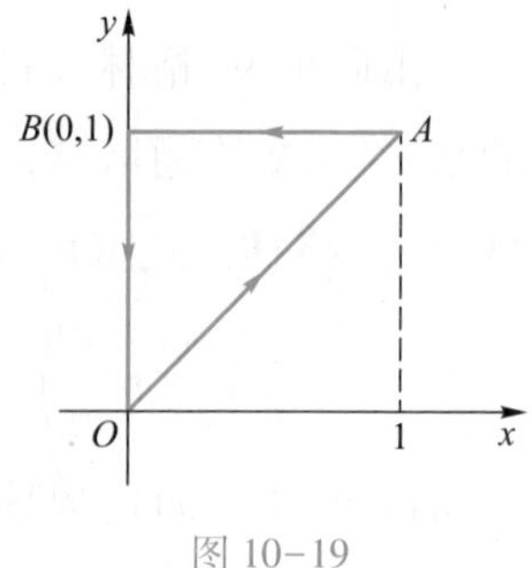

图 10-19

$$=\int_{OA}xe^{-y^2}dy=\int_0^1 xe^{-x^2}dx$$

$$=\frac{1}{2}(1-e^{-1}).$$

现在介绍格林公式的一个简单应用.

在格林公式中,取 $P=0,Q=x$,则有

$$\iint_D dxdy=\oint_L xdy,$$

取 $P=-y,Q=0$,则有

$$\iint_D dxdy=-\oint_L ydx,$$

两式相加,则有

$$2\iint_D dxdy=\oint_L xdy-ydx.$$

可见,平面闭区域 D 的面积为

$$A=\frac{1}{2}\oint_L xdy-ydx=\oint_L xdy=-\oint_L ydx,$$

其中,L 是 D 的正向边界曲线.

例 4　计算椭圆 $L:\frac{x^2}{a^2}+\frac{y^2}{b^2}=1$ 所围区域的面积.

解　利用公式 $A=-\oint_L ydx$ 来计算.

L 的参数方程为

$$x=a\cos t,\quad y=b\sin t.$$

因为 L 所围区域的正向为 L 的逆时针方向,所以 $0\leqslant t\leqslant 2\pi$,故有

$$A=-\oint_L ydx=-\int_0^{2\pi}b\sin t\,d(a\cos t)=ab\int_0^{2\pi}\sin^2 t\,dt=\pi ab.$$

当然也可以用公式 $A=\frac{1}{2}\oint_L xdy-ydx$ 或 $A=\oint_L xdy$ 来计算.

例 5　计算

$$\int_L(e^x\cos y-y+1)dx+(x-e^x\sin y)dy,$$

其中,L 是上半圆周 $x^2+y^2=1(y\geqslant 0)$ 的逆时针方向由 $A(1,0)$ 到 $B(-1,0)$(见图 10-20).

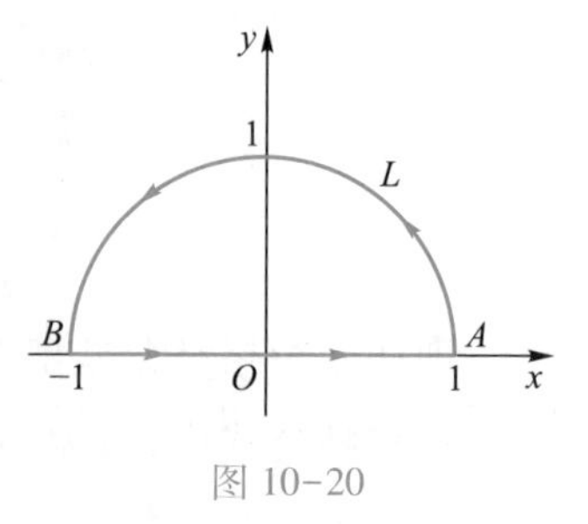

图 10-20

解 因为 L 不封闭,所以不能用格林公式,直接用对坐标的曲线积分计算又不能实现,为此,考虑补直线段 $\overline{BA}$,从而 L 和 $\overline{BA}$ 围成闭区域 D,且满足格林公式的条件,这里

$$P(x,y)=\mathrm{e}^x\cos y-y+1,\quad Q(x,y)=x-\mathrm{e}^x\sin y,$$

且在闭区域 D 上,有

$$\frac{\partial Q}{\partial x}-\frac{\partial P}{\partial y}=1-\mathrm{e}^x\sin y+\mathrm{e}^x\sin y+1=2,$$

从而由格林公式有

$$\begin{aligned}\int_L P\mathrm{d}x+Q\mathrm{d}y&=\oint_{L+BA}P\mathrm{d}x+Q\mathrm{d}y-\int_{BA}P\mathrm{d}x+Q\mathrm{d}y\\&=2\iint_D\mathrm{d}x\mathrm{d}y-\int_{BA}(\mathrm{e}^x\cos y-y+1)\mathrm{d}x+(x-\mathrm{e}^x\sin y)\mathrm{d}y\\&=\pi-\int_{-1}^{1}(\mathrm{e}^x+1)\mathrm{d}x=\pi-\mathrm{e}+\mathrm{e}^{-1}-2.\end{aligned}$$

例 6 计算 $\oint_L\frac{x\mathrm{d}y-y\mathrm{d}x}{x^2+y^2}$,其中 L 为一条分段光滑且不经过原点的简单[①]闭曲线,L 的方向为逆时针方向.

解 由于 $P=-\frac{y}{x^2+y^2},Q=\frac{x}{x^2+y^2}$,若 $x^2+y^2\neq 0$ 时,有

$$\frac{\partial Q}{\partial x}=\frac{y^2-x^2}{(x^2+y^2)^2}=\frac{\partial P}{\partial y}.$$

记 L 所围成的闭区域为 D.

(1) 当 $(0,0)\notin D$ 时,由格林公式得

$$\oint_L\frac{x\mathrm{d}y-y\mathrm{d}x}{x^2+y^2}=\iint_D 0\mathrm{d}x\mathrm{d}y=0.$$

---

① 对于连续曲线 $L:x=\varphi(t),y=\psi(t),\alpha\leqslant t\leqslant\beta$,如果除了 $t=\alpha,t=\beta$ 外,当 $t_1\neq t_2$ 时,$(\varphi(t_1),\psi(t_1))$ 与 $(\varphi(t_2),\psi(t_2))$ 总是相异的,则称 L 是无重点的曲线,即简单曲线.

（2）当$(0,0)\in D$时，P,Q及$\frac{\partial Q}{\partial x},\frac{\partial P}{\partial y}$在原点不连续，不能直接利用格林公式，选取适当小的$r>0$，作位于$D$内的圆周$l:x^2+y^2=r^2$. 记$L$和$l$所围成的闭区域为$D_1$（见图10-21）. 对复连通区域$D_1$应用格林公式，得

$$\oint_L \frac{x\mathrm{d}y-y\mathrm{d}x}{x^2+y^2}-\oint_l \frac{x\mathrm{d}y-y\mathrm{d}x}{x^2+y^2}=0,$$

其中，l的方向取逆时针方向，于是

$$\oint_L \frac{x\mathrm{d}y-y\mathrm{d}x}{x^2+y^2}=\oint_l \frac{x\mathrm{d}y-y\mathrm{d}x}{x^2+y^2}=\int_0^{2\pi}\frac{r^2\cos^2\theta+r^2\sin^2\theta}{r^2}\mathrm{d}\theta=\int_0^{2\pi}\mathrm{d}\theta=2\pi.$$

函数P,Q及$\frac{\partial Q}{\partial x},\frac{\partial P}{\partial y}$的不连续点，通常称为**奇点**，例6的情形（2）中，原点是奇点，不满足定理1的条件，从D中挖去原点后，在D_1上就可以用格林公式了. 这里所用的方法称为挖"奇点"法.

例7　计算$\oint_L y\mathrm{d}x+|x|\mathrm{d}y$. 其中，$L$为以$A(1,0)$，$B(0,1)$及$C(-1,0)$为顶点的三角形区域的正向边界曲线（见图10-22）.

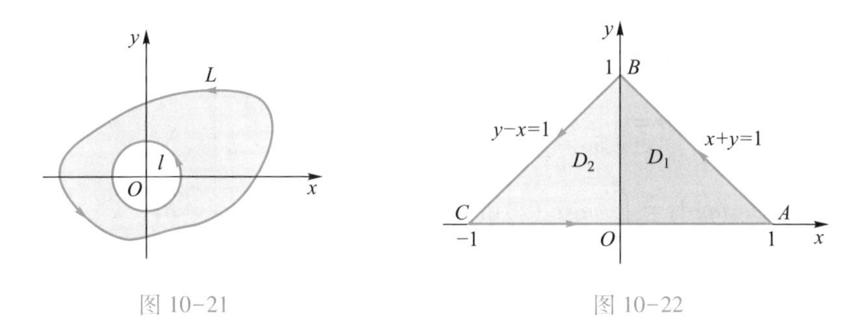

图10-21　　图10-22

解　这里L尽管围成了平面区域D，但$P=y,Q=|x|$在D上不满足格林公式的条件，故将所给的区域D分成D_1和D_2，其边界分别为L_1和L_2. 分别在L_1和L_2围成的区域D_1和D_2上应用格林公式，得

$$\oint_L y\mathrm{d}x+|x|\mathrm{d}y=\oint_{L_1}y\mathrm{d}x+x\mathrm{d}y+\oint_{L_2}y\mathrm{d}x-x\mathrm{d}y$$

$$=\iint_{D_1}(1-1)\mathrm{d}x\mathrm{d}y+\iint_{D_2}-2\mathrm{d}x\mathrm{d}y=-1.$$

另外,可直接计算:

$$\oint_L y\mathrm{d}x+|x|\mathrm{d}y=\int_{AB} y\mathrm{d}x+|x|\mathrm{d}y+\int_{BC} y\mathrm{d}x+|x|\mathrm{d}y+\int_{CA} y\mathrm{d}x+|x|\mathrm{d}y$$

$$=\int_1^0 [1-x+(-x)]\mathrm{d}x+\int_0^{-1}(1+x-x)\mathrm{d}x+0$$

$$=\int_1^0 (1-2x)\mathrm{d}x+\int_0^{-1}\mathrm{d}x=-1.$$

二、平面上曲线积分与路径无关的条件

引例 一质量为 m 的质点在重力作用下在铅直平面上沿一光滑曲线弧从点 A 移动到点 B,求重力所做的功.

解 如图 10-23 所示选取坐标系. 设 A 与 B 点的坐标分别为 $A(x_A,y_A)$ 与 $B(x_B,y_B)$,曲线弧 $\widehat{AB}$ 的方程为

$$x=x(t),\quad y=y(t).$$

其中,参数 t 从 α 变到 β,$x(\alpha)=x_A$,$x(\beta)=x_B$,于是质点在重力 $\boldsymbol{F}=mg\boldsymbol{i}$ 的作用下,沿 $\widehat{AB}$ 由点 A 移动到点 B 所做的功为

$$W=\int_{\widehat{AB}}\boldsymbol{F}\cdot\mathrm{d}\boldsymbol{r}=\int_{\widehat{AB}}(mg,0)\cdot(\mathrm{d}x,\mathrm{d}y)$$

$$=\int_{\widehat{AB}} mg\mathrm{d}x=\int_\alpha^\beta mgx'(t)\mathrm{d}t$$

$$=mgx(t)\Big|_\alpha^\beta=mg[x(\beta)-x(\alpha)]$$

$$=mg(x_B-x_A).$$

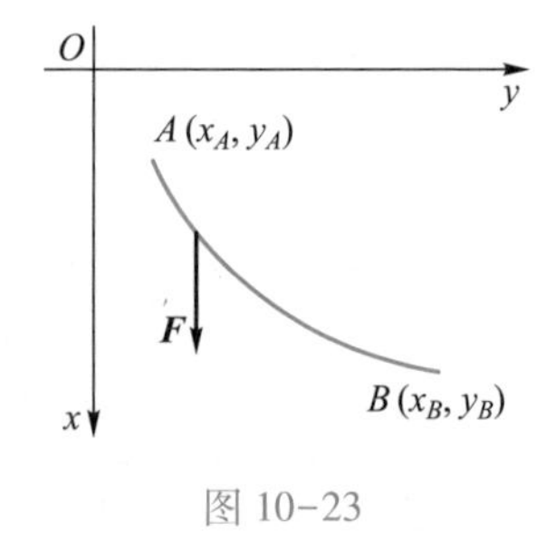

图 10-23

这说明重力所做的功只和质点位移的起点与终点的位置有关,而与移动的路径无关. 结合上一节的例 2 和例 3,用数学的语言描述就是,有些对坐标的曲线积分 $\int_L P\mathrm{d}x+Q\mathrm{d}y$,积分值只依赖于积分曲线的起点和终点,而与积分曲线的形状无关,这个性质就是曲线积分与路径无关. 现在就来讨论曲线积分与路径无关的条件.

先明确曲线积分 $\int_L P\mathrm{d}x+Q\mathrm{d}y$ 与路径无关的概念.

设 G 是一平面单连通区域,函数 $P(x,y)$,$Q(x,y)$ 在 G 内连续,如果对于 G 内任意指定的两点 A,B 以及 G 内从点 A 到点 B 的任意两条曲线 L_1,L_2(见图 10-24),等式

$$\int_{L_1} P\mathrm{d}x+Q\mathrm{d}y=\int_{L_2} P\mathrm{d}x+Q\mathrm{d}y$$

恒成立,则称**曲线积分 $\int_L P\mathrm{d}x+Q\mathrm{d}y$ 在 G 内与路径无关**,否则称与路径有关.

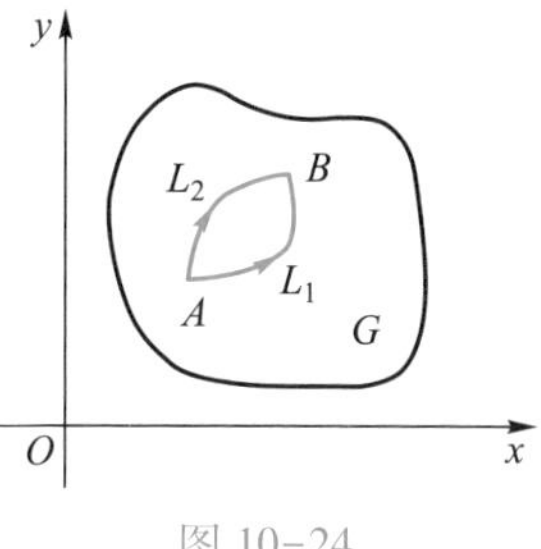

图 10-24

如果曲线积分 $\int_L P\mathrm{d}x+Q\mathrm{d}y$ 与路径无关,那么对于 G 内起点、终点相同的任意两条曲线 L_1 和 L_2,都有

$$\int_{L_1} P\mathrm{d}x+Q\mathrm{d}y=\int_{L_2} P\mathrm{d}x+Q\mathrm{d}y,$$

于是

$$\oint_{L_1+(-L_2)} P\mathrm{d}x+Q\mathrm{d}y=0.$$

由 L_1 和 L_2 的任意性可知,$L_1+(-L_2)$ 就表示了区域 G 内任意一条闭曲线. 可见,如果曲线积分 $\int_L P\mathrm{d}x+Q\mathrm{d}y$ 与路径无关,则对于 G 内沿任意闭曲线 C 都有 $\oint_C P\mathrm{d}x+Q\mathrm{d}y=0$ 成立;反过来,如果 $\oint_C P\mathrm{d}x+Q\mathrm{d}y=0$ 在 G 内恒成立,就可以推知曲线积分 $\int_L P\mathrm{d}x+Q\mathrm{d}y$ 与路径无关. 因此有下面定理:

定理 2　设 G 是单连通区域,曲线积分 $\int_L P\mathrm{d}x+Q\mathrm{d}y$ 在 G 内与路径无关的充分必要条件是:对于 G 内任意一条闭曲线 C,都有

$$\oint_C P\mathrm{d}x+Q\mathrm{d}y=0.$$

定理 2 给出了曲线积分与路径无关的充分必要条件,但直接用这个条件判断比较困难,下面定理在使用上是很方便的.

定理 3　设 G 是单连通区域,函数 $P(x,y)$,$Q(x,y)$ 在 G 内具有一阶连续

偏导数，则曲线积分 $\int_L P\mathrm{d}x+Q\mathrm{d}y$ 在 G 内与路径无关的充分必要条件是等式

$$\frac{\partial P}{\partial y}=\frac{\partial Q}{\partial x}$$

在 G 内恒成立.

证明 先证充分性. 在 G 内任取一条闭曲线 C，因 G 是单连通的，所以 C 所围成的闭区域 D 全部在 G 内，由于$\frac{\partial P}{\partial y}$，$\frac{\partial Q}{\partial x}$在 D 内连续，且$\frac{\partial P}{\partial y}=\frac{\partial Q}{\partial x}$，由格林公式得

$$\oint_C P\mathrm{d}x+Q\mathrm{d}y=\iint_D\left(\frac{\partial Q}{\partial x}-\frac{\partial P}{\partial y}\right)\mathrm{d}x\mathrm{d}y=0,$$

即曲线积分 $\int_L P\mathrm{d}x+Q\mathrm{d}y$ 在 G 内与路径无关，故条件是充分的.

再证必要性. 即要证：如果沿 G 内任意闭曲线的曲线积分为零，要推得$\frac{\partial P}{\partial y}=\frac{\partial Q}{\partial x}$在 G 内恒成立.

用反证法来证. 假设上述论断不成立，那么在 G 内至少有一点 M_0，使

$$\left(\frac{\partial Q}{\partial x}-\frac{\partial P}{\partial y}\right)_{M_0}\neq 0.$$

不妨设$\left(\frac{\partial Q}{\partial x}-\frac{\partial P}{\partial y}\right)_{M_0}=\eta>0$. 由于$\frac{\partial P}{\partial y}$，$\frac{\partial Q}{\partial x}$在 G 内连续，可以在 G 内取一个以 M_0 为圆心，半径很小的圆形闭区域 D_0，使得在 D_0 上恒有

$$\frac{\partial Q}{\partial x}-\frac{\partial P}{\partial y}\geqslant\frac{\eta}{2}.$$

由格林公式及二重积分的性质有

$$\oint_l P\mathrm{d}x+Q\mathrm{d}y=\iint_{D_0}\left(\frac{\partial Q}{\partial x}-\frac{\partial P}{\partial y}\right)\mathrm{d}x\mathrm{d}y\geqslant\frac{\eta}{2}\sigma,$$

这里 l 是 D_0 的正向边界曲线，σ 是 D_0 的面积. 而 $\eta>0,\sigma>0$，故得

曲线积分与路径无关的条件

$$\oint_l P\mathrm{d}x+Q\mathrm{d}y>0.$$

该结果与 G 内任意闭曲线的曲线积分为零的假设矛盾,故条件是必要的.

特别注意,定理 3 中的区域是单连通区域. 如果是复连通区域结论并不成立,请读者参考本节例 6 中的情形(2).

当曲线积分与路径无关时,因为积分值只与积分曲线的起点和终点有关,所以常把 $\int_{\overset{\frown}{AB}} P\mathrm{d}x+Q\mathrm{d}y$ 简记为 $\int_A^B P\mathrm{d}x+Q\mathrm{d}y$.

例 8　计算 $I=\int_L (1+x\mathrm{e}^{2y})\mathrm{d}x+(x^2\mathrm{e}^{2y}-y)\mathrm{d}y$,其中 L 是 $(x-2)^2+y^2=4$ 的上半圆周,取顺时针方向(见图 10-25).

解　这里

$$P=1+x\mathrm{e}^{2y},Q=x^2\mathrm{e}^{2y}-y.$$

在 xOy 面上,P,Q 具有连续的偏导数且有

$$\frac{\partial P}{\partial y}=\frac{\partial Q}{\partial x}=2x\mathrm{e}^{2y}.$$

由定理 3 可知,曲线积分在 xOy 面上与路径无关,取由 $O(0,0)$ 到 $A(4,0)$ 的直线段计算.

$\overline{OA}$:$y=0$,x 由 0 到 4. 故

$$I=\int_{OA}(1+x\mathrm{e}^{2y})\mathrm{d}x+(x^2\mathrm{e}^{2y}-y)\mathrm{d}y=\int_0^4(1+x)\mathrm{d}x=12.$$

例 9　计算曲线积分 $I=\int_L \frac{(x-y)\mathrm{d}x+(x+y)\mathrm{d}y}{x^2+y^2}$. 其中,$L$ 是上半椭圆周 $\frac{x^2}{a^2}+\frac{y^2}{b^2}=1(y\geqslant 0)$ 上从点 $A(-a,0)$ 到点 $B(a,0)$ 的弧段(见图 10-26).

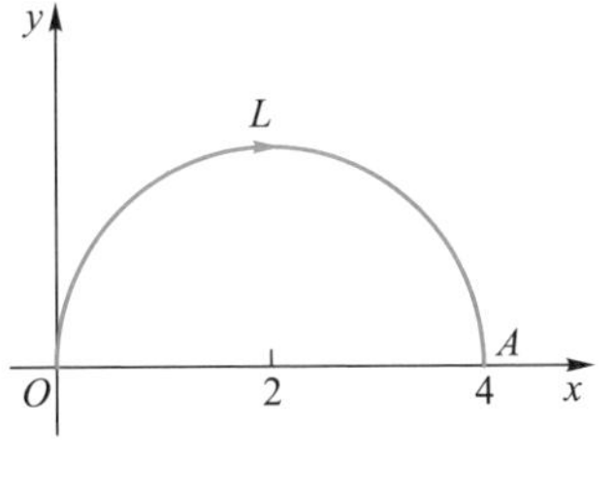

图 10-25

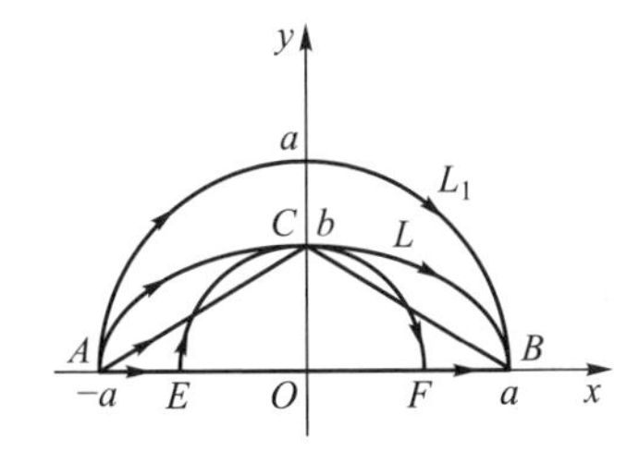

图 10-26

解 这里

$$P=\frac{x-y}{x^2+y^2},\quad Q=\frac{x+y}{x^2+y^2}.$$

在不包含原点在内的单连通区域 $G=\{(x,y)\mid y\geqslant 0,x\neq 0\}$ 内,有

$$\frac{\partial P}{\partial y}=\frac{y^2-2xy-x^2}{(x^2+y^2)^2}=\frac{\partial Q}{\partial x}.$$

故在 G 内曲线积分与路径无关,取 L_1 为从点 $A(-a,0)$ 经上半圆周 $x^2+y^2=a^2(y\geqslant 0)$ 到点 $B(a,0)$ 的弧段. 则

$$\begin{aligned}I&=\int_L\frac{(x-y)\mathrm{d}x+(x+y)\mathrm{d}y}{x^2+y^2}\\&=\int_\pi^0\frac{a(\cos\theta-\sin\theta)(-a\sin\theta)+a(\cos\theta+\sin\theta)(a\cos\theta)}{a^2}\mathrm{d}\theta\\&=\int_\pi^0\mathrm{d}\theta=-\pi.\end{aligned}$$

这里也可取折线 $\overline{AC},\overline{CB}$ 路径或取 $\overline{AE},\widehat{ECF},\overline{FB}$ 路径来计算.

例 10 设曲线积分 $\int_C xy^2\mathrm{d}x+y\varphi(x)\mathrm{d}y$ 在 xOy 面内与路径无关,其中 $\varphi(x)$ 具有连续导数,且 $\varphi(0)=0$,计算 $\int_{(0,0)}^{(1,1)}xy^2\mathrm{d}x+y\varphi(x)\mathrm{d}y$ 的值(见图 10-27).

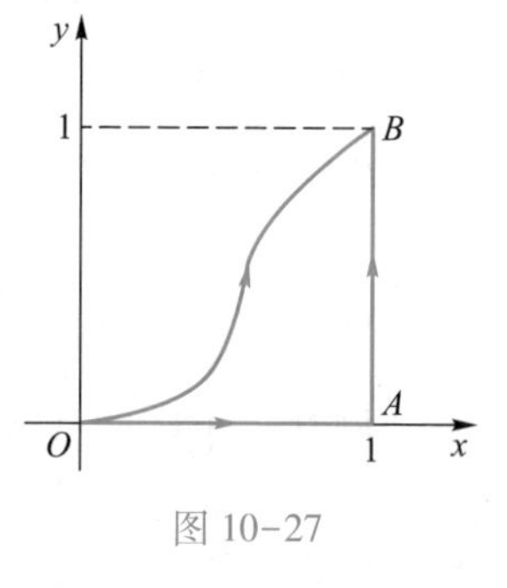

图 10-27

解 这里 $P=xy^2,Q=y\varphi(x)$,则

$$\frac{\partial P}{\partial y}=2xy,\quad \frac{\partial Q}{\partial x}=y\varphi'(x).$$

因为曲线积分在 xOy 面内与路径无关,所以在 xOy 面内恒有 $\frac{\partial Q}{\partial x}=\frac{\partial P}{\partial y}$ 成立. 由此可得

$$y\varphi'(x)=2xy\quad 即\quad \varphi'(x)=2x,$$

所以 $\varphi(x)=x^2+C$. 由 $\varphi(0)=0$ 解得 $C=0$,从而 $\varphi(x)=x^2$.

又因该曲线积分与路径无关,在图 10-27 中,选取折线 $\overline{OA}$ 与 $\overline{AB}$ 作为积分曲线,则有

$$\int_{(0,0)}^{(1,1)} xy^2\mathrm{d}x+y\varphi(x)\mathrm{d}y=\int_{(0,0)}^{(1,1)} xy^2\mathrm{d}x+yx^2\mathrm{d}y$$

$$=\int_{OA} xy^2\mathrm{d}x+yx^2\mathrm{d}y+\int_{AB} xy^2\mathrm{d}x+yx^2\mathrm{d}y$$

$$=\int_0^1 y\mathrm{d}y=\frac{1}{2}.$$

三、二元函数的全微分求积

根据微分学的知识可知，当二元函数 $u(x,y)$ 在某区域 D 内具有一阶连续偏导数时，则函数 $u=u(x,y)$ 在区域 D 内可微，且全微分

$$\mathrm{d}u=\frac{\partial u}{\partial x}\mathrm{d}x+\frac{\partial u}{\partial y}\mathrm{d}y.$$

反过来的问题是，函数 $P(x,y)$，$Q(x,y)$ 满足什么条件时，表达式 $P\mathrm{d}x+Q\mathrm{d}y$ 就是某个函数 $u(x,y)$ 的全微分？如果这样的 $u(x,y)$ 存在，如何求出这个函数？这就是二元函数的全微分求积问题.

全微分求积

定理 4　设 G 是平面内一单连通区域，函数 $P(x,y)$，$Q(x,y)$ 在 G 内具有一阶连续偏导数，则 $P(x,y)\mathrm{d}x+Q(x,y)\mathrm{d}y$ 在 G 内为某一函数 $u(x,y)$ 的全微分的充分必要条件是等式

$$\frac{\partial P}{\partial y}=\frac{\partial Q}{\partial x}$$

在 G 内恒成立.

证明　必要性. 假设存在着某一函数 $u(x,y)$，使得

$$\mathrm{d}u=P(x,y)\mathrm{d}x+Q(x,y)\mathrm{d}y,$$

故

$$\frac{\partial u}{\partial x}=P(x,y),\quad \frac{\partial u}{\partial y}=Q(x,y).$$

于是 $\frac{\partial P}{\partial y}=\frac{\partial^2 u}{\partial x\partial y}$，$\frac{\partial Q}{\partial x}=\frac{\partial^2 u}{\partial y\partial x}$. 而 P，Q 具有一阶连续偏导数，这就表明函数 $u=u(x,y)$ 的二阶混合偏导数 $\frac{\partial^2 u}{\partial x\partial y}$，$\frac{\partial^2 u}{\partial y\partial x}$ 连续，故与求导次序无关，有

$$\frac{\partial^2 u}{\partial x \partial y}=\frac{\partial^2 u}{\partial y \partial x} \quad 即 \quad \frac{\partial P}{\partial y}=\frac{\partial Q}{\partial x}.$$

这样就证明了必要性.

充分性. 如果$\frac{\partial P}{\partial y}=\frac{\partial Q}{\partial x}$在 G 内恒成立,则由定理 3 可知,在 G 内以 $M_0(x_0, y_0)$为起点,以 $M(x,y)$为终点的曲线积分与路径无关,记为

$$\int_{(x_0,y_0)}^{(x,y)} P\mathrm{d}x+Q\mathrm{d}y.$$

当起点 $M_0(x_0,y_0)$固定时,积分值仅依赖于终点 $M(x,y)$,因此,它是 x,y 的函数,把这个函数记作 $u(x,y)$,即

$$u(x,y)=\int_{(x_0,y_0)}^{(x,y)} P(x,y)\mathrm{d}x+Q(x,y)\mathrm{d}y.$$

因为 $P(x,y)$, $Q(x,y)$ 都是连续的,因此只要证明$\frac{\partial u}{\partial x}=P(x,y)$, $\frac{\partial u}{\partial y}=Q(x,y)$,就能证明 $\mathrm{d}u=P(x,y)\mathrm{d}x+Q(x,y)\mathrm{d}y$. 现在计算$\frac{\partial u}{\partial x}$和$\frac{\partial u}{\partial y}$.

根据偏导数的定义,有

$$\frac{\partial u}{\partial x}=\lim_{\Delta x\to 0}\frac{u(x+\Delta x,y)-u(x,y)}{\Delta x},$$

而

$$\begin{aligned}&u(x+\Delta x,y)-u(x,y)\\=&\int_{(x_0,y_0)}^{(x+\Delta x,y)} P(x,y)\mathrm{d}x+Q(x,y)\mathrm{d}y-\\&\int_{(x_0,y_0)}^{(x,y)} P(x,y)\mathrm{d}x+Q(x,y)\mathrm{d}y.\end{aligned}$$

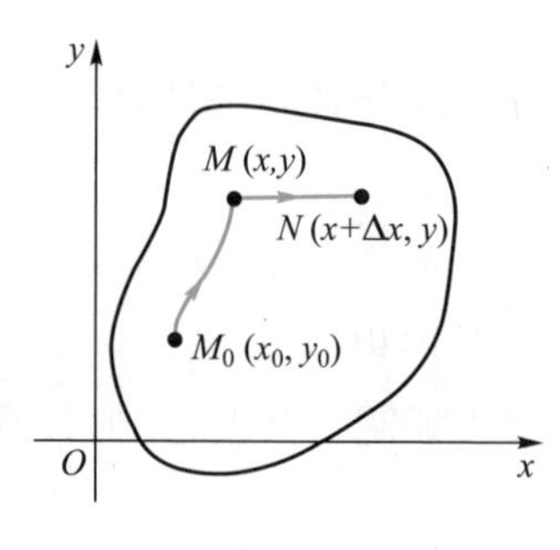

图 10-28

由于曲线积分与路径无关,可取从 M_0 到 M,然后沿直线段 M 到 N 作积分路径(见图 10-28),从而上式成为

$$u(x+\Delta x,y)-u(x,y)=\int_{(x,y)}^{(x+\Delta x,y)} P(x,y)\mathrm{d}x+Q(x,y)\mathrm{d}y.$$

因为在直线段 MN 上,y 是不变的,于是有

$$u(x+\Delta x,y)-u(x,y)=\int_{x}^{x+\Delta x} P(x,y)\mathrm{d}x.$$

对上式右端应用定积分中值定理,得

$$u(x+\Delta x,y)-u(x,y)=P(x+\theta\Delta x,y)\Delta x \quad (0\leqslant\theta\leqslant 1).$$

由于 $P(x,y)$ 的偏导数在 G 内连续,$P(x,y)$ 也一定连续,则

$$\begin{aligned}\frac{\partial u}{\partial x}&=\lim_{\Delta x\to 0}\frac{u(x+\Delta x,y)-u(x,y)}{\Delta x}\\&=\lim_{\Delta x\to 0}\frac{P(x+\theta\Delta x,y)\Delta x}{\Delta x}=P(x,y),\end{aligned}$$

即
$$\frac{\partial u}{\partial x}=P(x,y).$$

同理可得
$$\frac{\partial u}{\partial y}=Q(x,y).$$

可见,当 $\frac{\partial P}{\partial y}=\frac{\partial Q}{\partial x}$ 时,按照上述方法求得的 $u=u(x,y)$ 可微,且

$$\mathrm{d}u=P(x,y)\mathrm{d}x+Q(x,y)\mathrm{d}y.$$

这样就证明了充分性.

定理 4 给出了 $u(x,y)$ 存在的条件,其证明过程也提供了 $u(x,y)$ 的计算方法. 即

$$u(x,y)=\int_{(x_0,y_0)}^{(x,y)}P(x,y)\mathrm{d}x+Q(x,y)\mathrm{d}y.$$

由于曲线积分与路径无关,在实际应用上,常采用平行于坐标轴的折线段作为积分路径(见图 10-29),当然,要假设这些折线全包含于 G 内. 积分路径取 M_0 经 M_1 到 M 的折线段时,有

$$\begin{aligned}u(x,y)&=\int_{M_0M_1}P\mathrm{d}x+Q\mathrm{d}y+\int_{M_1M}P\mathrm{d}x+Q\mathrm{d}y\\&=\int_{x_0}^{x}P(x,y_0)\mathrm{d}x+\int_{y_0}^{y}Q(x,y)\mathrm{d}y.\end{aligned}$$

或积分路径取 M_0 经 M_2 到 M 的折线段时,有

$$\begin{aligned}u(x,y)&=\int_{M_0M_2}P\mathrm{d}x+Q\mathrm{d}y+\int_{M_2M}P\mathrm{d}x+Q\mathrm{d}y\\&=\int_{y_0}^{y}Q(x_0,y)\mathrm{d}y+\int_{x_0}^{x}P(x,y)\mathrm{d}x.\end{aligned}$$

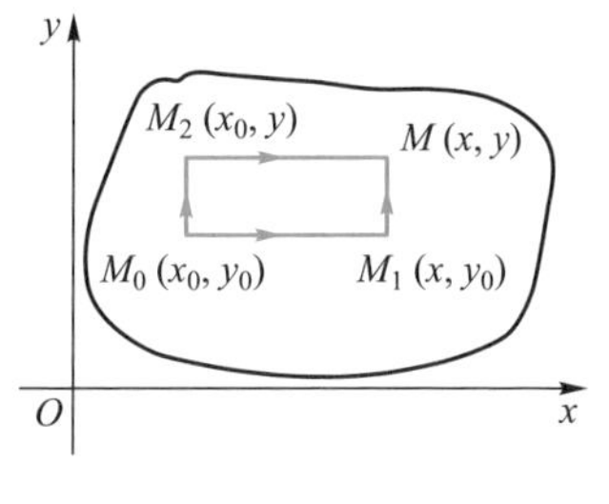

图 10-29

例 11　验证$\dfrac{2xy\mathrm{d}x-x^2\mathrm{d}y}{y^2}$是上半平面($y>0$)内某个函数$u(x,y)$的全微分，并求$u(x,y)$.

证明　在上半平面($y>0$)内，有

$$P(x,y)=\frac{2xy}{y^2}=\frac{2x}{y},\quad Q(x,y)=-\frac{x^2}{y^2}.$$

因为$\dfrac{\partial P}{\partial y}=-\dfrac{2x}{y^2}=\dfrac{\partial Q}{\partial x}$，且连续，所以$\dfrac{2xy\mathrm{d}x-x^2\mathrm{d}y}{y^2}$是上半平面($y>0$)内某个二元函数$u(x,y)$的全微分. 在上半平面取积分路径(见图 10-30)，则

$$\begin{aligned}u(x,y)&=\int_{(0,1)}^{(x,y)}\frac{2xy\mathrm{d}x-x^2\mathrm{d}y}{y^2}\\&=\int_{AB}\frac{2xy\mathrm{d}x-x^2\mathrm{d}y}{y^2}+\int_{BC}\frac{2xy\mathrm{d}x-x^2\mathrm{d}y}{y^2}\\&=\int_0^x 2x\mathrm{d}x+\int_1^y\left(-\frac{x^2}{y^2}\right)\mathrm{d}y=\frac{x^2}{y}.\end{aligned}$$

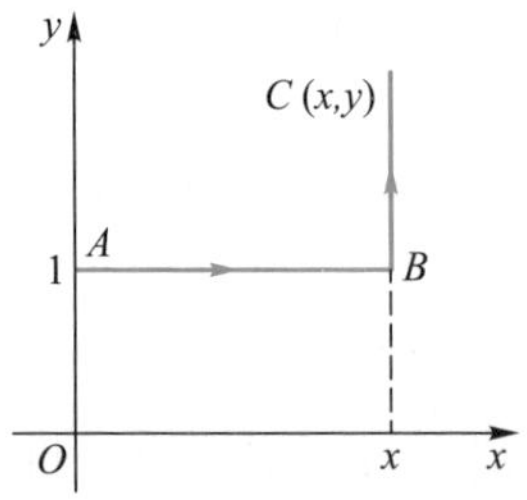

图 10-30

应当指出，如果曲线积分与路径无关，在求$u(x,y)$时，由于起点不同(在允许的条件下)，可能$u(x,y)$的具体表达式会相差一个常数.

例 12　已知在整个xOy面内，$xy^2\mathrm{d}x+x^2y\mathrm{d}y$是某个函数$u(x,y)$的全微分，求$u(x,y)$.

解　因为函数$u(x,y)$满足$\dfrac{\partial u}{\partial x}=xy^2$，所以

$$u=\int\frac{\partial u}{\partial x}\mathrm{d}x=\int xy^2\mathrm{d}x=\frac{1}{2}x^2y^2+\varphi(y),$$

其中，$\varphi(y)$是y的待定函数，因此得$\dfrac{\partial u}{\partial y}=x^2y+\varphi'(y)$，又因为$u(x,y)$必须满足$\dfrac{\partial u}{\partial y}=x^2y$，于是$x^2y+\varphi'(y)=x^2y$，从而$\varphi'(y)=0$，则$\varphi(y)=C$. 故所求函数为

$$u(x,y)=\frac{x^2y^2}{2}+C,$$

其中，C 为常数.

本例中所用的方法就是所谓的待定函数法，也叫做偏积分法. 另外还可用“凑”的方法来求 $u(x,y)$.

$$xy^2\mathrm{d}x+x^2y\mathrm{d}y=y^2\mathrm{d}\left(\frac{x^2}{2}\right)+x^2\mathrm{d}\left(\frac{y^2}{2}\right)=\frac{1}{2}(y^2\mathrm{d}x^2+x^2\mathrm{d}y^2)$$

$$=\frac{1}{2}\mathrm{d}(x^2y^2)=\mathrm{d}\left(\frac{1}{2}x^2y^2\right),$$

于是，所求函数为
$$u(x,y)=\frac{x^2y^2}{2}+C.$$

当曲线积分与路径无关时，可用下述方法求值.

对于曲线积分

$$\int_{(x_0,y_0)}^{(x_1,y_1)}P(x,y)\mathrm{d}x+Q(x,y)\mathrm{d}y,$$

若 $\mathrm{d}F(x,y)=P(x,y)\mathrm{d}x+Q(x,y)\mathrm{d}y$，$P,Q$ 在 G 内连续，则

$$\int_{(x_0,y_0)}^{(x_1,y_1)}P\mathrm{d}x+Q\mathrm{d}y=F(x,y)\Big|_{(x_0,y_0)}^{(x_1,y_1)}.$$

该公式类似于一元函数定积分的牛顿-莱布尼茨公式.

例 13　计算 $\displaystyle\int_{(x_0,y_0)}^{(x_1,y_1)}xy^2\mathrm{d}x+x^2y\mathrm{d}y$.

解　由于
$$xy^2\mathrm{d}x+x^2y\mathrm{d}y=\mathrm{d}\left(\frac{1}{2}x^2y^2\right),$$

故
$$\int_{(x_0,y_0)}^{(x_1,y_1)}xy^2\mathrm{d}x+x^2y\mathrm{d}y=\left[\frac{1}{2}x^2y^2\right]_{(x_0,y_0)}^{(x_1,y_1)}=\frac{1}{2}(x_1^2y_1^2-x_0^2y_0^2).$$

*四、全微分方程

一个一阶微分方程写成

$$P(x,y)\mathrm{d}x+Q(x,y)\mathrm{d}y=0\qquad(10-1)$$

形式后，如果它的左端恰好是某一个函数 $u=u(x,y)$ 的全微分，即

$$\mathrm{d}u(x,y)=P(x,y)\mathrm{d}x+Q(x,y)\mathrm{d}y,$$

那么方程(10-1)就称为**全微分方程**. 这里

$$\frac{\partial u}{\partial x}=P(x,y),\quad \frac{\partial u}{\partial y}=Q(x,y).$$

而方程(10-1)就变为

$$\mathrm{d}u(x,y)=0.$$

如果 $y=\varphi(x)$ 是方程(10-1)的解,则

$$\mathrm{d}u[x,\varphi(x)]\equiv 0,$$

因此

$$u[x,\varphi(x)]=C.$$

这表示方程(10-1)的解 $y=\varphi(x)$ 是由方程 $u(x,y)=C$ 所确定的隐函数.

另一方面,如果方程 $u(x,y)=C$ 确定了一个可微的隐函数 $y=\varphi(x)$,则

$$u[x,\varphi(x)]\equiv C,$$

上式两端对 x 求导,得

$$\frac{\partial u}{\partial x}+\frac{\partial u}{\partial y}\frac{\mathrm{d}y}{\mathrm{d}x}=0,$$

或

$$\frac{\partial u}{\partial x}\mathrm{d}x+\frac{\partial u}{\partial y}\mathrm{d}y=0,$$

即

$$P(x,y)\mathrm{d}x+Q(x,y)\mathrm{d}y=0.$$

这表示方程 $u(x,y)=C$ 确定的隐函数是方程(10-1)的解.

综上所述,如果方程(10-1)的左端是函数 $u(x,y)$ 的全微分,那么

$$u(x,y)=C$$

就是全微分方程(10-1)的隐式通解,其中 C 是任意常数.

由前面的讨论可知,当 $P(x,y)$,$Q(x,y)$ 在单连通区域 G 内具有一阶连续的偏导数时,方程(10-1)是全微分方程的充分必要条件是

$$\frac{\partial P}{\partial y}=\frac{\partial Q}{\partial x}$$

在区域 G 内恒成立,且当此条件满足时,全微分方程的通解为

$$u(x,y)=\int_{x_0}^{x}P(x,y)\mathrm{d}x+\int_{y_0}^{y}Q(x_0,y)\mathrm{d}y=C,$$

其中，x_0,y_0 是在区域 G 内适当选定点的坐标.

例 14　求解 $(5x^4+3xy^2-y^3)\mathrm{d}x+(3x^2y-3xy^2+y^2)\mathrm{d}y=0$.

解　这里

$$\frac{\partial P}{\partial y}=6xy-3y^2=\frac{\partial Q}{\partial x},$$

于是所给方程是全微分方程. 可取 $x_0=0,y_0=0$，于是

$$\begin{aligned}u(x,y)&=\int_0^x(5x^4+3xy^2-y^3)\mathrm{d}x+\int_0^y y^2\mathrm{d}y\\&=x^5+\frac{3}{2}x^2y^2-xy^3+\frac{1}{3}y^3,\end{aligned}$$

于是方程的通解为

$$x^5+\frac{3}{2}x^2y^2-xy^3+\frac{1}{3}y^3=C.$$

当方程(10-1)不是全微分方程时，如果有一个适当的函数 $\mu(x,y)$，使方程(10-1)两端同乘以 $\mu(x,y)$ 后所得的方程

$$\mu P\mathrm{d}x+\mu Q\mathrm{d}y=0\quad(\mu(x,y)\neq 0)$$

是全微分方程，则函数 $\mu(x,y)$ 叫做方程(10-1)的**积分因子**.

求积分因子，一般来说不是一件容易的事，不过在比较简单的情形下，可以凭观察得到.

例如，方程

$$y\mathrm{d}x-x\mathrm{d}y=0$$

不是全微分方程. 但是由于 $\mathrm{d}\left(\dfrac{x}{y}\right)=\dfrac{y\mathrm{d}x-x\mathrm{d}y}{y^2}$，可知 $\dfrac{1}{y^2}$ 是一个积分因子. 不难验证，$\dfrac{1}{xy}$ 和 $\dfrac{1}{x^2}$ 也都是积分因子. 乘上其中任何一个并积分，便得到所求方程的通解为

$$\frac{x}{y}=C.$$

又如，方程

$$(1+xy)y\mathrm{d}x+(1-xy)x\mathrm{d}y=0$$

也不是全微分方程. 但将它的各项重新合并,得

$$(y\mathrm{d}x+x\mathrm{d}y)+xy(y\mathrm{d}x-x\mathrm{d}y)=0,$$

再把它改写成

$$\mathrm{d}(xy)+x^2y^2\left(\frac{\mathrm{d}x}{x}-\frac{\mathrm{d}y}{y}\right)=0.$$

这时容易看出$\frac{1}{x^2y^2}$为积分因子,乘上该积分因子后,方程就变为

$$\frac{\mathrm{d}(xy)}{x^2y^2}+\frac{\mathrm{d}x}{x}-\frac{\mathrm{d}y}{y}=0,$$

两边积分,得通解为

$$-\frac{1}{xy}+\ln\left|\frac{x}{y}\right|=C_1,$$

即

$$\frac{x}{y}=C\mathrm{e}^{\frac{1}{xy}}\quad(C=\pm\mathrm{e}^{C_1}).$$

习题 10-3

1. 利用曲线积分,求下列曲线围成的图形的面积.

(1) 星形线 $x=a\cos^3 t, y=a\sin^3 t$;

(2) 椭圆 $9x^2+16y^2=144$;

(3) 圆 $x^2+y^2=2ax$.

2. 利用格林公式,计算下列曲线积分.

(1) $\oint_L(2x-y+4)\mathrm{d}x+(5y+3x-6)\mathrm{d}y$,其中 L 为三顶点分别为(0,0),(3,0)和(3,2)的三角形正向边界;

(2) $\oint_L(x^2y\cos x+2xy\sin x-y^2\mathrm{e}^x)\mathrm{d}x+(x^2\sin x-2y\mathrm{e}^x)\mathrm{d}y$,其中 L 为正向星形线 $x^{\frac{2}{3}}+y^{\frac{2}{3}}=a^{\frac{2}{3}}(a>0)$;

(3) $\int_L(2xy^3-y^2\cos x)\mathrm{d}x+(1-2y\sin x+3x^2y^2)\mathrm{d}y$,其中 L 为抛物线 $2x=\pi y^2$ 上

由点(0,0)到$\left(\frac{\pi}{2},1\right)$的一段弧；

(4) $\int_L (x^2-y)\mathrm{d}x-(x+\sin^2 y)\mathrm{d}y$，其中 L 是在圆周 $y=\sqrt{2x-x^2}$ 上由点(0,0)到点(1,1)的一段弧.

3. 计算曲线积分 $\oint_L \frac{y\mathrm{d}x-x\mathrm{d}y}{2(x^2+y^2)}$，其中 L 为圆周 $(x-1)^2+y^2=2$，且取逆时针方向.

4. 证明下列曲线积分在整个 xOy 面内与路径无关，并计算其值.

(1) $\int_{(1,1)}^{(2,3)} (x+y)\mathrm{d}x+(x-y)\mathrm{d}y$；

(2) $\int_{(1,0)}^{(2,1)} (2xy-y^4+3)\mathrm{d}x+(x^2-4xy^3)\mathrm{d}y$.

5. 验证下列 $P(x,y)\mathrm{d}x+Q(x,y)\mathrm{d}y$ 在整个 xOy 面内是某二元函数 $u(x,y)$ 的全微分，并求这样的一个 $u(x,y)$.

(1) $2xy\mathrm{d}x+x^2\mathrm{d}y$；

(2) $(2x\cos y+y^2\cos x)\mathrm{d}x+(2y\sin x-x^2\sin y)\mathrm{d}y$.

6. 计算曲线积分 $I=\int_L [u_x'(x,y)+xy]\mathrm{d}x+u_y'(x,y)\mathrm{d}y$，其中 L 是从点 $A(0,1)$ 沿曲线 $y=\frac{\sin x}{x}$ 到点 $B(\pi,0)$ 的曲线段. 设 $u(x,y)$ 在 xOy 面上具有二阶连续偏导数，且 $u(0,1)=1$，$u(\pi,0)=\pi$.

7. 已知 C 是平面上任意一条不过原点的简单闭曲线，问常数 a 为何值时，曲线积分 $\oint_C \frac{x\mathrm{d}x-ay\mathrm{d}y}{x^2+y^2}=0$.

8. 设 $P(x,y)$，$Q(x,y)$ 都是有二阶连续偏导数的二元函数，且 $\frac{\partial^2 Q}{\partial y^2}=\frac{\partial^2 P}{\partial x^2}$，如果曲线积分 $\int_L Q\mathrm{d}x+P\mathrm{d}y$ 与路径无关，试证：积分 $\int_L \frac{\partial Q}{\partial x}\mathrm{d}x+\frac{\partial P}{\partial y}\mathrm{d}y$ 也与路径无关.

*9. 判断下列方程中哪些是全微分方程，并求全微分方程的通解.

(1) $(3x^2+6xy^2)\mathrm{d}x+(6x^2y+4y^2)\mathrm{d}y=0$；

(2) $(a^2-2xy-y^2)\mathrm{d}x-(x+y)^2\mathrm{d}y=0$；

(3) $e^y dx+(xe^y-2y)dy=0$;

(4) $(x^2+y^2)dx+xydy=0$.

第四节　对面积的曲面积分

一、对面积的曲面积分的概念与性质

1. 非均匀物质曲面的质量

设有一曲面形构件,在空间坐标系中占有曲面 Σ,其上任意一点 $P(x,y,z)$处的面密度为 $\mu(x,y,z)$,且 $\mu(x,y,z)$ 在 Σ 上连续,为方便起见,称之为物质曲面. 现求此物质曲面的质量 M.

将曲面 Σ(见图 10-31)任意分割成 n 个小块曲面 $\Delta S_i(i=1,2,\cdots,n)$,并用 ΔS_i 也表示该小块曲面的面积,在每一小块曲面 ΔS_i 上,任取一点 $P(\xi_i,\eta_i,\zeta_i)$,当 ΔS_i 很小时,小块曲面 ΔS_i 的质量 ΔM_i 近似地等于 $\mu(\xi_i,\eta_i,\zeta_i)\cdot\Delta S_i$. 于是

$$M\approx\sum_{i=1}^{n}\mu(\xi_i,\eta_i,\zeta_i)\Delta S_i.$$

记 $\lambda=\max\limits_{1\leqslant i\leqslant n}\{d_i\}$,其中 d_i 为 ΔS_i 的直径,则

$$M=\lim_{\lambda\to 0}\sum_{i=1}^{n}\mu(\xi_i,\eta_i,\zeta_i)\Delta S_i.$$

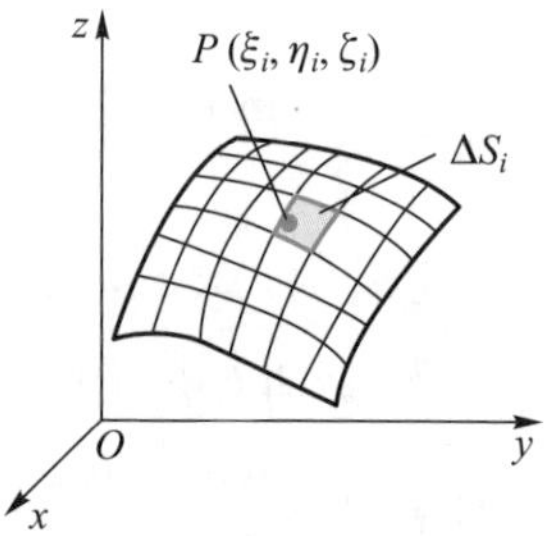

这种形式的极限在实际中经常遇到,抛开问题的物理意义,引入对面积的曲面积分的定义.

图 10-31

2. 对面积的曲面积分的定义

定义　设曲面 Σ 是光滑的,函数 $f(x,y,z)$ 在 Σ 上有界. 把 Σ 任意分成 n 个小曲面块 $\Delta S_i(i=1,2,\cdots,n)$,其面积也记为 ΔS_i,(ξ_i,η_i,ζ_i) 是 ΔS_i 上任意取定的一点,作乘积 $f(\xi_i,\eta_i,\zeta_i)\Delta S_i(i=1,2,\cdots,n)$,并作和 $\sum\limits_{i=1}^{n}f(\xi_i,\eta_i,\zeta_i)\cdot\Delta S_i$,记 $\lambda=\max\limits_{1\leqslant i\leqslant n}\{d_i\}$,其中 d_i 为 ΔS_i 的直径. 如果极限

$$\lim_{\lambda\to 0}\sum_{i=1}^{n}f(\xi_i,\eta_i,\zeta_i)\Delta S_i$$

总存在,则称此极限为函数 $f(x,y,z)$ 在曲面 Σ 上**对面积的曲面积分**(surface integral),也称为**第一类(型)曲面积分**,记作 $\iint\limits_{\Sigma}f(x,y,z)\mathrm{d}S$,即

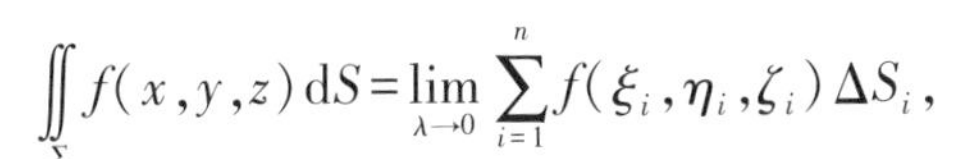

$$\iint\limits_{\Sigma}f(x,y,z)\mathrm{d}S=\lim_{\lambda\to 0}\sum_{i=1}^{n}f(\xi_i,\eta_i,\zeta_i)\Delta S_i,$$

对面积的曲面积分的定义

其中,$f(x,y,z)$ 称为**被积函数**,Σ 称为**积分曲面**,$\mathrm{d}S$ 称为**曲面面积元素**.

根据这个定义,前述物质曲面的质量就可以表示为 $M=\iint\limits_{\Sigma}\mu(x,y,z)\mathrm{d}S$.

关于定义,作下述几点说明.

(1) 定义要求 Σ 是光滑曲面. 所谓 Σ 是光滑曲面,指的是 Σ 上任意一点的切平面都是存在的,并且当切点在曲面上连续变动时,切平面也连续变动. 设曲面 Σ 的方程为 $F(x,y,z)=0$,如果 $F(x,y,z)$ 具有连续的一阶偏导数且 $F_x^2(x,y,z)+F_y^2(x,y,z)+F_z^2(x,y,z)\neq 0$,则曲面 Σ 是光滑的.

(2) 如果函数 $f(x,y,z)$ 在光滑曲面 Σ 上连续,则 $\iint\limits_{\Sigma}f(x,y,z)\mathrm{d}S$ 存在.

(3) 封闭曲面 Σ 上的积分常记为 $\oint\!\!\!\oint\limits_{\Sigma}f(x,y,z)\mathrm{d}S$.

3. 对面积的曲面积分的性质

性质 1　$\iint\limits_{\Sigma}[f(x,y,z)\pm g(x,y,z)]\mathrm{d}S=\iint\limits_{\Sigma}f(x,y,z)\mathrm{d}S\pm\iint\limits_{\Sigma}g(x,y,z)\mathrm{d}S$.

性质 2　$\iint\limits_{\Sigma}kf(x,y,z)\mathrm{d}S=k\iint\limits_{\Sigma}f(x,y,z)\mathrm{d}S$.

性质 1 和性质 2 表明对面积的曲面积分具有线性性质.

性质 3　设曲面 Σ 由 Σ_1 和 Σ_2 组成,即 $\Sigma=\Sigma_1+\Sigma_2$,则

$$\iint\limits_{\Sigma}f(x,y,z)\mathrm{d}S=\iint\limits_{\Sigma_1}f(x,y,z)\mathrm{d}S+\iint\limits_{\Sigma_2}f(x,y,z)\mathrm{d}S.$$

该性质称为曲面积分关于积分曲面的可加性.

性质 4　$\iint\limits_{\Sigma}\mathrm{d}S=A$,其中 A 是曲面 Σ 的面积.

二、对面积的曲面积分的计算

定理 设积分曲面 Σ 由方程 $z=z(x,y)$ 给出，Σ 在 xOy 面上的投影区域为 D_{xy}，函数 $z=z(x,y)$ 在 D_{xy} 上具有连续偏导数，且函数 $f(x,y,z)$ 在 Σ 上连续，则对面积的曲面积分存在，且有

$$\iint\limits_{\Sigma} f(x,y,z)\,\mathrm{d}S=\iint\limits_{D_{xy}} f[x,y,z(x,y)]\sqrt{1+z_x^2+z_y^2}\,\mathrm{d}x\mathrm{d}y.$$

证明 根据对面积的曲面积分的定义，有

$$\iint\limits_{\Sigma} f(x,y,z)\,\mathrm{d}S=\lim_{\lambda\to 0}\sum_{i=1}^{n} f(\xi_i,\eta_i,\zeta_i)\Delta S_i.$$

如图 10-32 所示，设 Σ 上第 i 小块曲面 ΔS_i 在 xOy 面上的投影区域为 $(\Delta\sigma_i)_{xy}$，则面积 ΔS_i 可表示为

$$\Delta S_i=\iint\limits_{(\Delta\sigma_i)_{xy}}\sqrt{1+z_x^2+z_y^2}\,\mathrm{d}x\mathrm{d}y.$$

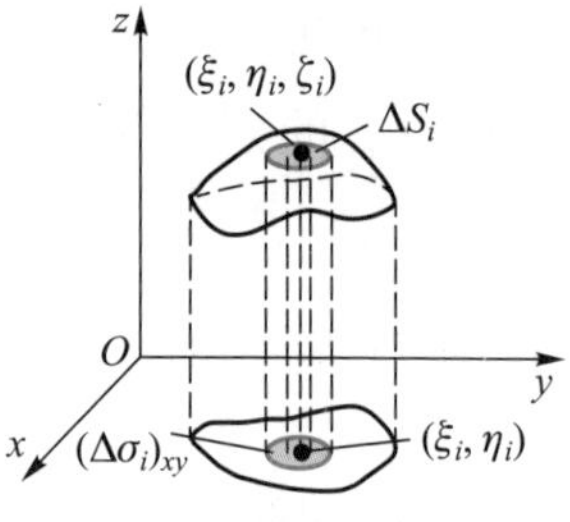

图 10-32

由二重积分的中值定理有

$$\begin{aligned}\Delta S_i&=\iint\limits_{(\Delta\sigma_i)_{xy}}\sqrt{1+z_x^2+z_y^2}\,\mathrm{d}x\mathrm{d}y\\&=\sqrt{1+z_x^2(\xi_i^*,\eta_i^*)+z_y^2(\xi_i^*,\eta_i^*)}\,(\Delta\sigma_i)_{xy},\end{aligned}$$

其中，(ξ_i^*,η_i^*) 是 $(\Delta\sigma_i)_{xy}$ 内的一点，又 (ξ_i,η_i,ζ_i) 在 Σ 上，于是 $\zeta_i=z(\xi_i,\eta_i)$，则

$$\begin{aligned}&\sum_{i=1}^{n} f(\xi_i,\eta_i,\zeta_i)\Delta S_i\\&=\sum_{i=1}^{n} f[\xi_i,\eta_i,z(\xi_i,\eta_i)]\sqrt{1+z_x^2(\xi_i^*,\eta_i^*)+z_y^2(\xi_i^*,\eta_i^*)}\,(\Delta\sigma_i)_{xy}.\end{aligned}$$

由于 $f(x,y,z)$ 及 $\sqrt{1+z_x^2(x,y)+z_y^2(x,y)}$ 都在 D_{xy} 上连续，当 $\lambda\to 0$ 时，$(\xi_i^*,\eta_i^*)\to(\xi_i,\eta_i)$，根据二重积分的定义，有

$$\begin{aligned}&\lim_{\lambda\to 0}\sum_{i=1}^{n} f[\xi_i,\eta_i,z(\xi_i,\eta_i)]\sqrt{1+z_x^2(\xi_i^*,\eta_i^*)+z_y^2(\xi_i^*,\eta_i^*)}\,(\Delta\sigma_i)_{xy}\\&=\iint\limits_{D_{xy}} f[x,y,z(x,y)]\sqrt{1+z_x^2(x,y)+z_y^2(x,y)}\,\mathrm{d}x\mathrm{d}y.\end{aligned}$$

故对面积的曲面积分 $\iint\limits_{\Sigma} f(x,y,z)\mathrm{d}S$ 存在,且有

$$\iint\limits_{\Sigma} f(x,y,z)\mathrm{d}S=\iint\limits_{D_{xy}} f[x,y,z(x,y)]\sqrt{1+z_x^2(x,y)+z_y^2(x,y)}\,\mathrm{d}x\mathrm{d}y.$$

利用上述定理,就可以将对面积的曲面积分化为二重积分,从而实现它的计算. 具体步骤:

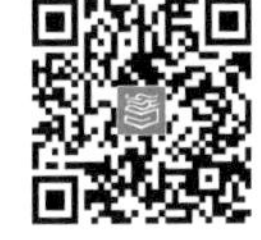

对面积的曲面积分的计算

(1) 写出曲面 Σ 的方程 $z=z(x,y)$,要注意这里 $z=z(x,y)$ 是单值函数,即平行于 z 轴的直线和 Σ 只能有一个交点;

(2) 将 Σ 投影到 xOy 面上,得投影区域为 D_{xy};

(3) 将被积函数 $f(x,y,z)$ 中的 z 换为 $z(x,y)$,面积元素 $\mathrm{d}S$ 用 $\mathrm{d}S=\sqrt{1+z_x^2(x,y)+z_y^2(x,y)}\,\mathrm{d}x\mathrm{d}y$ 代替,就有定理中所给的计算公式.

类似于定理,如果曲面 Σ 方程为 $x=x(y,z)$,则有

$$\iint\limits_{\Sigma} f(x,y,z)\mathrm{d}S=\iint\limits_{D_{yz}} f[x(y,z),y,z]\sqrt{1+x_y^2(y,z)+x_z^2(y,z)}\,\mathrm{d}y\mathrm{d}z;$$

如果曲面 Σ 方程为 $y=y(z,x)$,则有

$$\iint\limits_{\Sigma} f(x,y,z)\mathrm{d}S=\iint\limits_{D_{zx}} f[x,y(z,x),z]\sqrt{1+y_z^2(z,x)+y_x^2(z,x)}\,\mathrm{d}z\mathrm{d}x.$$

例 1　计算对面积的曲面积分 $\iint\limits_{\Sigma}\frac{\mathrm{d}S}{z}$,其中 Σ 是球面 $x^2+y^2+z^2=R^2$ 被平面 $z=h\,(0<h<R)$ 截出的顶部(见图 10-33).

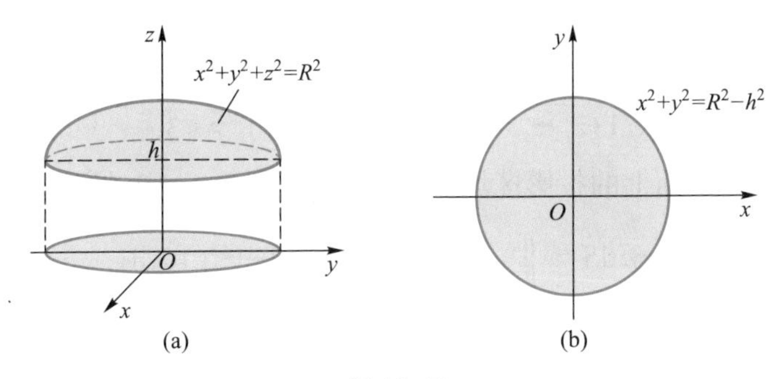

图 10-33

解　球面 Σ 被 $z=h$ 截出的顶部在 xOy 面上的投影区域 D_{xy} 为圆形闭区域:$x^2+y^2\leqslant R^2-h^2$,又

$$\sqrt{1+z_x^2+z_y^2}=\frac{R}{\sqrt{R^2-x^2-y^2}},$$

所以

$$\begin{aligned}\iint\limits_{\Sigma}\frac{\mathrm{d}S}{z}&=\iint\limits_{D_{xy}}\frac{1}{\sqrt{R^2-x^2-y^2}}\frac{R}{\sqrt{R^2-x^2-y^2}}\mathrm{d}x\mathrm{d}y\\&=\iint\limits_{D_{xy}}\frac{R}{R^2-x^2-y^2}\mathrm{d}x\mathrm{d}y=\int_0^{2\pi}\mathrm{d}\theta\int_0^{\sqrt{R^2-h^2}}\frac{R\rho}{R^2-\rho^2}\mathrm{d}\rho\\&=2\pi\left[-\frac{R}{2}\ln(R^2-\rho^2)\right]_0^{\sqrt{R^2-h^2}}=2\pi R\ln\frac{R}{h}.\end{aligned}$$

例 2 计算 $\oiint\limits_{\Sigma}xyz\mathrm{d}S$,其中 Σ 是由平面 $x=0,y=0,z=0$ 及 $x+y+z=1$ 所围成的四面体的整个边界曲面(见图 10-34).

解 整个边界曲面 Σ 在平面 $x=0,y=0,z=0$ 及 $x+y+z=1$ 上的部分依次记为 $\Sigma_1,\Sigma_2,\Sigma_3$ 及 Σ_4,于是

$$\oiint\limits_{\Sigma}xyz\mathrm{d}S=\iint\limits_{\Sigma_1}xyz\mathrm{d}S+\iint\limits_{\Sigma_2}xyz\mathrm{d}S+\iint\limits_{\Sigma_3}xyz\mathrm{d}S+\iint\limits_{\Sigma_4}xyz\mathrm{d}S.$$

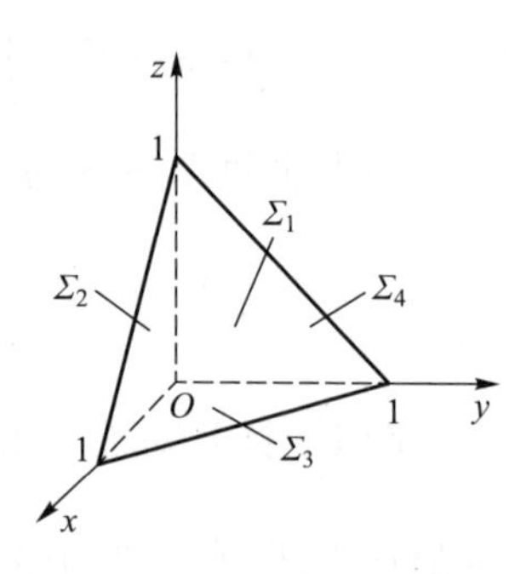

图 10-34

因为在 $\Sigma_1,\Sigma_2,\Sigma_3$ 上,被积函数 $f(x,y,z)=xyz$ 均为零,所以

$$\iint\limits_{\Sigma_1}xyz\mathrm{d}S=\iint\limits_{\Sigma_2}xyz\mathrm{d}S=\iint\limits_{\Sigma_3}xyz\mathrm{d}S=0.$$

在 Σ_4 上,$z=1-x-y$,从而

$$\sqrt{1+z_x^2+z_y^2}=\sqrt{1+(-1)^2+(-1)^2}=\sqrt{3}.$$

又 Σ_4 在 xOy 面上的投影区域 $D_{xy}:x+y\leqslant1,x\geqslant0,y\geqslant0$,故

$$\begin{aligned}\oiint\limits_{\Sigma}xyz\mathrm{d}S&=\iint\limits_{\Sigma_4}xyz\mathrm{d}S=\sqrt{3}\iint\limits_{D_{xy}}xy(1-x-y)\mathrm{d}x\mathrm{d}y\\&=\sqrt{3}\int_0^1x\mathrm{d}x\int_0^{1-x}y(1-x-y)\mathrm{d}y\\&=\sqrt{3}\int_0^1x\left[\frac{(1-x)y^2}{2}-\frac{y^3}{3}\right]_0^{1-x}\mathrm{d}x\end{aligned}$$

$$=\frac{\sqrt{3}}{6}\int_0^1 x(1-x)^3\mathrm{d}x=\frac{\sqrt{3}}{120}.$$

例 3　计算 $\iint\limits_{\Sigma}(xy+yz+zx)\mathrm{d}S$，其中 Σ 是圆锥面 $z=\sqrt{x^2+y^2}$ 被圆柱面 $x^2+y^2=2ax(a>0)$ 所割下的部分.

解　如图 10-35 所示，曲面 $\Sigma: z=\sqrt{x^2+y^2}$ 被圆柱面所割下的部分在 xOy 面上的投影区域为 $D_{xy}: x^2+y^2\leqslant 2ax$，面积元素为

$$\mathrm{d}S=\sqrt{1+z_x^2+z_y^2}\,\mathrm{d}x\mathrm{d}y=\sqrt{2}\,\mathrm{d}x\mathrm{d}y,$$

故

$$\begin{aligned}&\iint\limits_{\Sigma}(xy+yz+zx)\mathrm{d}S\\&=\iint\limits_{D_{xy}}\left[xy+(y+x)\sqrt{x^2+y^2}\right]\sqrt{2}\,\mathrm{d}x\mathrm{d}y\\&=\iint\limits_{D_{xy}}xy\sqrt{2}\,\mathrm{d}x\mathrm{d}y+\sqrt{2}\iint\limits_{D_{xy}}y\sqrt{x^2+y^2}\,\mathrm{d}x\mathrm{d}y+\sqrt{2}\iint\limits_{D_{xy}}x\sqrt{x^2+y^2}\,\mathrm{d}x\mathrm{d}y\\&=0+0+\sqrt{2}\int_{-\frac{\pi}{2}}^{\frac{\pi}{2}}\mathrm{d}\theta\int_0^{2a\cos\theta}\rho^3\cos\theta\mathrm{d}\rho=\sqrt{2}\int_{-\frac{\pi}{2}}^{\frac{\pi}{2}}\frac{(2a)^4}{4}\cos^5\theta\mathrm{d}\theta\\&=\sqrt{2}\times4a^4\times2\times\frac{4}{5}\times\frac{2}{3}=\frac{64}{15}\sqrt{2}\,a^4.\end{aligned}$$

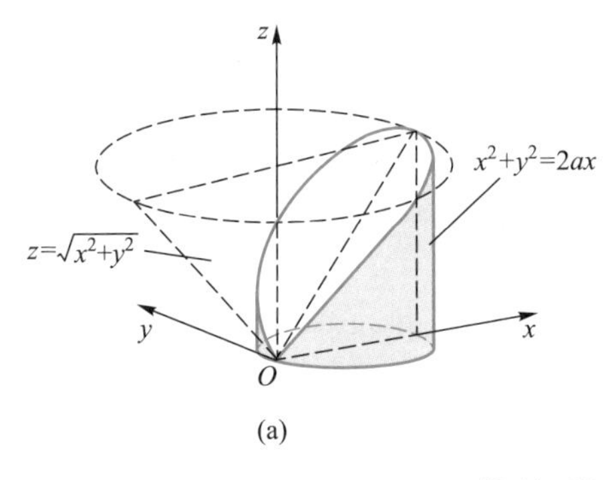

(a)

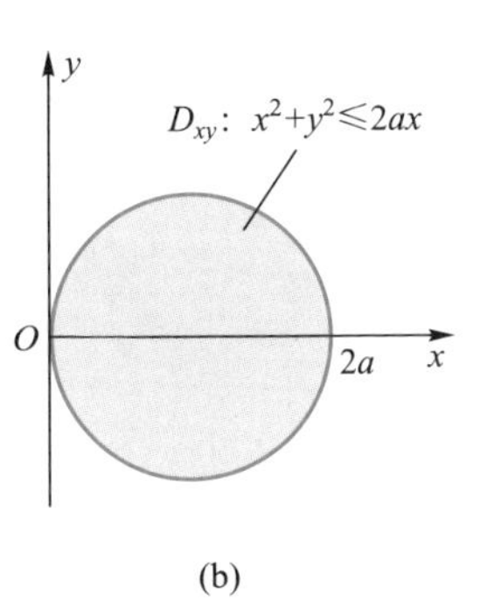

(b)

图 10-35

例 4　求面密度 $\mu=\sqrt{x^2+y^2+z^2}$ 的球壳 $x^2+y^2+z^2=R^2$ 的质量 m.

解　$m=\oiint\limits_{\Sigma}\mu\mathrm{d}S=\oiint\limits_{\Sigma}\sqrt{x^2+y^2+z^2}\,\mathrm{d}S=\oiint\limits_{\Sigma}R\mathrm{d}S=4\pi R^3.$

例 5 计算半径为 R 的均匀半球面的质心坐标.

解 如图 10-36 所示,半球面 Σ 的方程为

$$z=\sqrt{R^2-x^2-y^2}.$$

设均匀半球面的密度为 μ,Σ 在 xOy 面上的投影区域为

$$D_{xy}:x^2+y^2\leqslant R^2.$$

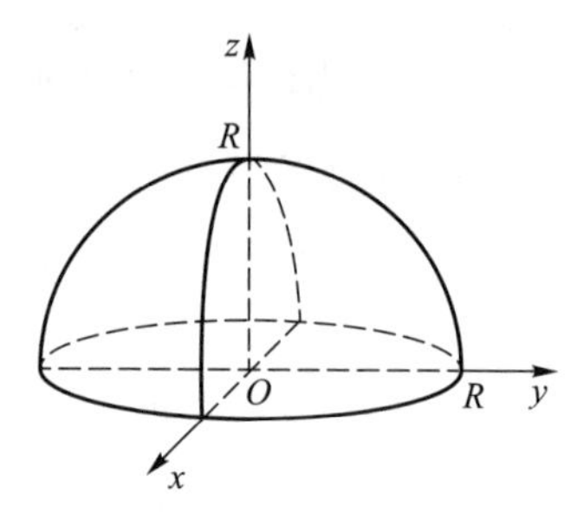

图 10-36

用 $(\bar{x},\bar{y},\bar{z})$ 表示质心坐标,则

$$\begin{aligned}\bar{z}&=\frac{1}{M}\iint\limits_{\Sigma}\mu z\mathrm{d}S\\&=\frac{1}{2\pi\mu R^2}\iint\limits_{D_{xy}}\mu\sqrt{R^2-x^2-y^2}\frac{R\mathrm{d}x\mathrm{d}y}{\sqrt{R^2-x^2-y^2}}\\&=\frac{R}{2}.\end{aligned}$$

由球面 Σ 的均匀对称性可得 $\bar{x}=\bar{y}=0$,故所求质心坐标为 $\left(0,0,\dfrac{R}{2}\right)$.

对面积的曲面积分的应用

对面积的曲面积分除上述应用外,还可求转动惯量.

设物质曲面为 Σ,其面密度为 $\mu=\mu(x,y,z)$,则它对 x 轴,y 轴,z 轴的转动惯量分别为

$$I_x=\iint\limits_{\Sigma}(y^2+z^2)\mu\mathrm{d}S,\quad I_y=\iint\limits_{\Sigma}(x^2+z^2)\mu\mathrm{d}S,\quad I_z=\iint\limits_{\Sigma}(x^2+y^2)\mu\mathrm{d}S.$$

习题 10-4

1. 计算下列对面积的曲面积分.

(1) $\iint\limits_{\Sigma}\left(2x+\dfrac{4}{3}y+z\right)\mathrm{d}S$,其中 Σ 为平面 $\dfrac{x}{2}+\dfrac{y}{3}+\dfrac{z}{4}=1$ 位于第 I 卦限的部分;

(2) $\iint\limits_{\Sigma}(x+y+z)\mathrm{d}S$,其中 Σ 为球面 $x^2+y^2+z^2=a^2$ 上 $z\geqslant h(0\leqslant h<a)$ 的部分;

(3) $\iint\limits_{\Sigma}(3x+3y+z-6)\,\mathrm{d}S$，其中 Σ 为平面 $2x+2y+z=6$ 在第Ⅰ卦限的部分；

(4) $\iint\limits_{\Sigma}\dfrac{z}{\sqrt{1+x^2+y^2}}\mathrm{d}S$，其中 Σ 为曲面 $z=xy$ 被圆柱面 $x^2+y^2=1$ 所截得的位于第Ⅰ卦限的有限部分.

2. 计算曲面积分 $\iint\limits_{\Sigma}(9-4z)\,\mathrm{d}S$，其中 Σ 为抛物面 $z=2-(x^2+y^2)$ 在 xOy 面上方的部分.

3. 计算 $\iint\limits_{\Sigma}(x^2+y^2)\,\mathrm{d}S$，其中 Σ 分别为

(1) $z=\sqrt{x^2+y^2}$ 及 $z=1$ 所围成的区域的整个边界曲面；

(2) $z^2=3(x^2+y^2)$ 及 $z=0$ 和 $z=3$ 所截得的部分.

4. 求面密度为 μ_0 的均匀半球壳 $x^2+y^2+z^2=a^2(z\geqslant 0)$ 对于 z 轴的转动惯量.

5. 证明不等式

$$\oiint\limits_{\Sigma}(x+y+z+\sqrt{3}a)^3\,\mathrm{d}S\geqslant 108\pi a^5\quad(a>0),$$

其中，Σ 是 $x^2+y^2+z^2-2ax-2ay-2az+2a^2=0$.

6. 计算曲面积分 $\iint\limits_{\Sigma}f(x,y,z)\,\mathrm{d}S$，其中 Σ：$x^2+y^2+z^2=a^2$，

$$f(x,y,z)=\begin{cases}x^2+y^2, & z\geqslant\sqrt{x^2+y^2},\\ 0, & z<\sqrt{x^2+y^2}.\end{cases}$$

第五节　对坐标的曲面积分

一、对坐标的曲面积分的概念与性质

1. 预备知识

(1) 双侧曲面. 通常所遇到的曲面都是所谓的双侧曲面. 例如，一张弯

曲的纸不计厚度,可以看作是一片曲面,有正面、反面;一个球面有内侧、外侧;xOy 面有上侧、下侧;yOz 面有前侧、后侧;zOx 面有左侧、右侧等,这些面都是双侧的. 实际中确实有一些曲面是单侧的,例如非常著名的默比乌斯带(Möbius strip)、克莱因瓶(Klein bottle)就是单侧曲面. 简单地说,双侧曲面两侧可以涂上不同的颜色,而单侧曲面从一部分开始涂色,不用经过边界就可以连续地给整个面涂上同一种颜色. 数学上判断双侧曲面的方法是:

曲面上一点处的法向量取为 $\boldsymbol{n}$,当此点沿曲面连续变动时,法向量也在变动,如果此点不越过曲面的边界连续地回到原来位置时,法向量也回到原来的位置,这样的曲面就是**双侧曲面**. 本章只涉及双侧曲面.

对于双侧曲面,总可以区分它的两侧,如果规定了其中的一侧是正向时,另一侧就是反向,规定了正向的曲面就是**有向曲面**.

设 Σ 是一张有向光滑曲面,指定其上任意一点(x,y,z)处的单位法向量为 $\boldsymbol{e}=(\cos\alpha,\cos\beta,\cos\gamma)$,如果 $\cos\gamma>0$ 恒成立,就表明法向量与 z 轴的夹角为锐角,那么指定的这一侧习惯上称为上侧,而如果 $\cos\gamma<0$ 恒成立,就表明法向量与 z 轴的夹角为钝角,那么指定的这一侧习惯上称为下侧;类似地,$\cos\alpha>0$ 的一侧就是前侧,$\cos\alpha<0$ 的一侧就是后侧;$\cos\beta>0$ 的一侧就是右侧,$\cos\beta<0$ 的一侧就是左侧. 假定光滑曲面方程由 $z=z(x,y)$ 给出,其上任意一点(x,y,z)处的法向量就可以表示成$\pm(-z_x(x,y),-z_y(x,y),1)$,取正号的一侧就是上侧,取负号的一侧就是下侧.

(2) 有向曲面在坐标面上的投影. 在有向曲面 Σ 上取一小块曲面 ΔS,设 ΔS 上任意一点处法向量的方向余弦分别为 $\cos\alpha,\cos\beta,\cos\gamma$. 把 ΔS 投影到 xOy 面上就得到投影区域 $\Delta\sigma$,记投影区域的面积为$(\Delta\sigma)_{xy}$. 如果 $\cos\gamma$ 保持恒定的符号,规定有向曲面 ΔS 在 xOy 面上的投影$(\Delta S)_{xy}$为

$$(\Delta S)_{xy}=\begin{cases}(\Delta\sigma)_{xy}, & \cos\gamma>0,\\ -(\Delta\sigma)_{xy}, & \cos\gamma<0,\\ 0, & \cos\gamma=0.\end{cases}$$

ΔS 在 yOz 面和 zOx 面上的投影$(\Delta S)_{yz}$和$(\Delta S)_{zx}$定义类似.

2. 流向曲面一侧的流量

设有一稳定流动的不可压缩的流体速度场为

$$\boldsymbol{v}=P(x,y,z)\boldsymbol{i}+Q(x,y,z)\boldsymbol{j}+R(x,y,z)\boldsymbol{k},$$

Σ 是流速场中指定侧的一片曲面，函数 $P(x,y,z)$，$Q(x,y,z)$，$R(x,y,z)$ 在曲面 Σ 上连续，求单位时间内流向曲面 Σ 指定侧的流量 Φ（所谓稳定流动是指流体的流速与时间无关，而不可压缩是指流体的密度保持不变）.

如果流体流过的是平面上一面积为 A 的区域 S（见图 10-37），且流体的流速为常量 $\boldsymbol{v}$，设 $\boldsymbol{e}_n$ 为平面的单位法向量，则在单位时间内流过 S 的流量为

$$A|\boldsymbol{v}|\cos(\widehat{\boldsymbol{v},\boldsymbol{n}})=A\boldsymbol{v}\cdot\boldsymbol{e}_n.$$

当 Σ 为一片有向曲面（见图 10-38），且流速 $\boldsymbol{v}$ 也不是常向量时，又一次使用“分割、近似替代、求和、取极限”的方法来解决这个问题.

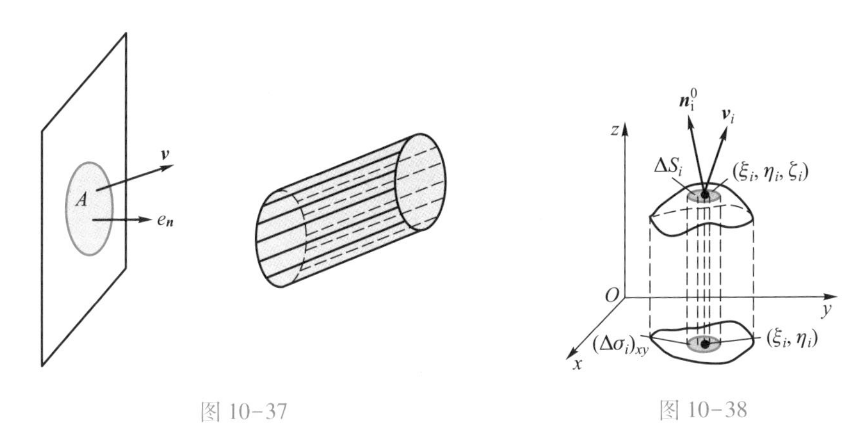

图 10-37　　　　图 10-38

(1) 把 Σ 分成 n 块小曲面 $\Delta S_i(i=1,2,\cdots,n)$，其面积也记为 ΔS_i.

(2) 当 ΔS_i 的直径很小时，用 ΔS_i 上任一点 (ξ_i,η_i,ζ_i) 处的流速

$$\boldsymbol{v}_i=\boldsymbol{v}(\xi_i,\eta_i,\zeta_i)=P(\xi_i,\eta_i,\zeta_i)\boldsymbol{i}+Q(\xi_i,\eta_i,\zeta_i)\boldsymbol{j}+R(\xi_i,\eta_i,\zeta_i)\boldsymbol{k}$$

作为 ΔS_i 上的近似流速.

在曲面 Σ 上，(ξ_i,η_i,ζ_i) 处的单位法向量 $\boldsymbol{e}_{n_i}=\cos\alpha_i\boldsymbol{i}+\cos\beta_i\boldsymbol{j}+\cos\gamma_i\boldsymbol{k}$ 作为 ΔS_i 上的单位法向量的近似值，从而通过 ΔS_i 指定侧的流量近似值为

$$\boldsymbol{v}_i\cdot\boldsymbol{e}_{n_i}\Delta S_i\quad(i=1,2,\cdots,n).$$

(3) 于是有

$$\begin{aligned}\Phi &\approx \sum_{i=1}^{n} \boldsymbol{v}_i \cdot \boldsymbol{e}_{\boldsymbol{n}_i} \Delta S_i \\ &= \sum_{i=1}^{n} (P(\xi_i,\eta_i,\zeta_i), Q(\xi_i,\eta_i,\zeta_i), R(\xi_i,\eta_i,\zeta_i)) \cdot (\cos\alpha_i, \cos\beta_i, \cos\gamma_i) \Delta S_i \\ &= \sum_{i=1}^{n} [P(\xi_i,\eta_i,\zeta_i)\Delta S_i \cos\alpha_i + Q(\xi_i,\eta_i,\zeta_i)\Delta S_i \cos\beta_i + R(\xi_i,\eta_i,\zeta_i)\Delta S_i \cos\gamma_i] \\ &= \sum_{i=1}^{n} [P(\xi_i,\eta_i,\zeta_i)(\Delta S_i)_{yz} + Q(\xi_i,\eta_i,\zeta_i)(\Delta S_i)_{zx} + R(\xi_i,\eta_i,\zeta_i)(\Delta S_i)_{xy}].\end{aligned}$$

(4) 分得越细,所得到的近似值精确度越高. 记 $\lambda = \max\limits_{1 \leqslant i \leqslant n}\{d_i\}$,其中 d_i 为 ΔS_i 的直径. 令 $\lambda \to 0$,取上述和式的极限,即得单位时间内流向曲面指定侧的流量为

$$\begin{aligned}\Phi &= \lim_{\lambda \to 0} \sum_{i=1}^{n} \boldsymbol{v}_i \cdot \boldsymbol{e}_{\boldsymbol{n}_i} \Delta S_i \\ &= \lim_{\lambda \to 0} \sum_{i=1}^{n} [P(\xi_i,\eta_i,\zeta_i)(\Delta S_i)_{yz} + Q(\xi_i,\eta_i,\zeta_i)(\Delta S_i)_{zx} + R(\xi_i,\eta_i,\zeta_i)(\Delta S_i)_{xy}].\end{aligned}$$

这种形式的极限还会在其他问题中遇到. 抽去它的具体意义,就有对坐标的曲面积分的概念.

3. 对坐标的曲面积分的定义

定义 设 Σ 为有向光滑曲面,向量函数

$$\boldsymbol{F}(x,y,z) = P(x,y,z)\boldsymbol{i} + Q(x,y,z)\boldsymbol{j} + R(x,y,z)\boldsymbol{k}$$

中函数 $P(x,y,z), Q(x,y,z), R(x,y,z)$ 在 Σ 上有界. 把 Σ 任意分成 n 块有向小曲面 ΔS_i,其面积记为 $\Delta S_i (i=1,2,\cdots,n)$,在 ΔS_i 上任取一点 $M_i(\xi_i,\eta_i,\zeta_i)$,其单位法向量 $\boldsymbol{e}_{\boldsymbol{n}_i} = (\cos\alpha_i, \cos\beta_i, \cos\gamma_i)$,记 $\Delta \boldsymbol{S}_i = (\cos\alpha_i \boldsymbol{i} + \cos\beta_i \boldsymbol{j} + \cos\gamma_i \boldsymbol{k})$, $\Delta S_i = (\Delta S_i)_{yz}\boldsymbol{i} + (\Delta S_i)_{zx}\boldsymbol{j} + (\Delta S_i)_{xy}\boldsymbol{k}$, $\lambda = \max\limits_{1 \leqslant i \leqslant n}\{d_i\}$,其中 d_i 为 ΔS_i 的直径. 如果

$$\begin{aligned}&\lim_{\lambda \to 0} \sum_{i=1}^{n} (P(\xi_i,\eta_i,\zeta_i), Q(\xi_i,\eta_i,\zeta_i), R(\xi_i,\eta_i,\zeta_i)) \cdot \Delta \boldsymbol{S}_i \\ &= \lim_{\lambda \to 0} \sum_{i=1}^{n} [P(M_i)(\Delta S_i)_{yz} + Q(M_i)(\Delta S_i)_{zx} + R(M_i)(\Delta S_i)_{xy}]\end{aligned}$$

存在,则称此极限为 $\boldsymbol{F}$ 在有向曲面 Σ 上**对坐标的曲面积分**,也称为**第二类(型)曲面积分**,记作

$$\iint_{\Sigma} \boldsymbol{F} \cdot \mathrm{d}\boldsymbol{S} = \iint_{\Sigma} \boldsymbol{F} \cdot \boldsymbol{e}_n \mathrm{d}S$$

$$= \iint_{\Sigma} P(x,y,z)\mathrm{d}y\mathrm{d}z+Q(x,y,z)\mathrm{d}z\mathrm{d}x+R(x,y,z)\mathrm{d}x\mathrm{d}y$$

$$= \iint_{\Sigma} (P,Q,R) \cdot (\mathrm{d}y\mathrm{d}z,\mathrm{d}z\mathrm{d}x,\mathrm{d}x\mathrm{d}y),$$

其中,Σ 称为**积分曲面**,$\mathrm{d}\boldsymbol{S}=\boldsymbol{e}_n\mathrm{d}S=(\mathrm{d}y\mathrm{d}z,\mathrm{d}z\mathrm{d}x,\mathrm{d}x\mathrm{d}y)$ 为有向曲面 Σ 的面积元素.

在定义中,当 $P(x,y,z)=Q(x,y,z)=0$ 时,曲面积分就变为

$$\iint_{\Sigma} R(x,y,z)\mathrm{d}x\mathrm{d}y,$$

称为函数 $R(x,y,z)$ 在有向曲面 Σ 上对坐标 x,y 的曲面积分. 类似地,有

$\iint\limits_{\Sigma} P(x,y,z)\mathrm{d}y\mathrm{d}z$ 称为 $P(x,y,z)$ 在有向曲面 Σ 上对坐标 y,z 的曲面积分;

$\iint\limits_{\Sigma} Q(x,y,z)\mathrm{d}z\mathrm{d}x$ 称为 $Q(x,y,z)$ 在有向曲面 Σ 上对坐标 z,x 的曲面积分.

对坐标的曲面积分具有与对坐标的曲线积分相类似的一些性质:

(1) 如果有向曲面 Σ 由两块曲面 Σ_1 和 Σ_2 组成,即 $\Sigma=\Sigma_1+\Sigma_2$,则

$$\iint_{\Sigma} \boldsymbol{F} \cdot \mathrm{d}\boldsymbol{S}= \iint_{\Sigma_1} \boldsymbol{F} \cdot \mathrm{d}\boldsymbol{S}+ \iint_{\Sigma_2} \boldsymbol{F} \cdot \mathrm{d}\boldsymbol{S}.$$

(2) 设 Σ 是有向曲面,$-\Sigma$ 表示与 Σ 取相反侧的有向曲面,则

$$\iint_{\Sigma} \boldsymbol{F} \cdot \mathrm{d}\boldsymbol{S}=- \iint_{-\Sigma} \boldsymbol{F} \cdot \mathrm{d}\boldsymbol{S}.$$

二、对坐标的曲面积分的计算

可以证明,连续函数在光滑曲面 Σ 上对坐标的曲面积分一定存在(这里不证). 设函数 $z=z(x,y)$ 具有连续的偏导数,则曲面 Σ:$z=z(x,y)$ 就是光滑曲面. 取 Σ 的上侧,即其上任意一点 (x,y) 处的法向量取

$$(-z_x(x,y),-z_y(x,y),1).$$

如果函数 $P(x,y,z)$,$Q(x,y,z)$,$R(x,y,z)$ 在 Σ 上连续,则积分

$$\iint_{\Sigma} P(x,y,z)\,\mathrm{d}y\mathrm{d}z+Q(x,y,z)\,\mathrm{d}z\mathrm{d}x+R(x,y,z)\,\mathrm{d}x\mathrm{d}y$$

存在. 现在就来寻求这个积分的计算法.

因为 Σ 上任一点(x,y,z)处的法向量 $\boldsymbol{n}=(-z_x(x,y),-z_y(x,y),1)$,所以单位法向量为

$$\boldsymbol{e}_{\boldsymbol{n}}=\left(\frac{-z_x}{\sqrt{1+z_x^2+z_y^2}},\frac{-z_y}{\sqrt{1+z_x^2+z_y^2}},\frac{1}{\sqrt{1+z_x^2+z_y^2}}\right),$$

并有

$$\mathrm{d}S=\sqrt{1+z_x^2+z_y^2}\,\mathrm{d}x\mathrm{d}y.$$

记 $\boldsymbol{F}=(P(x,y,z),Q(x,y,z),R(x,y,z))$,根据定义,结合对面积的曲面积分的计算,有

$$\begin{aligned}&\iint_{\Sigma} P(x,y,z)\,\mathrm{d}y\mathrm{d}z+Q(x,y,z)\,\mathrm{d}z\mathrm{d}x+R(x,y,z)\,\mathrm{d}x\mathrm{d}y\\&=\iint_{\Sigma}\boldsymbol{F}\cdot\boldsymbol{e}_{\boldsymbol{n}}\,\mathrm{d}S\\&=\iint_{\Sigma}(P,Q,R)\cdot\left(\frac{-z_x}{\sqrt{1+z_x^2+z_y^2}},\frac{-z_y}{\sqrt{1+z_x^2+z_y^2}},\frac{1}{\sqrt{1+z_x^2+z_y^2}}\right)\mathrm{d}S\\&=\iint_{D_{xy}}\{-z_xP[x,y,z(x,y)]-z_yQ[x,y,z(x,y)]+R[x,y,z(x,y)]\}\,\mathrm{d}x\mathrm{d}y.\end{aligned}$$

因此有下述定理.

定理 设曲面 Σ 由方程 $z=z(x,y)$ 给出,取上侧,即其上任一点(x,y,z)处的法向量取$(-z_x(x,y),-z_y(x,y),1)$,且函数 $P(x,y,z)$,$Q(x,y,z)$,$R(x,y,z)$在 Σ 上连续,Σ 在 xOy 面上的投影区域为 D_{xy},函数 $z=z(x,y)$ 在 D_{xy} 上具有一阶连续偏导数,则曲面积分

$$\iint_{\Sigma} P(x,y,z)\,\mathrm{d}y\mathrm{d}z+Q(x,y,z)\,\mathrm{d}z\mathrm{d}x+R(x,y,z)\,\mathrm{d}x\mathrm{d}y$$

存在,且有公式

$$\begin{aligned}&\iint_{\Sigma} P(x,y,z)\,\mathrm{d}y\mathrm{d}z+Q(x,y,z)\,\mathrm{d}z\mathrm{d}x+R(x,y,z)\,\mathrm{d}x\mathrm{d}y\\&=\iint_{D_{xy}}\{-z_xP[x,y,z(x,y)]-z_yQ[x,y,z(x,y)]+R[x,y,z(x,y)]\}\,\mathrm{d}x\mathrm{d}y.\end{aligned}$$

如果曲面 Σ 取下侧,即其上任意一点(x,y,z)处的法向量取

$$\boldsymbol{n}=(z_x(x,y),z_y(x,y),-1),$$

则有

$$\iint_{\Sigma} P(x,y,z)\mathrm{d}y\mathrm{d}z+Q(x,y,z)\mathrm{d}z\mathrm{d}x+R(x,y,z)\mathrm{d}x\mathrm{d}y$$

$$=\iint_{\Sigma}\{z_xP[x,y,z(x,y)]+z_yQ[x,y,z(x,y)]-R[x,y,z(x,y)]\}\mathrm{d}x\mathrm{d}y.$$

由上述过程可知,对坐标的曲面积分可以化为二重积分来计算. 当曲面方程由 $z=z(x,y)$ 给出时,具体步骤如下:

(1) 将曲面 Σ 投影到 xOy 面上,得投影区域 D_{xy};

(2) 将被积函数 P,Q,R 中的 z 换为 $z=z(x,y)$;

(3) 按照曲面 Σ 所指定的侧选取法向量 $\boldsymbol{n}$,上侧取 $\boldsymbol{n}=(-z_x,-z_y,1)$,下侧取 $\boldsymbol{n}=(z_x,z_y,-1)$;

(4) 以$(P,Q,R)\cdot\boldsymbol{n}$ 作为被积函数在 D_{xy} 上求二重积分. 如果记

$$\boldsymbol{F}(x,y,z(x,y))=(P(x,y,z(x,y)),Q(x,y,z(x,y)),R(x,y,z(x,y))),$$

则对坐标的曲面积分的计算就可以简单地表示为

$$\iint_{\Sigma} P(x,y,z)\mathrm{d}y\mathrm{d}z+Q(x,y,z)\mathrm{d}z\mathrm{d}x+R(x,y,z)\mathrm{d}x\mathrm{d}y$$

$$=\iint_{D_{xy}}\boldsymbol{F}[x,y,z(x,y)]\cdot\boldsymbol{n}\mathrm{d}x\mathrm{d}y.$$

对坐标的曲面积分的计算

例 1 计算对坐标的曲面积分 $\iint_{\Sigma} x\mathrm{d}y\mathrm{d}z+y\mathrm{d}z\mathrm{d}x+z\mathrm{d}x\mathrm{d}y$,其中 Σ 是旋转抛物面 $z=1-x^2-y^2$ 被 xOy 面截下的有限部分,取上侧(见图 10-39).

解 这里,$P=x,Q=y,R=z$,曲面 Σ 在 xOy 面上的投影区域为

$$D_{xy}:x^2+y^2\leqslant 1.$$

曲面 Σ 上任意一点(x,y,z)处的法向量为

$$(2x,2y,1)\text{或}(-2x,-2y,-1).$$

因为 Σ 的指定侧为上侧,所以法向量应取$(2x,2y,1)$,所以

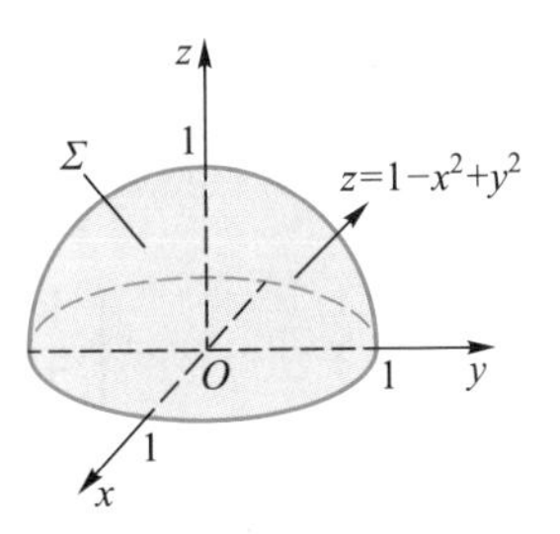

图 10-39

$$\begin{aligned}
&\iint\limits_{\Sigma} x\mathrm{d}y\mathrm{d}z+y\mathrm{d}z\mathrm{d}x+z\mathrm{d}x\mathrm{d}y\\
&=\iint\limits_{D_{xy}}(x,y,1-x^2-y^2)\cdot(2x,2y,1)\mathrm{d}x\mathrm{d}y\\
&=\iint\limits_{D_{xy}}(x^2+y^2+1)\mathrm{d}x\mathrm{d}y\\
&=\int_0^{2\pi}\mathrm{d}\theta\int_0^1(\rho^2+1)\rho\mathrm{d}\rho=\frac{3\pi}{2}.
\end{aligned}$$

例 2 计算 $\iint\limits_{\Sigma} xyz\mathrm{d}x\mathrm{d}y$,其中曲面 Σ 是单位球面 $x^2+y^2+z^2=1$ 的外侧位于 $x\geqslant 0, y\geqslant 0$ 的部分.

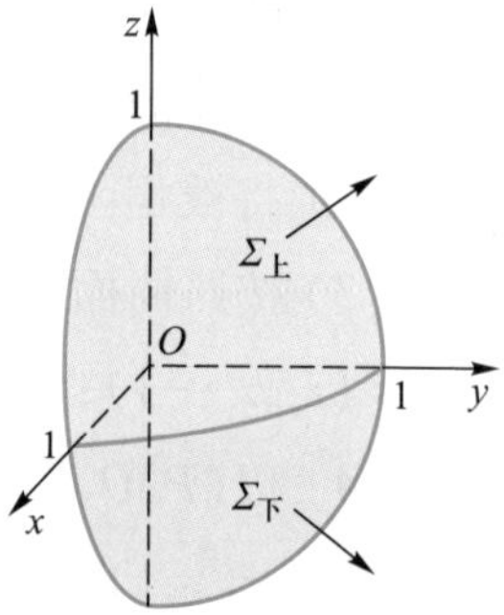

解 这里 $\boldsymbol{F}=(0,0,xyz)$,把曲面 Σ 分为 $\Sigma_上,\Sigma_下$ 两部分(见图 10-40).

图 10-40

$\Sigma_上$ 的方程为 $z=\sqrt{1-x^2-y^2}$,它在 xOy 面上的投影区域为

$$D_{xy}:0\leqslant y\leqslant\sqrt{1-x^2},\quad 0\leqslant x\leqslant 1.$$

由于球面的外侧对于 $\Sigma_上$ 而言是上侧,故法向量取

$$(-z_x,-z_y,1)=\left(\frac{x}{\sqrt{1-x^2-y^2}},\frac{y}{\sqrt{1-x^2-y^2}},1\right),$$

故有

$$\begin{aligned}
\iint\limits_{\Sigma_上} xyz\mathrm{d}x\mathrm{d}y&=\iint\limits_{D_{xy}}(0,0,xy\sqrt{1-x^2-y^2})\cdot\left(\frac{x}{\sqrt{1-x^2-y^2}},\frac{y}{\sqrt{1-x^2-y^2}},1\right)\mathrm{d}x\mathrm{d}y\\
&=\iint\limits_{D_{xy}}xy\sqrt{1-x^2-y^2}\,\mathrm{d}x\mathrm{d}y=\int_0^{\frac{\pi}{2}}\sin\theta\cos\theta\mathrm{d}\theta\int_0^1\rho^3\sqrt{1-\rho^2}\,\mathrm{d}\rho\\
&=\left[\frac{1}{2}\sin^2\theta\right]_0^{\frac{\pi}{2}}\times\left[\frac{(1-\rho^2)^{\frac{5}{2}}}{5}-\frac{(1-\rho^2)^{\frac{3}{2}}}{3}\right]_0^1=\frac{1}{2}\times\frac{2}{15}=\frac{1}{15}.
\end{aligned}$$

$\Sigma_下$的方程为 $z=-\sqrt{1-x^2-y^2}$,它在 xOy 面上的投影区域为

$$D_{xy}:0\leqslant y\leqslant\sqrt{1-x^2},\quad 0\leqslant x\leqslant 1.$$

由于球面外侧对于 $\Sigma_下$ 而言是下侧,故法向量取

$$(z_x,z_y,-1)=\left(\frac{x}{\sqrt{1-x^2-y^2}},\frac{y}{\sqrt{1-x^2-y^2}},-1\right),$$

因此有

$$\begin{aligned}\iint\limits_{\Sigma_下} xyz\mathrm{d}x\mathrm{d}y &= \iint\limits_{D_{xy}}(0,0,-xy\sqrt{1-x^2-y^2})\cdot(z_x,z_y,-1)\mathrm{d}x\mathrm{d}y\\ &=\iint\limits_{D_{xy}} xy\sqrt{1-x^2-y^2}\,\mathrm{d}x\mathrm{d}y=\frac{1}{15}.\end{aligned}$$

根据可加性,得

$$\iint\limits_{\Sigma} xyz\mathrm{d}x\mathrm{d}y=\iint\limits_{\Sigma_上} xyz\mathrm{d}x\mathrm{d}y+\iint\limits_{\Sigma_下} xyz\mathrm{d}x\mathrm{d}y=\frac{2}{15}.$$

应用定理计算对坐标的曲面积分时,如果 $P=Q=0$ 时,计算可以进一步简化为

$$\iint\limits_{\Sigma} R(x,y,z)\mathrm{d}x\mathrm{d}y=\pm\iint\limits_{D_{xy}} R(x,y,z(x,y))\mathrm{d}x\mathrm{d}y.$$

上侧取正号,下侧取负号.

定理介绍了曲面 Σ 的方程由 $z=z(x,y)$ 给出时,对坐标的曲面积分的计算方法,对于曲面的其他形式的方程,也有类似的计算方法,分述如下.

(1) 当曲面 Σ 的方程由 $x=x(y,z)$ 给出时,则有

$$\begin{aligned}&\iint\limits_{\Sigma} P(x,y,z)\mathrm{d}y\mathrm{d}z+Q(x,y,z)\mathrm{d}z\mathrm{d}x+R(x,y,z)\mathrm{d}x\mathrm{d}y\\ =&\iint\limits_{D_{yz}} \boldsymbol{F}[x(y,z),y,z]\cdot\boldsymbol{n}\mathrm{d}y\mathrm{d}z,\end{aligned}$$

其中,D_{yz} 是曲面在 yOz 面上的投影区域;$\boldsymbol{n}=\pm(1,-x_y,-x_z)$,曲面的指定侧为前侧时取正号,为后侧时取负号.

(2) 当曲面 Σ 的方程由 $y=y(z,x)$ 给出时,则有

$$\begin{aligned}&\iint\limits_{\Sigma} P(x,y,z)\mathrm{d}y\mathrm{d}z+Q(x,y,z)\mathrm{d}z\mathrm{d}x+R(x,y,z)\mathrm{d}x\mathrm{d}y\\ =&\iint\limits_{D_{zx}} \boldsymbol{F}[x,y(z,x),z]\cdot\boldsymbol{n}\mathrm{d}z\mathrm{d}x\end{aligned}$$

其中，D_{zx} 是曲面在 zOx 面上的投影区域，$\boldsymbol{n}=\pm(-y_x,1,-y_z)$，曲面的指定侧为右侧时取正号，为左侧时取负号.

化曲面积分为二重积分是计算曲面积分的主要方法. 从前面的讨论可以看出，积分曲面通常可以向三个坐标面进行投影，因而一个曲面积分往往可以化成不同坐标面上的二重积分，适当的选择投影方向可能会使计算简便. 比如本节的例 2 中的曲面积分化为 yOz 或 zOx 面上的二重积分计算更简单.

事实上，$\Sigma: y=\sqrt{1-x^2-z^2}$，它在 zOx 面上的投影区域为

$$D_{zx}: x^2+z^2\leqslant 1, x\geqslant 0.$$

Σ 上任意一点 (x,y,z) 处的法向量为

$$(-y_x,1,-y_z)=\left(\frac{x}{\sqrt{1-x^2-z^2}},1,\frac{z}{\sqrt{1-x^2-z^2}}\right),$$

从而有

$$\begin{aligned}\iint_{\Sigma} xyz\mathrm{d}x\mathrm{d}y &= \iint_{D_{zx}}(0,0,xz\sqrt{1-x^2-z^2})\cdot\left(\frac{x}{\sqrt{1-x^2-z^2}},1,\frac{z}{\sqrt{1-x^2-z^2}}\right)\mathrm{d}x\mathrm{d}z\\ &= \iint_{D_{zx}} xz^2\mathrm{d}x\mathrm{d}z=\frac{2}{15}.\end{aligned}$$

下面再举几个曲面积分计算的例子.

例 3 计算 $I=\iint_{\Sigma} x\mathrm{d}y\mathrm{d}z+y\mathrm{d}z\mathrm{d}x+z\mathrm{d}x\mathrm{d}y$，其中 Σ 为 $x^2+y^2=1$ 被平面 $z=0,z=3$ 所截得第 I 卦限部分的前侧.

解 这里 $\boldsymbol{F}=(x,y,z)$，曲面 Σ 的方程为 $x=\sqrt{1-y^2}$（见图 10-41）

$$D_{yz}:\quad 0\leqslant y\leqslant 1,\quad 0\leqslant z\leqslant 3.$$

因为曲面的指定侧为前侧，所以法向量应为

$$(1,-x_y,-x_z)=\left(1,\frac{y}{\sqrt{1-y^2}},0\right),$$

所以

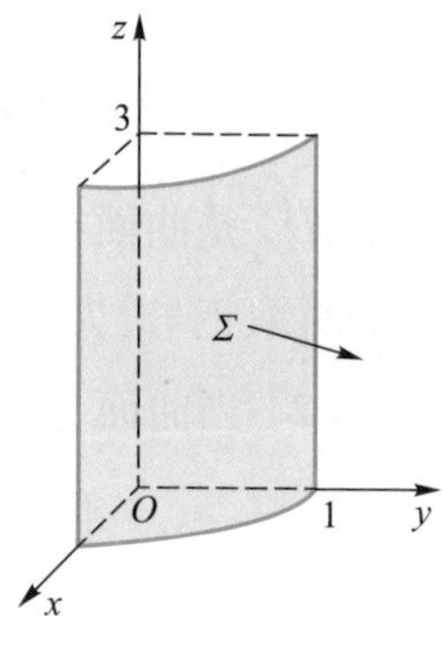

图 10-41

$$I=\iint\limits_{D_{yz}}(\sqrt{1-y^2},y,z)\cdot\left(1,\frac{y}{\sqrt{1-y^2}},0\right)\mathrm{d}y\mathrm{d}z$$

$$=\iint\limits_{D_{yz}}\frac{1}{\sqrt{1-y^2}}\mathrm{d}y\mathrm{d}z=\int_0^3\mathrm{d}z\int_0^1\frac{\mathrm{d}y}{\sqrt{1-y^2}}$$

$$=3[\arcsin y]_0^1=\frac{3}{2}\pi.$$

例 4 计算 $\iint\limits_{\Sigma}(y-z)\mathrm{d}y\mathrm{d}z+(z-x)\mathrm{d}z\mathrm{d}x+(x-y)\mathrm{d}x\mathrm{d}y$，其中，$\Sigma$ 为圆锥面 $z=\sqrt{x^2+y^2}\,(0\leqslant z\leqslant h)$ 的下侧.

解 这里 $\boldsymbol{F}=(y-z,z-x,x-y)$，曲面 Σ 的方程为 $z=\sqrt{x^2+y^2}\,(0\leqslant z\leqslant h)$（见图 10-42)，它在 xOy 面上的投影区域为

$$D_{xy}:x^2+y^2\leqslant h^2.$$

而曲面取下侧，所以法向量为

$$(z_x,z_y,-1)=\left(\frac{x}{\sqrt{x^2+y^2}},\frac{y}{\sqrt{x^2+y^2}},-1\right),$$

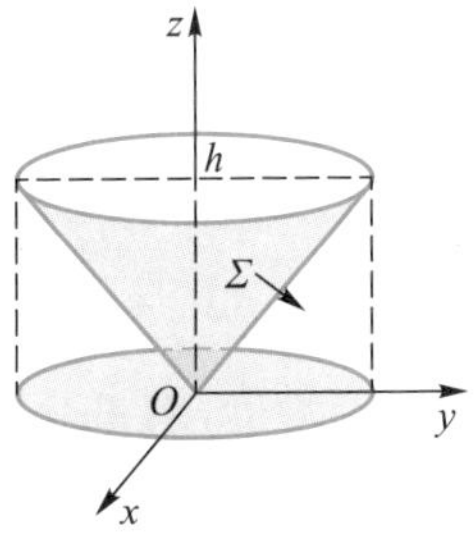

图 10-42

故有

$$\iint\limits_{\Sigma}(y-z)\mathrm{d}y\mathrm{d}z+(z-x)\mathrm{d}z\mathrm{d}x+(x-y)\mathrm{d}x\mathrm{d}y$$

$$=\iint\limits_{D_{xy}}\left(y-\sqrt{x^2+y^2},\sqrt{x^2+y^2}-x,x-y\right)\cdot\left(\frac{x}{\sqrt{x^2+y^2}},\frac{y}{\sqrt{x^2+y^2}},-1\right)\mathrm{d}x\mathrm{d}y$$

$$=2\iint\limits_{D_{xy}}(y-x)\mathrm{d}x\mathrm{d}y=2\iint\limits_{D_{xy}}y\mathrm{d}x\mathrm{d}y-2\iint\limits_{D_{xy}}x\mathrm{d}x\mathrm{d}y=0\quad（利用二重积分的对称性）.$$

例 5 计算 $I=\oiint\limits_{\Sigma}x^2\mathrm{d}y\mathrm{d}z+y^2\mathrm{d}z\mathrm{d}x+z^2\mathrm{d}x\mathrm{d}y$，其中 Σ 为 $x=a,y=b,z=c$ 及三个坐标面所围成的长方体的表面外侧（这里 $a>0,b>0,c>0$).

解 这里 $\boldsymbol{F}=(x^2,y^2,z^2)$，且

$$\Sigma=\Sigma_{下}+\Sigma_{上}+\Sigma_{右}+\Sigma_{左}+\Sigma_{前}+\Sigma_{后},$$

如图 10-43 所示，于是

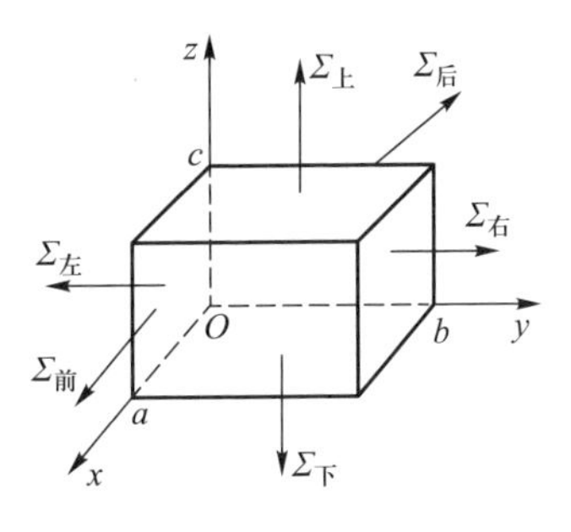

图 10-43

$$I=\iint\limits_{\Sigma_{下}} x^2\mathrm{d}y\mathrm{d}z+y^2\mathrm{d}z\mathrm{d}x+z^2\mathrm{d}x\mathrm{d}y+\iint\limits_{\Sigma_{上}}+\iint\limits_{\Sigma_{右}}+\iint\limits_{\Sigma_{左}}+\iint\limits_{\Sigma_{前}}+\iint\limits_{\Sigma_{后}}$$

$$\overset{记}{=}I_{下}+I_{上}+I_{右}+I_{左}+I_{前}+I_{后}.$$

显然 $I_{下}=0$.

$\Sigma_{上}$ 的方程为 $z=c(0\leqslant x\leqslant a,0\leqslant y\leqslant b)$，它在 xOy 面上投影区域为

$$D_{xy}:0\leqslant x\leqslant a,0\leqslant y\leqslant b.$$

而
$$(-z_x,-z_y,1)=(0,0,1),$$

与 $\Sigma_{上}$ 侧的指向相同，则

$$I_{上}=\iint\limits_{D_{xy}}(x^2,y^2,c^2)\cdot(0,0,1)\mathrm{d}x\mathrm{d}y=abc^2,$$

同理
$$I_{右}=ab^2c,\quad I_{左}=0,\quad I_{前}=a^2bc,\quad I_{后}=0,$$

故

$$I=I_{下}+I_{上}+I_{右}+I_{左}+I_{前}+I_{后}=abc(a+b+c).$$

三、两类曲面积分之间的联系

由对坐标的曲面积分的定义可知

$$\iint\limits_{\Sigma}P\mathrm{d}y\mathrm{d}z+Q\mathrm{d}z\mathrm{d}x+R\mathrm{d}x\mathrm{d}y=\iint\limits_{\Sigma}\boldsymbol{F}\cdot\mathrm{d}\boldsymbol{S}=\iint\limits_{\Sigma}\boldsymbol{F}\cdot\boldsymbol{e}_n\mathrm{d}S,$$

其中，$\boldsymbol{e}_n$ 是与有向曲面 Σ 指定侧指向相同的单位法向量. 等式右端的积分实际上就是对面积的曲面积分，从而也反映了两类曲面积分之间的联系. 如果记有向曲面 Σ 上任意一点 (x,y,z) 在指定侧的单位法向量

$$\boldsymbol{e}_n=(\cos\alpha,\cos\beta,\cos\gamma),$$

两类曲面积分之间的联系

则两类曲面积分之间的联系就可以表示为

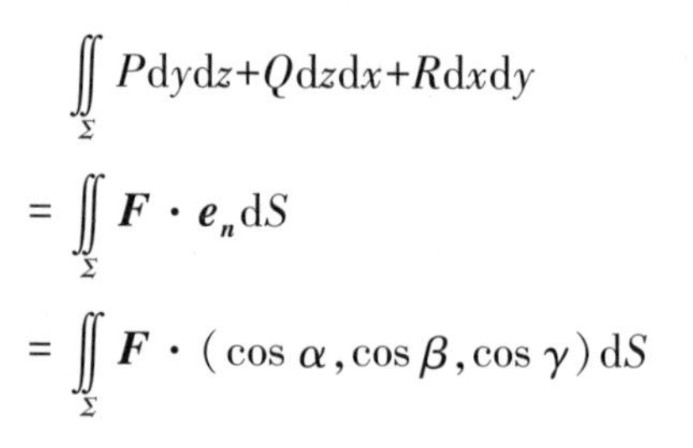

$$\iint\limits_{\Sigma}P\mathrm{d}y\mathrm{d}z+Q\mathrm{d}z\mathrm{d}x+R\mathrm{d}x\mathrm{d}y$$
$$=\iint\limits_{\Sigma}\boldsymbol{F}\cdot\boldsymbol{e}_n\mathrm{d}S$$
$$=\iint\limits_{\Sigma}\boldsymbol{F}\cdot(\cos\alpha,\cos\beta,\cos\gamma)\mathrm{d}S$$

$$= \iint_{\Sigma} (P\cos\alpha+Q\cos\beta+R\cos\gamma)\,\mathrm{d}S.$$

例 6 试用对面积的曲面积分计算 $I=\iint_{\Sigma} x\mathrm{d}y\mathrm{d}z+y\mathrm{d}z\mathrm{d}x+z\mathrm{d}x\mathrm{d}y$. 其中,$\Sigma$ 为 $z=x^2+y^2$ 在第 I 卦限中 $0\leqslant z\leqslant 1$ 间部分曲面的下侧(见图 10-44).

解 由于在有向曲面 Σ 上,有

$$\cos\alpha=\frac{2x}{\sqrt{1+(2x)^2+(2y)^2}},$$

$$\cos\beta=\frac{2y}{\sqrt{1+(2x)^2+(2y)^2}},$$

$$\cos\gamma=\frac{-1}{\sqrt{1+(2x)^2+(2y)^2}},$$

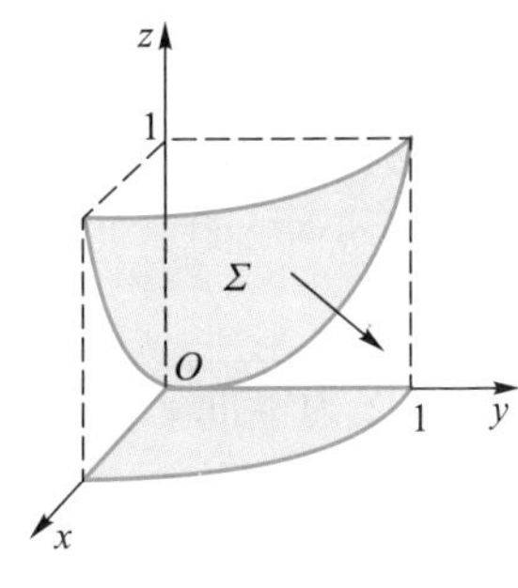

图 10-44

故
$$P\cos\alpha+Q\cos\beta+R\cos\gamma=\frac{2x^2+2y^2-z}{\sqrt{1+(2x)^2+(2y)^2}}.$$

曲面 $\Sigma: z=x^2+y^2$ 在 xOy 面上的投影区域为

$$D_{xy}: x^2+y^2\leqslant 1,\quad x\geqslant 0,\quad y\geqslant 0.$$

由两类曲面积分之间的联系可得

$$\begin{aligned}I&=\iint_{\Sigma}(P\cos\alpha+Q\cos\beta+R\cos\gamma)\,\mathrm{d}S\\&=\iint_{\Sigma}\frac{2x^2+2y^2-z}{\sqrt{1+(2x)^2+(2y)^2}}\mathrm{d}S\\&=\iint_{D_{xy}}(x^2+y^2)\,\mathrm{d}x\mathrm{d}y\\&=\int_0^{\frac{\pi}{2}}\mathrm{d}\theta\int_0^1\rho^3\mathrm{d}\rho=\frac{\pi}{8}.\end{aligned}$$

这里,计算第一类曲面积分时,$z=x^2+y^2$,$\mathrm{d}S=\sqrt{1+(2x)^2+(2y)^2}\,\mathrm{d}x\mathrm{d}y$.

例 7 试用对面积的曲面积分计算 $I=\iint_{\Sigma}\frac{1}{z}\mathrm{d}x\mathrm{d}y$,其中曲面 Σ 为上半球面 $z=\sqrt{R^2-x^2-y^2}$ 的内侧.

解 $I=\iint\limits_{\Sigma}\frac{1}{z}\cos\gamma\mathrm{d}S=\iint\limits_{\Sigma}\frac{1}{z}\frac{-2z}{\sqrt{4x^2+4y^2+4z^2}}\mathrm{d}S$

$$=\iint\limits_{\Sigma}\frac{1}{z}\frac{-2z}{2R}\mathrm{d}S=-\frac{1}{R}\iint\limits_{\Sigma}\mathrm{d}S$$

$$=-\frac{1}{R}\times 2\pi R^2=-2\pi R.$$

例 8 用对坐标的曲面积分计算

$$I=\iint\limits_{\Sigma}(x^2\cos\alpha+y^2\cos\beta+z^2\cos\gamma)\mathrm{d}S,$$

其中,Σ 为锥面 $z^2=x^2+y^2(0\leqslant z\leqslant h)$(见图 10-45),而 $\cos\alpha,\cos\beta,\cos\gamma$ 是锥面上外法向量的方向余弦.

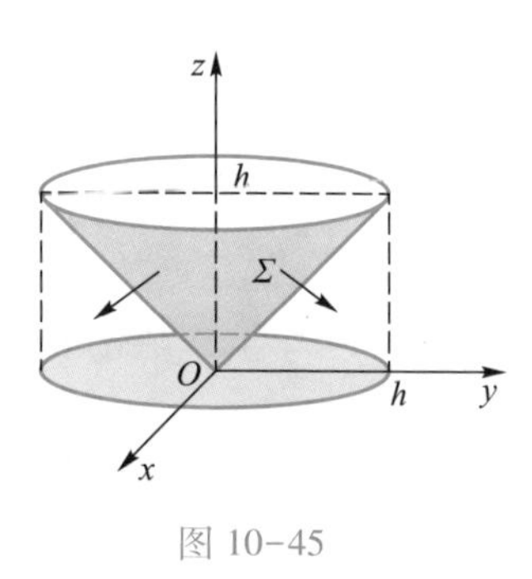

图 10-45

解 根据两类曲面积分之间的联系,有

$$I=\iint\limits_{\Sigma}(x^2\cos\alpha+y^2\cos\beta+z^2\cos\gamma)\mathrm{d}S$$

$$=\iint\limits_{\Sigma}x^2\mathrm{d}y\mathrm{d}z+y^2\mathrm{d}z\mathrm{d}x+z^2\mathrm{d}x\mathrm{d}y,$$

这里 $\boldsymbol{F}=(x^2,y^2,z^2)$,$\Sigma$ 的方程为 $z=\sqrt{x^2+y^2}(0\leqslant z\leqslant h)$,它在 xOy 面上的投影区域为 $D_{xy}:x^2+y^2\leqslant h^2$. 而下侧对应的法向量为

$$(z_x,z_y,-1)=\left(\frac{x}{\sqrt{x^2+y^2}},\frac{y}{\sqrt{x^2+y^2}},-1\right),$$

所以有

$$I=\iint\limits_{D_{xy}}\left(\frac{x^3+y^3}{\sqrt{x^2+y^2}}-x^2-y^2\right)\mathrm{d}x\mathrm{d}y$$

$$=\iint\limits_{D_{xy}}\frac{x^3+y^3}{\sqrt{x^2+y^2}}\mathrm{d}x\mathrm{d}y-\iint\limits_{D_{xy}}(x^2+y^2)\mathrm{d}x\mathrm{d}y$$

$$=0-\int_0^{2\pi}\mathrm{d}\theta\int_0^h\rho^3\mathrm{d}\rho$$

$$=-\frac{1}{2}\pi h^4.$$

习题 10-5

1. 计算下列对坐标的曲面积分.

(1) $\iint\limits_{\Sigma}(a^2-z^2)\mathrm{d}x\mathrm{d}y$,其中 Σ 是球面 $x^2+y^2+z^2=a^2$ 的下半部分的下侧;

(2) $\iint\limits_{\Sigma} z\mathrm{d}x\mathrm{d}y+x\mathrm{d}y\mathrm{d}z+y\mathrm{d}z\mathrm{d}x$,其中 Σ 是圆柱面 $x^2+z^2=1$ 被平面 $y=0$ 及 $y=3$ 所截得的在第 I 卦限部分的上侧;

(3) $\iint\limits_{\Sigma} xz\mathrm{d}y\mathrm{d}z+yz\mathrm{d}z\mathrm{d}x+z^2\mathrm{d}x\mathrm{d}y$,其中 Σ 是抛物柱面 $y=1-x^2$ 被平面 $z=0$ 及 $z=2$ 所截得的有限曲面位于第 I 卦限部分的右侧;

(4) $\iint\limits_{\Sigma} x\mathrm{d}y\mathrm{d}z$,其中 Σ 是 $x=1-y^2-z^2(x\geqslant 0)$ 的前侧;

(5) $\oiint\limits_{\Sigma} xz\mathrm{d}x\mathrm{d}y+xy\mathrm{d}y\mathrm{d}z+yz\mathrm{d}z\mathrm{d}x$,其中 Σ 是平面 $x=0,y=0,z=0,x+y+z=1$ 所围成的空间区域的整个边界曲面的外侧;

(6) $\oiint\limits_{\Sigma} \dfrac{x\mathrm{d}y\mathrm{d}z+z^2\mathrm{d}x\mathrm{d}y}{x^2+y^2+z^2}$,其中 Σ 是由圆柱面 $x^2+y^2=R^2$ 及两平面 $z=R,z=-R(R>0)$ 所围成的立体表面的外侧.

2. 把对坐标的曲面积分

$$\iint\limits_{\Sigma} P(x,y,z)\mathrm{d}y\mathrm{d}z+Q(x,y,z)\mathrm{d}z\mathrm{d}x+R(x,y,z)\mathrm{d}x\mathrm{d}y$$

化为对面积的曲面积分,其中 Σ 是平面 $3x+2y+2\sqrt{3}z=6$ 在第 I 卦限的部分的上侧.

3. 设有流速场 $\boldsymbol{v}=x\boldsymbol{i}+y\boldsymbol{j}+z\boldsymbol{k}$,求单位时间内流向锥面 $\Sigma: x^2+y^2=z^2(0\leqslant z\leqslant h)$ 下侧的流量.

4. 计算对坐标的曲面积分

$$\iint\limits_{\Sigma}[f(x,y,z)+x]\mathrm{d}y\mathrm{d}z+[2f(x,y,z)+y]\mathrm{d}z\mathrm{d}x+[f(x,y,z)+z]\mathrm{d}x\mathrm{d}y,$$

其中,$f(x,y,z)$为连续函数,Σ是平面$x-y+z=1$在第Ⅳ卦限部分的上侧.

5. 已知$f(x),g(y),h(z)$为连续函数,计算

$$\iint_{\Sigma} f(x)\mathrm{d}y\mathrm{d}z+g(y)\mathrm{d}z\mathrm{d}x+h(z)\mathrm{d}x\mathrm{d}y,$$

其中,Σ是平行六面体$0\leqslant x\leqslant a,0\leqslant y\leqslant b,0\leqslant z\leqslant c$的表面外侧.

第六节 高斯公式 *通量与散度

一、高斯公式

格林公式表达了平面区域上的二重积分与其边界上的曲线积分之间的联系,而高斯(Gauss)公式将要表达空间闭区域上的三重积分与其边界(曲面)上的曲面积分之间的关系.

定理 设空间有界闭区域Ω是由光滑或分片光滑的曲面Σ所围成,函数$P(x,y,z),Q(x,y,z),R(x,y,z)$在$\Omega$上具有一阶连续偏导数,则

$$\iiint_{\Omega}\left(\frac{\partial P}{\partial x}+\frac{\partial Q}{\partial y}+\frac{\partial R}{\partial z}\right)\mathrm{d}v=\oiint_{\Sigma} P\mathrm{d}y\mathrm{d}z+Q\mathrm{d}z\mathrm{d}x+R\mathrm{d}x\mathrm{d}y,$$

或

$$\iiint_{\Omega}\left(\frac{\partial P}{\partial x}+\frac{\partial Q}{\partial y}+\frac{\partial R}{\partial z}\right)\mathrm{d}v=\oiint_{\Sigma}(P\cos\alpha+Q\cos\beta+R\cos\gamma)\mathrm{d}S,$$

这里Σ是Ω的整个边界曲面的外侧,$\cos\alpha,\cos\beta,\cos\gamma$是$\Sigma$上点$(x,y,z)$处的外法向量的方向余弦.

证明 现证明前一个公式.

(1) 设有界闭区域Ω在xOy面上的投影区域为D_{xy},假定穿过Ω的内部且平行于z轴的直线与Ω的边界曲面的交点恰好是两个,不妨设Σ是由Σ_1,Σ_2和Σ_3组成(见图10-46).

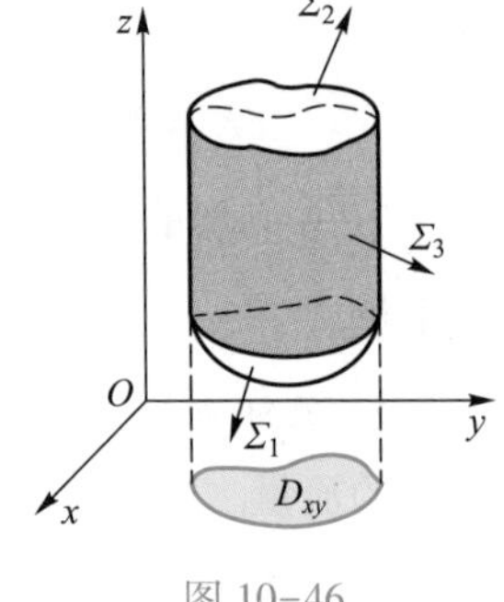

图10-46

曲面Σ_1的方程为$z=z_1(x,y)$,取下侧;

曲面Σ_2的方程为$z=z_2(x,y)$,取上侧,这里$z_1(x,y)\leqslant z_2(x,y)$;

曲面 Σ_3 是以 D_{xy} 的边界曲线为准线,母线平行于 z 轴的柱面的一部分,取外侧.

先证

$$\iiint_{\Omega}\frac{\partial R}{\partial z}\mathrm{d}v=\oiint_{\Sigma}R\mathrm{d}x\mathrm{d}y.$$

由于

$$\begin{aligned}\oiint_{\Sigma}R\mathrm{d}x\mathrm{d}y&=\iint_{\Sigma_1}R\mathrm{d}x\mathrm{d}y+\iint_{\Sigma_2}R\mathrm{d}x\mathrm{d}y+\iint_{\Sigma_3}R\mathrm{d}x\mathrm{d}y\\&=-\iint_{D_{xy}}(0,0,R)\cdot(-z_{1x},-z_{1y},1)\mathrm{d}x\mathrm{d}y+\\&\quad\iint_{D_{xy}}(0,0,R)\cdot(-z_{2x},-z_{2y},1)\mathrm{d}x\mathrm{d}y+0\\&=\iint_{D_{xy}}[R(x,y,z_2(x,y))-R(x,y,z_1(x,y))]\mathrm{d}x\mathrm{d}y,\end{aligned}$$

又

$$\begin{aligned}\iiint_{\Omega}\frac{\partial R}{\partial z}\mathrm{d}v&=\iint_{D_{xy}}\left(\int_{z_1(x,y)}^{z_2(x,y)}\frac{\partial R}{\partial z}\mathrm{d}z\right)\mathrm{d}x\mathrm{d}y\\&=\iint_{D_{xy}}[R(x,y,z_2(x,y))-R(x,y,z_1(x,y))]\mathrm{d}x\mathrm{d}y,\end{aligned}$$

则证得

$$\iiint_{\Omega}\frac{\partial R}{\partial z}\mathrm{d}v=\oiint_{\Sigma}R\mathrm{d}x\mathrm{d}y.$$

如果穿过 Ω 内部且平行于 x 轴的直线及平行于 y 轴的直线与 Ω 的边界曲面 Σ 的交点也都恰好是两个,那么类似地可证得

$$\iiint_{\Omega}\frac{\partial P}{\partial x}\mathrm{d}v=\oiint_{\Sigma}P\mathrm{d}y\mathrm{d}z,\quad\iiint_{\Omega}\frac{\partial Q}{\partial y}\mathrm{d}v=\oiint_{\Sigma}Q\mathrm{d}z\mathrm{d}x.$$

把以上三式两端分别相加即可得所证等式.

(2) 上述证明中,对空间有界闭区域 Ω 作了限制,如果穿过 Ω 内部且平行于坐标轴的直线与 Ω 的边界的交点多于两个,则可以引进几张辅助曲面把 Ω 分成有限个闭区域,且使得在每个闭区域上满足情形(1)的条件,并注

意到沿辅助曲面相反两侧的两个曲面积分的值相加正好抵消,因此定理对于这样的闭区域仍然是正确的.

根据两类曲面积分之间的关系,定理中的两个公式是等价的,都称为**高斯公式**. 高斯公式反映了空间区域 Ω 上的三重积分与其边界曲面 Σ 上的曲面积分之间的关系,与格林公式、牛顿-莱布尼茨公式有着相似的作用.

高斯公式

例 1 利用高斯公式计算 $I=\oiint\limits_{\Sigma}(x-y)\,\mathrm{d}x\mathrm{d}y+x(y-z)\,\mathrm{d}y\mathrm{d}z$,其中,$\Sigma$ 为 $x^2+y^2=1$ 及 $z=0,z=3$ 所围成的空间区域整个边界曲面的外侧(见图 10-47).

解 这里

$$P=x(y-z),\quad Q=0,\quad R=x-y,$$

$$\frac{\partial P}{\partial x}=y-z,\quad \frac{\partial Q}{\partial y}=0,\quad \frac{\partial R}{\partial z}=0.$$

设 Σ 所围成的区域为 Ω,由高斯公式可得

$$\begin{aligned}I&=\iiint\limits_{\Omega}(y-z)\,\mathrm{d}x\mathrm{d}y\mathrm{d}z\\&=\iiint\limits_{\Omega}y\mathrm{d}x\mathrm{d}y\mathrm{d}z-\iiint\limits_{\Omega}z\mathrm{d}x\mathrm{d}y\mathrm{d}z\\&=\int_0^3\mathrm{d}z\iint\limits_{D_{xy}}y\mathrm{d}x\mathrm{d}y-\iint\limits_{D_{xy}}\mathrm{d}x\mathrm{d}y\int_0^3 z\mathrm{d}z\\&=-\frac{9}{2}\pi,\end{aligned}$$

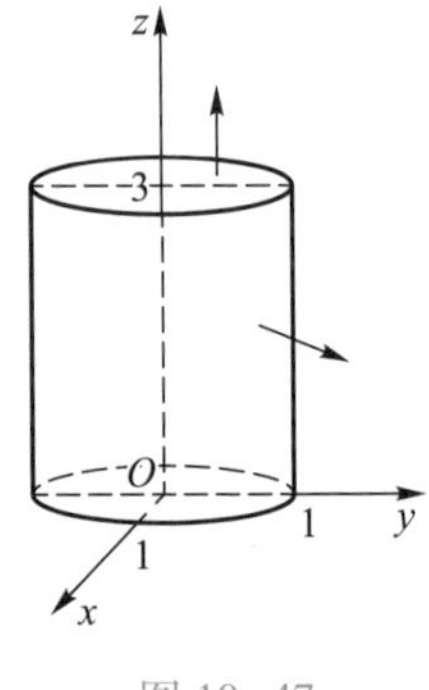

图 10-47

其中 $D_{xy}:x^2+y^2\leqslant 1$.

例 2 计算对坐标的曲面积分

$$I=\iint\limits_{\Sigma}x^3\mathrm{d}y\mathrm{d}z+y^3\mathrm{d}z\mathrm{d}x+z^3\mathrm{d}x\mathrm{d}y,$$

其中,Σ 为球面 $x^2+y^2+z^2=R^2$ 的内侧.

解 利用高斯公式计算. 设 Σ 围成的区域为 Ω,则 Ω 的正向边界曲面为 $-\Sigma$,由对坐标的曲面积分的性质,有

$$I=-\iint\limits_{-\Sigma}x^3\mathrm{d}y\mathrm{d}z+y^3\mathrm{d}z\mathrm{d}x+z^3\mathrm{d}x\mathrm{d}y,$$

这里 $P=-x^3,Q=-y^3,R=-z^3$，从而

$$\frac{\partial P}{\partial x}+\frac{\partial Q}{\partial y}+\frac{\partial R}{\partial z}=-3(x^2+y^2+z^2).$$

应用高斯公式，有

$$I=-3\iiint\limits_{\Omega}(x^2+y^2+z^2)\mathrm{d}v=-3\int_0^{2\pi}\mathrm{d}\theta\int_0^{\pi}\mathrm{d}\varphi\int_0^R r^4\sin\varphi\mathrm{d}r=-\frac{12}{5}\pi R^5.$$

例 3　设体积为 V 的立体 Ω 由分片光滑的闭曲面 Σ 围成，试证明

$$\iint\limits_{\Sigma}(x\cos\alpha+y\cos\beta+z\cos\gamma)\mathrm{d}S=3V,$$

其中，$\cos\alpha,\cos\beta,\cos\gamma$ 是 Σ 上点 (x,y,z) 处的外法向量的方向余弦.

证明　这里 $P=x,Q=y,R=z,\dfrac{\partial P}{\partial x}+\dfrac{\partial Q}{\partial y}+\dfrac{\partial R}{\partial z}=3$，由高斯公式得

$$\iint\limits_{\Sigma}(x\cos\alpha+y\cos\beta+z\cos\gamma)\mathrm{d}S=3\iiint\limits_{\Omega}\mathrm{d}v=3V.$$

例 4　计算

$$I=\iint\limits_{\Sigma}(y-z)\mathrm{d}y\mathrm{d}z+(z-x)\mathrm{d}z\mathrm{d}x+(x-y)\mathrm{d}x\mathrm{d}y,$$

其中，Σ 为 $z=\sqrt{x^2+y^2}$ 被 $z=h(h>0)$ 所截得的外侧(见图 10-48).

解　由于有向曲面 Σ 不是封闭的，不能直接用高斯公式，设 Σ_1 为部分平面 $z=h(x^2+y^2\leqslant h^2)$，取上侧，则 Σ 与 Σ_1 构成一封闭曲面，记它们围成的区域为 Ω.

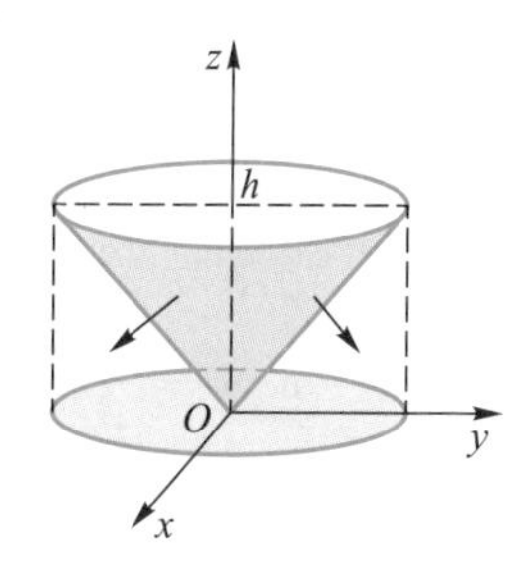

图 10-48

这里 $P=y-z,Q=z-x,R=x-y$ 在区域 Ω 上具有连续的偏导数且 $\dfrac{\partial P}{\partial x}=\dfrac{\partial Q}{\partial y}=\dfrac{\partial R}{\partial z}=0$，由高斯公式得

$$\oiint\limits_{\Sigma+\Sigma_1}(y-z)\mathrm{d}y\mathrm{d}z+(z-x)\mathrm{d}z\mathrm{d}x+(x-y)\mathrm{d}x\mathrm{d}y=0.$$

Σ_1 的方程为 $z=h$，Σ 在 xOy 面上的投影区域为 $D_{xy}:x^2+y^2\leqslant h^2$，因为取上侧，所以法向量为 $(-z_x,-z_y,1)=(0,0,1)$，故

$$I_1=\iint_{\Sigma_1}(y-z)\mathrm{d}y\mathrm{d}z+(z-x)\mathrm{d}z\mathrm{d}x+(x-y)\mathrm{d}x\mathrm{d}y$$

$$=\iint_{\Sigma_1}(x-y)\mathrm{d}x\mathrm{d}y=\int_0^{2\pi}\mathrm{d}\theta\int_0^h(\rho\cos\theta-\rho\sin\theta)\rho\mathrm{d}\rho=0,$$

所以
$$I=\oiint_{\Sigma+\Sigma_1}(y-z)\mathrm{d}y\mathrm{d}z+(z-x)\mathrm{d}z\mathrm{d}x+(x-y)\mathrm{d}x\mathrm{d}y-I_1=0.$$

例 5　计算 $I=\iint_{\Sigma}2(1-x^2)\mathrm{d}y\mathrm{d}z+8xy\mathrm{d}z\mathrm{d}x-4xz\mathrm{d}x\mathrm{d}y$，其中，$\Sigma$ 为 xOy 面内的曲线 $x=\mathrm{e}^y(0\leqslant y\leqslant a)$ 绕 x 轴旋转而成的旋转曲面的外侧（见图 10-49）.

解　如果用对坐标的曲面积分的计算法，这个积分的计算量比较大. 用高斯公式可以简化计算. 由于 Σ 不封闭，补一平面

$$\Sigma_1: x=\mathrm{e}^a\quad(y^2+z^2\leqslant a^2).$$

取右侧，则 Σ 与 Σ_1 就构成一封闭曲面，记其围成的闭区域为 Ω，这里

$$P=2(1-x^2),\quad Q=8xy,\quad R=-4xz,$$

于是

$$\frac{\partial P}{\partial x}+\frac{\partial Q}{\partial y}+\frac{\partial R}{\partial z}=-4x+8x-4x=0.$$

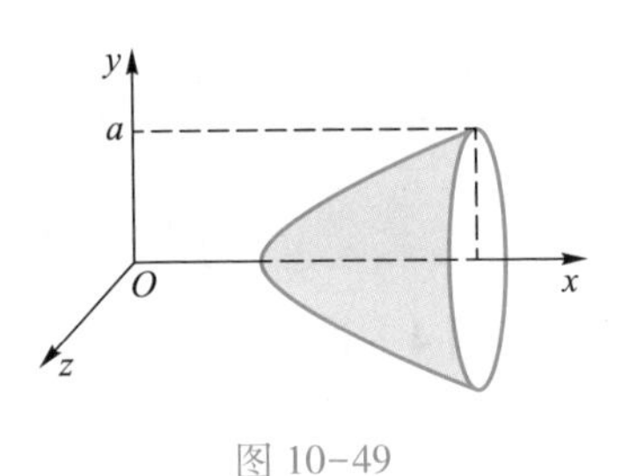

图 10-49

应用高斯公式，得

$$\oiint_{\Sigma+\Sigma_1}2(1-x^2)\mathrm{d}y\mathrm{d}z+8xy\mathrm{d}z\mathrm{d}x-4xz\mathrm{d}x\mathrm{d}y=0.$$

因为 Σ_1 在 yOz 面上的投影区域为 $D_{yz}: y^2+z^2\leqslant a^2$，所以

$$\iint_{\Sigma_1}2(1-x^2)\mathrm{d}y\mathrm{d}z+8xy\mathrm{d}z\mathrm{d}x-4xz\mathrm{d}x\mathrm{d}y$$

$$=\iint_{D_{yz}}(2(1-\mathrm{e}^{2a}),8\mathrm{e}^a y,-4\mathrm{e}^a z)\cdot(1,-x_y,-x_z)\mathrm{d}y\mathrm{d}z$$

$$=\iint_{D_{yz}}(2(1-\mathrm{e}^{2a}),8\mathrm{e}^a y,-4\mathrm{e}^a z)\cdot(1,0,0)\mathrm{d}y\mathrm{d}z$$

$$=\iint_{D_{yz}}2(1-\mathrm{e}^{2a})\mathrm{d}y\mathrm{d}z=2(1-\mathrm{e}^{2a})\pi a^2,$$

所以
$$I=0-I_1=2(e^{2a}-1)\pi a^2.$$

*二、通量与散度

现在来解释高斯公式

$$\iiint\limits_{\Omega}\left(\frac{\partial P}{\partial x}+\frac{\partial Q}{\partial y}+\frac{\partial R}{\partial z}\right)\mathrm{d}v=\oiint\limits_{\Sigma}P\mathrm{d}y\mathrm{d}z+Q\mathrm{d}z\mathrm{d}x+R\mathrm{d}x\mathrm{d}y$$

高斯公式的应用

的物理意义.

设稳定流动的不可压缩流体(假定密度为1)的速度场由

$$\boldsymbol{v}(x,y,z)=P(x,y,z)\boldsymbol{i}+Q(x,y,z)\boldsymbol{j}+R(x,y,z)\boldsymbol{k}$$

给出,其中 P,Q,R 假定具有一阶连续偏导数,Σ 是速度场中一片有向曲面,又 $\boldsymbol{e}_n=\cos\alpha\boldsymbol{i}+\cos\beta\boldsymbol{j}+\cos\gamma\boldsymbol{k}$ 是 Σ 在点 (x,y,z) 处的单位法向量,则单位时间内流体经过 Σ 流向指定侧的流体总量 $\boldsymbol{\Phi}$ 可以用曲面积分表示为

$$\begin{aligned}\boldsymbol{\Phi}&=\iint\limits_{\Sigma}P\mathrm{d}y\mathrm{d}z+Q\mathrm{d}z\mathrm{d}x+R\mathrm{d}x\mathrm{d}y\\&=\iint\limits_{\Sigma}(P\cos\alpha+Q\cos\beta+R\cos\gamma)\mathrm{d}S\\&=\iint\limits_{\Sigma}\boldsymbol{v}\cdot\boldsymbol{e}_n\mathrm{d}S=\iint\limits_{\Sigma}v_n\mathrm{d}S.\end{aligned}$$

其中,$v_n=\boldsymbol{v}\cdot\boldsymbol{e}_n=P\cos\alpha+Q\cos\beta+R\cos\gamma$ 表示流体的速度向量 $\boldsymbol{v}$ 在有向曲面 Σ 的法向量上的投影. 如果 Σ 是高斯公式中闭区域的边界曲面的外侧,那么高斯公式的右端可解释为单位时间内离开闭区域 Ω 的流体的总量. 由于假定流体是不可压缩的,且流动是稳定的,因此在流体离开 Ω 的同时,Ω 内部必须有产生流体的"源头"产生出同样多的流体来进行补充. 因此高斯公式左端可解释为分布在 Ω 内的源头在单位时间内所产生流体的总量.

为简便起见,把高斯公式改写成

$$\iiint\limits_{\Omega}\left(\frac{\partial P}{\partial x}+\frac{\partial Q}{\partial y}+\frac{\partial R}{\partial z}\right)\mathrm{d}v=\oiint\limits_{\Sigma}v_n\mathrm{d}S,$$

以闭区域 Ω 的体积除上式两端,得

$$\frac{1}{V}\iiint_{\Omega}\left(\frac{\partial P}{\partial x}+\frac{\partial Q}{\partial y}+\frac{\partial R}{\partial z}\right)\mathrm{d}v=\frac{1}{V}\oiint_{\Sigma}v_n\mathrm{d}S.$$

上式左端表示 Ω 内的源头在单位时间、单位体积内所产生的流体的平均量.应用积分中值定理于上式左端，得

$$\left.\left(\frac{\partial P}{\partial x}+\frac{\partial Q}{\partial y}+\frac{\partial R}{\partial z}\right)\right|_{(\xi,\eta,\zeta)}=\frac{1}{V}\oiint_{\Sigma}v_n\mathrm{d}S,$$

这里 (ξ,η,ζ) 是 Ω 内的某一个点. 令 Ω 缩向一点 $M(x,y,z)$，取上式的极限，得

$$\frac{\partial P}{\partial x}+\frac{\partial Q}{\partial y}+\frac{\partial R}{\partial z}=\lim_{\Omega\to M}\frac{1}{V}\oiint_{\Sigma}v_n\mathrm{d}S.$$

上式左端称为 $\boldsymbol{v}$ 在点 M 的散度，记作 $\operatorname{div}\boldsymbol{v}(M)$，即

$$\operatorname{div}\boldsymbol{v}(M)=\frac{\partial P}{\partial x}+\frac{\partial Q}{\partial y}+\frac{\partial R}{\partial z}.$$

$\operatorname{div}\boldsymbol{v}$ 在这里可看作稳定流动的不可压缩流体在点 M 的源头强度——在单位时间、单位体积内所产生的流体的量. 如果 $\operatorname{div}\boldsymbol{v}$ 为正，表示流体在该点处有正源；$\operatorname{div}\boldsymbol{v}$ 为负，流体向该点汇聚，表示流体在该点有吸收流体的负源（又称为“汇”或“洞”）；$\operatorname{div}\boldsymbol{v}$ 为零，表示流体在该点处无源.

一般地，设某向量场由

$$\boldsymbol{A}(x,y,z)=P(x,y,z)\boldsymbol{i}+Q(x,y,z)\boldsymbol{j}+R(x,y,z)\boldsymbol{k}$$

给出，其中 P,Q,R 具有一阶连续偏导数，Σ 是场内的一片有向曲面，$\boldsymbol{e}_n$ 是 Σ 上点 (x,y,z) 处的单法向量，则 $\iint_{\Sigma}\boldsymbol{A}\cdot\boldsymbol{e}_n\mathrm{d}S$ 叫做向量场 $\boldsymbol{A}$ 通过曲面 Σ 向着指定侧的通量（或流量），而 $\frac{\partial P}{\partial x}+\frac{\partial Q}{\partial y}+\frac{\partial R}{\partial z}$ 叫做向量场 $\boldsymbol{A}$ 的散度，记作 $\operatorname{div}\boldsymbol{A}$，即

$$\operatorname{div}\boldsymbol{A}=\frac{\partial P}{\partial x}+\frac{\partial Q}{\partial y}+\frac{\partial R}{\partial z},$$

因此，高斯公式现在可写成

$$\iiint_{\Omega}\operatorname{div}\boldsymbol{A}\mathrm{d}v=\oiint_{\Sigma}A_n\mathrm{d}S,$$

其中，Σ 是空间闭区域 Ω 的边界曲面，而

$$A_n = \boldsymbol{A} \cdot \boldsymbol{e}_n = P\cos\alpha + Q\cos\beta + R\cos\gamma$$

是向量 $\boldsymbol{A}$ 在曲面 Σ 的外侧法向量上的投影.

习题 10-6

1. 利用高斯公式计算下列曲面积分.

(1) $\oint\!\!\!\oint_{\Sigma} x^2\mathrm{d}y\mathrm{d}z+y^2\mathrm{d}z\mathrm{d}x+z^2\mathrm{d}x\mathrm{d}y$,其中 Σ 为锥面 $z=\sqrt{x^2+y^2}$ 及平面 $z=1$ 构成的闭曲面的外侧;

(2) $\oint\!\!\!\oint_{\Sigma} xz^2\mathrm{d}y\mathrm{d}z+yx^2\mathrm{d}z\mathrm{d}x+zy^2\mathrm{d}x\mathrm{d}y$,其中 Σ 为球面 $x^2+y^2+z^2=a^2$ 的外侧;

(3) $\oint\!\!\!\oint_{\Sigma} xz\mathrm{d}y\mathrm{d}z+x^2y\mathrm{d}z\mathrm{d}x+y^2z\mathrm{d}x\mathrm{d}y$,其中 Σ 为旋转抛物面 $z=x^2+y^2$,圆柱面 $x^2+y^2=1$ 和坐标面在第 I 卦限所围立体表面的外侧;

(4) $\iint_{\Sigma} x\mathrm{d}y\mathrm{d}z+y\mathrm{d}z\mathrm{d}x+z\mathrm{d}x\mathrm{d}y$,其中 Σ 是由方程 $x^2+y^2+z^2=R^2$ 所确定的球面的下半部分的下侧;

(5) $\iint_{\Sigma} x^3\mathrm{d}y\mathrm{d}z+y^3\mathrm{d}z\mathrm{d}x+z^3\mathrm{d}x\mathrm{d}y$,其中 Σ 是曲面 $z=\sqrt{x^2+y^2}\,(0\leqslant z\leqslant h)$ 的下侧.

2. 计算 $\iint_{\Sigma}(8y+1)x\mathrm{d}y\mathrm{d}z+2(1-y^2)\mathrm{d}z\mathrm{d}x-4yz\mathrm{d}x\mathrm{d}y$,其中 Σ 是由曲线 $\begin{cases} z=\sqrt{y-1}, \\ x=0 \end{cases}$ $(1\leqslant y\leqslant 3)$绕 y 轴旋转一周所生成的曲面,它的法向量与 y 轴正向的夹角恒大于 $\dfrac{\pi}{2}$.

3. 设函数 $f(u)$ 有连续的导数,计算曲面积分

$$\oint\!\!\!\oint_{\Sigma} \frac{1}{y}f\left(\frac{x}{y}\right)\mathrm{d}y\mathrm{d}z+\frac{1}{x}f\left(\frac{x}{y}\right)\mathrm{d}z\mathrm{d}x+z\mathrm{d}x\mathrm{d}y,$$

其中,Σ 是由 $y=x^2+z^2$ 和 $y=8-x^2-z^2$ 所围立体表面的外侧.

4. 设空间区域 Ω 由曲面 $z=a^2-x^2-y^2$ 与平面 $z=0$ 围成，记 Σ 为 Ω 的表面外侧，V 为 Ω 的体积，试证：

$$\oiint_{\Sigma} x^2yz^2\mathrm{d}y\mathrm{d}z-xy^2z^2\mathrm{d}z\mathrm{d}x+z(1+xyz)\mathrm{d}x\mathrm{d}y=V.$$

5. 求下列向量穿过曲面 Σ 流向指定侧的通量.

(1) $\boldsymbol{A}=yz\boldsymbol{i}+xz\boldsymbol{j}+xy\boldsymbol{k}$，$\Sigma$ 为圆柱体 $x^2+y^2\leqslant a^2(0\leqslant z\leqslant h)$ 的全表面，流向外侧；

(2) $\boldsymbol{A}=(2x-z)\boldsymbol{i}+x^2y\boldsymbol{j}-xz^2\boldsymbol{k}$，$\Sigma$ 为立方体 $0\leqslant x\leqslant a,0\leqslant y\leqslant a,0\leqslant z\leqslant a$ 的全表面，流向外侧；

(3) $\boldsymbol{A}=(2x+3z)\boldsymbol{i}-(xz+y)\boldsymbol{j}+(y^2+2z)\boldsymbol{k}$，$\Sigma$ 是以点 $(3,-1,2)$ 为球心，半径 $R=3$ 的球面，流向外侧.

6. 求下列向量场的散度.

(1) $\boldsymbol{A}=(x^2+yz)\boldsymbol{i}+(y^2+xz)\boldsymbol{j}+(z^2+xy)\boldsymbol{k}$；

(2) $\boldsymbol{A}=\mathrm{e}^{xy}\boldsymbol{i}+\cos(xy)\boldsymbol{j}+\cos(xz^2)\boldsymbol{k}$；

(3) $\boldsymbol{A}=y^2\boldsymbol{i}+xy\boldsymbol{j}+xz\boldsymbol{k}$.

第七节 斯托克斯公式 *环流量与旋度

格林公式表达了平面闭区域上的二重积分与其边界上的曲线积分之间的关系，高斯公式给出了空间闭曲面上曲面积分与三重积分之间的联系，而这里将要介绍的斯托克斯(Stokes)公式是格林公式的推广，它把曲面 Σ 上的曲面积分与沿着 Σ 的边界的曲线积分联系起来.

一、斯托克斯公式

定理 1 设 Γ 为分段光滑的空间有向闭曲线，Σ 是以 Γ 为边界的分片光滑的有向曲面，Γ 的正向与 Σ 的侧符合右手规则，函数 $P(x,y,z)$，$Q(x,y,z)$，$R(x,y,z)$ 在包含曲面 Σ 在内的一个空间区域内具有一阶连续偏导数，则有

$$\iint_{\Sigma}\left(\frac{\partial R}{\partial y}-\frac{\partial Q}{\partial z}\right)\mathrm{d}y\mathrm{d}z+\left(\frac{\partial P}{\partial z}-\frac{\partial R}{\partial x}\right)\mathrm{d}z\mathrm{d}x+\left(\frac{\partial Q}{\partial x}-\frac{\partial P}{\partial y}\right)\mathrm{d}x\mathrm{d}y$$

$$=\oint_{\Gamma}P\mathrm{d}x+Q\mathrm{d}y+R\mathrm{d}z.$$

斯托克斯公式

这个公式称为**斯托克斯公式**.

这里的右手规则就是说,当右手除拇指外的四指依 Γ 的绕行方向时,拇指所指的方向与 Σ 上法向量的指向相同. 这时称 Γ 是有向曲面 Σ 的正向边界曲线.

证明　先假定 Σ 与平行于 z 轴的直线相交于一点,并设 Σ 为曲面 $z=f(x,y)$,取上侧,Σ 的正向边界曲线 Γ 在 xOy 面上的投影为平面有向曲线 C,C 所围成的闭区域为 D_{xy}(见图 10-50).

先证 $\iint\limits_{\Sigma}\frac{\partial P}{\partial z}\mathrm{d}z\mathrm{d}x-\frac{\partial P}{\partial y}\mathrm{d}x\mathrm{d}y=\oint_{\Gamma}P\mathrm{d}x.$

$$\iint_{\Sigma}\frac{\partial P}{\partial z}\mathrm{d}z\mathrm{d}x-\frac{\partial P}{\partial y}\mathrm{d}x\mathrm{d}y$$

$$=\iint_{D_{xy}}\left(0,\frac{\partial P}{\partial z},-\frac{\partial P}{\partial y}\right)\cdot(-f_x,-f_y,1)\mathrm{d}x\mathrm{d}y$$

$$=\iint_{D_{xy}}\left(-\frac{\partial P}{\partial z}f_y-\frac{\partial P}{\partial y}\right)\mathrm{d}x\mathrm{d}y$$

$$=-\iint_{D_{xy}}\left(\frac{\partial P}{\partial z}f_y+\frac{\partial P}{\partial y}\right)\mathrm{d}x\mathrm{d}y$$

$$=-\iint_{D_{xy}}\frac{\partial}{\partial y}P(x,y,f(x,y))\mathrm{d}x\mathrm{d}y$$

$$=\oint_{C}P(x,y,f(x,y))\mathrm{d}x.$$

图 10-50

上式最后一步是应用格林公式得到的.

$$\frac{\partial}{\partial y}P(x,y,f(x,y))=\frac{\partial P}{\partial y}+\frac{\partial P}{\partial z}\cdot f_y$$

是由复合函数微分法得到的.

由于 $P(x,y,f(x,y))$ 在曲线 C 上点 (x,y) 处的值与函数 $P(x,y,z)$ 在曲

线 Γ 上对应点(x,y,z)处的值相同,并且两曲线上的对应小弧段在 x 轴上的投影也一样,根据曲线积分的定义,有

$$\oint_C P(x,y,f(x,y))\,\mathrm{d}x=\oint_\Gamma P(x,y,z)\,\mathrm{d}x,$$

故
$$\iint_\Sigma \frac{\partial P}{\partial z}\mathrm{d}z\mathrm{d}x-\frac{\partial P}{\partial y}\mathrm{d}x\mathrm{d}y=\oint_\Gamma P(x,y,z)\,\mathrm{d}x.$$

如果 Σ 取下侧,Γ 也相应地改成相反的方向,相当于上式两端同时改变符号,等式仍成立.

其次,如果曲面与平行于 z 轴的直线相交多于一点,则可作辅助曲线把曲面分成几部分,然后应用已证结果并相加,因为沿辅助曲线而方向相反的两个曲线积分相加时正好抵消,此时结论仍成立.

同理可证

$$\iint_\Sigma \frac{\partial Q}{\partial x}\mathrm{d}x\mathrm{d}y-\frac{\partial Q}{\partial z}\mathrm{d}y\mathrm{d}z=\oint_\Gamma Q(x,y,z)\,\mathrm{d}y,$$

$$\iint_\Sigma \frac{\partial R}{\partial y}\mathrm{d}y\mathrm{d}z-\frac{\partial R}{\partial x}\mathrm{d}z\mathrm{d}x=\oint_\Gamma R(x,y,z)\,\mathrm{d}z.$$

综合起来即得斯托克斯公式.

为了方便记忆,用行列式记号把斯托克斯公式记作

$$\iint_\Sigma \begin{vmatrix} \mathrm{d}y\mathrm{d}z & \mathrm{d}z\mathrm{d}x & \mathrm{d}x\mathrm{d}y \\ \dfrac{\partial}{\partial x} & \dfrac{\partial}{\partial y} & \dfrac{\partial}{\partial z} \\ P & Q & R \end{vmatrix}=\oint_\Gamma P\mathrm{d}x+Q\mathrm{d}y+R\mathrm{d}z.$$

根据两类曲面积分间的联系,可得斯托克斯公式的另一种形式为

$$\iint_\Sigma \begin{vmatrix} \cos\alpha & \cos\beta & \cos\gamma \\ \dfrac{\partial}{\partial x} & \dfrac{\partial}{\partial y} & \dfrac{\partial}{\partial z} \\ P & Q & R \end{vmatrix}\mathrm{d}S=\oint_\Gamma P\mathrm{d}x+Q\mathrm{d}y+R\mathrm{d}z,$$

其中,$\boldsymbol{e}_n=(\cos\alpha,\cos\beta,\cos\gamma)$为有向曲面 Σ 的单位法向量.

如果 Σ 是 xOy 面上的一块平面闭区域,则斯托克斯公式就变成格林公式,因此,格林公式是斯托克斯公式的一个特殊情形.

例 1　利用斯托克斯公式计算

$$I=\oint_{\Gamma} z\mathrm{d}x+x\mathrm{d}y+y\mathrm{d}z,$$

其中，Γ 为平面 $x+y+z=1$ 被三个坐标面所截成的三角形的整个边界，它的正向与这个三角形上侧的法向量之间符合右手规则（见图 10-51）.

解　这里

$$\begin{vmatrix} \mathrm{d}y\mathrm{d}z & \mathrm{d}z\mathrm{d}x & \mathrm{d}x\mathrm{d}y \\ \dfrac{\partial}{\partial x} & \dfrac{\partial}{\partial y} & \dfrac{\partial}{\partial z} \\ z & x & y \end{vmatrix}=\mathrm{d}y\mathrm{d}z+\mathrm{d}z\mathrm{d}x+\mathrm{d}x\mathrm{d}y.$$

由斯托克斯公式，有

$$\begin{aligned} I &= \iint_{\Sigma} \mathrm{d}y\mathrm{d}z+\mathrm{d}z\mathrm{d}x+\mathrm{d}x\mathrm{d}y \\ &= \iint_{D_{xy}} (1,1,1)\cdot(-z_x,-z_y,1)\mathrm{d}x\mathrm{d}y \\ &= \iint_{D_{xy}} (1,1,1)\cdot(1,1,1)\mathrm{d}x\mathrm{d}y \\ &=3\iint_{D_{xy}} \mathrm{d}x\mathrm{d}y=\frac{3}{2}, \end{aligned}$$

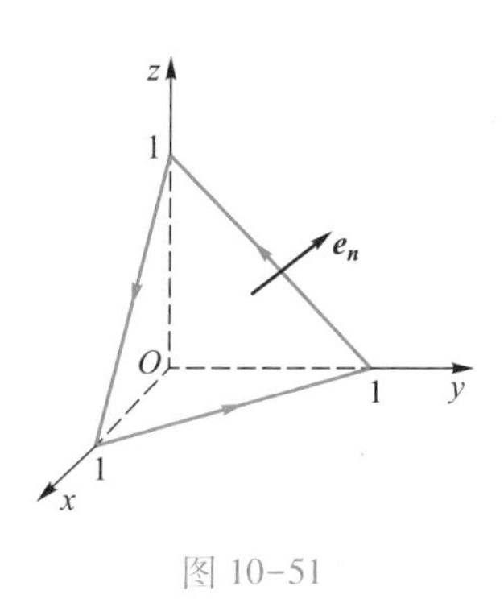

图 10-51

其中，$D_{xy}: 0\leqslant y\leqslant 1-x, 0\leqslant x\leqslant 1$.

例 2　计算

$$\oint_{\Gamma} y\mathrm{d}x+z\mathrm{d}y+x\mathrm{d}z,$$

其中，Γ 为圆周

$$\begin{cases} x^2+y^2+z^2=a^2, \\ x+y+z=0. \end{cases}$$

若从 x 轴正向看去，这圆周是取逆时针的方向.

解　取 Γ 上所张的曲面 Σ 为 Γ 围成的平面圆（见图 10-52），由于从 x 轴看去，Γ 是逆时针方向，且符合右手规则，则 Σ 的单位法向量为

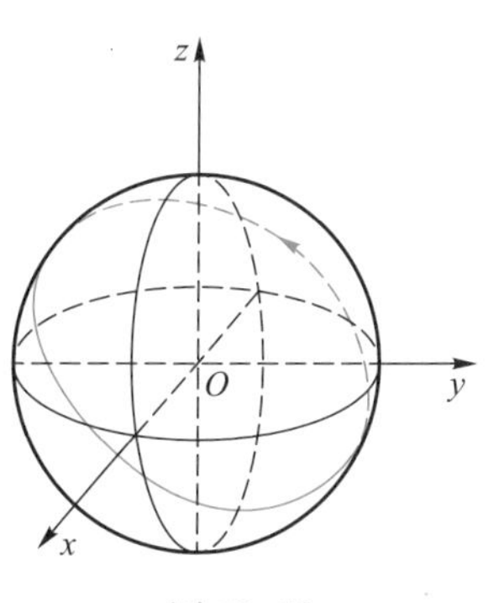

图 10-52

$$e_n=\left(\frac{1}{\sqrt{3}},\frac{1}{\sqrt{3}},\frac{1}{\sqrt{3}}\right).$$

根据斯托克斯公式,得

$$\oint_\Gamma y\mathrm{d}x+z\mathrm{d}y+x\mathrm{d}z$$

$$=\iint_\Sigma\begin{vmatrix}\cos\alpha & \cos\beta & \cos\gamma\\ \dfrac{\partial}{\partial x} & \dfrac{\partial}{\partial y} & \dfrac{\partial}{\partial z}\\ y & z & x\end{vmatrix}\mathrm{d}S=\iint_\Sigma\begin{vmatrix}\dfrac{1}{\sqrt{3}} & \dfrac{1}{\sqrt{3}} & \dfrac{1}{\sqrt{3}}\\ \dfrac{\partial}{\partial x} & \dfrac{\partial}{\partial y} & \dfrac{\partial}{\partial z}\\ y & z & x\end{vmatrix}\mathrm{d}S$$

$$=\iint_\Sigma\left[3\times\left(-\frac{1}{\sqrt{3}}\right)\right]\mathrm{d}S=-\sqrt{3}\iint_\Sigma\mathrm{d}S=-\sqrt{3}\,\pi a^2.$$

例 3 利用斯托克斯公式计算曲线积分

$$I=\oint_\Gamma(y^2-z^2)\mathrm{d}x+(z^2-x^2)\mathrm{d}y+(x^2-y^2)\mathrm{d}z,$$

其中,Γ 是平面 $x+y+z=\dfrac{3}{2}$所截立体

$$0\leqslant x\leqslant 1,0\leqslant y\leqslant 1,0\leqslant z\leqslant 1$$

的表面所截得的截痕,若从 x 轴正向看去,取逆时针方向(见图 10-53).

解 取 Σ 为平面 $x+y+z=\dfrac{3}{2}$的上侧被 Γ 所围的部分,Σ 的单位法向量为

$$e_n=\frac{1}{\sqrt{3}}(1,1,1),$$

即

$$\cos\alpha=\cos\beta=\cos\gamma=\frac{1}{\sqrt{3}}.$$

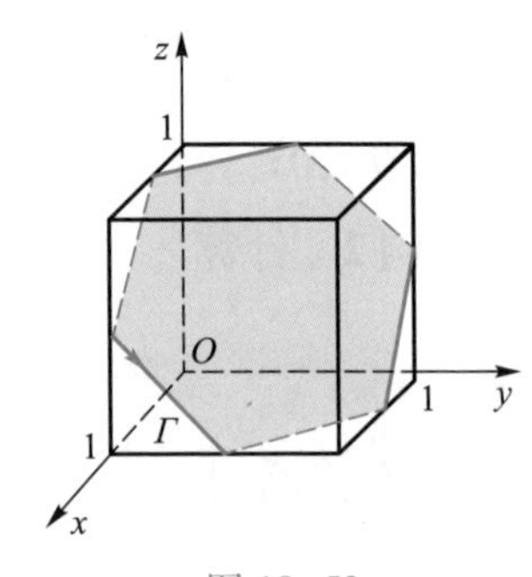

图 10-53

由斯托克斯公式,有

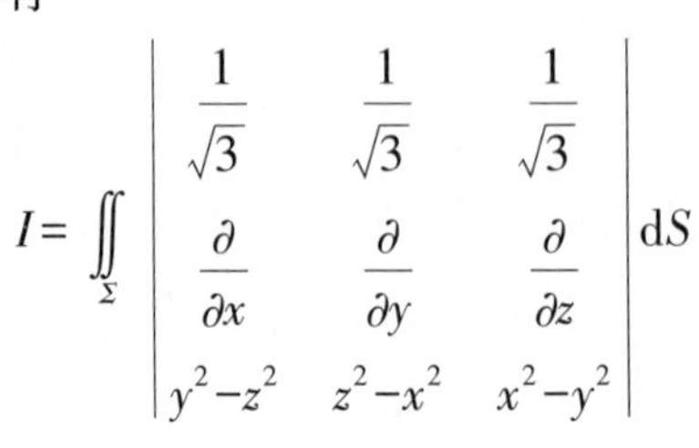

$$I=\iint_\Sigma\begin{vmatrix}\dfrac{1}{\sqrt{3}} & \dfrac{1}{\sqrt{3}} & \dfrac{1}{\sqrt{3}}\\ \dfrac{\partial}{\partial x} & \dfrac{\partial}{\partial y} & \dfrac{\partial}{\partial z}\\ y^2-z^2 & z^2-x^2 & x^2-y^2\end{vmatrix}\mathrm{d}S$$

$$=-\frac{4}{\sqrt{3}}\iint_{\Sigma}(x+y+z)\,\mathrm{d}S=-\frac{4}{\sqrt{3}}\iint_{\Sigma}\frac{3}{2}\mathrm{d}S$$

$$=-2\sqrt{3}\iint_{D_{xy}}\sqrt{3}\,\mathrm{d}x\mathrm{d}y=-\frac{9}{2},$$

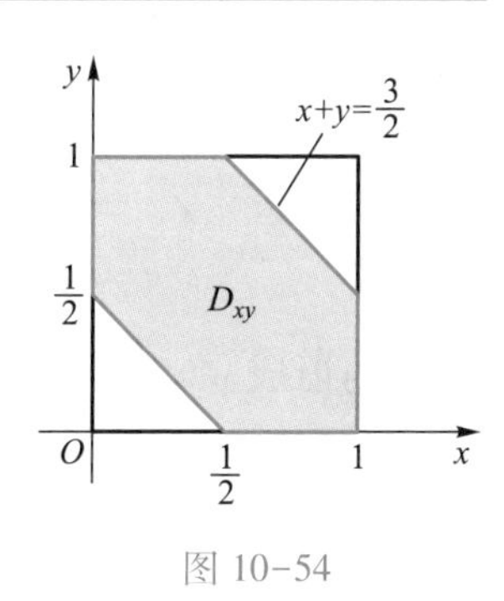

图 10-54

其中，D_{xy} 如图 10-54 所示. 另外，这个问题中 Σ 是边长为$\frac{\sqrt{2}}{2}$的正六边形，面积为$\frac{3\sqrt{3}}{4}$，因此 $\iint_{\Sigma}\mathrm{d}S=\frac{3\sqrt{3}}{4}$.

也可用第二类曲面积分计算，有

$$I=\oint_{\Gamma}(y^2-z^2)\,\mathrm{d}x+(z^2-x^2)\,\mathrm{d}y+(x^2-y^2)\,\mathrm{d}z$$

$$=\iint_{\Sigma}\begin{vmatrix}\mathrm{d}y\mathrm{d}z & \mathrm{d}z\mathrm{d}x & \mathrm{d}x\mathrm{d}y\\ \dfrac{\partial}{\partial x} & \dfrac{\partial}{\partial y} & \dfrac{\partial}{\partial z}\\ y^2-z^2 & z^2-x^2 & x^2-y^2\end{vmatrix}$$

$$=\iint_{\Sigma}(-2y-2z)\,\mathrm{d}y\mathrm{d}z+(-2z-2x)\,\mathrm{d}z\mathrm{d}x+(-2x-2y)\,\mathrm{d}x\mathrm{d}y$$

$$=-2\iint_{\Sigma}(y+z)\,\mathrm{d}y\mathrm{d}z+(z+x)\,\mathrm{d}z\mathrm{d}x+(x+y)\,\mathrm{d}x\mathrm{d}y$$

$$=-2\iint_{D_{xy}}\left(\frac{3}{2}-x,\frac{3}{2}-y,x+y\right)\cdot(1,1,1)\,\mathrm{d}x\mathrm{d}y$$

$$=-6\iint_{D_{xy}}\mathrm{d}x\mathrm{d}y=-\frac{9}{2}.$$

*二、空间曲线积分与路径无关的条件

在第三节中，利用格林公式推得了平面曲线积分与路径无关的条件，完全类似，利用斯托克斯公式，可以推得空间曲线积分与路径无关的条件.

定理 2　设空间开区域 Ω 是空间一维单连通区域，函数 $P(x,y,z)$，$Q(x,y,z)$，$R(x,y,z)$ 在 Ω 内具有一阶连续偏导数，则空间曲线积分

$$\int_{\Gamma}P\mathrm{d}x+Q\mathrm{d}y+R\mathrm{d}z$$

在 Ω 内与路径无关(或沿 Ω 内任意闭曲线的曲线积分为零)的充分必要条件是等式

$$\frac{\partial R}{\partial y}=\frac{\partial Q}{\partial z},\quad \frac{\partial P}{\partial z}=\frac{\partial R}{\partial x},\quad \frac{\partial Q}{\partial x}=\frac{\partial P}{\partial y}$$

在 Ω 内恒成立.

注 一维单连通区域:对于 Ω 中任意的封闭曲线 Γ,若以 Γ 为边界可作一曲面,该曲面上的全部点都属于 Ω,则称 Ω 为空间一维单连通区域. 例如两个同心球面所围成的空间区域就是一维单连通的;两个同轴圆柱面所围成的区域就不是一维单连通的.

*三、环流量与旋度

设斯托克斯公式中的有向曲面 Σ 上点 (x,y,z) 处的单位法向量为

$$\boldsymbol{e}_n=\cos\alpha\boldsymbol{i}+\cos\beta\boldsymbol{j}+\cos\gamma\boldsymbol{k},$$

而 Σ 的正向边界曲线 Γ 上点 (x,y,z) 处的单位切向量为

$$\boldsymbol{t}=\cos\lambda\boldsymbol{i}+\cos\mu\boldsymbol{j}+\cos\nu\boldsymbol{k},$$

则斯托克斯公式可用对面积的曲面积分及对弧长的曲线积分表示为

$$\begin{aligned}&\oint_\Gamma P\mathrm{d}x+Q\mathrm{d}y+R\mathrm{d}z\\&=\iint_\Sigma\left[\left(\frac{\partial R}{\partial y}-\frac{\partial Q}{\partial z}\right)\cos\alpha+\left(\frac{\partial P}{\partial z}-\frac{\partial R}{\partial x}\right)\cos\beta+\left(\frac{\partial Q}{\partial x}-\frac{\partial P}{\partial y}\right)\cos\gamma\right]\mathrm{d}S\\&=\oint_\Gamma(P\cos\lambda+Q\cos\mu+R\cos\nu)\,\mathrm{d}s.\end{aligned}$$

设有向量场

$$\boldsymbol{A}(x,y,z)=P(x,y,z)\boldsymbol{i}+Q(x,y,z)\boldsymbol{j}+R(x,y,z)\boldsymbol{k},$$

其中,$P(x,y,z)$,$Q(x,y,z)$,$R(x,y,z)$ 均具有一阶连续偏导数,则向量 $\boldsymbol{A}$ 在坐标轴上的投影分别为

$$\frac{\partial R}{\partial y}-\frac{\partial Q}{\partial z},\quad \frac{\partial P}{\partial z}-\frac{\partial R}{\partial x},\quad \frac{\partial Q}{\partial x}-\frac{\partial P}{\partial y}$$

的向量叫做向量场 $\boldsymbol{A}$ 的旋度,记作 $\mathbf{rot}\,\boldsymbol{A}$,即

$$\mathbf{rot}\,\boldsymbol{A}=\left(\frac{\partial R}{\partial y}-\frac{\partial Q}{\partial z}\right)\boldsymbol{i}+\left(\frac{\partial P}{\partial z}-\frac{\partial R}{\partial x}\right)\boldsymbol{j}+\left(\frac{\partial Q}{\partial x}-\frac{\partial P}{\partial y}\right)\boldsymbol{k},$$

现在斯托克斯公式可写成向量的形式为

$$\iint_{\Sigma}\mathbf{rot}\,\boldsymbol{A}\cdot\boldsymbol{e}_n\mathrm{d}S=\oint_{\Gamma}\boldsymbol{A}\cdot\boldsymbol{t}\mathrm{d}s$$

或

$$\iint_{\Sigma}(\mathbf{rot}\,\boldsymbol{A})_n\mathrm{d}S=\oint_{\Gamma}\boldsymbol{A}_t\mathrm{d}s,$$

其中

$$\begin{aligned}(\mathbf{rot}\,\boldsymbol{A})_n&=\mathbf{rot}\,\boldsymbol{A}\cdot\boldsymbol{e}_n\\&=\left(\frac{\partial R}{\partial y}-\frac{\partial Q}{\partial z}\right)\cos\alpha+\left(\frac{\partial P}{\partial z}-\frac{\partial R}{\partial x}\right)\cos\beta+\left(\frac{\partial Q}{\partial x}-\frac{\partial P}{\partial y}\right)\cos\gamma\end{aligned}$$

为 $\mathbf{rot}\,\boldsymbol{A}$ 在 Σ 的法向量上的投影,而

$$A_t=\boldsymbol{A}\cdot\boldsymbol{t}=P\cos\lambda+Q\cos\mu+R\cos\nu$$

为向量 $\boldsymbol{A}$ 在 Γ 的切向量上的投影.

沿有向闭曲线 Γ 的曲线积分

$$\oint_{\Gamma}P\mathrm{d}x+Q\mathrm{d}y+R\mathrm{d}z=\oint_{\Gamma}A_t\mathrm{d}s$$

叫做向量场 $\boldsymbol{A}$ 沿有向闭曲线 Γ 的环流量. 斯托克斯公式现在可叙述为:向量场 $\boldsymbol{A}$ 沿有向闭曲线 Γ 的环流量等于向量场 $\boldsymbol{A}$ 的旋度场通过 Γ 所张成的曲面 Σ 的通量,这里 Γ 的正向与 Σ 的侧应符合右手规则.

为了便于记忆,$\mathbf{rot}\,\boldsymbol{A}$ 的表达式可利用行列式表示为

$$\mathbf{rot}\,\boldsymbol{A}=\begin{vmatrix}\boldsymbol{i}&\boldsymbol{j}&\boldsymbol{k}\\\dfrac{\partial}{\partial x}&\dfrac{\partial}{\partial y}&\dfrac{\partial}{\partial z}\\P&Q&R\end{vmatrix}.$$

最后,从力学的角度来对 $\mathbf{rot}\,\boldsymbol{A}$ 的含义做些解释.

设有刚体绕定轴 l 转动,角速度为 $\boldsymbol{\omega}$,M 为刚体内任一点. 在定轴 l 上任取一点 O 为坐标原点,作空间直角坐标系,使 z 轴与定轴 l 重合,则 $\boldsymbol{\omega}=\omega\boldsymbol{k}$,而点 M 可用向量 $\boldsymbol{r}=\overrightarrow{OM}=(x,y,z)$ 来确定. 由力学知道,点 M 的线速度 $\boldsymbol{v}$ 可表示

为

$$\boldsymbol{v}=\boldsymbol{\omega}\times\boldsymbol{r}.$$

由此得

$$\boldsymbol{v}=\begin{vmatrix}\boldsymbol{i} & \boldsymbol{j} & \boldsymbol{k}\\ 0 & 0 & \omega\\ x & y & z\end{vmatrix}=(-\omega y,\omega x,0),$$

而

$$\mathbf{rot}\,\boldsymbol{v}=\begin{vmatrix}\boldsymbol{i} & \boldsymbol{j} & \boldsymbol{k}\\ \dfrac{\partial}{\partial x} & \dfrac{\partial}{\partial y} & \dfrac{\partial}{\partial z}\\ -\omega y & \omega x & 0\end{vmatrix}=(0,0,2\omega)=2\boldsymbol{\omega}.$$

从速度场 $\boldsymbol{v}$ 的旋度与旋转角速度的这个关系，可见“旋度”这一名词的由来.

*四、高斯公式与斯托克斯公式的向量形式

记$\nabla=\dfrac{\partial}{\partial x}\boldsymbol{i}+\dfrac{\partial}{\partial y}\boldsymbol{j}+\dfrac{\partial}{\partial z}\boldsymbol{k}$，称之为那勃勒(Nabla)算子或哈密顿(Hamilton)算子，简读作“倒三角”，规定：

(1) 设 $u=u(x,y,z)$，则

$$\nabla u=\frac{\partial u}{\partial x}\boldsymbol{i}+\frac{\partial u}{\partial y}\boldsymbol{j}+\frac{\partial u}{\partial z}\boldsymbol{k}=\mathbf{grad}\,u$$

$$\nabla^2u=\nabla\cdot\nabla u=\nabla\cdot\mathbf{grad}\,u=\frac{\partial^2u}{\partial x^2}+\frac{\partial^2u}{\partial y^2}+\frac{\partial^2u}{\partial z^2}\overset{\text{def}}{=\!=}\Delta u.$$

(2) 设 $\boldsymbol{A}=P(x,y,z)\boldsymbol{i}+Q(x,y,z)\boldsymbol{j}+R(x,y,z)\boldsymbol{k}$，则

$$\nabla\cdot\boldsymbol{A}=\left(\frac{\partial}{\partial x}\boldsymbol{i}+\frac{\partial}{\partial y}\boldsymbol{j}+\frac{\partial}{\partial z}\boldsymbol{k}\right)\cdot(P\boldsymbol{i}+Q\boldsymbol{j}+R\boldsymbol{k})=\frac{\partial P}{\partial x}+\frac{\partial Q}{\partial y}+\frac{\partial R}{\partial z}=\mathrm{div}\,\boldsymbol{A},$$

$$\nabla\times\boldsymbol{A}=\begin{vmatrix}\boldsymbol{i} & \boldsymbol{j} & \boldsymbol{k}\\ \dfrac{\partial}{\partial x} & \dfrac{\partial}{\partial y} & \dfrac{\partial}{\partial z}\\ P & Q & R\end{vmatrix}=\mathbf{rot}\,\boldsymbol{A}.$$

于是,高斯公式和斯托克斯公式可分别写成:

$$\oiint_{\Sigma} \boldsymbol{A} \cdot \mathrm{d}\boldsymbol{s} = \iiint_{\Omega} \nabla \cdot \boldsymbol{A} \mathrm{d}v,$$

$$\oint_{\Gamma} \boldsymbol{A} \cdot \mathrm{d}\boldsymbol{r} = \iint_{\Sigma} (\nabla \times \boldsymbol{A}) \cdot \mathrm{d}\boldsymbol{s}.$$

习题 10-7

1. 计算 $\oint_{\Gamma} y\mathrm{d}x+z\mathrm{d}y+x\mathrm{d}z$,其中 Γ 为圆周 $x^2+y^2+z^2=a^2, 2xy+2yz+2zx+a^2=0$,若从 x 轴的正向看去,这圆周取逆时针方向.

2. 计算 $\oint_{\Gamma} (y-z)\mathrm{d}x+(z-x)\mathrm{d}y+(x-y)\mathrm{d}z$,其中 Γ 为椭圆 $x^2+y^2=a^2$, $\dfrac{x}{a}+\dfrac{z}{b}=1(a>0,b>0)$,若从 x 轴的正向看去,这椭圆取逆时针方向.

3. 计算 $\oint_{\Gamma} 3y\mathrm{d}x-xz\mathrm{d}y+yz^2\mathrm{d}z$,其中 Γ 是圆周 $x^2+y^2=2z, z=2$,若从 z 轴正向看去,这圆周取逆时针方向.

4. 计算 $\oint_{\Gamma} 2y\mathrm{d}x+3x\mathrm{d}y-z^2\mathrm{d}z$,$\Gamma$ 是圆周 $x^2+y^2+z^2=9, z=0$,若从 z 轴正向看去,这圆周取逆时针方向.

*5. 求下列向量场 $\boldsymbol{A}$ 的旋度.

(1) $\boldsymbol{A}=(2z-3y)\boldsymbol{i}+(3x-z)\boldsymbol{j}+(y-2x)\boldsymbol{k}$;

(2) $\boldsymbol{A}=(z+\sin y)\boldsymbol{i}-(z-x\cos y)\boldsymbol{j}$;

(3) $\boldsymbol{A}=\boldsymbol{i}x^2\sin y+\boldsymbol{j}y^2\sin(xz)+\boldsymbol{k}xy\sin(\cos z)$.

*6. 求下列向量场 $\boldsymbol{A}$ 沿闭曲线 Γ(从 z 轴正向看,Γ 依逆时针方向)的环流量.

(1) $\boldsymbol{A}=-y\boldsymbol{i}+x\boldsymbol{j}+C\boldsymbol{k}$($C$ 为常量),Γ 为圆周 $x^2+y^2=1, z=0$;

(2) $\boldsymbol{A}=(x-z)\boldsymbol{i}+(x^3+yz)\boldsymbol{j}-3xy^2\boldsymbol{k}$,其中,$\Gamma$ 为圆周 $z=2-\sqrt{x^2+y^2}, z=0$.

第十章总习题

1. 计算下列曲线积分.

(1) $\int_L \sin 2x\mathrm{d}s$,其中 L 为曲线 $y=\sin x(0\leqslant x\leqslant \pi)$;

(2) $\oint_L (x+y)\mathrm{d}s$,其中 L 是以 $O(0,0)$,$A(1,0)$,$B(0,1)$ 为顶点的三角形边界;

(3) $\oint_L x\mathrm{d}s$,其中 L 为直线 $y=x$ 及抛物线 $y=x^2$ 所围成的区域的边界;

(4) $\oint_\Gamma x^2\mathrm{d}s$,其中 Γ 为圆周$\begin{cases}x^2+y^2+z^2=4,\\z=\sqrt{3};\end{cases}$

(5) $\int_\Gamma x^2yz\mathrm{d}s$,其中 Γ 为折线 $ABCD$,依次为点$(0,0,0)$,$(0,0,2)$,$(1,0,2)$,$(1,3,2)$;

(6) $\int_L (x^2-y^2)\mathrm{d}x$,其中 L 是抛物线 $y=x^2$ 上从点$(0,0)$到点$(2,4)$的一段弧;

(7) $\oint_L y\mathrm{d}x-x\mathrm{d}y$,其中 L 为椭圆$\dfrac{x^2}{a^2}+\dfrac{y^2}{b^2}=1$,取逆时针方向;

(8) $\int_L (\mathrm{e}^x\sin y-2y)\mathrm{d}x+(\mathrm{e}^x\cos y-2)\mathrm{d}y$,其中 L 为上半圆周$(x-a)^2+y^2=a^2$,$y\geqslant 0$,沿逆时针方向;

(9) $\int_\Gamma (y^2-z^2)\mathrm{d}x+2yz\mathrm{d}y-x^2\mathrm{d}z$,其中 Γ 为 $x=t,y=t^2,z=t^3$ 上从点$(0,0,0)$到点$(1,1,1)$的有向弧段;

(10) $\oint_L \dfrac{(x+y)\mathrm{d}x+(x-y)\mathrm{d}y}{|x|+|y|}$,其中 L 为方程 $|x|+|y|=1$ 所围成的顺时针方向的封闭曲线.

2. 计算下列曲面积分.

(1) $\iint\limits_{\Sigma}\sqrt{R^2-x^2-y^2}\,\mathrm{d}S$,其中 Σ 为上半球面 $z=\sqrt{R^2-x^2-y^2}$;

(2) $\iint\limits_{\Sigma}|xyz|\,\mathrm{d}S$,其中 Σ 为曲面 $z=x^2+y^2$ 被平面 $z=1$ 所截下的部分;

(3) $\iint\limits_{\Sigma}x^2\mathrm{d}S$,其中 Σ 是球面 $x^2+y^2+z^2=R^2$;

(4) $\iint\limits_{\Sigma}\dfrac{\mathrm{d}S}{x^2+y^2+z^2}$,其中 Σ 是圆柱面 $x^2+y^2=R^2$ 界于平面 $z=0$ 及 $z=H$ 之间的部分;

(5) $\iint\limits_{\Sigma}z\mathrm{d}S$,其中 Σ 是曲面 $z=\dfrac{1}{2}(x^2+y^2)$ 界于 $z=0$ 及 $z=1$ 部分;

(6) $\iint\limits_{\Sigma}y(x-z)\mathrm{d}y\mathrm{d}z+x^2\mathrm{d}z\mathrm{d}x+(y^2+xz)\mathrm{d}x\mathrm{d}y$,其中 Σ 为 $x=0,y=0,z=0,x=a$,$y=a,z=a(a>0)$ 所围的正方体表面外侧;

(7) $\oiint\limits_{\Sigma}x^3\mathrm{d}y\mathrm{d}z+y^3\mathrm{d}z\mathrm{d}x+z^3\mathrm{d}x\mathrm{d}y$,其中 Σ 为球面 $x^2+y^2+z^2=R^2$ 的外侧;

(8) $\iint\limits_{\Sigma}xz^2\mathrm{d}y\mathrm{d}z+(x^2y-z^3)\mathrm{d}z\mathrm{d}x+(2xy+y^2z)\mathrm{d}x\mathrm{d}y$,其中 Σ 为上半球面 $z=\sqrt{R^2-x^2-y^2}$ 的外侧;

(9) $\oiint\limits_{\Sigma}z\mathrm{d}x\mathrm{d}y$,其中 Σ 为柱面 $x^2+y^2=R^2$,$y^2=\dfrac{z}{2}$ 及平面 $z=0$ 所围成立体全表面的外侧;

(10) $\iint\limits_{\Sigma}(x^3+y^2+z)\mathrm{d}x\mathrm{d}y$,其中 Σ 是球面 $x^2+y^2+z^2=1$ 在 $x\geqslant0,y\geqslant0$ 部分的外侧.

3. 设有一半质量分布均匀的圆弧 $L:x^2+y^2=R^2(y\geqslant0)$,求它的质心和对 x 轴的转动惯量(密度为 μ).

4. 在椭圆 $x=a\cos t,y=b\sin t$ 上每一点 M 都有作用力 $\boldsymbol{F}$,大小等于从点 M 到椭圆中心的距离,而方向朝着椭圆中心,试计算质点 P 沿椭圆位于第一象限中的弧从点 $A(a,0)$ 移动到点 $B(0,b)$ 时,力 $\boldsymbol{F}$ 所做的功.

5. 设锥面壳 $z=\sqrt{x^2+y^2}\,(0\leqslant z\leqslant1)$ 上点 (x,y,z) 处的密度为 $\mu=z$,求:

（1）锥面壳的质量；

（2）锥面壳的质心.

6. 已知流体的流速为 $\boldsymbol{v}=xy\boldsymbol{i}+yz\boldsymbol{j}+xz\boldsymbol{k}$，求由平面 $z=1,x=0,y=0$ 和锥面 $z^2=x^2+y^2$ 所围成的立体在第Ⅰ卦限部分由内向外流出的流量.

7. 确定 λ 的值，使曲线积分 $I=\int_A^B(x^4+4xy^3)\mathrm{d}x+(6x^{\lambda-1}y^2-5y^4)\mathrm{d}y$ 与路径无关，并求 A,B 分别为 $(0,0),(1,2)$ 时 I 的值.

8. 验证在 xOy 平面内，$\mathrm{e}^x(1+\sin y)\mathrm{d}x+(\mathrm{e}^x+2\sin y)\cos y\mathrm{d}y$ 是某二元函数的全微分，并求出这样的一个函数.

9. 求椭圆柱面 $\dfrac{x^2}{5}+\dfrac{y^2}{9}=1$ 界于平面 $z=0$ 与 $z=y$ 之间且位于第Ⅰ、Ⅱ卦限内部分的面积.

10. 计算 $I=\iint\limits_{\Sigma}x^3\mathrm{d}y\mathrm{d}z+y^3\mathrm{d}z\mathrm{d}x+(z^3+x^2+y^2)\mathrm{d}x\mathrm{d}y$，其中 Σ 为上半球面 $z=\sqrt{R^2-x^2-y^2}$，取上侧.

11. 求一个可微函数 $P(x,y)$ 满足 $P(0,1)=1$，使曲线积分

$$I_1=\int_L(3xy^2+x^3)\mathrm{d}x+P(x,y)\mathrm{d}y,\quad I_2=\int_L P(x,y)\mathrm{d}x+(3xy^2+x^3)\mathrm{d}y$$

都与路径无关.

第十一章　无穷级数

以前学习的加法是将有限个数相加,这种加法易于计算但无法满足有些应用的需要,在许多技术问题中常常要求将无穷多个数相加,这种加法就是本章要讲的无穷级数.无穷级数是高等数学的重要组成部分,它是表示函数、研究函数性质以及进行数值计算的一种有效的工具.无论在抽象理论还是在应用科学中,无穷级数都发挥着举足轻重的作用.本章主要介绍常数项级数的基本概念及其审敛法,函数项级数,在函数项级数中着重讨论幂级数和傅里叶(Fourier)级数,并介绍函数展开成这两类函数项级数的一些简单应用.

第一节　常数项级数的概念及性质

一、常数项级数的概念

人们认识事物在数量方面的特征,往往有一个由近似到精确的过程,在这种认识过程中,会遇到由有限个数量相加到无穷多个数量相加的问题.

引例 1　付款级数的现值问题.

若某基金会与一个学校签约,合同规定基金会每年支付 300 万元人民币用以资助教育,有效期为 10 年,总资助金额为 3 000 万元人民币.自签约之日起支付第一笔款,以后每年支付一笔.所有资助款都由银行兑付.银行储蓄规定年利率为5%,每年记息一次,以复利进行计算.试问在签订合同之日,基金会应该在银行存入多少钱才能保证合同正常履行?

如果将P(百万元)存入银行作为基金,银行储蓄年利率为r,银行每年计息一次,并以复利进行计算,则在t年后,银行存款余额为$B=P(1+r)^t$,等价地有$P=\dfrac{B}{(1+r)^t}$.即为了t年后能够支付B(百万元),首日应存入银行P.

由于第1笔款为签约当天兑付,$t=0$,其现值$P_1=3$;

由于第2笔款在1年后兑付,$t=1$,其现值$P_2=\dfrac{3}{1.05}$;

由于第3笔款在2年后兑付,$t=2$,其现值$P_3=\dfrac{3}{1.05^2}$;

……

同样,第10笔款在第9年后兑付,$t=9$,其现值$P_{10}=\dfrac{3}{1.05^9}$.

此合同的总现值为

$$\begin{aligned}P&=P_1+P_2+\cdots+P_{10}\\&=3+\frac{3}{1.05}+\frac{3}{1.05^2}+\cdots+\frac{3}{1.05^9}\\&=\frac{3\left(1-\dfrac{1}{1.05^{10}}\right)}{1-\dfrac{1}{1.05}}\approx 24.32.\end{aligned}$$

这表明基金会应存入现值24.32百万元.

若合同规定永不停止地每年资助300万元,那么基金会在签订合同之日应存入银行的现值等于多少?其中自签订合同之日起,规定每年付款一次,且永不停止.又设年利率为5%,以连续复利计算.按上面的分析,基金会首日应存入银行的现金为

$$P_1+P_2+\cdots+P_n+\cdots,$$

这个和怎么计算呢?

引例2 小球运动的水平距离.

设以初速度大小为 v_0，倾斜角为 α 抛射一个小球，小球每次落地又以相同倾斜角弹跳抛出（落地点总在一条直线上），且每次抛出的初速度的大小 $v_0,v_1,v_2,\cdots,v_n,\cdots$ 按规律

$$\frac{v_0}{v_1}=\frac{v_1}{v_2}=\cdots=\frac{v_{n-1}}{v_n}=\cdots=C \quad (C>1)$$

减少，试求小球运动的水平距离（不计空气阻力）.

由运动学知，小球第 n 次抛出的水平射程为 $\frac{1}{g}v_n^2\sin 2\alpha$，故小球运动的水平距离为

$$\begin{aligned}S&=\frac{1}{g}\sin 2\alpha(v_0^2+v_1^2+\cdots+v_n^2+\cdots)\\&=\frac{1}{g}\sin 2\alpha\left[v_0^2+\frac{v_0^2}{C^2}+\frac{v_0^2}{C^4}+\cdots+\frac{v_0^2}{C^{2(n-1)}}+\cdots\right]\\&=\frac{1}{g}v_0^2\sin 2\alpha\left[1+\left(\frac{1}{C}\right)^2+\left(\frac{1}{C}\right)^4+\cdots+\left(\frac{1}{C}\right)^{2(n-1)}+\cdots\right].\end{aligned}$$

以上两例都需要计算无穷多项的和，无穷多个项相加是什么意思？其和是否存在？当和存在时，如何求和？为此引入下列概念.

定义 1　给定一个无穷数列

$$u_1,u_2,\cdots,u_n,\cdots,$$

将它们各项依次相加所得的表达式

$$u_1+u_2+\cdots+u_n+\cdots$$

称为（**常数项**）**无穷级数**（infinite series），简称为（数项）级数，记为 $\sum\limits_{n=1}^{\infty}u_n$，即

$$\sum_{n=1}^{\infty}u_n=u_1+u_2+\cdots+u_n+\cdots,$$

其中，第 n 项 u_n 称为级数 $\sum\limits_{n=1}^{\infty}u_n$ 的**一般项**或**通项**.

简单地说，无穷级数就是将无穷多项按一定的顺序相加而成的式子，这只是形式上的定义，暂时还没有运算上的意义，因为逐项相加对无穷多项来说是无法实现的. 那么怎样理解无穷多项相加呢？可以从有限项的和出发，

观察它们的变化趋势，并由此来理解无穷多项相加的含义. 为此，引入如下定义.

定义 2 把级数 $\sum_{n=1}^{\infty} u_n$ 的前 n 项和

$$S_n = u_1 + u_2 + \cdots + u_n = \sum_{k=1}^{n} u_k$$

称为无穷级数 $\sum_{n=1}^{\infty} u_n$ 的**部分和**(partial sum). 当 n 依次取 1,2,3,…时，它们构成一个新的数列

$$S_1 = u_1, S_2 = u_1 + u_2, \cdots, S_n = u_1 + u_2 + \cdots + u_n, \cdots,$$

称为级数 $\sum_{n=1}^{\infty} u_n$ 的**部分和数列** $\{S_n\}$.

如级数 $\sum_{n=1}^{\infty} \frac{1}{2^n}$ 的部分和数列 $\{S_n\}$ 的通项为

$$S_n = \sum_{k=1}^{n} \frac{1}{2^k} = 1 - \frac{1}{2^n}.$$

根据部分和数列是否收敛，引进无穷级数 $\sum_{n=1}^{\infty} u_n$ 的收敛与发散的概念.

定义 3 如果级数 $\sum_{n=1}^{\infty} u_n$ 的部分和数列 $\{S_n\}$ 有极限 S，即

$$\lim_{n \to \infty} S_n = S,$$

则称无穷级数 $\sum_{n=1}^{\infty} u_n$ **收敛**，且 S 称为该级数的**和**，并写成 $S = \sum_{n=1}^{\infty} u_n$.

如果 $\lim_{n \to \infty} S_n$ 不存在，则称无穷级数 $\sum_{n=1}^{\infty} u_n$ **发散**.

收敛级数的和 S 与部分和 S_n 之差 $r_n = S - S_n$ 称为该级数的**余项**，用 S_n 近似代替和 S 时所产生的误差为 $|r_n|$，发散级数没有和，当然也不谈余项.

由定义知，要判别级数 $\sum_{n=1}^{\infty} u_n$ 是否收敛，实际上就是考察部分和数列 $\{S_n\}$ 是否有极限.

例 1 判别级数 $\sum_{n=1}^{\infty} \frac{1}{n(n+1)}$ 的敛散性.

解 由于

$$u_n=\frac{1}{n(n+1)}=\frac{1}{n}-\frac{1}{n+1},$$

因此

$$\begin{aligned}S_n&=\frac{1}{1\times2}+\frac{1}{2\times3}+\cdots+\frac{1}{n(n+1)}\\&=\left(1-\frac{1}{2}\right)+\left(\frac{1}{2}-\frac{1}{3}\right)+\cdots+\left(\frac{1}{n}-\frac{1}{n+1}\right)\\&=1-\frac{1}{n+1},\end{aligned}$$

从而

$$\lim_{n\to\infty}S_n=\lim_{n\to\infty}\left(1-\frac{1}{n+1}\right)=1.$$

故该级数收敛,且其和为 1.

例 2　证明:级数 $\sum\limits_{n=1}^{\infty}n$ 是发散的.

证明　由于 $S_n=\sum\limits_{k=1}^{n}k=\dfrac{n(n+1)}{2}$,从而 $\lim\limits_{n\to\infty}S_n=\infty$,故所给级数发散.

例 3　讨论**几何级数**(又称等比级数(geometric series))

$$\sum_{n=1}^{\infty}aq^{n-1}=a+aq+aq^2+\cdots+aq^{n-1}+\cdots$$

的敛散性($a\neq0$).

解　当$|q|\neq1$时,级数的部分和为

$$S_n=a+aq+aq^2+\cdots+aq^{n-1}=\frac{a(1-q^n)}{1-q}.$$

当$|q|<1$时,$\lim\limits_{n\to\infty}q^n=0$,故

$$\lim_{n\to\infty}S_n=\lim_{n\to\infty}\frac{a(1-q^n)}{1-q}=\frac{a}{1-q},$$

此时几何级数 $\sum\limits_{n=1}^{\infty}aq^{n-1}$ 收敛,且其和为$\dfrac{a}{1-q}$.

当$|q|>1$时,$\lim\limits_{n\to\infty}q^n=\infty$,从而 $\lim\limits_{n\to\infty}S_n=\infty$. 此时几何级数 $\sum\limits_{n=1}^{\infty}aq^{n-1}$ 发散.

当 $q=1$ 时，$S_n=a+a+\cdots+a=na$，因此 $\lim\limits_{n\to\infty}S_n=\infty$. 此时几何级数 $\sum\limits_{n=1}^{\infty}aq^{n-1}$ 发散.

当 $q=-1$ 时，

$$S_n=a-a+a-a+\cdots+(-1)^{n-1}a=\begin{cases}a, & n\text{ 为奇数},\\0, & n\text{ 为偶数},\end{cases}$$

因此 $\lim\limits_{n\to\infty}S_n$ 不存在，此时几何级数 $\sum\limits_{n=1}^{\infty}aq^{n-1}$ 发散.

综上讨论，几何级数 $\sum\limits_{n=1}^{\infty}aq^{n-1}$，当公比(common ratio)的绝对值 $|q|<1$ 时，收敛于 $\dfrac{a}{1-q}$；当 $|q|\geqslant 1$ 时，发散. 这个结论后面会反复用到，应该熟练掌握.

例 4 证明：级数 $\sum\limits_{n=1}^{\infty}\ln\left(1+\dfrac{1}{n}\right)$ 是发散的.

证明 由于

$$\begin{aligned}S_n&=\ln(1+1)+\ln\left(1+\frac{1}{2}\right)+\ln\left(1+\frac{1}{3}\right)+\cdots+\ln\left(1+\frac{1}{n}\right)\\&=\ln\frac{2}{1}+\ln\frac{3}{2}+\ln\frac{4}{3}+\cdots+\ln\frac{n+1}{n}\\&=\ln\left[\frac{2}{1}\times\frac{3}{2}\times\frac{4}{3}\times\cdots\times\frac{n+1}{n}\right]\\&=\ln(n+1),\end{aligned}$$

从而 $\lim\limits_{n\to\infty}S_n=+\infty$，故所给级数发散.

二、收敛级数的性质

从无穷级数收敛、发散及和的定义出发，可得级数的以下常用性质.

性质 1 若级数 $\sum\limits_{n=1}^{\infty}u_n$ 收敛于 S，则级数 $\sum\limits_{n=1}^{\infty}ku_n$ 也收敛，且收敛于 kS.

收敛级数的性质

证明 $\lim\limits_{n\to\infty}\sum\limits_{k=1}^{n}ku_k=\lim\limits_{n\to\infty}k\sum\limits_{k=1}^{n}u_k=k\lim\limits_{n\to\infty}\sum\limits_{k=1}^{n}u_k=kS.$

推论 1　若级数 $\sum_{n=1}^{\infty} u_n$ 发散,常数 $k\neq 0$,则级数 $\sum_{n=1}^{\infty} ku_n$ 也发散.

由性质 1 和它的推论,有:级数 $\sum_{n=1}^{\infty} u_n$ 与级数 $\sum_{n=1}^{\infty} ku_n(k\neq 0)$ 具有相同的敛散性.

性质 2　若级数 $\sum_{n=1}^{\infty} u_n$ 与 $\sum_{n=1}^{\infty} v_n$ 分别收敛于 S 和 σ,则级数 $\sum_{n=1}^{\infty}(u_n\pm v_n)$ 也收敛,且其和为 $S\pm\sigma$.

证明　因为

$$\begin{aligned}\lim_{n\to\infty}\sum_{k=1}^{n}(u_k\pm v_k)&=\lim_{n\to\infty}\left(\sum_{k=1}^{n}u_k\pm\sum_{k=1}^{n}v_k\right)\\&=\lim_{n\to\infty}\sum_{k=1}^{n}u_k\pm\lim_{n\to\infty}\sum_{k=1}^{n}v_k=S\pm\sigma,\end{aligned}$$

故

$$\sum_{n=1}^{\infty}(u_n\pm v_n)=\sum_{n=1}^{\infty}u_n\pm\sum_{n=1}^{\infty}v_n=S\pm\sigma.$$

推论 2　若级数 $\sum_{n=1}^{\infty} u_n$ 收敛,而级数 $\sum_{n=1}^{\infty} v_n$ 发散,则级数 $\sum_{n=1}^{\infty}(u_n\pm v_n)$ 一定是发散的.

性质 3　在级数中去掉、添加或改变有限项,不会改变级数的敛散性.

证明　只需证明"在级数的前面去掉或添加有限项,不会改变级数的敛散性". 至于"改变有限项"的情形可以看成在级数的前面先去掉有限项,然后再添加有限项的结果.

设将级数 $\sum_{n=1}^{\infty} u_n$ 的前 k 项去掉,则得新级数 $\sum_{n=k+1}^{\infty} u_n$ 的部分和为

$$\sigma_n=u_{k+1}+u_{k+2}+\cdots+u_{k+n}=S_{k+n}-S_k,$$

其中,S_{k+n} 是原来级数的前 $k+n$ 项的和,因为 S_k 是常数,所以当 $n\to\infty$ 时,σ_n 与 S_{k+n} 或者同时具有极限,或者同时没有极限,即级数 $\sum_{n=1}^{\infty} u_n$ 与级数 $\sum_{n=k+1}^{\infty} u_n$ 具有相同的敛散性.

类似地可证:在级数中添加有限项,不会改变级数的敛散性.

性质 4　如果级数 $\sum_{n=1}^{\infty} u_n$ 收敛于 S,则对该级数的项任意加括号后所得的

级数

$$(u_1+\cdots+u_{n_1})+(u_{n_1+1}+\cdots+u_{n_2})+\cdots+(u_{n_{k-1}+1}+\cdots+u_{n_k})+\cdots$$

仍收敛于 S.

证明 设级数 $\sum_{n=1}^{\infty} u_n$(相应于前 n 项)的部分和为 S_n,加括号所成的级数(相应于前 k 项)的部分和 A_k,则

$$A_1=u_1+u_2+\cdots+u_{n_1}=S_{n_1},$$

$$A_2=(u_1+\cdots+u_{n_1})+(u_{n_1+1}+\cdots+u_{n_2})=S_{n_2},$$

$$\cdots$$

$$A_k=(u_1+\cdots+u_{n_1})+(u_{n_1+1}+\cdots+u_{n_2})+\cdots+(u_{n_{k-1}+1}+\cdots+u_{n_k})=S_{n_k}.$$

可见,数列 $\{A_k\}$ 是 $\{S_n\}$ 的一个子数列. 由数列 $\{S_n\}$ 的收敛性以及收敛数列与其子数列的关系可知,数列 $\{A_k\}$ 必定收敛,且有

$$\lim_{k\to\infty} A_k=\lim_{n\to\infty} S_n.$$

即加括号后所成的级数收敛,且其和不变.

注 (1) 性质 4 的逆否命题为:若加括号所得级数发散,则原级数也发散.

(2) 含括号的收敛级数,去掉括号后所得级数不一定收敛. 如级数

$$(1-1)+(1-1)+\cdots+(1-1)+\cdots$$

收敛于 0,但去掉括号所得级数

$$1-1+1-1+1-1+\cdots$$

却是发散的,因为 $\lim_{n\to\infty} S_{2n}=0$,$\lim_{n\to\infty} S_{2n+1}=1$,所以 $\lim_{n\to\infty} S_n$ 不存在.

性质 5(级数收敛的必要条件) 如果级数 $\sum_{n=1}^{\infty} u_n$ 收敛,则 $\lim_{n\to\infty} u_n=0$.

证明 设级数 $\sum_{n=1}^{\infty} u_n$ 的部分和为 S_n 且 $S_n\to S(n\to\infty)$,则

$$\lim_{n\to\infty} u_n=\lim_{n\to\infty}(S_n-S_{n-1})=\lim_{n\to\infty} S_n-\lim_{n\to\infty} S_{n-1}=S-S=0.$$

注 (1) 性质 5 的逆否命题:若 $\lim_{n\to\infty} u_n\neq 0$,则级数 $\sum_{n=1}^{\infty} u_n$ 必发散. 这一结论提供了判别级数发散的一种方法. 例如级数 $\sum_{n=1}^{\infty} n$,因为 $\lim_{n\to\infty} u_n=\infty$,并不是

趋于0,所以该级数发散;又如级数$\sum_{n=1}^{\infty}\frac{n}{n+1}$是发散的,因为$\lim_{n\to\infty}\frac{n}{n+1}=1\neq 0$;再如$\sum_{n=1}^{\infty}(-1)^{n+1}$,因为$u_n=(-1)^{n+1}$是交替地取1和-1两个值而不趋于0,所以级数$\sum_{n=1}^{\infty}(-1)^{n+1}$是发散的.

(2) 值得注意的是,$u_n\to 0(n\to\infty)$是级数收敛的必要条件但不是充分条件,即由$u_n\to 0(n\to\infty)$并不能判定级数$\sum_{n=1}^{\infty}u_n$收敛.

例如**调和级数**(harmonic series)

$$1+\frac{1}{2}+\frac{1}{3}+\cdots+\frac{1}{n}+\cdots=\sum_{n=1}^{\infty}\frac{1}{n},$$

显然,$\lim_{n\to\infty}u_n=\lim_{n\to\infty}\frac{1}{n}=0$,但这个级数是发散的.

事实上,假设$\sum_{n=1}^{\infty}\frac{1}{n}$收敛于$S$,其部分和记为$S_n$,就有$\lim_{n\to\infty}S_n=S$,对级数$\sum_{n=1}^{\infty}\frac{1}{n}$的部分和$S_{2n}$,也有$\lim_{n\to\infty}S_{2n}=S$. 于是$\lim_{n\to\infty}(S_{2n}-S_n)=S-S=0$.

但另一方面,

$$S_{2n}-S_n=\frac{1}{n+1}+\frac{1}{n+2}+\cdots+\frac{1}{2n}>\frac{1}{2n}+\frac{1}{2n}+\cdots+\frac{1}{2n}=\frac{1}{2},$$

可得$\lim_{n\to\infty}(S_{2n}-S_n)\neq 0$,这与假设$\sum_{n=1}^{\infty}\frac{1}{n}$收敛矛盾.

故调和级数$\sum_{n=1}^{\infty}\frac{1}{n}$发散.

例5　判定级数$\sum_{n=1}^{\infty}\left(\frac{1}{2^{n-1}}+\frac{5}{3^{n-1}}\right)$的敛散性.

解　注意到$\sum_{n=1}^{\infty}\frac{1}{2^{n-1}}$与$\sum_{n=1}^{\infty}\frac{5}{3^{n-1}}$皆为几何级数,其公比分别为$\frac{1}{2},\frac{1}{3}$. 由例3知,$\sum_{n=1}^{\infty}\frac{1}{2^{n-1}}$与$\sum_{n=1}^{\infty}\frac{5}{3^{n-1}}$皆收敛,且

$$\sum_{n=1}^{\infty}\frac{1}{2^{n-1}}=\frac{1}{1-\frac{1}{2}}=2,\quad \sum_{n=1}^{\infty}\frac{5}{3^{n-1}}=\frac{5}{1-\frac{1}{3}}=\frac{15}{2}.$$

故由性质 2 可知 $\sum_{n=1}^{\infty}\left(\frac{1}{2^{n-1}}+\frac{5}{3^{n-1}}\right)$ 收敛，且其和为 $2+\frac{15}{2}=\frac{19}{2}$.

例 6 证明级数 $\sum_{n=1}^{\infty}\frac{(-1)^{n-1}n^2}{3n^2-n}$ 是发散的.

证明 当 $n\to\infty$ 时，有

$$u_{2n-1}\to\frac{1}{3},u_{2n}\to-\frac{1}{3},$$

因此 $\lim\limits_{n\to\infty}u_n$ 不存在，从而 $\lim\limits_{n\to\infty}u_n\neq 0$，故级数 $\sum_{n=1}^{\infty}\frac{(-1)^{n-1}n^2}{3n^2-n}$ 发散.

习题 11-1

1. 根据级数收敛与发散的定义，判别下列级数的敛散性.

(1) $\sum_{n=1}^{\infty}(\sqrt{n+1}-\sqrt{n})$； (2) $\sum_{n=1}^{\infty}\frac{1}{(2n-1)(2n+1)}$；

(3) $\sum_{n=1}^{\infty}(\sqrt{n+2}-2\sqrt{n+1}+\sqrt{n})$.

2. 判别下列级数的敛散性. 若收敛，求出其和.

(1) $\left(1+\frac{1}{2}+\cdots+\frac{1}{2^{n-1}}+\cdots\right)-\left(\frac{1}{3}+\cdots+\frac{1}{3^n}+\cdots\right)$；

(2) $1+\ln 3+\cdots+\ln^n 3+\cdots$； (3) $\frac{1}{3}+\frac{1}{\sqrt{3}}+\cdots+\frac{1}{\sqrt[n]{3}}+\cdots$；

(4) $\sum_{n=1}^{\infty}\frac{n}{n+1}$； (5) $\sum_{n=1}^{\infty}\sin\frac{n\pi}{6}$； (6) $\sum_{n=1}^{\infty}(-1)^n\frac{8^n}{9^n}$；

(7) $\left(\frac{1}{3}+\frac{3}{4}\right)+\left(\frac{1}{3^2}+\frac{3^2}{4^2}\right)+\cdots+\left(\frac{1}{3^n}+\frac{3^n}{4^n}\right)+\cdots$.

3. 已知无穷级数 $\sum_{n=1}^{\infty} u_n$ 的部分和 $S_n=\dfrac{n}{2n+1}$,求 u_n 的表达式.

4. 试利用不等式 $x>\ln(1+x)\ (x>0)$,证明调和级数是发散的.

5. (1) 设 $\sum_{n=1}^{\infty} u_n$ 收敛,问 $\sum_{n=1}^{\infty} u_{n+50}$, $\sum_{n=1}^{\infty} \dfrac{1}{u_n}$收敛还是发散?

(2) 设 $\sum_{n=1}^{\infty} u_n$ 发散,问 $\sum_{n=1}^{\infty} u_{n+50}$, $\sum_{n=1}^{\infty} \dfrac{1}{u_n}$收敛还是发散?

6. 设 $\lim\limits_{n\to\infty} u_n=0$,且 $\sum_{n=1}^{\infty} u_n$ 的前 $2k$ 项和 $S_{2k}\to S(k\to\infty)$,证明 $\sum_{n=1}^{\infty} u_n$ 收敛,且其和为 S.

7. 设 $\sum_{n=1}^{\infty} u_n$ 的通项 u_n 与部分和 S_n 的关系为 $u_n=\dfrac{1}{S_n}$且 $\lim\limits_{n\to\infty} u_n=0$,证明 $\sum_{n=1}^{\infty} u_n$ 发散.

第二节　常数项级数的审敛法

对于给定的级数,要判定它的敛散性,根据定义(考察 $\lim\limits_{n\to\infty} S_n$ 是否存在)常常是比较困难的,因此需要寻找判定级数敛散性的一些简单易行的方法.

一、正项级数的审敛法

定义 1　如果级数 $\sum_{n=1}^{\infty} u_n$ 满足条件 $u_n\geqslant 0$,则称此级数为**正项级数**(series of positive terms).

1. 正项级数的特性及基本定理

设正项级数 $\sum_{n=1}^{\infty} u_n$ 的部分和为 S_n,显然,数列 $\{S_n\}$ 是一个单调增加数列,即

$$S_1 \leqslant S_2 \leqslant \cdots \leqslant S_n \leqslant \cdots,$$

这是正项级数的一个特性. 如果数列$\{S_n\}$有界,则由数列单调有界原理可知$\lim\limits_{n\to\infty} S_n$存在,故原级数收敛;反之,若$\lim\limits_{n\to\infty} S_n$存在,由于收敛数列必有界,因此有如下重要结论:

基本定理 正项级数$\sum\limits_{n=1}^{\infty} u_n$收敛的充分必要条件是部分和数列$\{S_n\}$有界.

由基本定理可知,要判别正项级数的敛散性,只需考察它的部分和数列$\{S_n\}$的有界性.

例 1 判别正项级数$\sum\limits_{n=1}^{\infty} \dfrac{1}{1+2^n}$的敛散性.

解 由于$\dfrac{1}{1+2^n}<\dfrac{1}{2^n}$,从而

$$\begin{aligned} S_n &= \frac{1}{1+2}+\frac{1}{1+2^2}+\cdots+\frac{1}{1+2^n} \\ &< \frac{1}{2}+\frac{1}{2^2}+\cdots+\frac{1}{2^n} \\ &= \frac{\frac{1}{2}\left(1-\frac{1}{2^n}\right)}{\frac{1}{2}} = 1-\frac{1}{2^n}<1, \end{aligned}$$

即$\{S_n\}$有界,故原级数收敛.

从本例可以看出,运用基本定理判定级数收敛,实质上就是对S_n进行适当放大,寻找$\{S_n\}$的上界. 对一般的正项级数而言,这一过程常常是不易做到的,需要一定的技巧. 因而基本定理所提供的方法并不实用,本例给出了下述启示:

要判别级数$\sum\limits_{n=1}^{\infty} \dfrac{1}{1+2^n}$收敛,找到了一个级数$\sum\limits_{n=1}^{\infty} \dfrac{1}{2^n}$且$\dfrac{1}{1+2^n}<\dfrac{1}{2^n}$,由$\sum\limits_{n=1}^{\infty} \dfrac{1}{2^n}$收敛,得到原级数也收敛. 这一方法具有一般性,这就是下文要介绍的正项级数敛散性判定的基本方法——比较审敛法(comparison test).

2. 正项级数的审敛法

定理 1（正项级数的比较审敛法）　设有正项级数 $\sum_{n=1}^{\infty} u_n$ 和 $\sum_{n=1}^{\infty} v_n$，且 $u_n \leqslant v_n (n=1,2,\cdots)$，

(1) 若级数 $\sum_{n=1}^{\infty} v_n$ 收敛，则级数 $\sum_{n=1}^{\infty} u_n$ 也收敛；

(2) 若级数 $\sum_{n=1}^{\infty} u_n$ 发散，则级数 $\sum_{n=1}^{\infty} v_n$ 也发散.

正项级数及其比较审敛法

证明　设级数 $\sum_{n=1}^{\infty} u_n$，$\sum_{n=1}^{\infty} v_n$ 的部分和分别为 S_n，σ_n.

(1) 因为 $u_n \leqslant v_n$，从而

$$S_n = u_1 + u_2 + \cdots + u_n \leqslant v_1 + v_2 + \cdots + v_n = \sigma_n.$$

由已知，级数 $\sum_{n=1}^{\infty} v_n$ 收敛，所以 $\{\sigma_n\}$ 有上界，故 $\{S_n\}$ 也有上界，由基本定理知，级数 $\sum_{n=1}^{\infty} u_n$ 收敛.

(2) 用反证法证明. 假设级数 $\sum_{n=1}^{\infty} v_n$ 收敛，由(1)知，级数 $\sum_{n=1}^{\infty} u_n$ 也收敛，与题设矛盾，故假设错误，级数 $\sum_{n=1}^{\infty} v_n$ 发散.

推广　由于级数的每一项同乘以非零常数 k 以及去掉级数前有限项不影响级数的敛散性，因此，定理中的条件

$$u_n \leqslant v_n \quad (n=1,2,\cdots)$$

可换成

$$u_n \leqslant v_n (n \geqslant m, m \in \mathbf{N}) \quad 或 \quad u_n \leqslant k v_n (n \geqslant m, m \in \mathbf{N}) 且 k>0.$$

例 2　判断级数 $\sum_{n=1}^{\infty} \frac{1}{n^n}$ 的敛散性.

解　当 $n \geqslant 2$ 时，有 $\frac{1}{n^n} \leqslant \frac{1}{2^n}$，而几何级数 $\sum_{n=2}^{\infty} \frac{1}{2^n}$ 收敛，由正项级数的比较审敛法知，级数 $\sum_{n=2}^{\infty} \frac{1}{n^n}$ 收敛，故级数 $\sum_{n=1}^{\infty} \frac{1}{n^n}$ 收敛.

例 3　判断级数 $\sum_{n=1}^{\infty} \frac{1}{\sqrt{n(n+1)}}$ 的敛散性.

解 因为$n(n+1)<(n+1)^2$,所以

$$\frac{1}{\sqrt{n(n+1)}}>\frac{1}{n+1},$$

而级数$\sum_{n=1}^{\infty}\frac{1}{n+1}$发散,由正项级数的比较审敛法知,级数$\sum_{n=1}^{\infty}\frac{1}{\sqrt{n(n+1)}}$也发散.

例 4 讨论级数$\sum_{n=1}^{\infty}\frac{1}{n^p}(p>0)$的敛散性.

解 当$0<p\leqslant 1$时,由于$\frac{1}{n^p}\geqslant\frac{1}{n}$,而调和级数$\sum_{n=1}^{\infty}\frac{1}{n}$发散,由正项级数的比较审敛法知,级数$\sum_{n=1}^{\infty}\frac{1}{n^p}$发散.

当$p>1$时,将级数从第 2 项起按2^m项的规律加括号(m为所加的括号序数),得级数

$$1+\left(\frac{1}{2^p}+\frac{1}{3^p}\right)+\left(\frac{1}{4^p}+\frac{1}{5^p}+\frac{1}{6^p}+\frac{1}{7^p}\right)+\cdots.$$

又

$$1=1,$$

$$\frac{1}{2^p}+\frac{1}{3^p}<\frac{1}{2^p}+\frac{1}{2^p}=\frac{1}{2^{p-1}},$$

$$\frac{1}{4^p}+\frac{1}{5^p}+\frac{1}{6^p}+\frac{1}{7^p}<\frac{4}{4^p}=\left(\frac{1}{2^{p-1}}\right)^2,$$

$$\frac{1}{8^p}+\frac{1}{9^p}+\cdots+\frac{1}{15^p}<\frac{8}{8^p}=\left(\frac{1}{2^{p-1}}\right)^3,$$

…………

显然,几何级数$\sum_{n=1}^{\infty}\left(\frac{1}{2^{p-1}}\right)^{n-1}$收敛,从而该级数的部分和有上界,因此级数$\sum_{n=1}^{\infty}\frac{1}{n^p}$的部分和有上界,故级数$\sum_{n=1}^{\infty}\frac{1}{n^p}$收敛.

级数$\sum_{n=1}^{\infty}\frac{1}{n^p}$是一个很重要的级数,称为 p-**级数**(p-series). 综上可知:对

于 p-级数，当 $p>1$ 时收敛；当 $0<p\leqslant 1$ 时发散.

通过上面的例子可以看出，应用正项级数的比较审敛法判别正项级数的敛散性，其实质就是对 u_n 进行适当的放大或缩小，以寻找与之比较的级数. 当实际运用时，困难在于究竟是对 u_n 放大还是缩小？即寻找一个收敛的级数与之比较，还是寻找发散的级数与之比较？同时放大或缩小也需要一定的技巧. 为了应用上的方便，给出正项级数的比较审敛法的极限形式.

定理 2（比较审敛法的极限形式）　设正项级数 $\sum\limits_{n=1}^{\infty} u_n$ 和 $\sum\limits_{n=1}^{\infty} v_n$，如果

$$\lim_{n\to\infty}\frac{u_n}{v_n}=l \quad (0<l<+\infty),$$

则级数 $\sum\limits_{n=1}^{\infty} u_n$ 与 $\sum\limits_{n=1}^{\infty} v_n$ 具有相同的敛散性.

证明　由极限的定义可知，对 $\varepsilon=\frac{l}{2}$，$\exists N$，当 $n>N$ 时，有

$$\left|\frac{u_n}{v_n}-l\right|<\varepsilon=\frac{l}{2},$$

得

$$l-\frac{l}{2}<\frac{u_n}{v_n}<l+\frac{l}{2},$$

即

$$\frac{l}{2}v_n<u_n<\frac{3l}{2}v_n.$$

由正项级数的比较审敛法及其推广就可以得出要证的结论.

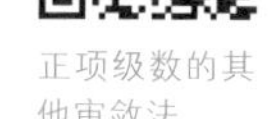

正项级数的其他审敛法

例 5　判定级数 $\sum\limits_{n=1}^{\infty}\sin\frac{\pi}{2^n}$ 的敛散性.

解　因为 $\lim\limits_{n\to\infty}\dfrac{\sin\frac{\pi}{2^n}}{\frac{1}{2^n}}=\pi$，而级数 $\sum\limits_{n=1}^{\infty}\frac{1}{2^n}$ 收敛，由定理 2 可知 $\sum\limits_{n=1}^{\infty}\sin\frac{\pi}{2^n}$ 收敛.

例 6　判别级数 $\sum\limits_{n=1}^{\infty}\sin\frac{1}{n}$ 的敛散性.

解 当$n\to\infty$时,$u_n=\sin\frac{1}{n}\sim\frac{1}{n}$,而级数$\sum_{n=1}^{\infty}\frac{1}{n}$是发散的,故原级数发散.

从正项级数的比较审敛法的极限形式可以看出,因为$\lim_{n\to\infty}\frac{u_n}{v_n}=l(0<l<+\infty)$,所以,当$n\to\infty$时$u_n$不趋于0,则$v_n$也不趋于0,此时正项级数$\sum_{n=1}^{\infty}u_n$与$\sum_{n=1}^{\infty}v_n$同时发散;而当$u_n\to 0$时,因为$\lim_{n\to\infty}\frac{u_n}{v_n}=l$,所以$v_n$应是与$u_n$同阶的无穷小. 特别地,当$l$取为1时(因为$\sum_{n=1}^{\infty}v_n$是要寻找的与$\sum_{n=1}^{\infty}u_n$比较的级数,所以当$\sum_{n=1}^{\infty}v_n$选取比较合适时,$l$就等于1),$u_n$与$v_n$应是等价无穷小. 由此可得如下的判别法:

等价无穷小代换法 对于正项级数$\sum_{n=1}^{\infty}u_n$,寻找u_n当$n\to\infty$时的等价无穷小量v_n,则级数$\sum_{n=1}^{\infty}u_n$与$\sum_{n=1}^{\infty}v_n$具有相同的敛散性.

例 7 判别级数$\sum_{n=1}^{\infty}\ln\left(1+\frac{1}{n^2}\right)$的敛散性.

解 当$n\to\infty$时,$\ln\left(1+\frac{1}{n^2}\right)\sim\frac{1}{n^2}$,而级数$\sum_{n=1}^{\infty}\frac{1}{n^2}$收敛,故原级数收敛.

例 8 判别级数$\sum_{n=1}^{\infty}\frac{(n+1)^n}{n^{n+1}}$的敛散性.

解 当$n\to\infty$时,有

$$u_n=\frac{(n+1)^n}{n^{n+1}}=\frac{1}{n}\left(1+\frac{1}{n}\right)^n\sim\frac{\mathrm{e}}{n},$$

而级数$\sum_{n=1}^{\infty}\frac{1}{n}$发散,从而$\sum_{n=1}^{\infty}\frac{\mathrm{e}}{n}$也发散,故原级数发散.

值得说明的是,正项级数的比较审敛法虽然是判别正项级数敛散性的基本方法,但是在具体应用的时候却不一定方便. 首先要对所讨论的正项级数的敛散性作出预判,再找出另外的一个正项级数,要求所找的正项级数满足比较审敛法的条件,或者满足比较审敛法的极限形式的条件. 能否直接从所

讨论的正项级数本身入手，而不去借助另外的一个正项级数讨论其敛散性呢？

定理 3（比值审敛法（ratio test），达朗贝尔（d' Alembert）判别法） 对于正项级数 $\sum_{n=1}^{\infty} u_n$，如果

$$\lim_{n\to\infty}\frac{u_{n+1}}{u_n}=\rho,$$

则 (1) 当 $\rho<1$ 时级数收敛；

(2) 当 $\rho>1$ 或 $\lim_{n\to\infty}\frac{u_{n+1}}{u_n}=\infty$ 时级数发散；

(3) 当 $\rho=1$ 时级数可能收敛也可能发散.

证明 (1) 当 $\rho<1$ 时，取一个适当小的正数 ε，使

$$\rho+\varepsilon=r<1.$$

由极限定义，$\exists N$，当 $n\geqslant N$ 时，有

$$\left|\frac{u_{n+1}}{u_n}-\rho\right|<\varepsilon,$$

即

$$\frac{u_{n+1}}{u_n}<\rho+\varepsilon=r,$$

得

$$u_{N+1}<ru_N,\quad u_{N+2}<ru_{N+1}<r^2u_N,$$

$$u_{N+3}<ru_{N+2}<r^3u_N,$$

$$\cdots\cdots$$

这样级数 $\sum_{n=N+1}^{\infty} u_n$ 的各项就小于收敛的几何级数（公比 $r<1$）$\sum_{n=1}^{\infty} r^n u_N$ 的对应项，由正项级数的比较审敛法可知，级数 $\sum_{n=N+1}^{\infty} u_n$ 收敛. 由于级数 $\sum_{n=1}^{\infty} u_n$ 只比 $\sum_{n=N+1}^{\infty} u_n$ 多了前 N 项，因此级数 $\sum_{n=1}^{\infty} u_n$ 也收敛.

(2) 当 $\rho>1$ 时，取一个适当小的正数 ε，使 $\rho-\varepsilon>1$，由极限定义，$\exists N$，当 $n\geqslant N$ 时，有

$$\left|\frac{u_{n+1}}{u_n}-\rho\right|<\varepsilon,$$

即

$$\frac{u_{n+1}}{u_n}>\rho-\varepsilon>1,\quad 或\quad u_{n+1}>u_n(n\geqslant N),$$

故当 $n\geqslant N$ 时，u_n 是逐渐增大的，从而 $\lim\limits_{n\to\infty}u_n\neq 0$. 根据级数收敛的必要条件可知，级数 $\sum\limits_{n=N}^{\infty}u_n$ 发散，从而原级数发散.

类似地，可以证明当 $\lim\limits_{n\to\infty}\frac{u_{n+1}}{u_n}=\infty$ 时，级数 $\sum\limits_{n=1}^{\infty}u_n$ 发散.

（3）当 $\rho=1$ 时，考察 p-级数 $\sum\limits_{n=1}^{\infty}\frac{1}{n^p}$，不论 p 为何值都有

$$\rho=\lim_{n\to\infty}\frac{u_{n+1}}{u_n}=\lim_{n\to\infty}\frac{n^p}{(n+1)^p}=1,$$

而 p-级数，当 $p>1$ 时，收敛；当 $0<p\leqslant 1$ 时，发散.

因此，当 $\rho=1$ 时，级数可能收敛也可能发散.

例 9 判别级数 $\sum\limits_{n=1}^{\infty}\frac{1}{n!}$ 的敛散性.

解 因为 $\frac{u_{n+1}}{u_n}=\frac{n!}{(n+1)!}=\frac{1}{n+1}$，所以

$$\lim_{n\to\infty}\frac{u_{n+1}}{u_n}=\lim_{n\to\infty}\frac{1}{n+1}=0<1.$$

由比值审敛法知，所给级数收敛.

例 10 判别级数 $\sum\limits_{n=1}^{\infty}\frac{n!}{10^n}$ 的敛散性.

解 因为 $\frac{u_{n+1}}{u_n}=\frac{(n+1)!}{10^{n+1}}\frac{10^n}{n!}=\frac{n+1}{10}$，所以

$$\lim_{n\to\infty}\frac{u_{n+1}}{u_n}=\lim_{n\to\infty}\frac{n+1}{10}=\infty.$$

由比值审敛法知，所给级数发散.

例 11　判别级数 $\sum\limits_{n=1}^{\infty}\dfrac{1}{2n(2n+1)}$ 的敛散性.

解　$\lim\limits_{n\to\infty}\dfrac{u_{n+1}}{u_n}=\lim\limits_{n\to\infty}\dfrac{2n(2n+1)}{(2n+2)(2n+3)}=1.$

这时 $\rho=1$,比值审敛法失效,须改用其他方法判定. 因为

$$\frac{1}{2n(2n+1)}<\frac{1}{4n^2}\quad(n=1,2,\cdots),$$

而级数 $\sum\limits_{n=1}^{\infty}\dfrac{1}{n^2}$ 收敛,所以 $\sum\limits_{n=1}^{\infty}\dfrac{1}{4n^2}$ 收敛. 故由正项级数的比较审敛法知,原级数收敛.

定理 4(根值审敛法(root test),柯西(Cauchy)判别法)　对于正项级数 $\sum\limits_{n=1}^{\infty}u_n$,如果

$$\lim_{n\to\infty}\sqrt[n]{u_n}=\rho,$$

则　(1) 当 $\rho<1$ 时级数收敛;

(2) 当 $\rho>1$ 或 $\lim\limits_{n\to\infty}\sqrt[n]{u_n}=\infty$ 时级数发散;

(3) 当 $\rho=1$ 时级数可能收敛也可能发散.

证明　(1) 当 $\rho<1$ 时. 取一个适当小的正数 ε,使 $\rho+\varepsilon=r<1$,由极限定义,$\exists N$,当 $n\geqslant N$ 时,有

$$\left|\sqrt[n]{u_n}-\rho\right|<\varepsilon,$$

即

$$\sqrt[n]{u_n}<\rho+\varepsilon=r<1\quad 或\quad u_n<r^n.$$

由于几何级数 $\sum\limits_{n=N}^{\infty}r^n$(公比 $r<1$)收敛,由正项级数的比较审敛法以及级数的性质知,级数 $\sum\limits_{n=1}^{\infty}u_n$ 收敛.

(2) 当 $\rho>1$ 时. 取一个适当小的正数 ε,使 $\rho-\varepsilon>1$,由极限的定义,$\exists N$,当 $n\geqslant N$ 时,有

$$\left|\sqrt[n]{u_n}-\rho\right|<\varepsilon,$$

即

$$\sqrt[n]{u_n}>\rho-\varepsilon>1 \quad 或 \quad u_n>1,$$

于是 $\lim\limits_{n\to\infty} u_n \neq 0$,由级数收敛的必要条件及级数的性质知,级数 $\sum\limits_{n=1}^{\infty} u_n$ 发散.

(3) 当 $\rho=1$ 时,如级数 $\sum\limits_{n=1}^{\infty}\dfrac{1}{n}$ 和 $\sum\limits_{n=1}^{\infty}\dfrac{1}{n^2}$ 都满足

$$\rho=\lim_{n\to\infty}\sqrt[n]{u_n}=1,$$

但 $\sum\limits_{n=1}^{\infty}\dfrac{1}{n}$ 发散,而 $\sum\limits_{n=1}^{\infty}\dfrac{1}{n^2}$ 收敛. 这说明当 $\rho=1$ 时,级数可能收敛也可能发散.

例 12 判别级数 $\sum\limits_{n=1}^{\infty}\dfrac{2+(-1)^n}{2^n}$ 的敛散性.

解 由于 $\lim\limits_{n\to\infty}\sqrt[n]{u_n}=\lim\limits_{n\to\infty}\dfrac{1}{2}\sqrt[n]{2+(-1)^n}$,因为

$$\frac{1}{2}\leqslant\frac{1}{2}\sqrt[n]{2+(-1)^n}\leqslant\frac{1}{2}\sqrt[n]{3}, \quad \lim_{n\to\infty}\frac{1}{2}\sqrt[n]{3}=\frac{1}{2},$$

所以 $\lim\limits_{n\to\infty}\sqrt[n]{u_n}=\dfrac{1}{2}<1$,由根值审敛法可知,所给级数收敛.

* **定理 5**(柯西积分判定法) 设正项级数 $\sum\limits_{n=1}^{\infty} u_n$ 的项单调递减,即

$$u_1\geqslant u_2\geqslant\cdots\geqslant u_n\geqslant\cdots.$$

作一单调递减的非负连续函数 $f(x)$,使得

$$f(1)=u_1, f(2)=u_2, \cdots, f(n)=u_n,$$

则

(1) 如果 $\int_1^{+\infty} f(x)\,\mathrm{d}x$ 收敛,则 $\sum\limits_{n=1}^{\infty} u_n$ 收敛;

(2) 如果 $\int_1^{+\infty} f(x)\,\mathrm{d}x$ 发散,则 $\sum\limits_{n=1}^{\infty} u_n$ 发散.

证明 (1) 设 $\int_1^{+\infty} f(x)\,\mathrm{d}x$ 收敛,即 $\int_1^{+\infty} f(x)\,\mathrm{d}x=$ 常数. 如图 11-1(a) 所示,$u_2+u_3+\cdots+u_n$ 是图中 $1\leqslant x\leqslant n$ 上的台阶形的面积,该台阶形的面积小于 $1\leqslant x\leqslant n$ 上的曲边梯形的面积,有

$$S_n=u_1+(u_2+u_3+\cdots+u_n)\leqslant u_1+\int_1^n f(x)\,\mathrm{d}x\leqslant u_1+\int_1^{+\infty} f(x)\,\mathrm{d}x,$$

故可知 S_n 单调增加且有上界，因此 $\sum_{n=1}^{\infty} u_n$ 收敛.

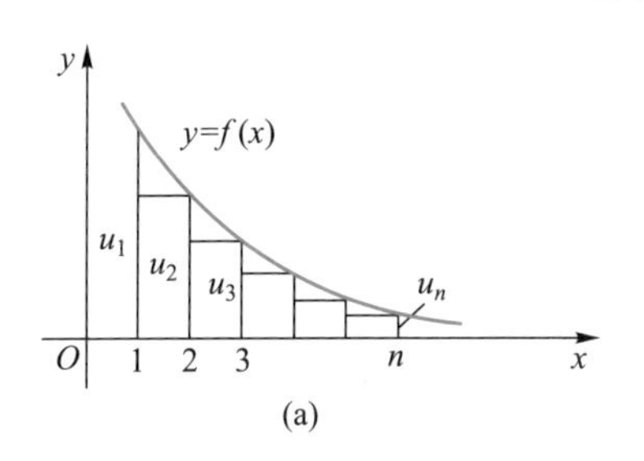

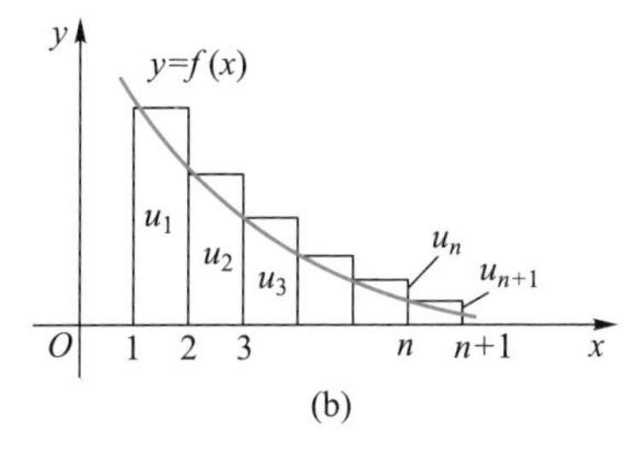

图 11-1

（2）设 $\int_1^{+\infty} f(x)\,\mathrm{d}x$ 发散，因为 $f(x)$ 非负，只可能是 $\int_1^{+\infty} f(x)\,\mathrm{d}x=+\infty$，如图 11-1(b)所示，$u_1+u_2+\cdots+u_n$ 是图中 $1\leqslant x\leqslant n+1$ 上的台阶形的面积，该台阶形的面积大于 $1\leqslant x\leqslant n+1$ 上的曲边梯形的面积，有

$$S_n=u_1+u_2+u_3+\cdots+u_n\geqslant\int_1^{n+1} f(x)\,\mathrm{d}x\quad(n=1,2,\cdots).$$

因为

$$\lim_{n\to\infty}\int_1^{n+1} f(x)\,\mathrm{d}x=+\infty,$$

所以

$$\lim_{n\to\infty} S_n=+\infty,$$

故 $\sum_{n=1}^{\infty} u_n$ 发散.

例 13　判别级数 $\sum_{n=2}^{\infty}\frac{1}{n\ln n}$ 的敛散性.

解　考虑 $\sum_{n=2}^{\infty}\frac{1}{n\ln n}$，因为

$$\int_2^{+\infty}\frac{1}{x\ln x}\mathrm{d}x=\int_2^{+\infty}\frac{1}{\ln x}\mathrm{d}(\ln x)=\ln(\ln x)\Big|_2^{+\infty}=+\infty,$$

所以 $\sum_{n=2}^{\infty}\frac{1}{n\ln n}$ 发散.

二、交错级数及其审敛法

定义 2 形如$\sum\limits_{n=1}^{\infty}(-1)^{n-1}u_n$或$\sum\limits_{n=1}^{\infty}(-1)^{n}u_n$(其中$u_n>0$)的级数称为**交错级数**(alternating series). 其特点是正、负号相间.

关于交错级数的审敛法,根据级数的性质,只需研究前一形式.

定理 6(莱布尼茨判别法(Leibniz test)) 如果交错级数$\sum\limits_{n=1}^{\infty}(-1)^{n-1}u_n$满足条件:

交错级数与一般项级数的敛散性

(1) $\{u_n\}$单调减少,即对任意的n,有$u_n \geqslant u_{n+1}$;

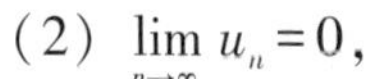
(2) $\lim\limits_{n\to\infty} u_n=0$,

则级数收敛,且其和$S \leqslant u_1$,用部分和S_n代替和S时,所产生的余项$|r_n| \leqslant u_{n+1}$.

证明 首先讨论这个级数的部分和S_n的极限是否存在.

把前$2n$项的和S_{2n}写成两种形式

$$S_{2n}=(u_1-u_2)+(u_3-u_4)+\cdots+(u_{2n-1}-u_{2n})$$

及

$$S_{2n}=u_1-(u_2-u_3)-\cdots-(u_{2n-2}-u_{2n-1})-u_{2n}.$$

由条件(1)知,所有括号中的差都是非负的;由第一种形式可看出数列$\{S_{2n}\}$是单调递增的,由第二种形式可看出$S_{2n}<u_1$. 于是,根据单调有界原理知$\lim\limits_{n\to\infty} S_{2n}$存在,设为$S$,即

$$\lim_{n\to\infty} S_{2n}=S \leqslant u_1.$$

前$2n+1$项的部分和为

$$S_{2n+1}=S_{2n}+u_{2n+1}.$$

由条件(2)知$\lim\limits_{n\to\infty} u_{2n+1}=0$,有

$$\lim_{n\to\infty} S_{2n+1}=\lim_{n\to\infty} S_{2n}=S,$$

故

$$\lim_{n\to\infty} S_n=S.$$

这就证明了级数 $\sum_{n=1}^{\infty}(-1)^{n-1}u_n$ 收敛于和 S，且 $S\leqslant u_1$.

最后，不难看出余项 r_n 可写成

$$r_n=(-1)^n(u_{n+1}-u_{n+2}+\cdots),$$

其绝对值为

$$u_{n+1}-u_{n+2}+\cdots,$$

这也是一个交错级数，并且满足定理 6 的两个条件，因此其和 $|r_n|$ 存在且 $|r_n|\leqslant u_{n+1}$.

注　(1) 交错级数的一般项与记号 u_n 是不同的；

(2) 定理 6 的条件只是交错级数收敛的充分条件而不是必要条件，因此当交错级数不满足定理 6 的条件时，不能断言级数发散.

例 14　判别级数

$$1-\frac{1}{3^4}+\frac{1}{5^4}-\frac{1}{7^4}+\frac{1}{9^4}-\cdots$$

的敛散性.

解　所给级数是交错级数，且 $u_n=\dfrac{1}{(2n-1)^4}$，因为

$$\frac{1}{(2n-1)^4}>\frac{1}{(2n+1)^4},\quad 即\quad u_n>u_{n+1},$$

又

$$\lim_{n\to\infty}u_n=\lim_{n\to\infty}\frac{1}{(2n-1)^4}=0.$$

由莱布尼茨判别法知，所给级数收敛.

例 15　证明级数 $\sum_{n=1}^{\infty}(-1)^n\dfrac{\ln(n+1)}{n+1}$ 是收敛级数.

证明　给定级数是交错级数，记 $f(x)=\dfrac{\ln(x+1)}{x+1}$，于是 $u_n=f(n)$. 由

$$f'(x)=\frac{1-\ln(x+1)}{(x+1)^2}$$

可知，当 $x\geqslant \mathrm{e}-1$ 时，$f'(x)<0$，即 $f(x)$ 单调减少. 故当 $n\geqslant 2$ 时，有 $f(n)>f(n+$

1),即

$$u_n>u_{n+1}.$$

又因为

$$\lim_{x\to+\infty}\frac{\ln(x+1)}{x+1}=\lim_{x\to+\infty}\frac{1}{x+1}=0,$$

所以

$$\lim_{n\to+\infty}u_n=0,$$

故由莱布尼茨判别法知,$\sum\limits_{n=1}^{\infty}(-1)^n\frac{\ln(n+1)}{n+1}$收敛.

三、任意项级数

现在讨论一般的级数 $\sum\limits_{n=1}^{\infty}u_n$,它的各项为任意实数.

为了借助正项级数敛散性的判别法研究任意项级数的敛散性,先介绍两个概念.

定义 3 如果级数 $\sum\limits_{n=1}^{\infty}u_n$ 的各项取绝对值所构成的正项级数 $\sum\limits_{n=1}^{\infty}|u_n|$收敛,则称级数 $\sum\limits_{n=1}^{\infty}u_n$ **绝对收敛**(absolutely convergent);如果级数 $\sum\limits_{n=1}^{\infty}u_n$ 收敛,而级数 $\sum\limits_{n=1}^{\infty}|u_n|$发散,则称级数 $\sum\limits_{n=1}^{\infty}u_n$ **条件收敛**(conditionally convergent).

比如级数 $\sum\limits_{n=1}^{\infty}(-1)^{n-1}\frac{1}{n^2}$绝对收敛,而级数 $\sum\limits_{n=1}^{\infty}(-1)^{n-1}\frac{1}{n}$条件收敛.

定理 7(绝对收敛定理) 如果级数 $\sum\limits_{n=1}^{\infty}u_n$ 绝对收敛,则级数 $\sum\limits_{n=1}^{\infty}u_n$ 必收敛.

证明 将任意项级数 $\sum\limits_{n=1}^{\infty}u_n$ 拆成两个级数的和,即

$$\sum_{n=1}^{\infty}u_n=\sum_{n=1}^{\infty}a_n+\sum_{n=1}^{\infty}b_n,$$

其中，$\sum_{n=1}^{\infty} a_n$ 是把 $\sum_{n=1}^{\infty} u_n$ 中所有负项改成 0（0 不能略去不写）所得的正项级数，$\sum_{n=1}^{\infty} b_n$ 是把 $\sum_{n=1}^{\infty} u_n$ 中所有正项改成 0 而得的负项级数，则 $u_n = a_n + b_n$ 且 $0 \leqslant a_n \leqslant |u_n|, 0 \leqslant -b_n \leqslant |u_n|$. 因为 $\sum_{n=1}^{\infty} |u_n|$ 收敛，由正项级数的比较审敛法知，正项级数 $\sum_{n=1}^{\infty} a_n$ 和 $\sum_{n=1}^{\infty}(-b_n)$ 收敛，从而级数 $\sum_{n=1}^{\infty} b_n = (-1)\sum_{n=1}^{\infty}(-b_n)$ 也收敛，故级数 $\sum_{n=1}^{\infty} u_n = \sum_{n=1}^{\infty}(a_n + b_n)$ 也收敛.

注　(1) 定理 7 的逆命题不成立.

根据定理 7，判别一般的级数是否收敛，可以先判断它是否绝对收敛，如果绝对收敛，则原级数也收敛. 这就使得一大类级数敛散性的判定问题转化为正项级数敛散性的判定问题.

一般说来，如果级数 $\sum_{n=1}^{\infty} |u_n|$ 发散，不能断定级数 $\sum_{n=1}^{\infty} u_n$ 也发散. 例如级数

$$1 - \frac{1}{2} + \frac{1}{3} - \frac{1}{4} + \cdots + \frac{(-1)^{n-1}}{n} + \cdots,$$

它的各项取绝对值所得级数为调和级数

$$1 + \frac{1}{2} + \frac{1}{3} + \frac{1}{4} + \cdots + \frac{1}{n} + \cdots,$$

它是发散的. 即各项取绝对值后所得级数是发散的，然而原级数却是收敛的.

(2) 如果用比值审敛法或根值审敛法判定级数 $\sum_{n=1}^{\infty} |u_n|$ 发散，则可以断定级数 $\sum_{n=1}^{\infty} u_n$ 必定发散. 这是因为从这两个判别法的证明过程可知，上述两个判别法判定 $\sum_{n=1}^{\infty} |u_n|$ 发散的依据是 $|u_n|$ 不趋于 $0(n \to \infty)$，从而 u_n 不趋于 $0(n \to \infty)$，因此级数 $\sum_{n=1}^{\infty} u_n$ 也是发散的.

例 16　判别级数 $\sum_{n=1}^{\infty} \frac{\sin n\alpha}{n^2}$ 的敛散性，其中 α 为不等于 0 的常数.

解　因为 $\left|\frac{\sin n\alpha}{n^2}\right| \leqslant \frac{1}{n^2}$，而级数 $\sum_{n=1}^{\infty} \frac{1}{n^2}$ 收敛，由正项级数的比较审敛法知，

级数$\sum\limits_{n=1}^{\infty}\left|\dfrac{\sin n\alpha}{n^2}\right|$收敛. 由定理 7 知,级数$\sum\limits_{n=1}^{\infty}\dfrac{\sin n\alpha}{n^2}$是收敛的且是绝对收敛.

例 17 判别级数$\sum\limits_{n=1}^{\infty}(-1)^n\dfrac{1}{2^n}\left(1+\dfrac{1}{n}\right)^{n^2}$的敛散性.

解 因为$\lim\limits_{n\to\infty}\sqrt[n]{|u_n|}=\lim\limits_{n\to\infty}\dfrac{1}{2}\left(1+\dfrac{1}{n}\right)^n=\dfrac{\mathrm{e}}{2}>1$,可知$\lim\limits_{n\to\infty}|u_n|\neq 0$,所以级数$\sum\limits_{n=1}^{\infty}|u_n|$发散,原级数也发散.

例 18 判定级数$\sum\limits_{n=1}^{\infty}(-1)^{n+1}\dfrac{1}{n^p}(p>0)$的敛散性. 如果收敛,请指出它是绝对收敛还是条件收敛.

解 记$u_n=(-1)^{n+1}\dfrac{1}{n^p}$,则$|u_n|=\dfrac{1}{n^p}$. 即$\sum\limits_{n=1}^{\infty}|u_n|$为 p-级数.

(1) 当 $p>1$ 时,$\sum\limits_{n=1}^{\infty}|u_n|=\sum\limits_{n=1}^{\infty}\dfrac{1}{n^p}$收敛,则

$$\sum_{n=1}^{\infty}(-1)^{n+1}\frac{1}{n^p}$$

绝对收敛.

(2) 当 $0<p\leqslant 1$ 时,$\sum\limits_{n=1}^{\infty}|u_n|=\sum\limits_{n=1}^{\infty}\dfrac{1}{n^p}$发散,则

$$\sum_{n=1}^{\infty}(-1)^{n+1}\frac{1}{n^p}$$

不是绝对收敛. 但由于$\sum\limits_{n=1}^{\infty}(-1)^{n+1}\dfrac{1}{n^p}$为交错级数,当 $0<p\leqslant 1$ 时,有

$$\frac{1}{n^p}>\frac{1}{(n+1)^p}>0\quad(n=1,2,\cdots),$$

且$\lim\limits_{n\to\infty}\dfrac{1}{n^p}=0$. 故$\sum\limits_{n=1}^{\infty}(-1)^{n+1}\dfrac{1}{n^p}$收敛,且为条件收敛.

综上,级数$\sum\limits_{n=1}^{\infty}(-1)^{n+1}\dfrac{1}{n^p}$当 $p>1$ 时,绝对收敛;当 $0<p\leqslant 1$ 时,条件收敛.

习题 11-2

1. 用正项级数的比较审敛法或其极限形式判定下列级数的敛散性.

(1) $\sum_{n=1}^{\infty}\frac{1}{2n-1}$; (2) $\sum_{n=1}^{\infty}\frac{1}{(n+1)(n+4)}$;

(3) $\sum_{n=2}^{\infty}\frac{1}{\sqrt{n^2-1}}$; (4) $\sum_{n=1}^{\infty}\frac{1+n}{1+n^2}$;

(5) $\sum_{n=1}^{\infty}\frac{1}{2n^2-n+1}$; (6) $\sum_{n=1}^{\infty}\ln\left(\frac{n+2}{n+1}\right)$;

(7) $\sum_{n=1}^{\infty}\tan\frac{\pi}{4^n}$; (8) $\sum_{n=1}^{\infty}\frac{2+(-1)^n}{2^n}$;

(9) $\sum_{n=1}^{\infty}\frac{\ln n}{n}$.

2. 用正项级数的比值审敛法判定下列级数的敛散性.

(1) $\sum_{n=1}^{\infty}\frac{n^2}{3^n}$; (2) $\sum_{n=1}^{\infty}\frac{2^n n!}{n^n}$;

(3) $\sum_{n=1}^{\infty}\frac{a^n}{n!}$; (4) $\sum_{n=1}^{\infty}n\tan\frac{\pi}{2^{n+1}}$;

(5) $\sum_{n=1}^{\infty}\frac{(n+1)!}{2^n}$.

3. 用正项级数的根值审敛法判定下列级数的敛散性.

(1) $\sum_{n=1}^{\infty}\left(\frac{n}{2n+1}\right)^n$; (2) $\sum_{n=1}^{\infty}\frac{1}{[\ln(n+1)]^n}$;

(3) $\sum_{n=1}^{\infty}\left(\frac{n}{3n-1}\right)^{2n-1}$; (4) $\sum_{n=1}^{\infty}\frac{2n-1}{2^n}$.

4. 判定下列级数的敛散性.

(1) $\frac{3}{4}+2\left(\frac{3}{4}\right)^2+\cdots+n\left(\frac{3}{4}\right)^n+\cdots$;

(2) $\sum\limits_{n=1}^{\infty}\dfrac{n^4}{n!}$; (3) $\sum\limits_{n=1}^{\infty}\dfrac{n+1}{n(n+2)}$;

(4) $\sum\limits_{n=1}^{\infty}2^n\sin\dfrac{\pi}{3^n}$; (5) $\sum\limits_{n=1}^{\infty}\dfrac{1}{na+b}(a>0,b>0)$;

(6) $\sqrt{2}+\sqrt{\dfrac{3}{2}}+\cdots+\sqrt{\dfrac{n+1}{n}}+\cdots$.

5. 设 $u_n>0$,下列说法是否正确？正确的给出证明,不正确的给出反例.

(1) 若 $\sum\limits_{n=1}^{\infty}u_n$ 收敛,则 $\lim\limits_{n\to\infty}\dfrac{u_{n+1}}{u_n}=\rho<1$;

(2) 若 $\lim\limits_{n\to\infty}\dfrac{u_{n+1}}{u_n}=\rho>1$,则 $\lim\limits_{n\to\infty}u_n\neq 0$.

6. 确定下列各交错级数的敛散性,若收敛,指出是绝对收敛还是条件收敛.

(1) $\sum\limits_{n=1}^{\infty}(-1)^{n-1}\dfrac{n}{3^{n-1}}$; (2) $\sum\limits_{n=1}^{\infty}(-1)^{n-1}\dfrac{1}{\sqrt{n}}$;

(3) $\sum\limits_{n=1}^{\infty}(-1)^n\dfrac{n}{n+1}$; (4) $\sum\limits_{n=1}^{\infty}\dfrac{(-1)^n}{\ln(1+n)}$;

(5) $\sum\limits_{n=2}^{\infty}\sin\left(n\pi+\dfrac{1}{\ln n}\right)$.

7. 设级数 $\sum\limits_{n=1}^{\infty}a_n$, $\sum\limits_{n=1}^{\infty}b_n$ 都收敛,且 $a_n\leqslant c_n\leqslant b_n$,求证 $\sum\limits_{n=1}^{\infty}c_n$ 收敛.

8. 选择题.

(1) 设常数 $k>0$,则级数 $\sum\limits_{n=1}^{\infty}(-1)^n\dfrac{k+n}{n^2}$(　　).

(A) 发散 (B) 绝对收敛

(C) 条件收敛 (D) 敛散性与 k 值有关

(2) 设 k 为常数,则级数 $\sum\limits_{n=1}^{\infty}\left[\dfrac{\sin(kn)}{n^2}-\dfrac{1}{\sqrt{n}}\right]$(　　).

(A) 发散 (B) 绝对收敛

(C) 条件收敛 (D) 敛散性与 k 值有关

(3) 设 k 为正常数,则级数 $\sum\limits_{n=1}^{\infty}(-1)^n\left(1-\cos\dfrac{k}{n}\right)$(　　).

(A) 发散　　(B) 绝对收敛

(C) 条件收敛　　(D) 敛散性与 k 值有关

(4) 设 k 为正常数，则 $\sum_{n=1}^{\infty}\frac{(-1)^n\sqrt{n}\cos kn}{n^2}$(　　).

(A) 发散　　(B) 绝对收敛

(C) 条件收敛　　(D) 敛散性与 k 值有关

(5) 设 $u_n=(-1)^n\ln\left(1+\frac{1}{\sqrt{n}}\right)$，则级数(　　).

(A) $\sum_{n=1}^{\infty}u_n$ 与 $\sum_{n=1}^{\infty}u_n^2$ 都收敛　　(B) $\sum_{n=1}^{\infty}u_n$ 与 $\sum_{n=1}^{\infty}u_n^2$ 都发散

(C) $\sum_{n=1}^{\infty}u_n$ 收敛而 $\sum_{n=1}^{\infty}u_n^2$ 发散　　(D) $\sum_{n=1}^{\infty}u_n$ 发散而 $\sum_{n=1}^{\infty}u_n^2$ 收敛

(6) 设 $u_n=\frac{1}{n^{1+\frac{1}{n}}}$，则级数 $\sum_{n=1}^{\infty}u_n$(　　).

(A) 因为 $1+\frac{1}{n}>1$，所以级数收敛

(B) 因为 $\lim_{n\to\infty}\frac{1}{n^{1+\frac{1}{n}}}=0$，所以级数收敛

(C) 因为 $\frac{1}{n^{1+\frac{1}{n}}}<\frac{1}{n}$，所以级数收敛

(D) 以上都不对

第三节　幂　级　数

一、函数项级数的基本概念

定义 1　设有一定义在区间 I 上的函数列

$$u_1(x),u_2(x),\cdots,u_n(x),\cdots,$$

则表达式

$$u_1(x)+u_2(x)+\cdots+u_n(x)+\cdots$$

称为定义在区间 I 上的(**函数项**)**无穷级数**(series with function terms),简称为(**函数项**)**级数**,记为 $\sum\limits_{n=1}^{\infty}u_n(x)$.

对于每一个确定的 $x_0\in I$,函数项级数 $\sum\limits_{n=1}^{\infty}u_n(x)$ 成为常数项级数

$$u_1(x_0)+u_2(x_0)+\cdots+u_n(x_0)+\cdots.$$

这个级数可能收敛,也可能发散. 如果级数 $\sum\limits_{n=1}^{\infty}u_n(x_0)$ 收敛,则称点 x_0 是函数项级数 $\sum\limits_{n=1}^{\infty}u_n(x)$ 的**收敛点**;如果级数 $\sum\limits_{n=1}^{\infty}u_n(x_0)$ 发散,则称点 x_0 是函数项级数 $\sum\limits_{n=1}^{\infty}u_n(x)$ 的**发散点**. 而把函数项级数 $\sum\limits_{n=1}^{\infty}u_n(x)$ 的收敛点的全体称为它的**收敛域**(convergence region),发散点的全体称为它的**发散域**(divergence region).

对应于收敛域内任意一点 x,函数项级数成为一个收敛的常数项级数,因而有一个确定的和 S. 这样,在收敛域上,函数项级数的和是 x 的函数 $S(x)$,通常称 $S(x)$ 为函数项级数的**和函数**(sum function),即

$$S(x)=u_1(x)+u_2(x)+\cdots+u_n(x)+\cdots.$$

像常数项级数一样,把函数项级数 $\sum\limits_{n=1}^{\infty}u_n(x)$ 的前 n 项的和称为该级数的部分和,记为 $S_n(x)$,则在收敛域上有

$$\lim_{n\to\infty}S_n(x)=S(x).$$

把 $S(x)-S_n(x)=r_n(x)$ 称为函数项级数的余项,显然,对于收敛域内的任何 x,都有

$$\lim_{n\to\infty}r_n(x)=0.$$

借助于常数项级数的审敛法,不难确定一些函数项级数的收敛域.

例 1 级数 $\sum\limits_{n=0}^{\infty}x^n$ 是公比为 x 的几何级数,因此,当 $|x|<1$ 时,级数收敛,当 $|x|\geqslant 1$ 时,级数发散,所以该级数的收敛域是 $(-1,1)$,且在收敛区间 $(-1,1)$ 内的和函数是 $\dfrac{1}{1-x}$.

例 2　已知级数 $\sum_{n=1}^{\infty}\frac{\sin nx}{n^2}$,显然对于一切 x 有 $\left|\frac{\sin nx}{n^2}\right|\leqslant\frac{1}{n^2}$. 由于级数 $\sum_{n=1}^{\infty}\frac{1}{n^2}$是收敛的,由正项级数的比较审敛法及绝对收敛定理可知,级数 $\sum_{n=1}^{\infty}\frac{\sin nx}{n^2}$对任何 x 均绝对收敛,因此所给级数的收敛域为$(-\infty,+\infty)$.

例 3　级数

$$\frac{x^2}{1+x^2}+\left(\frac{x^4}{1+x^4}-\frac{x^2}{1+x^2}\right)+\left(\frac{x^6}{1+x^6}-\frac{x^4}{1+x^4}\right)+\cdots$$

的部分和为

$$S_n(x)=\frac{(x^2)^n}{1+(x^2)^n}.$$

显然,当 $|x|<1$ 时,$\lim\limits_{n\to\infty}S_n(x)=0$;当 $|x|>1$ 时,$\lim\limits_{n\to\infty}S_n(x)=1$;当 $|x|=1$ 时,$\lim\limits_{n\to\infty}S_n(x)=\frac{1}{2}$,故级数的收敛域为$(-\infty,+\infty)$. 和函数为

$$S(x)=\begin{cases}0, & |x|<1,\\ 1, & |x|>1,\\ \dfrac{1}{2}, & |x|=1.\end{cases}$$

二、幂级数及其收敛域

定义 2　形如

$$a_0+a_1x+a_2x^2+\cdots+a_nx^n+\cdots=\sum_{n=0}^{\infty}a_nx^n$$

的函数项级数称为**幂级数**(power series),其中常数 $a_n(n=0,1,2,\cdots)$称为**幂级数的系数**(coefficients of power series).

形式上更一般的幂级数为

$$a_0+a_1(x-x_0)+a_2(x-x_0)^2+\cdots+a_n(x-x_0)^n+\cdots,$$

简记为

$$\sum_{n=0}^{\infty}a_n(x-x_0)^n.$$

由于级数 $\sum_{n=0}^{\infty} a_n(x-x_0)^n$ 可借助变换 $x-x_0=t$,化为级数 $\sum_{n=0}^{\infty} a_n t^n$ 的形式,现在着重讨论级数 $\sum_{n=0}^{\infty} a_n x^n$ 的有关问题.

对于幂级数,主要关心的是它的收敛性问题,以及如何求收敛域上的和函数.

定理 1(阿贝尔(Abel)定理) 如果幂级数 $\sum_{n=0}^{\infty} a_n x^n$ 当 $x=x_0(x_0\neq 0)$ 时收敛,则对满足 $|x|<|x_0|$ 的一切 x,该级数绝对收敛;反之,如果幂级数 $\sum_{n=0}^{\infty} a_n x^n$ 当 $x=x_0$ 时发散,则对满足 $|x|>|x_0|$ 的一切 x,该级数发散.

证明 设 x_0 为幂级数 $\sum_{n=0}^{\infty} a_n x^n$ 的收敛点,即级数 $\sum_{n=0}^{\infty} a_n x_0^n$ 收敛,则 $\lim\limits_{n\to\infty} a_n x_0^n=0$,于是存在正常数 M,使得 $|a_n x_0^n|\leqslant M(n=0,1,2,\cdots)$. 当 $|x|<|x_0|$ 时,有

$$|a_n x^n|=\left|a_n x_0^n\cdot\frac{x^n}{x_0^n}\right|\leqslant M\left|\frac{x}{x_0}\right|^n.$$

因为 $\sum_{n=0}^{\infty} M\left|\frac{x}{x_0}\right|^n$ 是收敛的几何级数$\left(\text{公比}\left|\frac{x}{x_0}\right|<1\right)$,根据正项级数的比较审敛法知,$\sum_{n=0}^{\infty}|a_n x^n|$ 收敛.

定理 1 的第二部分可用反证法证明. 假设幂级数 $\sum_{n=0}^{\infty} a_n x^n$ 当 $x=x_0$ 时发散,而有一点 $x=x_1$ 满足 $|x_1|>|x_0|$ 使级数收敛,则根据定理 1 的第一部分知,级数当 $x=x_0$ 时应收敛,这与假设矛盾,定理 1 得证.

阿贝尔定理表明,若幂级数当 $x=x_0(x_0\neq 0)$ 时收敛,则对于开区间 $(-|x_0|,|x_0|)$ 内的任何 x,幂级数都绝对收敛;若幂级数 $\sum_{n=0}^{\infty} a_n x^n$ 当 $x=x_0$ 时发散,则对于开区间 $(-\infty,-|x_0|)\cup(|x_0|,+\infty)$ 内的任何 x,幂级数都发散.

推论 如果幂级数 $\sum_{n=0}^{\infty} a_n x^n$ 不是仅在 $x=0$ 处收敛,也不是在整个数轴上都收敛,则必有一个确定的正数 R 存在,使得

当 $|x|<R$ 时,幂级数绝对收敛;

当 $|x|>R$ 时,幂级数发散;

当 $|x|=R$ 时,幂级数可能收敛也可能发散.

上述正数 R 称为幂级数 $\sum_{n=0}^{\infty} a_n x^n$ 的**收敛半径**(radius of convergence),称开区间 $(-R,R)$ 为幂级数的**收敛区间**(convergence interval),幂级数的收敛区间加上它的收敛端点,即为幂级数的**收敛域**.

如果幂级数 $\sum_{n=0}^{\infty} a_n x^n$ 仅在 $x=0$ 处收敛,规定收敛半径 $R=0$;

如果幂级数 $\sum_{n=0}^{\infty} a_n x^n$ 对一切 x 都收敛,规定收敛半径 $R=+\infty$,这时收敛域为 $(-\infty,+\infty)$.

对幂级数 $\sum_{n=0}^{\infty} a_n x^n$ 的各项取绝对值后,所得的级数为

$$\sum_{n=0}^{\infty} |a_n x^n| = |a_0| + |a_1 x| + |a_2 x^2| + \cdots + |a_n x^n| + \cdots,$$

它是正项级数,其后项与相邻前项之比的极限为

$$\lim_{n\to\infty}\left|\frac{a_{n+1}x^{n+1}}{a_n x^n}\right| = \lim_{n\to\infty}\left|\frac{a_{n+1}}{a_n}\right| \cdot |x| = \rho|x| \qquad \left(其中\lim_{n\to\infty}\left|\frac{a_{n+1}}{a_n}\right| = \rho\right).$$

由正项级数的比值审敛法知

(1) 当 $\rho=0$ 时,对于任意的实数 x,有 $\rho|x|<1$,故幂级数 $\sum_{n=0}^{\infty} a_n x^n$ 在 $(-\infty,+\infty)$ 内绝对收敛.

(2) 当 $\rho>0$ 时,有以下几种情形:当 $\rho|x|<1$,即 $|x|<\frac{1}{\rho}$ 时,级数 $\sum_{n=0}^{\infty} |a_n x^n|$ 收敛,从而级数 $\sum_{n=0}^{\infty} a_n x^n$ 绝对收敛;

当 $\rho|x|>1$,即 $|x|>\frac{1}{\rho}$ 时,因 $\lim_{n\to\infty}|a_n x^n| \neq 0$,就有 $\lim_{n\to\infty} a_n x^n \neq 0$,所以级数 $\sum_{n=0}^{\infty} |a_n x^n|$ 发散,级数 $\sum_{n=0}^{\infty} a_n x^n$ 也发散;

当 $\rho|x|=1$,即 $|x|=\frac{1}{\rho}$ 时,比值审敛法失效,这时级数 $\sum_{n=0}^{\infty} a_n x^n$ 的敛散性

须采用其他方法确定.

定理 2　设有幂级数 $\sum_{n=0}^{\infty} a_n x^n$，若 $\lim_{n\to\infty}\left|\frac{a_{n+1}}{a_n}\right|=\rho$，则该幂级数的收敛半径为

（1）当 $\rho\neq 0$ 时，$R=\frac{1}{\rho}$；

（2）当 $\rho=0$ 时，$R=+\infty$；

（3）当 $\rho=+\infty$ 时，$R=0$.

对于不缺项的幂级数 $\sum_{n=0}^{\infty} a_n x^n (a_n\neq 0)$，可按如下程序求其收敛域：

（1）求 $\rho=\lim_{n\to\infty}\left|\frac{a_{n+1}}{a_n}\right|$；

幂级数收敛域的求法

（2）求收敛半径 $R=\frac{1}{\rho}$；

（3）确定收敛域. 当 $R\neq 0,+\infty$ 时，幂级数在 $(-R,R)$ 内收敛，至于在 $x=R$ 和 $x=-R$ 处是否收敛须用常数项级数敛散性的判定法确定.

例 4　求幂级数 $\sum_{n=1}^{\infty}\frac{(-1)^{n-1}}{\sqrt{n}}x^n$ 的收敛半径与收敛域.

解　因为

$$\rho=\lim_{n\to\infty}\left|\frac{a_{n+1}}{a_n}\right|=\lim_{n\to\infty}\frac{\sqrt{n}}{\sqrt{n+1}}=1,$$

所以收敛半径 $R=\frac{1}{\rho}=1$.

对于端点 $x=1$，级数成为交错级数 $\sum_{n=1}^{\infty}\frac{(-1)^{n-1}}{\sqrt{n}}$，由莱布尼茨判别法可知，该级数收敛；对于端点 $x=-1$，级数成为 $-\sum_{n=1}^{\infty}\frac{1}{\sqrt{n}}$，该级数发散.

从而幂级数的收敛域为 $(-1,1]$.

例 5　求幂级数 $\sum_{n=0}^{\infty}\frac{x^n}{n!}$ 的收敛域.

解　因为

$$\rho=\lim_{n\to\infty}\left|\frac{a_{n+1}}{a_n}\right|=\lim_{n\to\infty}\frac{n!}{(n+1)!}=\lim_{n\to\infty}\frac{1}{n+1}=0,$$

所以收敛半径 $R=+\infty$，从而收敛域为 $(-\infty,+\infty)$.

例 6　求幂级数 $\sum\limits_{n=0}^{\infty}n^nx^n$ 的收敛域.

解　因为

$$\rho=\lim_{n\to\infty}\left|\frac{a_{n+1}}{a_n}\right|=\lim_{n\to\infty}(n+1)\left(1+\frac{1}{n}\right)^n=+\infty,$$

所以收敛半径 $R=0$，从而幂级数仅在 $x=0$ 一个点处收敛.

需要指出的是，上述求幂级数收敛域的方法是针对不缺项的幂级数适用的，而对缺项的幂级数，比如 $\sum\limits_{n=0}^{\infty}a_nx^{2n}$ 可作代换 $y=x^2$；一般的幂级数 $\sum\limits_{n=0}^{\infty}a_n(x-x_0)^n$，可作代换 $y=x-x_0$，都可化为幂级数 $\sum\limits_{n=0}^{\infty}a_ny^n$，求出其收敛域后变量回代，便可得到原幂级数的收敛域.

例 7　求幂级数 $\sum\limits_{n=0}^{\infty}\frac{(2n)!}{(n!)^2}x^{2n}$ 的收敛半径.

解　级数缺少奇次项，故定理 2 不能直接应用. 现用比值审敛法来求收敛半径.

$$\lim_{n\to\infty}\left|\frac{u_{n+1}}{u_n}\right|=\lim_{n\to\infty}\left|\frac{[2(n+1)]!\ x^{2(n+1)}(n!)^2}{[(n+1)!]^2(2n)!\ x^{2n}}\right|=4|x|^2.$$

当 $4|x|^2<1$ 即 $|x|<\frac{1}{2}$ 时，级数绝对收敛；当 $4|x|^2>1$ 即 $|x|>\frac{1}{2}$ 时，级数发散. 从而收敛半径 $R=\frac{1}{2}$.

注　此题若用代换 $y=x^2$，可得同样结果.

例 8　求幂级数 $\sum\limits_{n=1}^{\infty}(-1)^{n-1}\frac{(x-1)^n}{5n}$ 的收敛域.

解　令 $x-1=t$，上述级数变为 $\sum\limits_{n=1}^{\infty}\frac{(-1)^{n-1}}{5n}t^n$.

因为
$$\rho=\lim_{n\to\infty}\left|\frac{a_{n+1}}{a_n}\right|=\lim_{n\to\infty}\frac{5n}{5(n+1)}=1,$$

所以收敛半径 $R=1$.

当 $t=1$ 时,级数成为交错级数 $\sum_{n=1}^{\infty}\frac{(-1)^{n-1}}{5n}$,收敛;当 $t=-1$ 时,级数变为 $-\sum_{n=1}^{\infty}\frac{1}{5n}$,发散. 因此级数 $\sum_{n=1}^{\infty}\frac{(-1)^{n-1}}{5n}t^n$ 的收敛域为 $-1<t\leqslant 1$,变量回代,得 $-1<x-1\leqslant 1$,即 $0<x\leqslant 2$,故原级数的收敛域为 $(0,2]$.

三、幂级数的运算及性质

1. 四则运算

设有两个幂级数

幂级数的运算及性质

$$\sum_{n=0}^{\infty}a_nx^n=S_1(x),\quad x\in(-R_1,R_1),$$

$$\sum_{n=0}^{\infty}b_nx^n=S_2(x),\quad x\in(-R_2,R_2),$$

则这两个幂级数在公共收敛域内 $(-R,R)$ 可以相加、相减或相乘,其中 $R=\min\{R_1,R_2\}$,即

$$\sum_{n=0}^{\infty}a_nx^n\pm\sum_{n=0}^{\infty}b_nx^n=\sum_{n=0}^{\infty}(a_n\pm b_n)x^n=S_1(x)\pm S_2(x),\quad x\in(-R,R),$$

$$\begin{aligned}\sum_{n=0}^{\infty}a_nx^n\cdot\sum_{n=0}^{\infty}b_nx^n&=a_0b_0+(a_0b_1+a_1b_0)x+\\&\quad(a_0b_2+a_1b_1+a_2b_0)x^2+\cdots+\\&\quad(a_0b_n+a_1b_{n-1}+\cdots+a_nb_0)x^n+\cdots\\&=S_1(x)\cdot S_2(x),\quad x\in(-R,R).\end{aligned}$$

可以证明两个幂级数相除后所得结果仍是幂级数,即

$$\frac{a_0+a_1x+a_2x^2+\cdots+a_nx^n+\cdots}{b_0+b_1x+b_2x^2+\cdots+b_nx^n+\cdots}=c_0+c_1x+c_2x^2+\cdots+c_nx^n+\cdots,$$

这里假定 $b_0\neq 0$,其系数 $c_n(n=0,1,2,\cdots)$ 可用以下方法确定. 由上式有

$$\sum_{n=0}^{\infty}a_nx^n=\sum_{n=0}^{\infty}b_nx^n\cdot\sum_{n=0}^{\infty}c_nx^n,$$

将此式右端按幂级数相乘并与左端的幂级数中 x 的同次幂比较系数即可求

出 $c_n(n=0,1,2,\cdots)$.

但相除后所得的幂级数 $\sum\limits_{n=0}^{\infty} c_n x^n$ 的收敛区间可能比原来两级数的收敛区间要小得多. 例如,级数 $\sum\limits_{n=0}^{\infty} a_n x^n = 1$ 与 $\sum\limits_{n=0}^{\infty} b_n x^n = 1-x$ 在整个数轴上收敛,但级数

$$\sum_{n=0}^{\infty} c_n x^n = \frac{\sum\limits_{n=0}^{\infty} a_n x^n}{\sum\limits_{n=0}^{\infty} b_n x^n} = \frac{1}{1-x} = \sum_{n=0}^{\infty} x^n$$

仅在$(-1,1)$内收敛.

2. 性质

性质 1 幂级数 $\sum\limits_{n=0}^{\infty} a_n x^n$ 的和函数 $S(x)$ 在收敛域 I 上内是连续的. 即 $\forall x_0 \in I$,有

$$\lim_{x\to x_0} S(x) = \lim_{x\to x_0} \sum_{n=0}^{\infty} a_n x^n = \sum_{n=0}^{\infty} (\lim_{x\to x_0} a_n x^n) = \sum_{n=0}^{\infty} a_n x_0^n = S(x_0).$$

性质 2 幂级数 $\sum\limits_{n=0}^{\infty} a_n x^n$ 的和函数 $S(x)$ 在收敛区间$(-R,R)$内是可导的,且可逐项求导,即有

$$S'(x) = \left(\sum_{n=0}^{\infty} a_n x^n\right)' = \sum_{n=0}^{\infty} (a_n x^n)' = \sum_{n=1}^{\infty} n a_n x^{n-1}.$$

并且逐项求导后所得级数的收敛半径也是 R,但新级数在端点 $x=\pm R$ 处的敛散性需另行判定.

性质 3 幂级数 $\sum\limits_{n=0}^{\infty} a_n x^n$ 的和函数 $S(x)$ 在收敛区间$(-R,R)$内是可积的,且可逐项积分,即有

$$\int_0^x S(x)\,\mathrm{d}x = \int_0^x \sum_{n=0}^{\infty} a_n x^n \mathrm{d}x = \sum_{n=0}^{\infty} \int_0^x a_n x^n \mathrm{d}x = \sum_{n=0}^{\infty} \frac{a_n}{n+1} x^{n+1}.$$

并且逐项积分后所得级数的收敛半径也是 R,但新级数在端点 $x=\pm R$ 处的敛散性需另行判定.

利用幂级数的性质,可以较方便地求出某些幂级数的和函数.

例 9 求幂级数 $\sum\limits_{n=0}^{\infty} (n+1)x^n$ 在收敛区间$(-1,1)$内的和函数.

解 设该幂级数在收敛区间$(-1,1)$内的和函数为$S(x)$,即

$$S(x)=\sum_{n=0}^{\infty}(n+1)x^n\quad(-1<x<1),$$

两边从0到$x(|x|<1)$积分,得

$$\int_0^x S(x)\mathrm{d}x=\sum_{n=0}^{\infty}\int_0^x(n+1)x^n\mathrm{d}x=\sum_{n=0}^{\infty}x^{n+1}=\frac{x}{1-x},$$

两边求导,得

$$S(x)=\left(\frac{x}{1-x}\right)'=\frac{1}{(1-x)^2}\quad(-1<x<1).$$

例10 求幂级数$\sum\limits_{n=0}^{\infty}\dfrac{x^n}{1+n}$在收敛区间$(-1,1)$内的和函数.

解 设该幂级数在收敛区间$(-1,1)$内的和函数为$S(x)$,即

$$S(x)=\sum_{n=0}^{\infty}\frac{x^n}{1+n}\quad(-1<x<1).$$

显然$S(0)=1$. 又

$$xS(x)=\sum_{n=0}^{\infty}\frac{x^{n+1}}{n+1},$$

两边求导,得

$$[xS(x)]'=\sum_{n=0}^{\infty}\left(\frac{x^{n+1}}{n+1}\right)'=\sum_{n=0}^{\infty}x^n=\frac{1}{1-x},$$

两边从0到$x(|x|<1)$积分,得

$$xS(x)=\int_0^x\frac{1}{1-x}\mathrm{d}x=-\ln(1-x)\quad(-1<x<1).$$

于是,当$x\neq0$时,有

$$S(x)=-\frac{1}{x}\ln(1-x).$$

从而

$$S(x)=\begin{cases}-\dfrac{1}{x}\ln(1-x), & 0<|x|<1,\\ 1, & x=0.\end{cases}$$

例 11　求级数 $\sum_{n=0}^{\infty}\frac{x^{2n+1}}{2n+1}$ 在收敛区间 $(-1,1)$ 内的和函数，并求级数 $\sum_{n=0}^{\infty}\frac{1}{2n+1}\left(\frac{1}{2}\right)^{2n+1}$ 的值.

解　设该幂级数在收敛区间 $(-1,1)$ 内的和函数为 $S(x)$，即

$$S(x)=x+\frac{x^3}{3}+\frac{x^5}{5}+\frac{x^7}{7}+\cdots\quad(-1<x<1),$$

两边求导，得

$$S'(x)=1+x^2+x^4+x^6+\cdots=\frac{1}{1-x^2}\quad(-1<x<1),$$

两边从 0 到 $x(|x|<1)$ 积分，得

$$S(x)-S(0)=\int_0^x\frac{1}{1-x^2}\mathrm{d}x=\frac{1}{2}\ln\frac{1+x}{1-x}\quad(-1<x<1).$$

又 $S(0)=0$，故

$$S(x)=\frac{1}{2}\ln\frac{1+x}{1-x}\quad(-1<x<1).$$

由 $\frac{1}{2}\in(-1,1)$，将 $x=\frac{1}{2}$ 代入上式，得

$$\sum_{n=0}^{\infty}\frac{1}{2n+1}\left(\frac{1}{2}\right)^{2n+1}=S\left(\frac{1}{2}\right)=\frac{1}{2}\ln 3.$$

习题 11-3

1. 求下列幂级数的收敛半径及收敛域.

(1) $\sum_{n=1}^{\infty}(-1)^n\frac{x^n}{n}$；　(2) $\sum_{n=1}^{\infty}n!x^n$；　(3) $\sum_{n=0}^{\infty}\frac{x^{2n+1}}{3^n}$；

(4) $\sum_{n=1}^{\infty}\frac{2n-1}{2^n}x^{2n-2}$；　(5) $\sum_{n=1}^{\infty}\frac{(x-5)^n}{\sqrt{n}}$；　(6) $\sum_{n=1}^{\infty}(-1)^n\frac{(x+4)^n}{n}$.

2. 求下列幂级数的和函数.

(1) $\sum_{n=1}^{\infty} nx^{n-1}$; (2) $\sum_{n=1}^{\infty} \frac{x^n}{n}$; (3) $\sum_{n=1}^{\infty} \frac{x^{4n+1}}{4n+1}$;

(4) $\sum_{n=1}^{\infty} n(n+1)x^n$; (5) $\sum_{n=1}^{\infty} \frac{2n-1}{2^n}x^{2n-2}$; (6) $\sum_{n=1}^{\infty} (2n+1)x^n$.

3. 求下列级数的和.

(1) $\sum_{n=1}^{\infty} \frac{1}{n \cdot 3^n}$; (2) $\sum_{n=1}^{\infty} \frac{2n-1}{2^n}$;

(3) $\sum_{n=2}^{\infty} \frac{2}{n^2-1}\left(\frac{1}{2}\right)^n$; (4) $\sum_{n=1}^{\infty} \frac{(-1)^n n}{2^n}$.

第四节 函数展开成幂级数

在上一节中幂级数是已知的,讨论已知幂级数的收敛域、求已知幂级数在其收敛域上的和函数. 但往往还会遇到相反的问题,那就是:给定一个函数 $f(x)$,要考虑它是否能在某个区间内展开成幂级数,也就是说:能否找到这样一个幂级数,使得它在某个区间内收敛,且其和函数就是给定的函数 $f(x)$. 如果能找到这样的幂级数,就说函数 $f(x)$ 在该区间内能展开成幂级数.

由泰勒中值定理知,若函数 $f(x)$ 在 x_0 的某邻域内有直到 $(n+1)$ 阶导数,则在该邻域内 $f(x)$ 的 n 阶泰勒公式

$$f(x)=f(x_0)+f'(x_0)(x-x_0)+\frac{f''(x_0)}{2!}(x-x_0)^2+\cdots+\frac{f^{(n)}(x_0)}{n!}(x-x_0)^n+R_n(x)$$

成立,其中

$$R_n(x)=\frac{f^{(n+1)}(\xi)}{(n+1)!}(x-x_0)^{n+1}$$

为拉格朗日型余项,ξ 介于 x_0 与 x 之间.

此时,在该邻域内 $f(x)$ 可以用 n 次多项式

$$P_n(x)=f(x_0)+f'(x_0)(x-x_0)+\frac{f''(x_0)}{2!}(x-x_0)^2+\cdots+\frac{f^{(n)}(x_0)}{n!}(x-x_0)^n$$

来近似表示,并且误差等于余项的绝对值$|R_n(x)|$. 如果$|R_n(x)|$随着 n 的增大而减小,那么就可以用增加多项式的项数来提高精度. 为此,引进泰勒级数.

一、泰勒级数

如果函数 $f(x)$ 在 x_0 的某邻域内有任意阶导数:$f'(x),f''(x),\cdots,f^{(n)}(x),\cdots$,这时可设想多项式的项数趋向无穷而成为幂级数

$$f(x_0)+f'(x_0)(x-x_0)+\frac{f''(x_0)}{2!}(x-x_0)^2+\cdots+\frac{f^{(n)}(x_0)}{n!}(x-x_0)^n+\cdots,$$

这个幂级数称为函数 $f(x)$ 的**泰勒级数**(Taylor series). 显然,当 $x=x_0$ 时,$f(x)$ 的泰勒级数收敛于 $f(x_0)$,但除了 $x=x_0$ 外,它是否还收敛? 如果收敛,在其收敛域内是否一定收敛于 $f(x)$? 关于这两个问题,有下述定理.

函数展开成幂级数(1)

定理　设 $f(x)$ 在 x_0 的某邻域 $U(x_0)$ 内具有任意阶导数,则 $f(x)$ 在该邻域内能展开成泰勒级数

$$f(x)=f(x_0)+f'(x_0)(x-x_0)+\frac{f''(x_0)}{2!}(x-x_0)^2+\cdots+\frac{f^{(n)}(x_0)}{n!}(x-x_0)^n+\cdots$$

的充分必要条件是 $f(x)$ 的泰勒公式中的余项 $R_n(x)$ 当 $n\to\infty$ 时,极限为零. 即

$$\lim_{n\to\infty}R_n(x)=0,\quad x\in U(x_0).$$

证明　必要性. 设 $f(x)$ 在 $U(x_0)$ 内能展开成泰勒级数,即

$$f(x)=f(x_0)+f'(x_0)(x-x_0)+\frac{f''(x_0)}{2!}(x-x_0)^2+\cdots+\frac{f^{(n)}(x_0)}{n!}(x-x_0)^n+\cdots$$

对一切 $x\in U(x_0)$ 成立. 把 $f(x)$ 的 n 阶泰勒公式写成

$$f(x)=S_{n+1}(x)+R_n(x),$$

其中,$S_{n+1}(x)$ 是 $f(x)$ 的泰勒级数的前 $n+1$ 项之和,因为

$$\lim_{n\to\infty}S_{n+1}(x)=f(x),$$

所以

$$\lim_{n\to\infty} R_n(x)=\lim_{n\to\infty}[f(x)-S_{n+1}(x)]=f(x)-f(x)=0.$$

充分性. 设$\lim\limits_{n\to\infty} R_n(x)=0$对一切$x\in U(x_0)$成立. 由$f(x)$的$n$阶泰勒公式,有

$$S_{n+1}(x)=f(x)-R_n(x).$$

令$n\to\infty$取上式的极限,得

$$\lim_{n\to\infty} S_{n+1}(x)=\lim_{n\to\infty}[f(x)-R_n(x)]=f(x),$$

即$f(x)$的泰勒级数在$U(x_0)$内收敛,并且收敛于$f(x)$.

在泰勒级数中取$x_0=0$,得

$$f(0)+f'(0)x+\frac{f''(0)}{2!}x^2+\cdots+\frac{f^{(n)}(0)}{n!}x^n+\cdots,$$

该级数称为函数$f(x)$的**麦克劳林级数**(Maclaurin series).

函数$f(x)$的麦克劳林级数是x的幂级数,现在证明,如果$f(x)$能展开成x的幂级数,那么这种展开式是唯一的,它一定与$f(x)$的麦克劳林级数一致.

事实上,如果$f(x)$在$x_0=0$的某邻域$(-R,R)$内能展开成x的幂级数,即

$$f(x)=a_0+a_1x+a_2x^2+\cdots+a_nx^n+\cdots$$

对一切$x\in(-R,R)$成立,那么根据幂级数在收敛区间内可逐项求导,有

$$f'(x)=a_1+2a_2x+3a_3x^2+\cdots+na_nx^{n-1}+\cdots,$$

$$f''(x)=2!a_2+3\times2a_3x+\cdots+n(n-1)a_nx^{n-2}+\cdots$$

$$\cdots\cdots\cdots\cdots$$

$$f^{(n)}(x)=n!a_n+(n+1)n(n-1)\cdots2a_{n+1}x+\cdots$$

$$\cdots\cdots\cdots\cdots$$

把$x=0$代入以上各式,得

$$a_0=f(0),a_1=f'(0),a_2=\frac{f''(0)}{2!},\cdots,a_n=\frac{f^{(n)}(0)}{n!},\cdots,$$

这就是所要证明的.

由函数$f(x)$的展开式的唯一性可知,如果$f(x)$能展开成x的幂级数,那么这个幂级数就是$f(x)$的麦克劳林级数. 但是,反过来,如果$f(x)$的麦克劳林级数在点$x_0=0$的某邻域内收敛,它却不一定收敛于$f(x)$. 因此,如果$f(x)$

在 $x_0=0$ 处具有各阶导数,则 $f(x)$ 的麦克劳林级数虽能写出来,但这个级数是否能在某个区间内收敛,以及是否收敛于 $f(x)$ 却需要进一步的考察,现在讨论把函数 $f(x)$ 展开为 x 的幂级数的方法.

二、函数展开成幂级数

1. 直接展开法

由前边的讨论可知,把函数 $f(x)$ 展开成 x 的幂级数,可以按照下列步骤进行.

(1) 求出 $f(x)$ 的各阶导数 $f'(x),f''(x),\cdots,f^{(n)}(x),\cdots$. 如果在 $x=0$ 处某阶导数不存在,就停止进行,例如在 $x=0$ 处,$f(x)=x^{\frac{7}{3}}$ 的三阶导数不存在,它就不能展开成 x 的幂级数.

(2) 求函数及其各阶导数在 $x=0$ 处的值:

$$f'(0),f''(0),\cdots,f^{(n)}(0),\cdots.$$

(3) 写出幂级数

$$f(0)+f'(0)x+\frac{f''(0)}{2!}x^2+\cdots+\frac{f^{(n)}(0)}{n!}x^n+\cdots,$$

并求出收敛半径 R.

(4) 考察当 x 在区间 $(-R,R)$ 内时,余项 $R_n(x)$ 的极限

$$\lim_{n\to\infty}R_n(x)=\lim_{n\to\infty}\frac{f^{(n+1)}(\xi)}{(n+1)!}x^{n+1}\quad(\xi\text{ 介于 }0\text{ 与 }x\text{ 之间})$$

是否为零,如果为零,则 $f(x)$ 在区间 $(-R,R)$ 内的幂级数展开式为

$$f(x)=f(0)+f'(0)x+\frac{f''(0)}{2!}x^2+\cdots+\frac{f^{(n)}(0)}{n!}x^n+\cdots\quad(-R<x<R).$$

例 1　将函数 $f(x)=e^x$ 展开成 x 的幂级数.

解　所给函数的各阶导数为 $f^{(n)}(x)=e^x(n=1,2,\cdots)$,因此 $f^{(n)}(0)=1$ $(n=0,1,2,\cdots)$,这里记 $f^{(0)}(0)=f(0)$. 于是得级数

$$1+x+\frac{x^2}{2!}+\cdots+\frac{x^n}{n!}+\cdots,$$

收敛半径 $R=+\infty$.

对于任何有限的数 x,ξ(ξ 介于 0 与 x 之间),余项的绝对值为

$$|R_n(x)|=\left|\frac{e^{\xi}}{(n+1)!}x^{n+1}\right|<e^{|x|}\frac{|x|^{n+1}}{(n+1)!}.$$

因 $e^{|x|}$ 有限,而 $\frac{|x|^{n+1}}{(n+1)!}$ 是收敛级数 $\sum_{n=0}^{\infty}\frac{|x|^{n+1}}{(n+1)!}$ 的一般项,所以,当 $n\to\infty$ 时,$e^{|x|}\frac{|x|^{n+1}}{(n+1)!}\to 0$,即当 $n\to\infty$ 时,有 $|R_n(x)|\to 0$. 于是得展开式为

$$e^x=1+x+\frac{x^2}{2!}+\cdots+\frac{x^n}{n!}+\cdots\quad(-\infty<x<+\infty).$$

例 2 将函数 $f(x)=\sin x$ 展开成 x 的幂级数.

解 所给函数的各阶导数为

$$f^{(n)}(x)=\sin\left(x+n\times\frac{\pi}{2}\right)\quad(n=0,1,2,\cdots).$$

$f^{(n)}(0)$ 顺序循环地取 $0,1,0,-1,\cdots(n=0,1,2,\cdots)$,于是得级数

$$x-\frac{x^3}{3!}+\frac{x^5}{5!}-\cdots+(-1)^n\frac{x^{2n+1}}{(2n+1)!}+\cdots,$$

它的收敛半径为 $R=+\infty$,余项的绝对值为

$$|R_n(x)|=\left|\frac{\sin\left(\xi+\frac{n+1}{2}\pi\right)}{(n+1)!}x^{n+1}\right|\leqslant\frac{|x|^{n+1}}{(n+1)!}\to 0\quad(n\to\infty),$$

因此得展开式为

$$\sin x=x-\frac{x^3}{3!}+\frac{x^5}{5!}-\cdots+(-1)^n\frac{x^{2n+1}}{(2n+1)!}+\cdots\quad(-\infty<x<+\infty).$$

以上将函数展开成幂级数的例子,是直接按公式 $a_n=\frac{f^{(n)}(0)}{n!}$ 计算幂级数的系数,最后考察余项 $R_n(x)$ 是否趋于 0. 利用这种方法计算量较大,而且研究余项并不是一件容易的事. 因此,常用间接展开法将函数展开成幂级数.

2. 间接展开法

所谓**间接展开法**,就是利用一些已知的函数幂级数展开式,幂级数的运

算（四则运算），性质（逐项求导、逐项积分）以及变量代换等将函数展开成幂级数的方法. 这种间接展开的方法不但计算简单，而且可以避免研究余项.

函数展开成幂级数（2）

例 3　将函数 $f(x)=\cos x$ 展开成 x 的幂级数.

解　对

$$\sin x=x-\frac{x^3}{3!}+\frac{x^5}{5!}-\cdots+(-1)^n\frac{x^{2n+1}}{(2n+1)!}+\cdots\quad(-\infty<x<+\infty)$$

逐项求导，得

$$\cos x=1-\frac{x^2}{2!}+\frac{x^4}{4!}-\cdots+(-1)^n\frac{x^{2n}}{(2n)!}+\cdots\quad(-\infty<x<+\infty).$$

例 4　将函数 $f(x)=\arctan x$ 展开成 x 的幂级数.

解　因为 $f'(x)=\dfrac{1}{1+x^2}$，而

$$\frac{1}{1+x}=1-x+x^2-x^3+\cdots+(-1)^nx^n+\cdots\quad(-1<x<1),$$

所以

$$\frac{1}{1+x^2}=1-x^2+x^4-x^6+\cdots+(-1)^nx^{2n}+\cdots\quad(-1<x<1),$$

对上式两边从 0 到 $x(|x|<1)$ 积分，得

$$\int_0^x\frac{1}{1+x^2}\mathrm{d}x=\int_0^x1\mathrm{d}x-\int_0^xx^2\mathrm{d}x+\int_0^xx^4\mathrm{d}x-\int_0^xx^6\mathrm{d}x+\cdots+\int_0^x(-1)^nx^{2n}\mathrm{d}x+\cdots,$$

$$\arctan x=x-\frac{x^3}{3}+\frac{x^5}{5}-\frac{x^7}{7}+\cdots+(-1)^n\frac{x^{2n+1}}{2n+1}+\cdots\quad(-1\leqslant x\leqslant 1).$$

上述展开式对 $x=1$ 及 $x=-1$ 也成立，这是因为上式右端的级数在 $x=1$ 及 $x=-1$ 时收敛，而且 $\arctan x$ 在 $x=\pm1$ 处连续.

例 5　将函数 $f(x)=\ln(1+x)$ 展开成 x 的幂级数.

解　因为 $f'(x)=\dfrac{1}{1+x}$，而

$$\frac{1}{1+x}=1-x+x^2-x^3+\cdots+(-1)^nx^n+\cdots\quad(-1<x<1),$$

对上式两边从 0 到 $x(|x|<1)$ 积分，得

$$\ln(1+x)=x-\frac{x^2}{2}+\frac{x^3}{3}-\frac{x^4}{4}+\cdots+(-1)^n\frac{x^{n+1}}{n+1}+\cdots\quad(-1<x\leqslant 1).$$

上述展开式对 $x=1$ 也成立. 这是因为上式右端的幂级数当 $x=1$ 时收敛，而 $\ln(1+x)$ 在 $x=1$ 处有定义且连续.

例 6　将 $f(x)=\dfrac{1}{(1-x)^2}$ 展开成 x 的幂级数.

解　因为 $\int_0^x f(x)\,\mathrm{d}x=\dfrac{1}{1-x}$，而

$$\frac{1}{1-x}=\sum_{n=0}^{\infty}x^n\quad(-1<x<1),$$

所以

$$f(x)=\left[\int_0^x f(x)\,\mathrm{d}x\right]'=\left[\sum_{n=0}^{\infty}x^n\right]'=\sum_{n=1}^{\infty}nx^{n-1}\quad(-1<x<1).$$

例 7　将函数 $f(x)=\sin x$ 展开成 $\left(x-\dfrac{\pi}{4}\right)$ 的幂级数.

解　因为

$$\begin{aligned}\sin x&=\sin\left[\left(x-\frac{\pi}{4}\right)+\frac{\pi}{4}\right]\\&=\sin\left(x-\frac{\pi}{4}\right)\cos\frac{\pi}{4}+\cos\left(x-\frac{\pi}{4}\right)\sin\frac{\pi}{4}\\&=\frac{1}{\sqrt{2}}\left[\sin\left(x-\frac{\pi}{4}\right)+\cos\left(x-\frac{\pi}{4}\right)\right].\end{aligned}$$

由 $\sin x$ 与 $\cos x$ 的展开式有

$$\sin\left(x-\frac{\pi}{4}\right)=\left(x-\frac{\pi}{4}\right)-\frac{1}{3!}\left(x-\frac{\pi}{4}\right)^3+\frac{1}{5!}\left(x-\frac{\pi}{4}\right)^5-\cdots\quad(-\infty<x<+\infty),$$

$$\cos\left(x-\frac{\pi}{4}\right)=1-\frac{1}{2!}\left(x-\frac{\pi}{4}\right)^2+\frac{1}{4!}\left(x-\frac{\pi}{4}\right)^4-\cdots\quad(-\infty<x<+\infty),$$

故得

$$\sin x=\frac{1}{\sqrt{2}}\left[1+\left(x-\frac{\pi}{4}\right)-\frac{1}{2!}\left(x-\frac{\pi}{4}\right)^2-\frac{1}{3!}\left(x-\frac{\pi}{4}\right)^3+\cdots\right]\quad(-\infty<x<+\infty).$$

例 8　将函数$f(x)=\dfrac{1}{x^2+4x+3}$展开成$(x-1)$的幂级数.

解　因为

$$f(x)=\frac{1}{x^2+4x+3}=\frac{1}{(x+1)(x+3)}$$

$$=\frac{1}{2(1+x)}-\frac{1}{2(3+x)}$$

$$=\frac{1}{4}\frac{1}{1+\frac{x-1}{2}}-\frac{1}{8}\frac{1}{1+\frac{x-1}{4}},$$

而

$$\frac{1}{1+\frac{x-1}{2}}=1-\frac{x-1}{2}+\left(\frac{x-1}{2}\right)^2-\cdots+(-1)^n\left(\frac{x-1}{2}\right)^n+\cdots,$$

由$-1<\dfrac{x-1}{2}<1$得$-1<x<3$. 故

$$\frac{1}{1+\frac{x-1}{2}}=\sum_{n=0}^{\infty}(-1)^n\frac{(x-1)^n}{2^n}\quad(-1<x<3).$$

同样地,有

$$\frac{1}{1+\frac{x-1}{4}}=1-\frac{x-1}{4}+\left(\frac{x-1}{4}\right)^2-\cdots+(-1)^n\left(\frac{x-1}{4}\right)^n+\cdots$$

$$=\sum_{n=0}^{\infty}(-1)^n\frac{(x-1)^n}{2^{2n}}\quad(-3<x<5),$$

故

$$\frac{1}{x^2+4x+3}=\sum_{n=0}^{\infty}(-1)^n\left(\frac{1}{2^{n+2}}-\frac{1}{2^{2n+3}}\right)(x-1)^n\quad(-1<x<3).$$

以下几个函数的展开式是基本且重要的,在解题时常常用到.

(1) $\mathrm{e}^x=\sum\limits_{n=0}^{\infty}\dfrac{x^n}{n!},\quad x\in(-\infty,+\infty)$;

(2) $\sin x=\sum_{n=0}^{\infty}\frac{(-1)^{n}}{(2n+1)!}x^{2n+1}, \quad x\in(-\infty,+\infty)$;

(3) $\cos x=\sum_{n=0}^{\infty}\frac{(-1)^{n}}{(2n)!}x^{2n}, \quad x\in(-\infty,+\infty)$;

(4) $(1+x)^{\alpha}=1+\sum_{n=1}^{\infty}\frac{\alpha(\alpha-1)\cdots(\alpha-n+1)}{n!}x^{n}, \quad x\in(-1,1)$.

特例:

$$\frac{1}{1+x}=\sum_{n=0}^{\infty}(-1)^{n}x^{n}, \quad x\in(-1,1);$$

$$\sqrt{1+x}=1+\frac{1}{2}x-\frac{1}{2\times4}x^{2}+\frac{1\times3}{2\times4\times6}x^{3}-\frac{1\times3\times5}{2\times4\times6\times8}x^{4}+\cdots, \quad x\in(-1,1];$$

$$\frac{1}{\sqrt{1+x}}=1-\frac{1}{2}x+\frac{1\times3}{2\times4}x^{2}-\frac{1\times3\times5}{2\times4\times6}x^{3}+\frac{1\times3\times5\times7}{2\times4\times6\times8}x^{4}-\cdots, \quad x\in(-1,1].$$

习题 11-4

1. 将下列函数展开成关于 x 的幂级数.

(1) $f(x)=\mathrm{e}^{-x}$;

(2) $f(x)=\sin^{2}x$;

(3) $f(x)=\frac{1}{(1+x)^{2}}$;

(4) $f(x)=\frac{1}{x+a}\quad(a>0)$;

(5) $f(x)=\sin\left(x+\frac{\pi}{4}\right)$;

(6) $f(x)=(1+x)\ln(1+x)$;

(7) $f(x)=\arctan\frac{1+x}{1-x}$;

(8) $f(x)=\ln(1+x+x^{2}+x^{3})$.

2. 将 $f(x)=\cos x$ 展开成 $\left(x+\frac{\pi}{3}\right)$ 的幂级数.

3. 将 $f(x)=\frac{1}{x}$ 展开成 $(x-1)$ 的幂级数.

4. 将$f(x)=\dfrac{1}{x^2+3x+2}$展开成$(x+4)$的幂级数.

5. 设$u=\dfrac{x-1}{x+1}$,将$f(x)=\ln x$展开成u的幂级数.

*第五节　幂级数的应用

函数展开成幂级数,从形式上看,似乎复杂化了,其实不然.因为幂级数的部分和是多项式,它在进行数值计算时非常方便,所以常常用这样的多项式来近似表达复杂的函数,而产生的误差可以用余项来估计.

一、函数的多项式逼近

如果函数$f(x)$在$x=0$处可展开成幂级数

$$f(x)=f(0)+f'(0)x+\frac{f''(0)}{2!}x^2+\cdots+\frac{f^{(n)}(0)}{n!}x^n+\cdots,$$

那么,在$(-R,R)$内,就可以用$f(x)$的幂级数的前$(n+1)$项来作为它的近似表达式为

$$f(x)\approx f(0)+f'(0)x+\frac{f''(0)}{2!}x^2+\cdots+\frac{f^{(n)}(0)}{n!}x^n.$$

这就是说,在$(-R,R)$内,函数被近似地表示成一个n次多项式,而且n越大,误差就越小,这种近似表示函数的方法称为函数的多项式逼近.近似表示时的误差即为余项$R_n(x)$,可以用$R_n(x)$的拉格朗日型余项来估计误差的大小.

例1　将函数$f(x)=\mathrm{e}^x$近似地表示成多项式,并给出误差估计公式.

解　在近似计算公式中令$f(x)=\mathrm{e}^x$,分别取$n=1,2,3,\cdots$可得一串e^x的近似表达式为

$$\mathrm{e}^x\approx 1+x,$$

$$e^x \approx 1+x+\frac{1}{2}x^2,$$

$$e^x \approx 1+x+\frac{1}{2}x^2+\frac{1}{6}x^3$$

…………

显然,n 越大,精确度越高(见图 11-2).

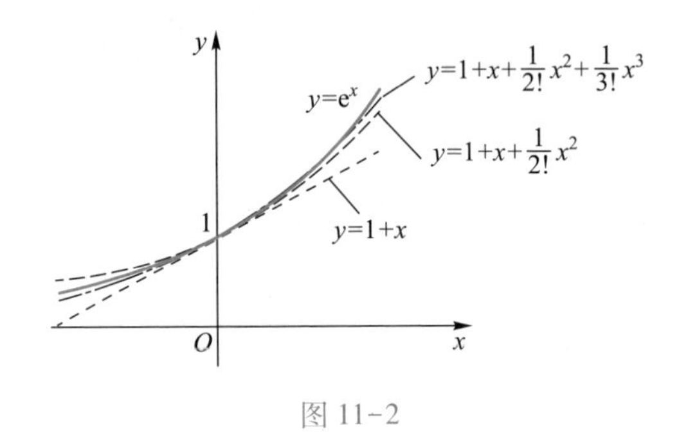

图 11-2

一般地,有

$$e^x \approx 1+x+\frac{x^2}{2!}+\cdots+\frac{x^n}{n!},$$

利用拉格朗日型余项来估计误差:

$$|R_n(x)|=\left|\frac{f^{(n+1)}(\xi)}{(n+1)!}x^{n+1}\right|=\frac{e^{\xi}}{(n+1)!}|x|^{n+1},$$

如果限制 x 在 $(-R,R)$ 内变化,则 $e^{\xi}\leqslant e^R$,得

$$|R_n(x)|\leqslant\frac{e^R}{(n+1)!}|x|^{n+1}.$$

例 2　将函数 $f(x)=\sin x$ 近似地表示成多项式,并给出误差估计公式.

解　按近似计算公式,得

$$\sin x \approx x,$$

$$\sin x \approx x-\frac{x^3}{6},$$

$$\sin x \approx x-\frac{x^3}{6}+\frac{x^5}{120}$$

…………

从图 11-3 可看出,多项式次数越高,它就越接近 $\sin x$.

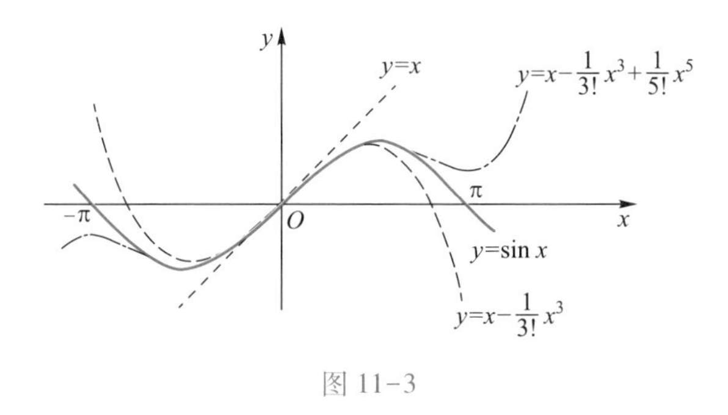

图 11-3

一般地,有

$$\sin x\approx x-\frac{x^3}{3!}+\frac{x^5}{5!}-\cdots+(-1)^{n-1}\frac{x^{2n-1}}{(2n-1)!},$$

其误差为($\sin x$ 展开式中偶次项为 0)

$$\begin{aligned}|R_{2n}(x)|&=\left|\frac{\sin\left[\xi+(2n+1)\dfrac{\pi}{2}\right]}{(2n+1)!}\right|\cdot|x|^{2n+1}\\&\leqslant\frac{|x|^{2n+1}}{(2n+1)!}.\end{aligned}$$

二、近似计算

有了函数的幂级数展开式,可用它来进行近似计算,即在展开式的收敛区间上,函数值可以近似地利用该级数按精度要求来计算.

例 3　计算 e 的近似值,要求误差不超过 0.01.

解　由于

$$\mathrm{e}^x=1+x+\frac{1}{2!}x^2+\cdots+\frac{1}{n!}x^n+\cdots\quad(-\infty<x<+\infty),$$

令 $x=1$,则有

$$\mathrm{e}=1+1+\frac{1}{2!}+\cdots+\frac{1}{n!}+\cdots,$$

取前 n 项作为 e 的近似值,有

$$e\approx 1+1+\frac{1}{2!}+\cdots+\frac{1}{(n-1)!},$$

其余项

$$r_n=\frac{1}{n!}+\frac{1}{(n+1)!}+\cdots=\frac{1}{n!}\left[1+\frac{1}{n+1}+\frac{1}{(n+1)(n+2)}+\cdots\right]$$

$$<\frac{1}{n!}\left[1+\frac{1}{n}+\frac{1}{n^2}+\cdots\right]<\frac{1}{n!}\frac{1}{1-\frac{1}{n}}=\frac{1}{(n-1)(n-1)!},$$

从而(截断)误差 $|r_n|<\frac{1}{(n-1)(n-1)!}$.

若取 $n=6$,则有

$$|r_6|=r_6\leqslant\frac{1}{5\times 5!}=\frac{1}{600}<2\times 10^{-3}.$$

在计算前 6 项的值时,如果每一项都在小数第四位“四舍五入”,于是舍入误差为 $6\times 5\times 10^{-4}=3\times 10^{-3}$. 因而总的误差为

$$2\times 10^{-3}+3\times 10^{-3}=5\times 10^{-3}<10^{-2},$$

故

$$e\approx 1+1+\frac{1}{2!}+\cdots+\frac{1}{5!}\approx 2.72.$$

例 4 利用 $\sin x\approx x-\frac{1}{3!}x^3$,求 $\sin 9°$的近似值,并估计误差.

解 由于 $9°=\frac{\pi}{180}\times 9=\frac{\pi}{20}$(弧度),从而

$$\sin\frac{\pi}{20}\approx\frac{\pi}{20}-\frac{1}{3!}\left(\frac{\pi}{20}\right)^3.$$

其次估计近似值的精确度:在 $\sin x$ 的幂级数展开式中,令 $x=\frac{\pi}{20}$得

$$\sin\frac{\pi}{20}=\frac{\pi}{20}-\frac{1}{3!}\left(\frac{\pi}{20}\right)^3+\frac{1}{5!}\left(\frac{\pi}{20}\right)^5-\frac{1}{7!}\left(\frac{\pi}{20}\right)^7+\cdots,$$

为一交错级数,取它前两项之和作为 $\sin\dfrac{\pi}{20}$的近似值,其误差为

$$|r_2|\leqslant\frac{1}{5!}\left(\frac{\pi}{20}\right)^5<\frac{1}{120}(0.2)^5<\frac{1}{300\ 000}.$$

取$\dfrac{\pi}{20}\approx 0.157\ 080$,$\dfrac{1}{3!}\left(\dfrac{\pi}{20}\right)^3\approx 0.000\ 646$,则 $\sin 9^\circ\approx 0.156\ 43$,其误差不超过 10^{-5}.

例 5 求$\sqrt[5]{245}$的近似值,要求精确到小数第四位.

解 因为$\sqrt[5]{245}=\sqrt[5]{3^5+2}=3\left(1+\dfrac{2}{3^5}\right)^{\frac{1}{5}}$,在二项展开式中,取 $\alpha=\dfrac{1}{5}$,$x=\dfrac{2}{3^5}$,则有

$$\sqrt[5]{245}=3\left(1+\frac{2}{3^5}\right)^{\frac{1}{5}}=3\left[1+\frac{1}{5}\times\frac{2}{3^5}-\frac{1\times 4}{5^2\times 2!}\left(\frac{2}{3^5}\right)^2+\cdots\right].$$

由于

$$|r_2|\leqslant 3\times\frac{1}{5}\times\frac{4}{5}\times\frac{1}{2!}\times\frac{4}{3^{10}}=\frac{3\times 8}{5^2\times 3^{10}}<0.000\ 1,$$

故

$$\sqrt[5]{245}\approx 3\left(1+\frac{1}{5}\times\frac{2}{3^5}\right)\approx 3.004\ 9.$$

在一元函数积分学中遇到了一些函数,它们的原函数是不能用初等函数的有限形式表达出来,因而它们的定积分就无法用牛顿-莱布尼茨公式进行计算. 这时就可以考虑把函数展开成 x 的幂级数的方法解决. 例如在概率论与数理统计中非常有用的概率积分 $\int_0^x \mathrm{e}^{-x^2}\mathrm{d}x$ 的积分表就是利用幂级数这种办法做出来的.

例 6 计算 $\int_0^{0.2}\mathrm{e}^{-x^2}\mathrm{d}x$ 的近似值.

解 把 e^x 展开式中的 x 换成$-x^2$,即可得到 e^{-x^2} 的展开式为

$$\mathrm{e}^{-x^2}=1-x^2+\frac{x^4}{2!}-\frac{x^6}{3!}+\frac{x^8}{4!}-\cdots\quad(-\infty<x<+\infty),$$

故有

$$\int_0^{0.2} e^{-x^2}dx = \int_0^{0.2}\left(1-x^2+\frac{x^4}{2!}-\frac{x^6}{3!}+\frac{x^8}{4!}-\cdots\right)dx$$

$$=\left[x-\frac{x^3}{3}+\frac{x^5}{10}-\frac{x^7}{42}+\cdots\right]_0^{0.2}$$

$$=0.2-0.002\,666\,7+0.000\,032\,0-\cdots$$

$$\approx 0.197\,4.$$

这里只取了前三项作近似计算,所产生的误差约为

$$\left|-\frac{0.2^7}{42}\right|\approx 3.048\times 10^{-7}.$$

例 7 计算 $\int_0^1 \frac{\sin x}{x}dx$ 的近似值.

解 因为

$$\sin x = x-\frac{x^3}{3!}+\frac{x^5}{5!}-\frac{x^7}{7!}+\cdots \quad (-\infty<x<+\infty),$$

所以

$$\int_0^1 \frac{\sin x}{x}dx = \int_0^1\left(1-\frac{x^2}{3!}+\frac{x^4}{5!}-\frac{x^6}{7!}+\cdots\right)dx$$

$$=1-\frac{1}{3\times 3!}+\frac{1}{5\times 5!}-\frac{1}{7\times 7!}+\cdots$$

$$\approx 0.946\,1,$$

这里只取了前三项作近似计算,所产生的误差约为

$$\left|-\frac{1}{7\cdot 7!}\right|\approx 3.0\times 10^{-5}.$$

三、欧拉公式

在复变函数中将证明:对复变数 $z=x+\mathrm{i}y$,有

$$e^z = 1+z+\frac{1}{2!}z^2+\cdots+\frac{1}{n!}z^n+\cdots,\ |z|<+\infty.$$

上式中令 $x=0$,即 $z=\mathrm{i}y$,则有

$$
\begin{aligned}
\mathrm{e}^{\mathrm{i}y} &= 1+\mathrm{i}y+\frac{1}{2!}(\mathrm{i}y)^2+\frac{1}{3!}(\mathrm{i}y)^3+\frac{1}{4!}(\mathrm{i}y)^4+\cdots+\\
&\quad \frac{1}{(2n)!}(\mathrm{i}y)^{2n}+\frac{1}{(2n+1)!}(\mathrm{i}y)^{2n+1}+\cdots\\
&=1+\mathrm{i}y-\frac{1}{2!}y^2-\frac{1}{3!}\mathrm{i}y^3+\frac{1}{4!}y^4+\frac{1}{5!}\mathrm{i}y^5+\cdots+\\
&\quad \frac{(-1)^n}{(2n)!}y^{2n}+\frac{(-1)^n}{(2n+1)!}\mathrm{i}y^{2n+1}+\cdots\\
&=\left[1-\frac{1}{2!}y^2+\frac{1}{4!}y^4+\cdots+\frac{(-1)^n}{(2n)!}y^{2n}+\cdots\right]+\\
&\quad \mathrm{i}\left[y-\frac{1}{3!}y^3+\frac{1}{5!}y^5+\cdots+\frac{(-1)^n}{(2n+1)!}y^{2n+1}+\cdots\right]\\
&=\cos y+\mathrm{i}\sin y.
\end{aligned}
$$

将上式 y 换成 x,即得到欧拉公式 $\mathrm{e}^{\mathrm{i}x}=\cos x+\mathrm{i}\sin x$. 从而有 $\mathrm{e}^{-\mathrm{i}x}=\cos x-\mathrm{i}\sin x$,于是有

$$
\cos x=\frac{1}{2}(\mathrm{e}^{\mathrm{i}x}+\mathrm{e}^{-\mathrm{i}x}),\quad \sin x=\frac{1}{2\mathrm{i}}(\mathrm{e}^{\mathrm{i}x}-\mathrm{e}^{-\mathrm{i}x}).
$$

这两个式子也称为**欧拉公式**(Euler formula).

欧拉公式揭示了三角函数与复变量指数函数之间的一种联系.

复数 z 可以表示为指数形式:

$$
z=\rho(\cos\theta+\mathrm{i}\sin\theta)=\rho\mathrm{e}^{\mathrm{i}\theta},
$$

其中 $\rho=|z|$ 是 z 的模,$\theta=\arg z$ 是 z 的辐角.

四、微分方程的幂级数解法

在学习微分方程时知道,可解的微分方程是很有限的,而绝大部分微分方程都是不能用初等积分方法求解,但由于实际问题的需要,又迫使不得不去寻求其他解法. 常用的有幂级数解法和数值解法.

现在通过具体例子介绍幂级数解法.

例 8 求微分方程$\frac{dy}{dx}=x+y^2$ 满足 $y|_{x=0}=0$ 的特解.

解 这是一个一阶微分方程,其解可以用幂级数

$$y=a_0+a_1x+a_2x^2+a_3x^3+a_4x^4+a_5x^5+\cdots$$

表示. 由 $y|_{x=0}=0$ 知 $a_0=0$.

把 y 及 y'的幂级数展开式代入原方程,得

$$\begin{aligned}&a_1+2a_2x+3a_3x^2+4a_4x^3+5a_5x^4+\cdots\\&=x+(a_1x+a_2x^2+a_3x^3+\cdots)^2\\&=x+a_1^2x^2+2a_1a_2x^3+(a_2^2+2a_1a_3)x^4+\cdots,\end{aligned}$$

比较恒等式两端 x 的同次幂的系数,得

$$a_1=0,a_2=\frac{1}{2},a_3=0,a_4=0,a_5=\frac{1}{20},\cdots,$$

于是所求解的幂级数展开式为

$$y=\frac{1}{2}x^2+\frac{1}{20}x^5+\cdots.$$

例 9 求微分方程 $x^2y''+xy'+x^2y=0$ 的一个特解.

解 这是一个二阶线性微分方程. 设方程的解可表示成

$$y=a_0+a_1x+a_2x^2+a_3x^3+\cdots+a_nx^n+\cdots,$$

将 y,y',y''的幂级数展开式代入原方程,得

$$\begin{aligned}&x^2[2a_2+3\times2a_3x+\cdots+n(n-1)a_nx^n+\cdots]+\\&x(a_1+2a_2x+\cdots+na_nx^{n-1}+\cdots)+\\&x^2(a_0+a_1x+a_2x^2+\cdots+a_nx^n+\cdots)=0,\end{aligned}$$

即 $$a_1x+(a_0+2^2a_2)x^2+(a_1+3^2a_3)x^3+\cdots+(a_{n-2}+n^2a_n)x^n+\cdots=0,$$

右端恒等于 0,则左端各项系数必等于 0,于是有

$$a_1=0,\quad a_3=0,\quad \cdots,\quad a_{2k-1}=0,\quad \cdots;$$

$$a_2=-\frac{a_0}{2^2},\quad a_4=-\frac{a_2}{4^2}=\frac{a_0}{2^2\times4^2},\quad \cdots,$$

$$a_{2k}=-\frac{a_{2k-2}}{(2k)^2}=\frac{(-1)^ka_0}{2^2\times4^2\cdots(2k)^2}=\frac{(-1)^ka_0}{2^{2k}(k!)^2},\quad \cdots.$$

如果取 $a_0=1$,便得原方程的一个特解为

$$y=\sum_{n=0}^{\infty}\frac{(-1)^n}{(n!)^2}\left(\frac{x}{2}\right)^{2n}.$$

需要说明的是,如果这个级数处处发散,那么这样的解就不存在;如果在 $(-R,R)$ 内收敛,那么,这个级数的和函数必然是一个解. 事实上,可以求出该级数的收敛半径为 $+\infty$,故该级数处处收敛,因此这个级数的和函数 y 必然是原方程在 $(-\infty,+\infty)$ 内的解.

微分方程

$$x^2y''+xy'+x^2y=0$$

称为零阶贝塞尔(Bessel)方程,其幂级数解在 $(-\infty,+\infty)$ 内定义了一个特殊函数(非初等函数),称为零阶贝塞尔函数,记为 $\mathrm{J}_0(x)$,即

$$\mathrm{J}_0=\sum_{n=0}^{\infty}\frac{(-1)^n}{(n!)^2}\left(\frac{x}{2}\right)^{2n}.$$

该函数经常在一些有关圆柱的工程技术问题中出现,故也称为圆柱函数.

习题 11-5

1. 利用幂级数求下列极限.

(1) $\lim\limits_{x\to 0}\dfrac{x-\sin x}{x^3}$;

(2) $\lim\limits_{x\to+\infty}\left[x-x^2\ln\left(1+\dfrac{1}{x}\right)\right]$.

2. 求下列近似值.

(1) $\ln 3$(误差不超过 10^{-4});

(2) $\cos 10^\circ$(误差不超过 10^{-4}).

3. 求下列定积分的近似值.

(1) $\int_0^{\frac{1}{2}}\dfrac{1}{1+x^4}\mathrm{d}x$(误差不超过 10^{-4});

(2) $\int_0^{\frac{1}{2}} \frac{\arctan x}{x} \mathrm{d}x$(误差不超过 10^{-3}).

4. 将函数 $\mathrm{e}^x \cos x$ 展成 x 的幂级数.

5. 求下列微分方程的幂级数解.

(1) $y''+xy'+y=0$;

(2) $(1-x)y'+y=1+x, y\big|_{x=0}=0$.

第六节 周期函数的傅里叶级数

从本节开始,将讨论由三角函数组成的函数项级数,即所谓的三角级数,它是实际问题中研究复杂的周期运动的一种有力工具. 在机械振动、热学、光学,特别是在无线电技术中有着重要的应用.

一、三角级数、三角函数系的正交性

在自然科学和工程技术中,常常会遇到周而复始的运动(简称周期运动),如行星绕太阳运转、蒸汽机活塞在汽缸内的运动、时钟钟摆的运动等. 从物理学的观点来看,在所有周期运动中,以正弦函数

$$y=A\sin(\omega t+\varphi), \quad \text{周期 } T=\frac{2\pi}{\omega}$$

傅里叶级数(1)

来描述的周期运动最为简单,这类运动通常称为简谐运动. 其中 $|A|$ 称为振幅,ω 称为角频率,φ 称为初相位.

但是,在实际中遇到的周期运动往往很复杂,如何深入研究这些复杂运动呢? 联系到前边介绍的用函数的幂级数展开式表示与讨论函数的办法,自然希望用很多(有限或无限)个简谐振动的叠加来表示,这种表示方法将对解决实际问题带来极大的方便. 因此,在数学上就希望将周期为 T 的非正弦函数 $f(t)$ 表示成以下的形式:

$$A_0+A_1\sin(\omega t+\varphi_1)+A_2\sin(2\omega t+\varphi_2)+\cdots+$$

$$A_n\sin(n\omega t+\varphi_n)+\cdots=A_0+\sum_{n=1}^{\infty}A_n\sin(n\omega t+\varphi_n),\qquad(11-1)$$

其中,$A_0,A_n,\varphi_n(n=1,2,\cdots)$都是常数.

为了以后讨论的方便,将正弦函数 $A_n\sin(n\omega t+\varphi_n)$按三角公式变形,得

$$A_n\sin(n\omega t+\varphi_n)=A_n\sin\varphi_n\cos n\omega t+A_n\cos\varphi_n\sin n\omega t,$$

并且令

$$\frac{a_0}{2}=A_0,\quad a_n=A_n\sin\varphi_n,\quad b_n=A_n\cos\varphi_n,\quad \omega t=x,$$

则式(11-1)右端的级数就可以改写为

$$\frac{a_0}{2}+\sum_{n=1}^{\infty}(a_n\cos nx+b_n\sin nx).$$

一般地,形如这样的级数叫做**三角级数**(trigonometric series),其中 a_0,$a_n,b_n(n=1,2,\cdots)$都是常数.

如同讨论幂级数一样,需要讨论周期函数$f(x)$满足什么条件时可以展开成三角级数,以及在可展开的情况下如何展开,即在可展开的情况下系数 a_0,a_n,b_n 如何由$f(x)$确定的问题. 为此,首先介绍三角函数系的正交性.

三角函数系

$$1,\cos x,\sin x,\cos 2x,\sin 2x,\cdots,\cos nx,\sin nx,\cdots$$

在$[-\pi,\pi]$上**正交**,就是指在三角函数系中任何两个不同的函数相乘后,在$[-\pi,\pi]$上的定积分等于零,即

$$\int_{-\pi}^{\pi}1\cdot\sin nx\mathrm{d}x=0\quad(n=1,2,\cdots),$$

$$\int_{-\pi}^{\pi}1\cdot\cos nx\mathrm{d}x=0\quad(n=1,2,\cdots),$$

$$\int_{-\pi}^{\pi}\sin kx\cdot\cos nx\mathrm{d}x=0\quad(k,n=1,2,\cdots),$$

$$\int_{-\pi}^{\pi}\cos kx\cdot\cos nx\mathrm{d}x=0\quad(k,n=1,2,\cdots,k\neq n),$$

$$\int_{-\pi}^{\pi}\sin kx\cdot\sin nx\mathrm{d}x=0\quad(k,n=1,2,\cdots,k\neq n).$$

以上各式都可通过计算验证,现就第四个式子验证如下.

$$\cos kx\cos nx=\frac{1}{2}[\cos(k+n)x+\cos(k-n)x],$$

当 $k\neq n$ 时,有

$$\begin{aligned}\int_{-\pi}^{\pi}\cos kx\cos nx\mathrm{d}x&=\frac{1}{2}\int_{-\pi}^{\pi}[\cos(k+n)x+\cos(k-n)x]\,\mathrm{d}x\\&=\frac{1}{2}\left[\frac{\sin(k+n)x}{k+n}+\frac{\sin(k-n)x}{k-n}\right]_{-\pi}^{\pi}\\&=0\quad(k,n=1,2,\cdots,k\neq n).\end{aligned}$$

在三角函数系中,任何两个相同函数的乘积在$[-\pi,\pi]$上的定积分不等于零,即

$$\int_{-\pi}^{\pi}1^2\mathrm{d}x=2\pi,$$

$$\int_{-\pi}^{\pi}\cos^2kx\mathrm{d}x=\pi,\quad\int_{-\pi}^{\pi}\sin^2kx\mathrm{d}x=\pi\quad(k=1,2,\cdots).$$

二、以 2π 为周期的函数展开成傅里叶级数

设 $f(x)$ 是以 2π 为周期的函数,且能展开成三角级数,即有

$$f(x)=\frac{a_0}{2}+\sum_{n=1}^{\infty}(a_n\cos nx+b_n\sin nx).\qquad(11-2)$$

现利用三角函数系的正交性来确定 a_0,a_n,b_n. 为此,进一步假定级数(11-2)可逐项积分.

先求 a_0. 对级数(11-2)从 $-\pi$ 到 π 逐项积分,得

$$\int_{-\pi}^{\pi}f(x)\,\mathrm{d}x=\int_{-\pi}^{\pi}\frac{a_0}{2}\mathrm{d}x+\sum_{n=1}^{\infty}\left[a_n\int_{-\pi}^{\pi}\cos nx\mathrm{d}x+b_n\int_{-\pi}^{\pi}\sin nx\mathrm{d}x\right].$$

根据三角函数系的正交性,和号内的积分均为 0,有

$$\int_{-\pi}^{\pi}f(x)\,\mathrm{d}x=\frac{a_0}{2}\times2\pi,$$

于是得

$$a_0=\frac{1}{\pi}\int_{-\pi}^{\pi}f(x)\,\mathrm{d}x.$$

再求 a_n. 用 $\cos kx$ 乘式(11-2)两端，再从$-\pi$到π逐项积分，得

$$\int_{-\pi}^{\pi}f(x)\cos kx\mathrm{d}x=\frac{a_0}{2}\int_{-\pi}^{\pi}\cos kx\mathrm{d}x+$$

$$\sum_{n=1}^{\infty}\left[a_n\int_{-\pi}^{\pi}\cos nx\cos kx\mathrm{d}x+b_n\int_{-\pi}^{\pi}\sin nx\cos kx\mathrm{d}x\right].$$

根据三角函数系的正交性，有

$$\int_{-\pi}^{\pi}f(x)\cos kx\mathrm{d}x=a_k\int_{-\pi}^{\pi}\cos^2 kx\mathrm{d}x=a_k\pi,$$

于是得 $a_k=\frac{1}{\pi}\int_{-\pi}^{\pi}f(x)\cos kx\mathrm{d}x(k=1,2,\cdots)$，即

$$a_n=\frac{1}{\pi}\int_{-\pi}^{\pi}f(x)\cos nx\mathrm{d}x\quad(n=1,2,\cdots),$$

类似地，用 $\sin kx$ 乘式(11-2)的两端，再从$-\pi$到π逐项积分，可得

$$b_n=\frac{1}{\pi}\int_{-\pi}^{\pi}f(x)\sin nx\mathrm{d}x\quad(n=1,2,\cdots).$$

已得结果可以合并写成

$$a_n=\frac{1}{\pi}\int_{-\pi}^{\pi}f(x)\cos nx\mathrm{d}x\quad(n=0,1,2,\cdots),$$

$$b_n=\frac{1}{\pi}\int_{-\pi}^{\pi}f(x)\sin nx\mathrm{d}x\quad(n=1,2,\cdots).$$

如果上式中的积分都存在，这时由它们确定的系数 a_0,a_n,b_n 叫做函数 $f(x)$ 的**傅里叶系数**(Fourier coefficient)，将这些系数代入式(11-2)右端，所得的三角级数为

$$\frac{a_0}{2}+\sum_{n=1}^{\infty}(a_n\cos nx+b_n\sin nx),$$

叫做函数 $f(x)$ 的**傅里叶级数**(Fourier series).

特别地，若 $f(x)$ 是奇函数，由于

$$a_n=\frac{1}{\pi}\int_{-\pi}^{\pi}f(x)\cos nx\mathrm{d}x=0\quad(n=0,1,2,\cdots),$$

$$b_n=\frac{1}{\pi}\int_{-\pi}^{\pi}f(x)\sin nx\mathrm{d}x=\frac{2}{\pi}\int_{0}^{\pi}f(x)\sin nx\mathrm{d}x \quad (n=1,2,\cdots),$$

则此时傅里叶级数变成只含有正弦项的级数

$$\sum_{n=1}^{\infty}b_n\sin nx.$$

该级数称为**正弦级数**(sine series).

若$f(x)$是偶函数时,由于

$$a_n=\frac{1}{\pi}\int_{-\pi}^{\pi}f(x)\cos nx\mathrm{d}x=\frac{2}{\pi}\int_{0}^{\pi}f(x)\cos nx\mathrm{d}x \quad (n=0,1,2,\cdots),$$

$$b_n=\frac{1}{\pi}\int_{-\pi}^{\pi}f(x)\sin nx\mathrm{d}x=0 \quad (n=1,2,\cdots),$$

故此时傅里叶级数变为只含有常数项和余弦项的级数

傅里叶级数(2)

$$\frac{a_0}{2}+\sum_{n=1}^{\infty}a_n\cos nx.$$

该级数称为**余弦级数**(cosine series).

由此可见,傅里叶级数是三角级数中的一种,即三角级数中的系数取成傅里叶系数时的级数,而正弦级数、余弦级数又是特殊的傅里叶级数.

值得注意的是,任何一个以 2π 为周期的函数$f(x)$,只要它在一个周期内可积,则一定可以作出$f(x)$的傅里叶级数,但这个级数是否一定收敛?若收敛,是否一定收敛于函数$f(x)$?一般说来,这两个问题的答案都不是肯定的.那么,当函数$f(x)$满足什么条件时,它的傅里叶级数不仅收敛,且恰好就收敛于$f(x)$本身呢?关于这个问题,有下述重要结论(这里不再证明):

定理 1(收敛定理,狄利克雷(Dirichlet)充分条件) 设$f(x)$是以 2π 为周期的函数,如果它满足:

(1) 在一个周期内连续或只有有限个第一类间断点;

(2) 在一个周期内至多有有限个极值点,

则函数$f(x)$的傅里叶级数收敛,并且当 x 是$f(x)$的连续点时,级数收敛于$f(x)$;当 x 是$f(x)$的间断点时,级数收敛于

$$\frac{1}{2}[f(x-0)+f(x+0)].$$

在实际问题中,使用的周期函数一般都满足定理 1 的条件,因而,按定理 1,它们可展开成傅里叶级数.

例 1　设 $f(x)$ 是以 2π 为周期的函数,且在一个周期 $[-\pi,\pi)$ 内的表达式为

$$f(x)=\begin{cases}x, & -\pi\leqslant x<0,\\ 0, & 0\leqslant x<\pi.\end{cases}$$

将函数 $f(x)$ 展开成傅里叶级数.

解　所给函数满足定理 1 的条件,它在点 $x=(2k+1)\pi(k=0,\pm1,\pm2,\cdots)$ 处不连续,因此,$f(x)$ 的傅里叶级数在 $x=(2k+1)\pi$ 处收敛于

$$\frac{1}{2}[f(\pi-0)+f(-\pi+0)]=\frac{1}{2}(0-\pi)=-\frac{\pi}{2}.$$

在连续点 $x(x\neq(2k+1)\pi)$ 处收敛于 $f(x)$,和函数的图形如图 11-4 所示.

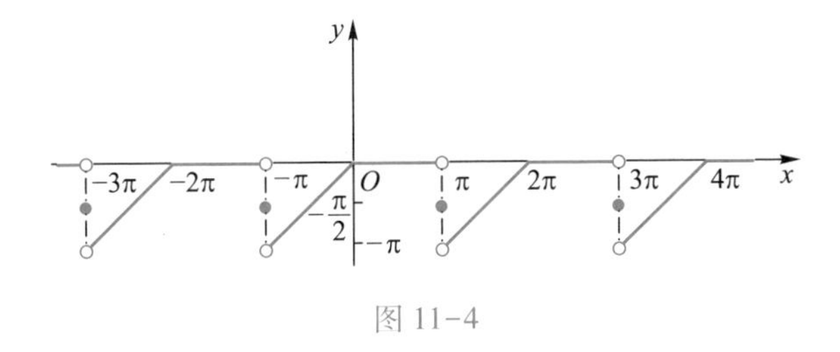

图 11-4

计算傅里叶系数:

$$\begin{aligned}a_n&=\frac{1}{\pi}\int_{-\pi}^{\pi}f(x)\cos nx\mathrm{d}x=\frac{1}{\pi}\int_{-\pi}^{0}x\cos nx\mathrm{d}x\\&=\frac{1}{\pi}\left[\frac{x\sin nx}{n}+\frac{\cos nx}{n^2}\right]_{-\pi}^{0}=\frac{1}{n^2\pi}(1-\cos n\pi)\\&=\begin{cases}\dfrac{2}{n^2\pi},n=1,3,5,\cdots,\\0,n=2,4,6,\cdots,\end{cases}\end{aligned}$$

$$a_0=\frac{1}{\pi}\int_{-\pi}^{\pi}f(x)\mathrm{d}x=\frac{1}{\pi}\int_{-\pi}^{0}x\mathrm{d}x=-\frac{\pi}{2},$$

$$
\begin{aligned}
b_n &= \frac{1}{\pi}\int_{-\pi}^{\pi} f(x)\sin nx\mathrm{d}x = \frac{1}{\pi}\int_{-\pi}^{0} x\sin nx\mathrm{d}x \\
&= \frac{1}{\pi}\left[-\frac{x\cos nx}{n} + \frac{\sin nx}{n^2}\right]_{-\pi}^{0} = -\frac{\cos n\pi}{n} \\
&= \frac{(-1)^{n+1}}{n} \quad (n=1,2,\cdots).
\end{aligned}
$$

于是函数 $f(x)$ 的傅里叶级数展开式为

$$
\begin{aligned}
f(x) &= \frac{a_0}{2} + \sum_{n=1}^{\infty}(a_n\cos nx + b_n\sin nx) \\
&= -\frac{\pi}{4} + \left(\frac{2}{\pi}\cos x + \sin x\right) - \frac{1}{2}\sin 2x + \left(\frac{2}{3^2\pi}\cos 3x + \frac{1}{3}\sin 3x\right) - \\
&\quad \frac{1}{4}\sin 4x + \left(\frac{2}{5^2\pi}\cos 5x + \frac{1}{5}\sin 5x\right) - \cdots \\
&\qquad (-\infty < x < +\infty;\ x \neq \pm\pi, \pm 3\pi, \cdots).
\end{aligned}
$$

例 2 设 $f(x)$ 是以 2π 为周期的函数，它在 $[-\pi,\pi)$ 内的表达式为

$$
f(x) = \begin{cases} -1, & -\pi \leqslant x < 0, \\ 1, & 0 \leqslant x < \pi, \end{cases}
$$

将函数 $f(x)$ 展开成傅里叶级数.

解 所给函数满足定理 1 的条件，它在 $x=k\pi(k=0,\pm1,\pm2,\cdots)$ 处不连续，在其他点处处连续，因此 $f(x)$ 的傅里叶级数在点 $x=k\pi$ 处收敛于

$$
\frac{-1+1}{2} = \frac{1+(-1)}{2} = 0.
$$

当 $x \neq k\pi$ 时，级数收敛于 $f(x)$，和函数的图形如图 11-5 所示.

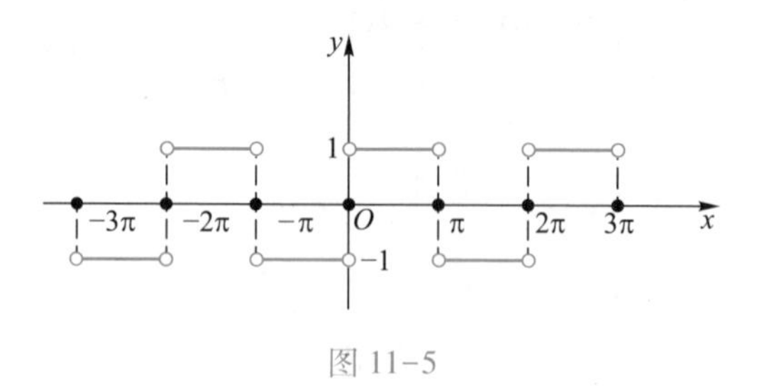

图 11-5

若不计 $x=k\pi(k=0,\pm1,\pm2,\cdots)$，由于 $f(x)$ 是周期为 2π 的奇函数，因此

$$a_n=0 \quad (n=0,1,2,\cdots),$$

$$b_n=\frac{2}{\pi}\int_0^{\pi}f(x)\sin nx\mathrm{d}x=\frac{2}{\pi}\int_0^{\pi}\sin nx\mathrm{d}x$$

$$=\frac{2}{n\pi}[1-(-1)^n]=\begin{cases}\dfrac{4}{n\pi}, & n=1,3,5,\cdots,\\ 0, & n=2,4,6,\cdots,\end{cases}$$

于是$f(x)$的傅里叶级数展开式为

$$f(x)=\frac{4}{\pi}\left[\sin x+\frac{1}{3}\sin 3x+\cdots+\frac{1}{2n-1}\sin(2n-1)x+\cdots\right]$$

$$(-\infty<x<+\infty;x\neq 0,\pm\pi,\pm 2\pi,\cdots).$$

例 3　将周期函数 $u(t)=E\left|\sin\dfrac{t}{2}\right|$展开成傅里叶级数,其中 E 是正的常数.

解　所给函数满足定理 1 的条件,它在整个数轴上连续(见图 11-6),因此$u(t)$的傅里叶级数处处收敛于 $u(t)$. 因为 $u(t)$是周期为 2π 的偶函数,所以

$$b_n=0 \quad (n=1,2,\cdots),$$

$$a_n=\frac{2}{\pi}\int_0^{\pi}u(t)\cos nt\mathrm{d}t=\frac{2}{\pi}\int_0^{\pi}E\sin\frac{t}{2}\cos nt\mathrm{d}t$$

$$=\frac{E}{\pi}\int_0^{\pi}\left[\sin\left(n+\frac{1}{2}\right)t-\sin\left(n-\frac{1}{2}\right)t\right]\mathrm{d}t$$

$$=-\frac{4E}{(4n^2-1)\pi} \quad (n=0,1,2,\cdots),$$

于是 $u(t)$的傅里叶级数展开式为

$$u(t)=\frac{4E}{\pi}\left(\frac{1}{2}-\frac{1}{3}\cos t-\frac{1}{15}\cos 2t-\frac{1}{35}\cos 3t-\cdots-\frac{1}{4n^2-1}\cos nt-\cdots\right)$$

$$(-\infty<t<+\infty).$$

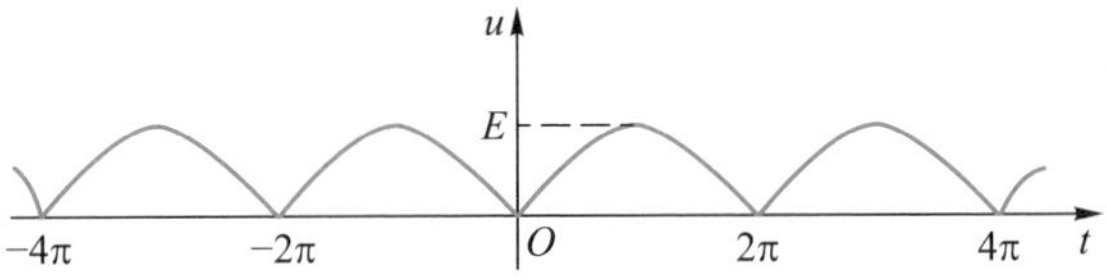

图 11-6

以上讨论的都是以 2π 为周期的函数展开成傅里叶级数的问题,但在实际中所遇到的周期函数,其周期不一定是 2π,因此,需要将上述讨论的结果推广到一般周期函数的情形.

三、以 $2l$ 为周期的函数展开成傅里叶级数

根据前文讨论的结果,经过自变量的变量代换,可得下述的定理:

定理 2 设周期为 $2l$ 的周期函数 $f(x)$ 满足狄利克雷收敛定理的条件,则它的傅里叶级数展开式为

$$f(x)=\frac{a_0}{2}+\sum_{n=1}^{\infty}\left(a_n\cos\frac{n\pi}{l}x+b_n\sin\frac{n\pi}{l}x\right)\quad(x\text{ 为连续点}),$$

其中,系数 a_n,b_n 为

一般周期函数的傅里叶级数(1)

$$a_n=\frac{1}{l}\int_{-l}^{l}f(x)\cos\frac{n\pi}{l}x\mathrm{d}x\quad(n=0,1,2,\cdots),$$

$$b_n=\frac{1}{l}\int_{-l}^{l}f(x)\sin\frac{n\pi}{l}x\mathrm{d}x\quad(n=1,2,3,\cdots).$$

当 $f(x)$ 为奇函数时,有

$$f(x)=\sum_{n=1}^{\infty}b_n\sin\frac{n\pi}{l}x\quad(x\text{ 为连续点}),$$

其中系数 b_n 为

$$b_n=\frac{2}{l}\int_{0}^{l}f(x)\sin\frac{n\pi}{l}x\mathrm{d}x\quad(n=1,2,3,\cdots).$$

当 $f(x)$ 为偶函数时,有

$$f(x)=\frac{a_0}{2}+\sum_{n=1}^{\infty}a_n\cos\frac{n\pi}{l}x\quad(x\text{ 为连续点}),$$

其中系数 a_n 为

$$a_n=\frac{2}{l}\int_{0}^{l}f(x)\cos\frac{n\pi}{l}x\mathrm{d}x\quad(n=0,1,2,\cdots).$$

证明 作变量代换 $z=\frac{\pi x}{l}$,于是当 $x\in[-l,l]$ 时,就有 $z\in[-\pi,\pi]$. 设

$$f(x)=f\left(\frac{lz}{\pi}\right)=F(z),$$

从而，$F(z)$是周期为2π的周期函数，并且满足定理1的条件，将$F(z)$展开成傅里叶级数

$$F(z)=\frac{a_0}{2}+\sum_{n=1}^{\infty}(a_n\cos nz+b_n\sin nz),$$

其中 $$a_n=\frac{1}{\pi}\int_{-\pi}^{\pi}F(z)\cos nz\mathrm{d}z,\quad b_n=\frac{1}{\pi}\int_{-\pi}^{\pi}F(z)\sin nz\mathrm{d}z.$$

在以上式子中令$z=\frac{\pi x}{l}$，并注意到$F(z)=f(x)$，可得

$$f(x)=\frac{a_0}{2}+\sum_{n=1}^{\infty}\left(a_n\cos\frac{n\pi}{l}x+b_n\sin\frac{n\pi}{l}x\right),$$

且 $$a_n=\frac{1}{l}\int_{-l}^{l}f(x)\cos\frac{n\pi}{l}x\mathrm{d}x,\quad b_n=\frac{1}{l}\int_{-l}^{l}f(x)\sin\frac{n\pi}{l}x\mathrm{d}x.$$

类似地，可以证明定理2的其余部分.

注 定理2中，若x为$f(x)$的间断点，则$f(x)$的傅里叶级数收敛于该点左、右极限的平均值.

例4 设$f(x)$是以4为周期的函数，它在一个周期$[-2,2)$内的表达式为

$$f(x)=\begin{cases}0, & -2\leqslant x<0,\\ k, & 0\leqslant x<2\end{cases}\quad(\text{常数 }k\neq 0).$$

将$f(x)$展开成傅里叶级数.

解 这时$l=2$，所给函数满足定理2的条件，它在$x=kl(k=0,\pm1,\pm2,\cdots)$处不连续，而在$x\neq kl$处处连续.

$$a_n=\frac{1}{2}\int_0^2 k\cos\frac{n\pi}{2}x\mathrm{d}x=\left[\frac{k}{n\pi}\sin\frac{n\pi}{2}x\right]_0^2=0\quad(n\neq 0),$$

$$a_0=\frac{1}{2}\int_{-2}^{0}0\mathrm{d}x+\frac{1}{2}\int_0^2 k\mathrm{d}x=k,$$

$$b_n=\frac{1}{2}\int_0^2 k\sin\frac{n\pi}{2}x\mathrm{d}x=\left[-\frac{k}{n\pi}\cos\frac{n\pi}{2}x\right]_0^2$$

$$=\frac{k}{n\pi}(1-\cos n\pi)=\begin{cases}\dfrac{2k}{n\pi}, & n=1,3,5,\cdots,\\ 0, & n=2,4,6,\cdots.\end{cases}$$

于是$f(x)$的傅里叶级数展开式为

$$f(x)=\frac{k}{2}+\frac{2k}{\pi}\left(\sin\frac{\pi x}{2}+\frac{1}{3}\sin\frac{3\pi x}{2}+\frac{1}{5}\sin\frac{5\pi x}{2}+\cdots\right)$$

$$(-\infty<x<+\infty;x\neq 0,\pm 2,\pm 4,\cdots).$$

在$x=0,\pm 2,\pm 4,\cdots$处,$f(x)$的傅里叶级数收敛于$\frac{k}{2}$.

*四、傅里叶级数的复数形式

前文已经介绍了傅里叶级数的实数形式,现在介绍傅里叶级数的复数形式.

设周期为$2l$的周期函数$f(x)$的傅里叶级数为

$$\frac{a_0}{2}+\sum_{n=1}^{\infty}\left(a_n\cos\frac{n\pi}{l}x+b_n\sin\frac{n\pi}{l}x\right),$$

其中

一般周期函数的傅里叶级数(2)

$$a_n=\frac{1}{l}\int_{-l}^{l}f(x)\cos\frac{n\pi}{l}x\mathrm{d}x,n=0,1,2,\cdots,$$

$$b_n=\frac{1}{l}\int_{-l}^{l}f(x)\sin\frac{n\pi}{l}x\mathrm{d}x,n=1,2,\cdots.$$

根据欧拉公式,有

$$\cos x=\frac{1}{2}(\mathrm{e}^{\mathrm{i}x}+\mathrm{e}^{-\mathrm{i}x}),\quad \sin x=\frac{1}{2\mathrm{i}}(\mathrm{e}^{\mathrm{i}x}-\mathrm{e}^{-\mathrm{i}x}),$$

$f(x)$的傅里叶级数可化为

$$\frac{a_0}{2}+\sum_{n=1}^{\infty}\left[\frac{a_n}{2}(\mathrm{e}^{\mathrm{i}\frac{n\pi}{l}x}+\mathrm{e}^{-\mathrm{i}\frac{n\pi}{l}x})-\frac{\mathrm{i}b_n}{2}(\mathrm{e}^{\mathrm{i}\frac{n\pi}{l}x}-\mathrm{e}^{-\mathrm{i}\frac{n\pi}{l}x})\right]$$

$$=\frac{a_0}{2}+\sum_{n=1}^{\infty}\left(\frac{a_n-\mathrm{i}b_n}{2}\mathrm{e}^{\mathrm{i}\frac{n\pi}{l}x}+\frac{a_n+\mathrm{i}b_n}{2}\mathrm{e}^{-\mathrm{i}\frac{n\pi}{l}x}\right).$$

记 $c_0=\dfrac{a_0}{2},c_n=\dfrac{a_n-\mathrm{i}b_n}{2},c_{-n}=\dfrac{a_n+\mathrm{i}b_n}{2},n=1,2,\cdots$，则上式可写为

$$
\begin{aligned}
c_0+\sum_{n=1}^{\infty}\left(c_n\mathrm{e}^{\mathrm{i}\frac{n\pi}{l}x}+c_{-n}\mathrm{e}^{-\mathrm{i}\frac{n\pi}{l}x}\right)&=c_n\mathrm{e}^{\mathrm{i}\frac{n\pi}{l}x}\Big|_{n=0}+\sum_{n=1}^{\infty}\left(c_n\mathrm{e}^{\mathrm{i}\frac{n\pi}{l}x}+c_{-n}\mathrm{e}^{-\mathrm{i}\frac{n\pi}{l}x}\right)\\
&=\sum_{n=-\infty}^{\infty}c_n\mathrm{e}^{\mathrm{i}\frac{n\pi}{l}x}.
\end{aligned}
$$

上式即为周期为 $2l$ 的周期函数 $f(x)$ 的傅里叶级数的复数形式，其中

$$
c_0=\frac{a_0}{2}=\frac{1}{2l}\int_{-l}^{l}f(x)\,\mathrm{d}x,
$$

$$
\begin{aligned}
c_n=\frac{a_n-\mathrm{i}b_n}{2}&=\frac{1}{2l}\int_{-l}^{l}f(x)\cos\frac{n\pi}{l}x\,\mathrm{d}x-\frac{\mathrm{i}}{2l}\int_{-l}^{l}f(x)\sin\frac{n\pi}{l}x\,\mathrm{d}x\\
&=\frac{1}{2l}\int_{-l}^{l}f(x)\left(\cos\frac{n\pi}{l}x-\mathrm{i}\sin\frac{n\pi}{l}x\right)\mathrm{d}x\\
&=\frac{1}{2l}\int_{-l}^{l}f(x)\mathrm{e}^{-\mathrm{i}\frac{n\pi}{l}x}\,\mathrm{d}x\quad(n=1,2,\cdots),
\end{aligned}
$$

$$
c_{-n}=\frac{a_n+\mathrm{i}b_n}{2}=\frac{1}{2l}\int_{-l}^{l}f(x)\mathrm{e}^{\mathrm{i}\frac{n\pi}{l}x}\,\mathrm{d}x\quad(n=1,2,\cdots),
$$

以上三式合并为

$$
c_n=\frac{1}{2l}\int_{-l}^{l}f(x)\mathrm{e}^{-\mathrm{i}\frac{n\pi}{l}x}\,\mathrm{d}x\quad(n=0,\pm1,\pm2,\cdots),
$$

这就是傅里叶系数的复数形式.

例 5　把函数 $f(x)=\begin{cases}-x, & -l\leqslant x<0,\\ x, & 0\leqslant x<l\end{cases}$ 展开成傅里叶级数的复数形式.

解　由公式得

$$
c_0=\frac{1}{2l}\int_{-l}^{l}f(x)\,\mathrm{d}x=\frac{1}{2l}\int_{-l}^{0}(-x)\,\mathrm{d}x+\frac{1}{2l}\int_{0}^{l}x\,\mathrm{d}x=\frac{l}{2}.
$$

$$
\begin{aligned}
c_n&=\frac{1}{2l}\int_{-l}^{l}f(x)\mathrm{e}^{-\mathrm{i}\frac{n\pi}{l}x}\,\mathrm{d}x\\
&=\frac{1}{2l}\int_{-l}^{0}(-x)\mathrm{e}^{-\mathrm{i}\frac{n\pi}{l}x}\,\mathrm{d}x+\frac{1}{2l}\int_{0}^{l}x\mathrm{e}^{-\mathrm{i}\frac{n\pi}{l}x}\,\mathrm{d}x\\
&=\frac{1}{2l}\left[\frac{l}{\mathrm{i}n\pi}\left(x\mathrm{e}^{-\mathrm{i}\frac{n\pi}{l}x}+\frac{l}{\mathrm{i}n\pi}\mathrm{e}^{-\mathrm{i}\frac{n\pi}{l}x}\right)\Bigg|_{-l}^{0}-\frac{l}{\mathrm{i}n\pi}\left(x\mathrm{e}^{-\mathrm{i}\frac{n\pi}{l}x}+\frac{l}{\mathrm{i}n\pi}\mathrm{e}^{-\mathrm{i}\frac{n\pi}{l}x}\right)\Bigg|_{0}^{l}\right]
\end{aligned}
$$

$$=\frac{l}{n^2\pi^2}(\cos n\pi-1)\quad (n=1,2,\cdots),$$

故函数$f(x)$的傅里叶级数的复数形式为

$$f(x)=\frac{l}{2}+\sum_{n=-\infty,n\neq 0}^{\infty}\frac{l}{n^2\pi^2}(\cos n\pi-1)\mathrm{e}^{\mathrm{i}\frac{n\pi}{l}x}.$$

习题 11-6

1. 下列周期函数$f(x)$的周期为2π，试将$f(x)$展开成傅里叶级数，已知$f(x)$在$[-\pi,\pi)$内的表达式.

(1) $f(x)=3x^2+1(-\pi\leqslant x<\pi)$；

(2) $f(x)=\mathrm{e}^{2x}(-\pi\leqslant x<\pi)$；

(3) $f(x)=\begin{cases}-\dfrac{\pi}{2}, & -\pi\leqslant x<-\dfrac{\pi}{2},\\ x, & -\dfrac{\pi}{2}\leqslant x<\dfrac{\pi}{2},\\ \dfrac{\pi}{2}, & \dfrac{\pi}{2}\leqslant x<\pi;\end{cases}$

(4) $f(x)=\begin{cases}x+2\pi, & -\pi<x<0,\\ \pi, & x=0,\\ x, & 0<x\leqslant\pi.\end{cases}$

2. 将下列各周期函数展开成傅里叶级数（现给出函数在一个周期内的表达式）.

(1) $f(x)=|x|(-l<x<l)$；

(2) $f(x)=\begin{cases}x, & -1\leqslant x<0,\\ 1, & 0\leqslant x<\dfrac{1}{2},\\ -1, & \dfrac{1}{2}\leqslant x<1;\end{cases}$

$$(3)\ f(x)=\begin{cases}-\dfrac{2}{l}(x-l), & \dfrac{l}{2}\leqslant x\leqslant l,\\ 1, & -\dfrac{l}{2}<x<\dfrac{l}{2},\\ \dfrac{2}{l}(x+l), & -l\leqslant x\leqslant -\dfrac{l}{2};\end{cases}$$

$$(4)f(x)=\begin{cases}2x+1, & -3\leqslant x<0,\\ 1, & 0\leqslant x<3.\end{cases}$$

3. 已知 $x=\sum\limits_{n=1}^{\infty} b_n \sin\dfrac{n\pi}{2}x$, $-2<x<2$,求 b_n.

4. 设周期函数 $f(x)$ 的周期为 2π. 证明：

(1) 如果 $f(x-\pi)=f(x)$,则 $f(x)$ 的傅里叶系数 $a_0=1, a_{2k}=0, b_{2k}=0(k=1,2,\cdots)$;

(2) 如果 $f(x-\pi)=f(x)$,则 $f(x)$ 的傅里叶系数 $a_{2k+1}=0, b_{2k+1}=0(k=0,1,2,\cdots)$.

5. 将周期为 2π 的函数 $f(x)=\pi^2-x^2(-\pi\leqslant x\leqslant\pi)$ 展开成 x 的傅里叶级数,并求级数 $\sum\limits_{n=1}^{\infty}\dfrac{1}{n^2}$ 之和.

第七节　非周期函数的傅里叶级数展开问题

函数的傅里叶级数展开式在理论和应用上都是一个非常有用的工具. 可是上节的讨论仅仅适用于定义在 $(-\infty,+\infty)$ 内的周期函数. 非周期函数有没有可能展开成傅里叶级数呢？这个问题,读者可能马上会给予否定的回答. 因为傅里叶级数本身是具有周期性的,非周期函数怎么能展开成傅里叶级数呢？这个回答并没有错. 但是,如果把要求削弱一点,那么,事情还是有希望的. 也就是说,如果并不要求在整个区间 $(-\infty,+\infty)$ 内将函数展开成傅里叶级数,而仅仅要求在某一个有限区间内把它展开成傅里叶级数,那是完全有可能做到的. 这有点像将函数展开成幂级数时的情况，许多函数并不能在整个定义域内用同一幂级数来表示，而只能在某个局部区间内实现这一点，非周期函数展开成傅里叶级数的情况与此类似.

设$f(x)$是一个任意函数，现在来研究如何将$f(x)$在区间$[a,b]$上展开成傅里叶级数的问题. 展开的办法是：找一个周期函数$F(x)$，使对任意$x\in[a,b]$，都有$F(x)=f(x)$. 按这种方法拓广函数定义域的过程称为**周期性延拓**. 如果$F(x)$可以展开成傅里叶级数，那么它限制在$[a,b]$上时，就是$f(x)$的傅里叶级数展开式了.

傅里叶级数(3)

对函数$f(x)$进行周期性延拓的方法很多，现在介绍几种常用的方法.

一、定义在区间$[-l,l]$上的函数展开成傅里叶级数的方法

设$f(x)$定义在区间$[-l,l]$上，且满足狄利克雷条件，为了得到它的傅里叶级数展开式，定义$F(x)$，使其以$2l$为周期，且在一个周期$[-l,l]$上有$F(x)=f(x)$. 这样，$F(x)$就可按前面的方法展开成傅里叶级数，然后限制$x\in[-l,l]$就得到$f(x)$的展开式.

例 1 将函数

$$f(x)=\begin{cases}-x, & -\pi\leqslant x<0,\\ x, & 0\leqslant x\leqslant\pi\end{cases}$$

展开成傅里叶级数.

解 对函数$f(x)$进行周期性延拓，即定义$F(x)$是以2π为周期，且在一个周期内有

$$F(x)=f(x),\quad x\in[-\pi,\pi].$$

显然，$F(x)$满足第六节定理 1 的条件，且在任何一点都连续，如图 11-7 所示. 因此周期函数$F(x)$的傅里叶级数在$(-\infty,+\infty)$内收敛于$F(x)$.

计算傅里叶系数：

$$\begin{aligned}a_0&=\frac{1}{\pi}\int_{-\pi}^{\pi}F(x)\,\mathrm{d}x=\frac{1}{\pi}\int_{-\pi}^{\pi}f(x)\,\mathrm{d}x\\&=\frac{1}{\pi}\int_{-\pi}^{0}(-x)\,\mathrm{d}x+\frac{1}{\pi}\int_{0}^{\pi}x\mathrm{d}x=\pi,\end{aligned}$$

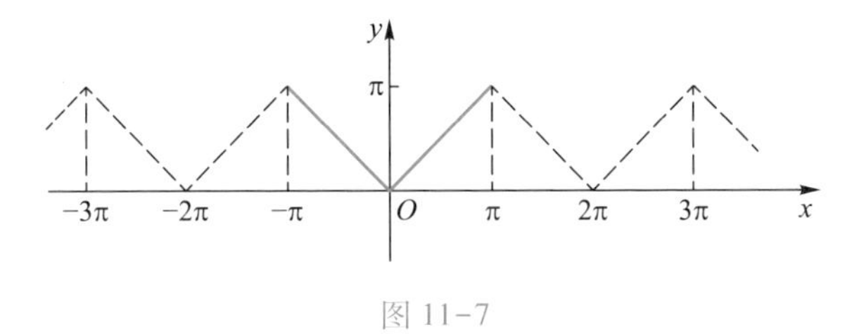

图 11-7

$$a_n=\frac{1}{\pi}\int_{-\pi}^{\pi}F(x)\cos nx\mathrm{d}x=\frac{1}{\pi}\int_{-\pi}^{\pi}f(x)\cos nx\mathrm{d}x$$

$$=\frac{1}{\pi}\int_{-\pi}^{0}(-x)\cos nx\mathrm{d}x+\frac{1}{\pi}\int_{0}^{\pi}x\cos nx\mathrm{d}x$$

$$=\frac{2}{n^2\pi}(\cos n\pi-1)=\begin{cases}-\dfrac{4}{n^2\pi}, & n=1,3,5,\cdots,\\ 0, & n=2,4,6,\cdots.\end{cases}$$

因为 $F(x)$ 是偶函数,所以 $b_n=0(n=1,2,3,\cdots)$,于是 $F(x)$ 的傅里叶级数展开式为

$$F(x)=\frac{\pi}{2}-\frac{4}{\pi}\left(\cos x+\frac{1}{3^2}\cos 3x+\frac{1}{5^2}\cos 5x+\cdots\right)\quad(-\infty<x<+\infty).$$

限制 $x\in[-\pi,\pi]$,则上式变为

$$f(x)=\frac{\pi}{2}-\frac{4}{\pi}\left(\cos x+\frac{1}{3^2}\cos 3x+\frac{1}{5^2}\cos 5x+\cdots\right)\quad(-\pi\leqslant x\leqslant\pi),$$

这就是 $f(x)$ 在 $[-\pi,\pi]$ 上的傅里叶级数展开式.

利用傅里叶级数展开式,有时可得一些特殊级数的和,例如利用上例中结果

$$f(x)=\frac{\pi}{2}-\frac{4}{\pi}\left(\cos x+\frac{1}{3^2}\cos 3x+\frac{1}{5^2}\cos 5x+\cdots\right)\quad(-\pi\leqslant x\leqslant\pi).$$

令 $x=0$,得

$$\sigma=1+\frac{1}{3^2}+\frac{1}{5^2}+\cdots=\frac{\pi^2}{8}.$$

进一步计算,设

$$\sigma_1=1+\frac{1}{2^2}+\frac{1}{3^2}+\frac{1}{4^2}+\cdots,$$

$$\sigma_2=1-\frac{1}{2^2}+\frac{1}{3^2}-\frac{1}{4^2}+\cdots.$$

因为

$$\sigma_1+\sigma_2=2\left(1+\frac{1}{3^2}+\frac{1}{5^2}+\cdots\right)=2\sigma,$$

$$\sigma_1-\sigma_2=2\left(\frac{1}{2^2}+\frac{1}{4^2}+\cdots\right)=\frac{1}{2}\sigma_1,$$

即 $\sigma_1+\sigma_2=\frac{\pi^2}{4},\sigma_1=2\sigma_2$，所以 $\sigma_1=\frac{\pi^2}{6},\sigma_2=\frac{\pi^2}{12}$，即

$$1+\frac{1}{2^2}+\frac{1}{3^2}+\frac{1}{4^2}+\cdots=\frac{\pi^2}{6},$$

$$1-\frac{1}{2^2}+\frac{1}{3^2}-\frac{1}{4^2}+\cdots=\frac{\pi^2}{12}.$$

二、定义在区间[0,l]上的函数展开成正弦级数或余弦级数

当函数 $f(x)$ 定义在 $[0,l]$ 上时，延拓 $f(x)$ 的方法较多，这里介绍工程中常用（如研究波动问题、热传导、扩散问题等）的两种方法——奇延拓和偶延拓.

1. 函数展开成正弦级数

第一步：将 $f(x)$ 延拓为区间 $(-l,l]$ 内的函数 $F_1(x)$，即定义

$$F_1(x)=\begin{cases}f(x), & 0\leqslant x\leqslant l,\\ -f(-x), & -l<x<0.\end{cases}$$

此时，$F_1(x)$ 是 $(-l,l)$ 内的奇函数.

第二步：再将 $F_1(x)$ 延拓为以 $2l$ 为周期的周期函数 $F_2(x)$，即定义：$F_2(x)$ 是以 $2l$ 为周期的函数，且在一个周期 $(-l,l]$ 内有 $F_2(x)=F_1(x)$.

按这种方法拓广函数定义域的过程称为**奇延拓**(odd prolongation).

第三步：将 $F_2(x)$ 展开成傅里叶级数，由于 $F_2(x)$ 是奇函数，因此所得的级数必是正弦级数. 限制 $x\in(-l,l)$ 便可得到 $F_1(x)$ 的傅里叶级数展开式，进

一步限制 $x\in(0,l)$，就得到了 $f(x)$ 在 $(0,l)$ 内的正弦级数展开式.

例 2　将函数 $f(x)=x+1(0\leqslant x\leqslant\pi)$ 展开成正弦级数.

解　为求正弦级数，需要对 $f(x)$ 进行奇延拓，即定义

$$F_1(x)=\begin{cases}f(x)=x+1, & 0\leqslant x\leqslant\pi,\\ -f(-x)=x-1, & -\pi<x<0.\end{cases}$$

再将 $F_1(x)$ 进行周期性延拓得 $F_2(x)$，使 $F_2(x)$ 是以 2π 为周期，且对任意的 $x\in(-\pi,\pi]$ 有 $F_2(x)=F_1(x)$.

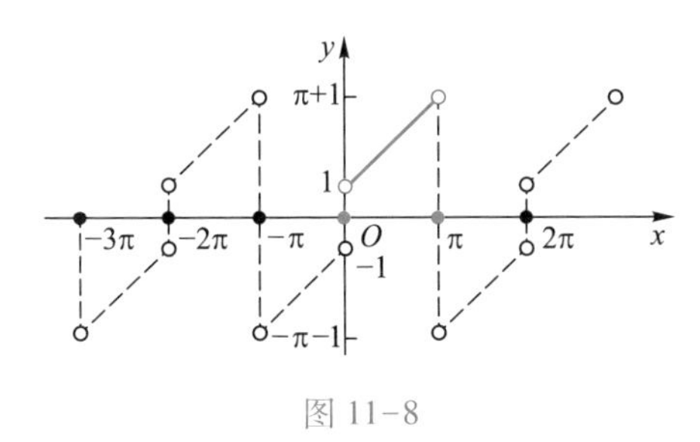

图 11-8

由于 $F_2(x)$ 是奇函数且满足第六节定理 1 的条件，故在连续点 $x\neq k\pi$ $(k=0,\pm1,\pm2,\cdots)$（可通过图 11-8 看出）有

$$F_2(x)=\sum_{n=1}^{\infty}b_n\sin nx,$$

其中

$$\begin{aligned}b_n&=\frac{2}{\pi}\int_0^{\pi}F_2(x)\sin nx\mathrm{d}x=\frac{2}{\pi}\int_0^{\pi}f(x)\sin nx\mathrm{d}x\\&=\frac{2}{\pi}\int_0^{\pi}(x+1)\sin nx\mathrm{d}x=\frac{2}{n\pi}(1-\pi\cos n\pi-\cos n\pi)\\&=\begin{cases}\dfrac{2}{\pi}\cdot\dfrac{\pi+2}{n}, & n=1,3,5,\cdots,\\ -\dfrac{2}{n}, & n=2,4,6,\cdots.\end{cases}\end{aligned}$$

将 b_n 代入正弦级数，得

$$F_2(x)=\frac{2}{\pi}\left[(\pi+2)\sin x-\frac{\pi}{2}\sin 2x+\frac{1}{3}(\pi+2)\sin 3x-\frac{\pi}{4}\sin 4x+\cdots\right],\quad x\neq k\pi(k=0,\pm1,\pm2,\cdots).$$

限制 $x\in(0,\pi)$，有

$$f(x)=x+1$$

$$=\frac{2}{\pi}\left[(\pi+2)\sin x-\frac{\pi}{2}\sin 2x+\frac{1}{3}(\pi+2)\sin 3x-\frac{\pi}{4}\sin 4x+\cdots\right]\quad(0<x<\pi).$$

在端点 $x=0$ 及 $x=\pi$ 处，级数的和显然为 0，它不代表原来函数 $f(x)$ 的值.

2. 函数展开成余弦级数

(1) 将 $f(x)$ 延拓为区间 $(-l,l]$ 内的函数 $F_1(x)$，即定义

$$F_1(x)=\begin{cases}f(x), & 0\leqslant x\leqslant l,\\ f(-x), & -l<x<0.\end{cases}$$

此时，$F_1(x)$ 是 $(-l,l)$ 内的偶函数.

(2) 再将 $F_1(x)$ 延拓为以 $2l$ 为周期的周期函数 $F_2(x)$，即定义：$F_2(x)$ 是以 $2l$ 为周期的函数，且在一个周期 $[-l,l)$ 内有 $F_2(x)=F_1(x)$.

按这种方法拓广函数定义域的过程称为**偶延拓**(even prolongation).

(3) 将 $F_2(x)$ 展开成傅里叶级数，由于 $F_2(x)$ 是偶函数，因此所得的级数必是余弦级数. 限制 $x\in[0,l)$ 就得到了 $f(x)$ 在 $[0,l)$ 内的余弦级数展开式.

例 3 将函数

$$f(x)=x+1\quad(0\leqslant x\leqslant\pi)$$

展开成余弦级数.

解 为了求余弦级数，需要对 $f(x)$ 进行偶延拓，即定义

$$F_1(x)=\begin{cases}x+1, & 0\leqslant x\leqslant\pi,\\ 1-x, & -\pi<x<0.\end{cases}$$

再将 $F_1(x)$ 进行周期性延拓得 $F_2(x)$，使 $F_2(x)$ 是以 2π 为周期，且对任意的 $x\in(-\pi,\pi]$ 有 $F_2(x)=F_1(x)$.

由于 $F_2(x)$ 是偶函数且满足第六节定理 1 的条件，而且 $F_2(x)$ 处处连续(见图 11-9)，则有

$$F_2(x)=\frac{a_0}{2}+\sum_{n=1}^{\infty}a_n\cos nx,$$

其中

$$a_0=\frac{2}{\pi}\int_0^{\pi}(x+1)\mathrm{d}x=\pi+2,$$

$$\begin{aligned}a_n&=\frac{2}{\pi}\int_0^{\pi}F_2(x)\cos nx\mathrm{d}x=\frac{2}{\pi}\int_0^{\pi}f(x)\cos nx\mathrm{d}x\\&=\frac{2}{\pi}\int_0^{\pi}(x+1)\cos nx\mathrm{d}x=\frac{2}{n^2\pi}(\cos n\pi-1)\\&=\begin{cases}0, & n=2,4,6,\cdots,\\-\dfrac{4}{n^2\pi}, & n=1,3,5,\cdots.\end{cases}\end{aligned}$$

将 a_0,a_n 代入 $F_2(x)$ 的余弦级数的展开式,并限制 $x\in[0,\pi]$,得

$$x+1=\frac{\pi}{2}+1-\frac{4}{\pi}\left(\cos x+\frac{1}{3^2}\cos 3x+\frac{1}{5^2}\cos 5x+\cdots\right)\quad(0\leqslant x\leqslant\pi).$$

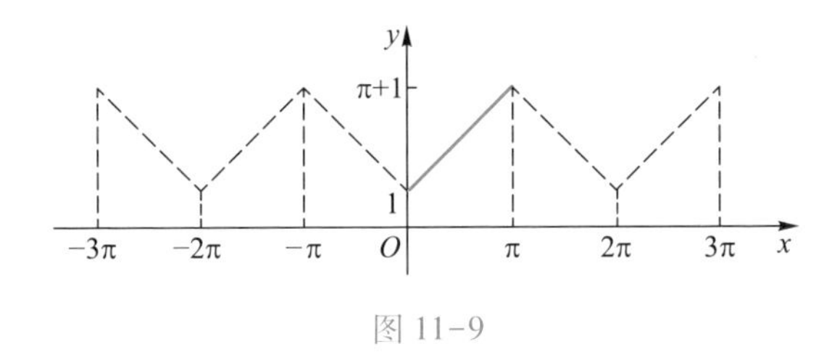

图 11-9

*三、定义在区间[a,b]上的函数展开成傅里叶级数的方法

当函数 $f(x)$ 定义在区间[a,b]上,且设 $ab\neq0$,此时可以作变换将[a,b]化为[$0,l$]或[$-l,l$]或[$-\pi,\pi$]的形式.

如令 $x-a=t$,则 $f(x)=f(t+a)=F(t)$,区间变为[$0,b-a$];

令 $x-\frac{b+a}{2}=t$,则 $f(x)=f\left(t+\frac{b+a}{2}\right)=G(t)$,区间变为 $\left[-\frac{b-a}{2},\frac{b-a}{2}\right]$;

令 $x=\frac{a+b}{2}+\frac{b-a}{2\pi}t$,则 $f(x)=f\left(\frac{a+b}{2}+\frac{b-a}{2\pi}t\right)=H(t)$,区间变为[$-\pi,\pi$].

然后按前面的方法处理,并进行变量回代即可得到 $f(x)$ 在[a,b]上的傅里叶级数展开式.

例 4 把 $f(x)=10-x$ 在 $(5,15)$ 内展开成傅里叶级数.

解 作代换 $x=10+\frac{5}{\pi}t$,问题转化为把函数 $F(t)=-\frac{5}{\pi}t$ 在 $(-\pi,\pi)$ 内展开成傅里叶级数. 为此,对 $F(t)$ 进行周期性延拓得 $F_1(t)$,使其在 $(-\pi,\pi)$ 内有 $F_1(t)=F(t)$. 于是可得 $F_1(t)$ 的傅里叶级数展开式为

$$F_1(t)=\frac{a_0}{2}+\sum_{n=1}^{\infty}(a_n\cos nt+b_n\sin nt),$$

其中,$a_n=0(n=0,1,2,\cdots)$ (因 $F_1(t)$ 是奇函数).

$$\begin{aligned}b_n&=\frac{2}{\pi}\int_0^{\pi}F_1(t)\sin nt\mathrm{d}t=\frac{2}{\pi}\int_0^{\pi}\left(-\frac{5}{\pi}t\right)\sin nt\mathrm{d}t\\&=\frac{10}{n\pi}\cos n\pi=(-1)^n\frac{10}{n\pi}\quad(n=1,2,3,\cdots).\end{aligned}$$

限制 $t\in(-\pi,\pi)$,可得 $F(t)$ 的傅里叶级数展开式为

$$-\frac{5}{\pi}t=\frac{10}{\pi}\sum_{n=1}^{\infty}\frac{(-1)^n}{n}\sin nt\quad(-\pi<t<\pi),$$

进行变量回代,得

$$10-x=\frac{10}{\pi}\sum_{n=1}^{\infty}\frac{(-1)^n}{n}\sin\frac{n\pi(x-10)}{5}\quad(5<x<15).$$

习题 11-7

1. 将下列函数 $f(x)$ 展开成傅里叶级数.

(1) $f(x)=x\quad(-\pi<x<\pi)$;

(2) $f(x)=x^2-x\quad(-2\leqslant x\leqslant 2)$;

(3) $f(x)=1-x^2\quad\left(-\frac{1}{2}\leqslant x\leqslant\frac{1}{2}\right)$.

2. 将函数 $f(x)=\frac{\pi-x}{2}(0\leqslant x\leqslant\pi)$ 展开成正弦级数.

3. 将函数 $f(x)=x^2(0\leqslant x\leqslant 2)$ 分别展开成正弦级数和余弦级数.

4. 将函数 $f(x)=\begin{cases} x, & -\dfrac{\pi}{2}\leqslant x<\dfrac{\pi}{2}, \\ \pi-x, & \dfrac{\pi}{2}\leqslant x\leqslant\dfrac{3\pi}{2}\end{cases}$ 展开成傅里叶级数.

第十一章总习题

1. 已知级数 $\sum\limits_{n=1}^{\infty}u_n$ 的部分和 $S_n=1-\dfrac{1}{n+1}$,试写出该级数并求和.

2. 已知级数 $\sum\limits_{n=1}^{\infty}u_n(u_n\neq 0)$ 收敛,判断下列级数的敛散性.

(1) $\sum\limits_{n=1}^{\infty}(u_n+10^{10})$;　(2) $\sum\limits_{n=1}^{\infty}(u_n-10^{-n})$;

(3) $\sum\limits_{n=1}^{\infty}(10^{10}u_n)$;　(4) $\sum\limits_{n=1}^{\infty}\dfrac{1}{u_n}$.

3. 判断下列级数的敛散性.

(1) $\sum\limits_{n=1}^{\infty}\cos\dfrac{1}{n}$;　(2) $\sum\limits_{n=1}^{\infty}\sin\dfrac{n}{6}\pi$;

(3) $\sum\limits_{n=2}^{\infty}\ln\dfrac{n^2}{n^2-1}$;　(4) $\sum\limits_{n=1}^{\infty}\dfrac{n^n}{(n+1)^n}$.

4. 用适当的判别方法判断下列级数的敛散性.

(1) $\sum\limits_{n=1}^{\infty}\dfrac{10^5}{n^2+3n+5}$;　(2) $\sum\limits_{n=1}^{\infty}\dfrac{1}{\sqrt{n^2+2}}$;

(3) $\sum\limits_{n=1}^{\infty}\dfrac{n^2}{2^n}$;　(4) $\sum\limits_{n=1}^{\infty}\left(\dfrac{3n-2}{2n+100}\right)^n$.

5. 讨论下列级数的绝对收敛性与条件收敛性.

(1) $\sum\limits_{n=1}^{\infty}(-1)^n\dfrac{1}{n^p}$;　(2) $\sum\limits_{n=1}^{\infty}(-1)^n\dfrac{(n+1)!}{n^{n+1}}$;

(3) $\sum_{n=1}^{\infty}(-1)^n\sin\frac{1}{n}$;

(4) $\sum_{n=1}^{\infty}\frac{\cos n\pi}{\sqrt{n^3+1}}$;

(5) $\sum_{n=1}^{\infty}(-1)^n\ln\left(1+\frac{|k|}{n}\right)$,其中 k 为非零常数.

6. 若 $\sum_{n=1}^{\infty}u_n^2$, $\sum_{n=1}^{\infty}v_n^2$ 收敛,证明 $\sum_{n=1}^{\infty}|u_nv_n|$, $\sum_{n=1}^{\infty}\frac{|u_n|}{n}$ 也收敛.

7. 设级数 $\sum_{n=1}^{\infty}u_n$ 收敛,且 $\lim\limits_{n\to\infty}\frac{v_n}{u_n}=1$,问级数 $\sum_{n=1}^{\infty}v_n$ 是否收敛?试说明理由.

8. 求下列幂级数的收敛半径及收敛域.

(1) $\sum_{n=1}^{\infty}\frac{(-1)^{n-1}}{n^2}(x-1)^n$;

(2) $\sum_{n=1}^{\infty}\left(1+\frac{1}{n}\right)^{n^2}x^n$;

(3) $\sum_{n=1}^{\infty}\frac{(-2)^nx^n}{\sqrt{n(n+1)}}$;

(4) $\sum_{n=1}^{\infty}\sin\frac{\pi}{2^n}(x+1)^n$;

(5) $\sum_{n=1}^{\infty}\frac{x^{3n-2}}{(2n+1)3^n}$;

(6) $\sum_{n=0}^{\infty}\left(\frac{\sqrt{3}n+1}{n+1}\right)^n x^n$.

9. 求下列幂级数的和函数.

(1) $\sum_{n=1}^{\infty}\frac{x^{n-1}}{n+1}$;

(2) $\sum_{n=1}^{\infty}n(x-1)^n$;

(3) $\sum_{n=1}^{\infty}\frac{n}{(n-1)!}x^{n-1}$;

(4) $\sum_{n=1}^{\infty}\frac{1}{n(n+1)}x^n$.

10. 将下列函数展开成 x 的幂级数.

(1) $f(x)=\frac{x}{1+x-2x^2}$;

(2) $f(x)=\frac{1}{4+4x+x^2}$;

(3) $f(x)=\frac{1}{1+x+x^2}$;

(4) $f(x)=\ln(4-5x+x^2)$.

11. 将下列函数展开成 $x-x_0$ 的幂级数.

(1) $f(x)=\mathrm{e}^x$, $x_0=-1$;

(2) $f(x)=\frac{1}{x^2}$, $x_0=2$;

(3) $f(x)=\frac{1}{x^2+3x+2}$, $x_0=-4$;

(4) $f(x)=\ln x$, $x_0=1$.

12. 求幂级数 $\sum_{n=1}^{\infty}(-1)^n nx^{n-1}$ 的和函数,并求级数 $\sum_{n=1}^{\infty}\frac{(-1)^n n}{2^n}$ 的和.

13. 求下列级数的和.

(1) $\sum\limits_{n=1}^{\infty}\dfrac{1}{n4^{n}}$;　　(2) $\sum\limits_{n=1}^{\infty}\dfrac{n+(-1)^{n}}{n!}$;

(3) $\sum\limits_{n=1}^{\infty}\dfrac{(-1)^{n-1}(n+1)}{(2n)!}$;　　(4) $\sum\limits_{n=1}^{\infty}\dfrac{n^{2}}{n!}$.

14. 求极限$\lim\limits_{n\to\infty}\left(\dfrac{1}{a}+\dfrac{2}{a^{2}}+\dfrac{3}{a^{3}}+\cdots+\dfrac{n}{a^{n}}\right)(a>1)$.

15. 设函数$f(x)$是以2π为周期的函数,它在$(-\pi,\pi]$内的表达式为

$$f(x)=\begin{cases}0, & -\pi<x<0,\\ x, & 0\leqslant x\leqslant\pi.\end{cases}$$

试将$f(x)$展开成傅里叶级数.

16. 将函数$f(x)=\pi-x(0<x\leqslant\pi)$分别展开成正弦级数和余弦级数.

17. 将函数

$$f(x)=\begin{cases}x, & 0\leqslant x\leqslant 1,\\ 2-x, & 1<x\leqslant 2\end{cases}$$

在区间$[0,2]$上分别展开为以4为周期的傅里叶正弦级数和余弦级数.

18. 设$f(x)$是以2π为周期的周期函数,它在$(-\pi,\pi]$内的表达式为

$$f(x)=\begin{cases}-1, & -\pi<x\leqslant 0,\\ 1, & 0<x\leqslant\pi.\end{cases}$$

而$S(x)$是傅里叶级数的和函数,求$S(x)$的表达式及$S(0)$,$S\left(\dfrac{1}{2}\right)$,$S(\pi)$,$S(5)$.

附录　二阶行列式与三阶行列式

1. 二阶行列式

$$\begin{vmatrix} a_{11} & a_{12} \\ a_{21} & a_{22} \end{vmatrix} = a_{11}a_{22} - a_{12}a_{21}.$$

2. 三阶行列式

把 9 个数排成 3 行 3 列，写成下面的形式：

$$\begin{vmatrix} a_{11} & a_{12} & a_{13} \\ a_{21} & a_{22} & a_{23} \\ a_{31} & a_{32} & a_{33} \end{vmatrix}. \tag{1}$$

用它表示数

$$a_{11}a_{22}a_{33} + a_{12}a_{23}a_{31} + a_{13}a_{21}a_{32} - a_{11}a_{23}a_{32} - a_{12}a_{21}a_{33} - a_{13}a_{22}a_{31}. \tag{2}$$

(1) 式叫做三阶行列式，(2) 式叫做三阶行列式的展开式.

三阶行列式可按下面展开：

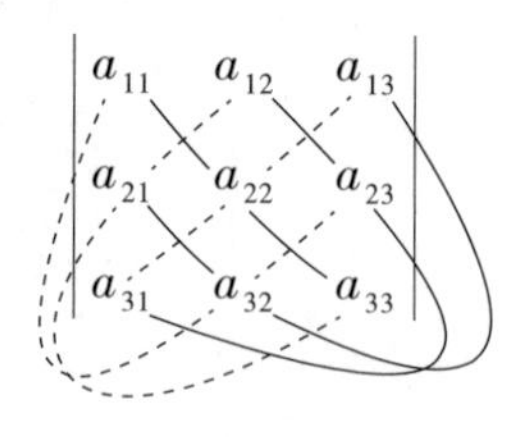

实线上 3 个元素的积取正号，虚线上 3 个元素的积取负号，这种展开三阶行列式的方法叫做对角线法，即

$$\begin{vmatrix} a_{11} & a_{12} & a_{13} \\ a_{21} & a_{22} & a_{23} \\ a_{31} & a_{32} & a_{33} \end{vmatrix} = a_{11}a_{22}a_{33}+a_{12}a_{23}a_{31}+a_{13}a_{21}a_{32}-a_{11}a_{23}a_{32}-a_{12}a_{21}a_{33}-a_{13}a_{22}a_{31}.$$

3. 三阶行列式按行展开

可以证明

$$\begin{vmatrix} a_{11} & a_{12} & a_{13} \\ a_{21} & a_{22} & a_{23} \\ a_{31} & a_{32} & a_{33} \end{vmatrix} = a_{11}\begin{vmatrix} a_{22} & a_{23} \\ a_{32} & a_{33} \end{vmatrix} - a_{12}\begin{vmatrix} a_{21} & a_{23} \\ a_{31} & a_{33} \end{vmatrix} + a_{13}\begin{vmatrix} a_{21} & a_{22} \\ a_{31} & a_{32} \end{vmatrix}$$

$$= a_{31}\begin{vmatrix} a_{12} & a_{13} \\ a_{22} & a_{23} \end{vmatrix} - a_{32}\begin{vmatrix} a_{11} & a_{13} \\ a_{21} & a_{23} \end{vmatrix} + a_{33}\begin{vmatrix} a_{11} & a_{12} \\ a_{21} & a_{22} \end{vmatrix} \quad \text{（按第 3 行展开）}.$$

有关行列式的进一步知识详见《线性代数》有关部分.

例 1　计算 $\begin{vmatrix} \boldsymbol{i} & \boldsymbol{j} & \boldsymbol{k} \\ a_x & a_y & a_z \\ b_x & b_y & b_z \end{vmatrix}$.

解　按第一行展开

$$\begin{vmatrix} \boldsymbol{i} & \boldsymbol{j} & \boldsymbol{k} \\ a_x & a_y & a_z \\ b_x & b_y & b_z \end{vmatrix} = \boldsymbol{i}\begin{vmatrix} a_y & a_z \\ b_y & b_z \end{vmatrix} - \boldsymbol{j}\begin{vmatrix} a_x & a_z \\ b_x & b_z \end{vmatrix} + \boldsymbol{k}\begin{vmatrix} a_x & a_y \\ b_x & b_y \end{vmatrix}$$

$$= (a_yb_z-a_zb_y)\boldsymbol{i}-(a_xb_z-a_zb_x)\boldsymbol{j}+(a_xb_y-a_yb_x)\boldsymbol{k}.$$

例 2　将三阶行列式 $\begin{vmatrix} a_x & a_y & a_z \\ b_x & b_y & b_z \\ c_x & c_y & c_z \end{vmatrix}$ 按第 3 行展开.

解　将该三阶行列式按第 3 行展开，有

$$\begin{vmatrix} a_x & a_y & a_z \\ b_x & b_y & b_z \\ c_x & c_y & c_z \end{vmatrix} = c_x\begin{vmatrix} a_y & a_z \\ b_y & b_z \end{vmatrix} - c_y\begin{vmatrix} a_x & a_z \\ b_x & b_z \end{vmatrix} + c_z\begin{vmatrix} a_x & a_y \\ b_x & b_y \end{vmatrix}$$

$$= c_x(a_yb_z-a_zb_y)-c_y(a_xb_z-a_zb_x)+c_z(a_xb_y-b_xa_y).$$

部分习题参考答案或提示

习题 7-1

1. $(-1,0,0)$； $(0,3,0)$； $(0,0,2)$； $(-1,3,0)$； $(0,3,2)$； $(-1,0,2)$.

2. $(a,b,-c)$； $(-a,b,c)$； $(a,-b,c)$； $(a,-b,-c)$；
$(-a,b,-c)$； $(-a,-b,c)$； $(-a,-b,-c)$.

3. A 在 xOy 面上，B 在 yOz 面上，C 在 x 轴上，D 在 y 轴上.

5. $\left(\frac{\sqrt{2}}{2}a,0,0\right)$； $\left(-\frac{\sqrt{2}}{2}a,0,0\right)$； $\left(0,\frac{\sqrt{2}}{2}a,0\right)$； $\left(0,-\frac{\sqrt{2}}{2}a,0\right)$；
$\left(\frac{\sqrt{2}}{2}a,0,a\right)$； $\left(-\frac{\sqrt{2}}{2}a,0,a\right)$； $\left(0,\frac{\sqrt{2}}{2}a,a\right)$； $\left(0,-\frac{\sqrt{2}}{2}a,a\right)$.

6. $5\sqrt{2}$；$\sqrt{34}$；$\sqrt{41}$；5. 　　7. $(0,1,-2)$.

习题 7-2

2. $\frac{1}{3}(2\boldsymbol{a}+\boldsymbol{b})$. 　　4. $(13,7,15)$. 　　5. $B(18,17,-17)$.

6. $A(-2,3,0)$；$\cos\alpha=\frac{4}{9}$；$\cos\beta=-\frac{4}{9}$；$\cos\gamma=\frac{7}{9}$.

7. $\boldsymbol{a}=\left(0,\frac{5}{2},\frac{5\sqrt{3}}{2}\right)$. 　　8. $\boldsymbol{a}=3\sqrt{3}\boldsymbol{i}+3\boldsymbol{j}$；$\boldsymbol{e}_a=\left(\frac{\sqrt{3}}{2},\frac{1}{2},0\right)$.

9. $\boldsymbol{e}_a=\left(\frac{6}{11},\frac{7}{11},-\frac{6}{11}\right)$ 或 $\left(-\frac{6}{11},-\frac{7}{11},\frac{6}{11}\right)$.

10. $\frac{1}{\sqrt{3}}(\boldsymbol{i}+\boldsymbol{j}+\boldsymbol{k})$. 　　11. $(3,2,-2)$.

习题 7-3

1. $-6;9;\sqrt{13};-61$.　　2. (1) 38；(2) 9.　　3. 2.　　4. 13;13.

5. $-\frac{3}{2}$.　　6. (1) $\frac{3\pi}{4}$；(2) -3；(3) $-\frac{3\sqrt{2}}{2}$.　　7. $\lambda=\pm\frac{3}{5}$.　　8. 5 880 J.

9. (1) 3；(2) $5\boldsymbol{i}+\boldsymbol{j}+7\boldsymbol{k}$；(3) $\frac{3}{2\sqrt{21}}$.　　10. $\sqrt{1\ 547}$.

11. (1) 垂直于 x 轴,平行于 yOz 面；(2) 指向与 y 轴正向一致,垂直于 zOx 面；
(3) 平行于 z 轴,垂直于 xOy 面.

12. $\frac{1}{2}\sqrt{1\ 562}$.　　13. $\frac{1}{2}\sqrt{19}$.

14. (1) $(0,-8,-24)$；(2) $(0,-1,-1)$；(3) 2.

15. 1.　　16. 3.　　17. (1) 共面；(2) 不共面.　　18. $\frac{\pi}{3}$.

习题 7-4

1. $3x-7y+5z-4=0$.

2. $2x+9y-6z-121=0$.

3. $x-3y-2z=0$.

4. $x-y=0$.

5. (1) $x=1$；
(2) $16x-14y-11z-65=0$；
(3) $x+y-3z-4=0$；
(4) $y-2z=0$；
(5) $x-z-1=0$；
(6) $y+5=0$；
(7) $x+3y=0$；
(8) $\frac{x}{-3}+\frac{y}{-4}+\frac{z}{2}=1$.

6. $\left(\frac{1}{3},\frac{2}{3},\frac{2}{3}\right)$.　　7. 1.　　8. $\frac{13}{2}$.　　9. $2x+y+2z\pm2\sqrt[3]{3}=0$.

10. (1) yOz 面；(2) 与 zOx 面平行；(3) 过 z 轴；
(4) 过 y 轴；(5) 与 z 轴平行；(6) 与 x 轴平行.

习题 7-5

1. (1) $\frac{x-4}{2}=\frac{y+1}{1}=\frac{z-3}{5}$；
(2) $\frac{x-3}{-4}=\frac{y+2}{2}=\frac{z-1}{1}$；

(3) $\dfrac{x-2}{1}=\dfrac{y}{3}=\dfrac{z-1}{-5}$; (4) $\dfrac{x}{-2}=\dfrac{y-2}{3}=\dfrac{z-4}{1}$.

2. $\dfrac{x-1}{-2}=\dfrac{y-1}{1}=\dfrac{z-1}{3}$; $\begin{cases}x=1-2t,\\ y=1+t,\\ z=1+3t.\end{cases}$ 3. $\cos\varphi=0$.

5. (1) $16x-14y-11z-65=0$; (2) $8x-9y-22z-59=0$;

(3) $22x-19y-18z-27=0$; (4) $2x-9y+7z-32=0$;

(5) $9x+11y+5z-16=0$.

6. $\varphi=0$. 7. $(2,-3,6)$. 8. (1) 平行; (2) 垂直; (3) 直线在平面上.

9. $\dfrac{3\sqrt{2}}{2}$. 10. $\left(-\dfrac{5}{3},\dfrac{2}{3},\dfrac{2}{3}\right)$. 11. $\dfrac{5}{13}\sqrt{26}$.

12. $\begin{cases}y+z-3=0,\\ 4x-y+z-1=0.\end{cases}$

习题 7-6

1. $x^2+y^2+z^2-2x-6y+4z=0$.

2. $\left(x+\dfrac{2}{3}\right)^2+(y+1)^2+\left(z+\dfrac{4}{3}\right)^2=\dfrac{116}{9}$;

它表示一球面,球心在点$\left(-\dfrac{2}{3},-1,-\dfrac{4}{3}\right)$,半径为$\dfrac{2}{3}\sqrt{29}$.

3. (1) $y^2+z^2=5x$; (2) $x^2+y^2+z^2=9$;

(3) $4(x^2+z^2)-9y^2=36$; (4) $\sqrt{y^2+z^2}=\sin x$.

7. 旋转抛物面 $x^2+y^2=-8z+16$.

习题 7-7

2. 长、短半轴分别为 $3,\sqrt{3}$,顶点为$(2,-3,0)$,$(2,3,0)$,$(2,0,\sqrt{3})$,$(2,0,-\sqrt{3})$.

3. 点$(0,0,1)$;点$(0,0-1)$;

$\begin{cases}\dfrac{z^2}{2}-\dfrac{y^2}{8}=1,\\ x=1,\end{cases}$ 双曲线; $\begin{cases}z^2-x^2=\dfrac{5}{4},\\ y=1,\end{cases}$ 等轴双曲线.

习题 7-8

2. (1) $\begin{cases} x=\dfrac{3}{\sqrt{2}}\cos t, \\ y=\dfrac{3}{\sqrt{2}}\cos t, \\ z=3\sin t \end{cases}$ $(0\leqslant t\leqslant 2\pi)$； (2) $\begin{cases} x=1+\sqrt{3}\cos\theta, \\ y=\sqrt{3}\sin\theta, \\ z=0 \end{cases}$ $(0\leqslant\theta\leqslant 2\pi)$.

3. $3y^2-z^2=16$； $3x^2+2z^2=16$.

4. (1) $\begin{cases} y=2x, \\ z^2-4x-2z+1=0; \end{cases}$ (2) $\begin{cases} 4x-3y=0, \\ \dfrac{y^2}{16}+\dfrac{z^2}{25}=1; \end{cases}$

(3) $\begin{cases} z=c, \\ \dfrac{x^2}{a^2}+\dfrac{y^2}{b^2}=1; \end{cases}$ (4) $\begin{cases} z^2=2y, \\ 4x^2-8x+z^2=0. \end{cases}$

5. $\begin{cases} x^2+y^2=a^2, \\ z=0; \end{cases}$ $\begin{cases} y=a\sin\dfrac{z}{b}, \\ x=0; \end{cases}$ $\begin{cases} x=a\cos\dfrac{z}{b}, \\ y=0. \end{cases}$

6. $\begin{cases} \left(x-\dfrac{1}{2}\right)^2+\dfrac{y^2}{2}=\dfrac{17}{4}, \\ z=0. \end{cases}$

7. $\begin{cases} x^2+y^2\leqslant ax, \\ z=0; \end{cases}$ $\begin{cases} 0\leqslant z\leqslant\sqrt{a^2-x^2}, \\ 0\leqslant x\leqslant a, \\ y=0. \end{cases}$

8. $\begin{cases} x^2+y^2\leqslant 4, \\ z=0; \end{cases}$ $\begin{cases} x^2\leqslant z\leqslant 4, \\ y=0; \end{cases}$ $\begin{cases} y^2\leqslant z\leqslant 4, \\ x=0. \end{cases}$

9. $\begin{cases} z^2=4(4-x), \\ y=0, \end{cases}$ $0\leqslant x\leqslant 4$. 10. $\begin{cases} y^2=2x-9, \\ z=0. \end{cases}$

第七章总习题

1. (1) $\sqrt{21}$, $\cos\alpha=\dfrac{2}{\sqrt{21}}$, $\cos\beta=\dfrac{1}{\sqrt{21}}$, $\cos\gamma=\dfrac{4}{\sqrt{21}}$. (2) 共面.

(3) $-\frac{3}{2}$.　(4) 36.　(5) $(-5,1,0)$.　(6) 1.　(7) 垂直.

(8) $\frac{1}{3}$.　(9) $2\sqrt{3}$.　(10) $(0,2,-1)$.

2. 30.　3. $2x-y-3z=0$.　4. $\frac{\pi}{3}$.

5. $\frac{x}{-2}=\frac{y-2}{3}=\frac{z-4}{1}$.　6. $x+2y+1=0$.

7. $z=0,(x-1)^2+y^2\leqslant 1;x=0,\left(\frac{z^2}{2}-1\right)^2+y^2\leqslant 1,z\geqslant 0;$

$y=0,x\leqslant z\leqslant \sqrt{2x}$.

8. $\frac{x}{2}=\frac{y}{-1}=\frac{z-1}{2}$.

9. $\begin{cases}x-y+2z-1=0,\\x-3y-2z+1=0,\end{cases}$　$x^2+z^2=4y^2+\frac{1}{4}(y-1)^2$.

10. $x\pm\sqrt{26}y+3z-3=0$.　11. $\pm\frac{1}{5\sqrt{5}}(6,-5,8)$.

习题 8-1

1. (1) $t^2f(x,y)$;　(2) $\frac{x^2(1-y^2)}{(1+y)^2}$;　(3) $f(x)=x^2-x$,　$z=(x-y)^2+2y$;

(4) $(xy)^{x+y}$;　(5) $\frac{2xy}{x^2+y^2}$;　(6) 1) $2r\sin\frac{\theta}{2}$;　2) $2\sqrt{r^2-d^2}$.

2. (1) $\{(x,y)\mid y^2-2x+1>0\}$;

(2) $\{(x,y)\mid x+y>0,x-y>0\}$;

(3) $\{(x,y)\mid x\geqslant 0,y\geqslant 0,x^2\geqslant y\}$;

(4) $\{(x,y)\mid y-x>0,x\geqslant 0,x^2+y^2<1\}$;

(5) $\{(x,y)\mid r^2<x^2+y^2+z^2\leqslant R^2\}$;

(6) $\{(x,y,z)\mid x^2+y^2-z^2\geqslant 0,x^2+y^2\neq 0\}$;

(7) $\left\{(x,y)\,\middle|\,\frac{x^2}{a^2}+\frac{y^2}{b^2}\leqslant 1\right\}$;

(8) $\{(x,y,z)\mid x>0,y>0,z>0\}$.

3. (1) 1； (2) $\ln 2$； (3) 2； (4) 2； (5) 0； (6) 0； (7) 1； (8) 1.

5. (1) $(0,0)$； (2) $x-y=0$； (3) $z^2=x^2+y^2$； (4) $x=0$ 或 $y=0$.

6. 连续.

习题 8-2

1. (1) $\dfrac{\partial z}{\partial x}=3x^2y-y^3$, $\dfrac{\partial z}{\partial y}=x^3-3y^2x$;

(2) $\dfrac{\partial s}{\partial u}=\dfrac{1}{v}-\dfrac{v}{u^2}$, $\dfrac{\partial s}{\partial v}=\dfrac{1}{u}-\dfrac{u}{v^2}$;

(3) $\dfrac{\partial z}{\partial x}=\dfrac{1}{2x\sqrt{\ln(xy)}}$, $\dfrac{\partial z}{\partial y}=\dfrac{1}{2y\sqrt{\ln(xy)}}$;

(4) $\dfrac{\partial z}{\partial x}=y[\cos(xy)-\sin(2xy)]$,

$\dfrac{\partial z}{\partial y}=x[\cos(xy)-\sin(2xy)]$;

(5) $\dfrac{\partial z}{\partial x}=\dfrac{2}{y}\csc\dfrac{2x}{y}$, $\dfrac{\partial z}{\partial y}=-\dfrac{2x}{y^2}\csc\dfrac{2x}{y}$;

(6) $\dfrac{\partial z}{\partial x}=y^2(1+xy)^{y-1}$,

$\dfrac{\partial z}{\partial y}=(1+xy)^y\left[\ln(1+xy)+\dfrac{xy}{1+xy}\right]$;

(7) $\dfrac{\partial u}{\partial x}=\dfrac{y}{z}x^{\frac{y}{z}-1}$, $\dfrac{\partial u}{\partial y}=\dfrac{1}{z}x^{\frac{y}{z}}\ln x$, $\dfrac{\partial u}{\partial z}=-\dfrac{y}{z^2}x^{\frac{y}{z}}\ln x$;

(8) $\dfrac{\partial u}{\partial x}=\dfrac{z(x-y)^{z-1}}{1+(x-y)^{2z}}$, $\dfrac{\partial u}{\partial y}=-\dfrac{z(x-y)^{z-1}}{1+(x-y)^{2z}}$, $\dfrac{\partial u}{\partial z}=\dfrac{(x-y)^z\ln(x-y)}{1+(x-y)^{2z}}$.

2. (1) $\dfrac{\partial^2 z}{\partial x^2}=-y^2\cos(xy)$, $\dfrac{\partial^2 z}{\partial x\partial y}=-\sin(xy)-xy\cos(xy)$, $\dfrac{\partial^2 z}{\partial y^2}=-x^2\cos(xy)$;

(2) $\dfrac{\partial^2 z}{\partial x^2}=2y(2y-1)x^{2(y-1)}$, $\dfrac{\partial^2 z}{\partial x\partial y}=4yx^{2y-1}\ln x+2x^{2y-1}$, $\dfrac{\partial^2 z}{\partial y^2}=4x^{2y}\ln^2 x$;

(3) $\dfrac{\partial^2 z}{\partial x^2}=e^x\cos y$, $\dfrac{\partial^2 z}{\partial x\partial y}=-e^x\sin y$, $\dfrac{\partial^2 z}{\partial y^2}=-e^x\cos y$;

(4) $\dfrac{\partial^2 z}{\partial x^2}=\dfrac{e^{x+y}}{(e^x+e^y)^2}$, $\dfrac{\partial^2 z}{\partial x\partial y}=-\dfrac{e^{x+y}}{(e^x+e^y)^2}$, $\dfrac{\partial^2 z}{\partial y^2}=\dfrac{e^{x+y}}{(e^x+e^y)^2}$;

3. $f_{xx}(0,0,1)=2$, $f_{xz}(1,0,2)=2$, $f_{yz}(0,-1,0)=0$, $f_{zzx}(2,0,1)=0$.

5. $\dfrac{\pi}{4}$. 7. $\dfrac{\partial u}{\partial x}=\dfrac{1}{2}\sqrt{\dfrac{y}{x}}e^{-xy}$.

习题 8-3

1. $\Delta z=-0.119$, $dz=-0.125$.

2. (1) $\left(y+\dfrac{1}{y}\right)dx+x\left(1-\dfrac{1}{y^2}\right)dy$; (2) $-\dfrac{1}{x}e^{\frac{y}{x}}\left(\dfrac{y}{x}dx-dy\right)$;

(3) $-\dfrac{x}{(x^2+y^2)^{\frac{3}{2}}}(ydx-xdy)$; (4) $yzx^{yz-1}dx+zx^{yz}\ln x dy+yx^{yz}\ln x dz$.

3. (1) $4dx+12dy$; (2) 0; (3) $dx+dy$; (4) $-\dfrac{\sqrt{3}}{2}\left(\dfrac{\pi}{3}dx+dy+dz\right)$.

6. 108.907 8. 7. 2.95. *8. 0.124 cm.

习题 8-4

1. (1) $\dfrac{\partial z}{\partial x}=4x$, $\dfrac{\partial z}{\partial y}=4y$; (2) $\dfrac{\partial z}{\partial x}=(2x+y)e^{x^2+xy+y}$, $\dfrac{\partial z}{\partial y}=(1+x)e^{x^2+xy+y}$;

(3) $\dfrac{\partial z}{\partial x}=\dfrac{3}{2}x^2\sin 2y(\cos y-\sin y)$, $\dfrac{\partial z}{\partial y}=x^3(\sin y+\cos y)(1-3\sin y\cos y)$;

(4) $\dfrac{\partial z}{\partial u}=-\dfrac{2v^2}{u^2}\left[\dfrac{1}{3v-2u}+\dfrac{1}{u}\ln(3v-2u)\right]$, $\dfrac{\partial z}{\partial v}=\dfrac{3v^2}{u^2(3v-2u)}+\dfrac{2v}{u^2}\ln(3v-2u)$.

2. (1) $-(e^t+e^{-t})$; (2) $e^{\sin t-2t^3}(\cos t-6t^2)$;

(3) $\dfrac{3(1-4t^2)}{\sqrt{1-(3t-4t^3)^2}}$; (4) $\dfrac{(1+x)e^x}{1+(xe^x)^2}$.

3. (1) $\dfrac{\partial z}{\partial x}=\dfrac{1}{x^2y}e^{\frac{x^2+y^2}{xy}}(x^4-y^4+2x^3y)$, $\dfrac{\partial z}{\partial y}=\dfrac{1}{xy^2}e^{\frac{x^2+y^2}{xy}}(-x^4+y^4+2xy^3)$;

(2) $\dfrac{\partial z}{\partial x}=y(x^2+y^2)^{xy-1}[2x^2+(x^2+y^2)\ln(x^2+y^2)]$,

$$\frac{\partial z}{\partial y}=x(x^2+y^2)^{xy-1}[2y^2+(x^2+y^2)\ln(x^2+y^2)];$$

(3) $\frac{\partial z}{\partial x}=\frac{y^2}{(x+y)^2}\arctan(x+y+xy)+\frac{xy(1+y)}{(x+y)[1+(x+y+xy)^2]}$,

$$\frac{\partial z}{\partial y}=\frac{x^2}{(x+y)^2}\arctan(x+y+xy)+\frac{xy(1+x)}{(x+y)[1+(x+y+xy)^2]};$$

(4) $\frac{\partial z}{\partial x}=2xf_1'+ye^{xy}f_2'$, $\frac{\partial z}{\partial y}=-2yf_1'+xe^{xy}f_2'$;

(5) $\frac{\partial u}{\partial x}=\frac{1}{y}f_1'$, $\frac{\partial u}{\partial y}=-\frac{x}{y^2}f_1'+\frac{1}{z}f_2'$, $\frac{\partial u}{\partial z}=-\frac{y}{z^2}f_2'$;

(6) $\frac{\partial z}{\partial x}=3x^2f+x^3yf_1'-xyf_2'$, $\frac{\partial z}{\partial y}=x^4f_1'+x^2f_2'$;

(7) $\frac{\partial z}{\partial x}=2xyf'$, $\frac{\partial z}{\partial y}=f-2y^2f'$;

(8) $\frac{\partial z}{\partial x}=y+f-\frac{y}{x}f'$, $\frac{\partial z}{\partial y}=x+f'$.

4. (1) $\frac{\partial^2 z}{\partial x^2}=y^2e^{xy}\cos(x+y)-2ye^{xy}\sin(x+y)-e^{xy}\cos(x+y)$,

$$\frac{\partial^2 z}{\partial x\partial y}=xye^{xy}\cos(x+y)-(x+y)e^{xy}\sin(x+y),$$

$$\frac{\partial^2 z}{\partial y^2}=(x^2-1)e^{xy}\cos(x+y)-2xe^{xy}\sin(x+y);$$

(2) $\frac{\partial^2 z}{\partial x^2}=f_{11}''+\frac{2}{y}f_{12}''+\frac{1}{y^2}f_{22}''$,

$$\frac{\partial^2 z}{\partial x\partial y}=-\frac{x}{y^2}f_{12}''-\frac{1}{y^2}f_2'-\frac{x}{y^3}f_{22}'',$$

$$\frac{\partial^2 z}{\partial y^2}=\frac{2x}{y^3}f_2'+\frac{x^2}{y^4}f_{22}'';$$

(3) $\frac{\partial^2 z}{\partial x^2}=y^4f_{11}''+4xy^3f_{12}''+4x^2y^2f_{22}''+2yf_2'$,

$$\frac{\partial^2 z}{\partial x\partial y}=2yf_1'+2xf_2'+2xy^3f_{11}''+2x^3yf_{22}''+5x^2y^2f_{12}'',$$

$$\frac{\partial^2 z}{\partial y^2}=2xf_1'+4x^2y^2f_{11}''+4x^3yf_{12}''+x^4f_{22}'';$$

(4) $\frac{\partial^2 z}{\partial x^2}=e^{x+y}f_3'-f_1'\sin x+f_{11}''\cos^2 x+2e^{x+y}f_{13}''\cos x+e^{2(x+y)}f_{33}''$,

$$\frac{\partial^2 z}{\partial x\partial y}=e^{x+y}f_3'-f_{12}''\cos x\sin y+e^{x+y}f_{13}''\cos x-e^{x+y}f_{32}''\sin y+e^{2(x+y)}f_{33}'',$$

$$\frac{\partial^2 z}{\partial y^2}=e^{x+y}f_3'-f_2'\cos y+f_{22}''\sin^2 y-2e^{x+y}f_{23}''\sin y+e^{2(x+y)}f_{33}''.$$

5. (1) $\frac{\partial z}{\partial x}=e^{xy}[y\sin(x+y)+\cos(x+y)]+\frac{2x}{x^2+y^2}$,

$$\frac{\partial z}{\partial y}=e^{xy}[x\sin(x+y)+\cos(x+y)]+\frac{2y}{x^2+y^2};$$

(2) $\frac{\partial z}{\partial x}=x(x^2+y)^3\left[8\arctan\sqrt{x^2+y-1}+\frac{1}{\sqrt{x^2+y-1}}\right]$,

$$\frac{\partial z}{\partial y}=(x^2+y)^3\left[4\arctan\sqrt{x^2+y-1}+\frac{1}{2\sqrt{x^2+y-1}}\right];$$

(3) $\frac{\partial u}{\partial x}=\frac{y^2+z^2-x^2}{(x^2+y^2+z^2)^2}$, $\frac{\partial u}{\partial y}=-\frac{2xy}{(x^2+y^2+z^2)^2}$, $\frac{\partial u}{\partial z}=-\frac{2xz}{(x^2+y^2+z^2)^2}$;

(4) $\frac{\partial z}{\partial x}=f_1'+f_2'$, $\frac{\partial z}{\partial y}=-f_1'+f_2'$;

(5) $\frac{\partial z}{\partial x}=yf_1'+\frac{1}{y}f_2'$, $\frac{\partial z}{\partial y}=xf_1'-\frac{x}{y^2}f_2'$;

(6) $\frac{\partial u}{\partial x}=f_1'\cos x-f_2'\sin x$, $\frac{\partial u}{\partial y}=-f_1'\sin y$, $\frac{\partial u}{\partial z}=f_2'\sin z$.

7. $a=3$.

习题 8-5

1. (1) $\frac{y^2-e^x}{\cos y-2xy}$; (2) $\frac{x+y}{x-y}$.

2. (1) $\frac{\partial z}{\partial x}=\frac{yz-\sqrt{xyz}}{\sqrt{xyz}-xy}$, $\frac{\partial z}{\partial y}=\frac{xz-2\sqrt{xyz}}{\sqrt{xyz}-xy}$;

（2）$\dfrac{\partial z}{\partial x}=\dfrac{z}{z+x}$，$\dfrac{\partial z}{\partial y}=\dfrac{z^2}{y(x+z)}$；

（3）$\dfrac{\partial z}{\partial x}=\dfrac{1}{3}$，$\dfrac{\partial z}{\partial y}=\dfrac{2}{3}$.

3.（1）$\dfrac{\partial^2 z}{\partial x^2}=\dfrac{z^3-2z^2+2z}{x^2(1-z)^3}$，$\dfrac{\partial^2 z}{\partial x\partial y}=\dfrac{z}{xy(1-z)^3}$，$\dfrac{\partial^2 z}{\partial y^2}=\dfrac{z^3-2z^2+2z}{y^2(1-z)^3}$；

（2）$\dfrac{\partial^2 z}{\partial x^2}=-\dfrac{2xy^3 z}{(z^2-xy)^3}$，$\dfrac{\partial^2 z}{\partial x\partial y}=\dfrac{z(z^4+2xyz^2-x^2y^2)}{(z^2-xy)^3}$，$\dfrac{\partial^2 z}{\partial y^2}=-\dfrac{2x^3yz}{(z^2-xy)^3}$.

4.（1）$\dfrac{\mathrm{d}y}{\mathrm{d}x}=-\dfrac{x(6z+1)}{2y(3z+1)}$，$\dfrac{\mathrm{d}z}{\mathrm{d}x}=\dfrac{x}{3z+1}$；

（2）$\dfrac{\partial u}{\partial x}=\dfrac{-uf_1'(2yvg_2'-1)-f_2'g_1'}{(xf_1'-1)(2yvg_2'-1)-f_2'g_1'}$，

$\dfrac{\partial v}{\partial x}=\dfrac{g_1'(xf_1'+uf_1'-1)}{(xf_1'-1)(2yvg_2'-1)-f_2'g_1'}$；

（3）$\dfrac{\partial u}{\partial x}=\dfrac{\sin v}{\mathrm{e}^u(\sin v-\cos v)+1}$，$\dfrac{\partial u}{\partial y}=\dfrac{-\cos v}{\mathrm{e}^u(\sin v-\cos v)+1}$，

$\dfrac{\partial v}{\partial x}=\dfrac{\cos v-\mathrm{e}^u}{u[\mathrm{e}^u(\sin v-\cos v)+1]}$，$\dfrac{\partial v}{\partial y}=\dfrac{\sin v+\mathrm{e}^u}{u[\mathrm{e}^u(\sin v-\cos v)+1]}$.

6. $\dfrac{\mathrm{d}u}{\mathrm{d}x}=\dfrac{\partial f}{\partial x}+\dfrac{\partial f}{\partial y}\cos x-\dfrac{\partial f}{\partial z}\dfrac{1}{\varphi_3'}(2x\varphi_1'+\mathrm{e}^y\cos x\varphi_2')$.

习题 8-6

1.（1）$\dfrac{x-a}{a}=\dfrac{y-b}{2b}=\dfrac{z-c}{3c}$，$a(x-a)+2b(y-b)+3c(z-c)=0$；

（2）$\dfrac{x-1}{-1}=\dfrac{y-1}{1}=\dfrac{z}{-1}$，$x-y+z=0$；

（3）$\dfrac{x-1}{2}=\dfrac{y-1}{1}=\dfrac{z-1}{4}$，$2x+y+4z-7=0$；

（4）$\dfrac{x+2}{25}=\dfrac{y-1}{28}=\dfrac{z-6}{12}$，$25x+28y+12z-50=0$.

2. $M_1(-1,1,-1)$，$M_2\left(-\dfrac{1}{3},\dfrac{1}{9},-\dfrac{1}{27}\right)$.

3. （1）$3x+4y-5z=0$， $\dfrac{x-3}{3}=\dfrac{y-4}{4}=\dfrac{z-5}{-5}$；

（2）$x+11y+5z=18$， $\dfrac{x-1}{1}=\dfrac{y-2}{11}=\dfrac{z+1}{5}$；

（3）$x+2y-4=0$， $\dfrac{x-2}{1}=\dfrac{y-1}{2}=\dfrac{z}{0}$；

（4）$ax_0x+by_0y+cz_0z=1$， $\dfrac{x-x_0}{ax_0}=\dfrac{y-y_0}{by_0}=\dfrac{z-z_0}{cz_0}$.

4. $x-y+2z=\pm\sqrt{\dfrac{11}{2}}$.　　6. 提示：定直线的方向向量为$(b,c,a)$.

7. 提示：切平面过定点(a,b,c).

习题 8-7

1. $1+2\sqrt{3}$.　　2. $\dfrac{\sqrt{2}}{3}$.　　3. 1.　　4. $\dfrac{6}{7}\sqrt{14}$.

5. （1）$\mathbf{grad}\, u(2,1)=9\boldsymbol{i}-3\boldsymbol{j}$；　（2）$\mathbf{grad}\, u(2,1,1)=\boldsymbol{i}+2\boldsymbol{j}+2\boldsymbol{k}$；

（3）$\mathbf{grad}\, u(x_0,y_0,z_0)=\dfrac{-1}{(x_0^2+y_0^2+z_0^2)^{\frac{3}{2}}}(x_0\boldsymbol{i}+y_0\boldsymbol{j}+z_0\boldsymbol{k})$.

6. $\dfrac{1}{ab}\sqrt{2(a^2+b^2)}$.　　7. （1）$\boldsymbol{i}+\boldsymbol{j}$；　（2）$-\boldsymbol{i}-\boldsymbol{j}$；　（3）$\boldsymbol{i}-\boldsymbol{j}$ 与$-\boldsymbol{i}+\boldsymbol{j}$.

习题 8-8

1. （1）极大值$f(2,-2)=8$；　（2）极大值$f(3,2)=36$；

（3）极小值$f\left(\dfrac{1}{2},-1\right)=-\dfrac{\mathrm{e}}{2}$.

2. （1）极大值$z\left(\dfrac{1}{2},\dfrac{1}{2}\right)=\dfrac{1}{4}$；

（2）极大值$u\left(\dfrac{1}{3},-\dfrac{2}{3},\dfrac{2}{3}\right)=3$，　极小值$u\left(-\dfrac{1}{3},\dfrac{2}{3},-\dfrac{2}{3}\right)=-3$.

3. 当长、宽都是$\sqrt[3]{2k}$,高为$\frac{1}{2}\sqrt[3]{2k}$时,表面积最小. 4. $\left(\frac{8}{5},\frac{16}{5}\right)$.

5. 当矩形的边长为$\frac{2p}{3}$及$\frac{p}{3}$时,绕短边旋转所得圆柱体的体积最大.

6. 当长、宽、高均为$\frac{2a}{\sqrt{3}}$时,体积最大,最大值为$\frac{8\sqrt{3}}{9}a^3$.

7. 最长距离$\sqrt{9+5\sqrt{3}}$,最短距离$\sqrt{9-5\sqrt{3}}$.

8. 在$(r,r,\sqrt{3}r)$处取得最大值$u(r,r,\sqrt{3}r)=\ln(3\sqrt{3}r^5)$.

第八章总习题

2. (1) 1; (2) $dz=dx-\sqrt{2}dy$; (3) $\frac{x-1}{16}=\frac{y-1}{9}=\frac{z-1}{-1}$,

$6x+9y-z-24=0$; (4) $2x+4y-z=5$; (5) $\frac{1}{2}$.

3. $D=\{(x,y)\mid x^2+y^2<1,x+y>1\}$. 4. $\frac{1}{2}$.

6. $f_x(x,y)=\frac{2x(1-y)}{1+y}$,$f_y(x,y)=\frac{-2x^2}{(1+y)^2}$.

7. (1) $dz=\left(y+\frac{y}{x^2}\right)dx+\left(x-\frac{1}{x}\right)dx$;

(2) $du=z^{xy-1}(yz\ln z dx+xz\ln z dy+xy dz)$.

8. $\frac{\partial^2 z}{\partial\rho^2}=\frac{\partial^2 z}{\partial x^2}\cos^2\theta+\frac{\partial^2 z}{\partial x\partial y}\sin 2\theta+\frac{\partial^2 z}{\partial y^2}\sin^2\theta$,

$\frac{\partial^2 z}{\partial\theta^2}=\rho^2\left(\frac{\partial^2 z}{\partial x^2}\sin^2\theta-\frac{\partial^2 z}{\partial x\partial y}\sin 2\theta+\frac{\partial^2 z}{\partial y^2}\cos^2\theta\right)-\rho\left(\frac{\partial z}{\partial x}\cos\theta+\frac{\partial z}{\partial y}\sin\theta\right)$.

9. $x-\left(\frac{\pi}{2}-1\right)=y-1=\frac{z-2\sqrt{2}}{\sqrt{2}}$, $x+y+\sqrt{2}z-\frac{\pi}{2}-4=0$.

11. 极小值$z(1,1)=2$. 12. 极小值 9. 13. $(-2,2)$,$2\sqrt{2}$.

14. $\left(\pm\frac{a}{\sqrt{3}},\pm\frac{b}{\sqrt{3}},\pm\frac{c}{\sqrt{3}}\right)$,$\frac{\sqrt{3}}{2}abc$. 15. $(1+\sqrt{2})l$.

习题 9-1

1. (1) $4\pi(1-2\sqrt{2})\leqslant I\leqslant 4\pi(1+2\sqrt{2})$； (2) $0\leqslant I\leqslant \pi^2$；

(3) $-8\leqslant I\leqslant \dfrac{2}{3}$； (4) $\dfrac{100}{51}\leqslant I\leqslant 2$.

3. 负. 4. $\dfrac{2}{3}R$. 5. (1) 成立； (2) 不成立； (3) 不成立.

6. (1) 0； (2) 0； (3) 0； (4) 0.

习题 9-2

1. (1) $\int_0^1 dy\int_{-2y}^{2y} f(x,y)dx$； (2) $\int_0^1 dx\int_{x-1}^{1-x} f(x,y)dy$；

(3) $\int_{-\sqrt{2}}^{\sqrt{2}} dx\int_{x^2}^{4-x^2} f(x,y)dy$； (4) $\int_0^1 dy\int_{-\sqrt{y-y^2}}^{\sqrt{y-y^2}} f(x,y)dx$；

(5) $\int_0^2 dx\int_{1-\sqrt{2x-x^2}}^{1+\sqrt{2x-x^2}} f(x,y)dy$； (6) $\int_0^1 dx\int_{\frac{x}{2}}^{2x} f(x,y)dy+\int_1^2 dx\int_{\frac{x}{2}}^{\frac{2}{x}} f(x,y)dy$.

2. (1) $\dfrac{1}{e}$； (2) -2； (3) $14a^4$； (4) $4\ln 2-\dfrac{3}{2}$；

(5) $1-\sin 1$； (6) $\dfrac{1}{6}(1-2e^{-1})$； (7) $\dfrac{1}{12}$；

(8) $\dfrac{4}{3}$. (提示：$4\iint\limits_{D_1}(x+y)d\sigma$，$D_1$ 为 D 在第一象限的部分.)

3. (1) $\int_0^1 dy\int_{e^y}^{e} f(x,y)dx$；

(2) $\int_{-1}^0 dy\int_{-2\sqrt{y+1}}^{2\sqrt{y+1}} f(x,y)dx+\int_0^8 dy\int_{-2\sqrt{y+1}}^{2-y} f(x,y)dx$；

(3) $\int_0^a dy\int_{\frac{y^2}{2a}}^{a-\sqrt{a^2-y^2}} f(x,y)dx+\int_a^{\sqrt{2}a} dy\int_{\frac{y^2}{2a}}^{a} f(x,y)dx$；

(4) $\int_0^1 dy\int_{\sqrt{y}}^{3-2y} f(x,y)dx$.

6. (1) $\pi(1-e^{-1})$； (2) $\dfrac{\pi}{4}(2\ln 2-1)$； (3) $-6\pi^2$； (4) $\dfrac{2}{9}\pi+\dfrac{32}{9}-2\sqrt{3}$；

(5) $\frac{\pi}{8}+\frac{1}{6}$; (6) 5π.

7. (1) $\frac{9}{2}$; (2) $\frac{\pi}{2}-1$; (3) $\frac{1}{2}a^2\ln 2$; (4) $\left(\frac{\pi}{4}+2\right)a^2$; (5) $2a$.

8. (1) $\frac{1}{6}$; (2) $\frac{16}{3}a^3$; (3) 6π; (4) $\frac{4}{3}a^3\left(\frac{\pi}{2}-\frac{2}{3}\right)$;

9. $\frac{1}{2}\pi ab$.

习题 9-3

2. (1) 0; (2) 0; (3) 0; (4) 0.

习题 9-4

1. (1) $\int_{-a}^{a}\mathrm{d}x\int_{-b\sqrt{1-x^2/a^2}}^{b\sqrt{1-x^2/a^2}}\mathrm{d}y\int_{-c\sqrt{1-x^2/a^2-y^2/b^2}}^{c\sqrt{1-x^2/a^2-y^2/b^2}}f(x,y,z)\,\mathrm{d}z$;

   (2) $\int_{-1}^{1}\mathrm{d}x\int_{-\sqrt{1-x^2}}^{\sqrt{1-x^2}}\mathrm{d}y\int_{\sqrt{x^2+y^2}}^{1}f(x,y,z)\,\mathrm{d}z$;

   (3) $\int_{-\frac{\sqrt{3}}{2}a}^{\frac{\sqrt{3}}{2}a}\mathrm{d}x\int_{-\sqrt{\frac{3}{4}a^2-x^2}}^{\sqrt{\frac{3}{4}a^2-x^2}}\mathrm{d}y\int_{a-\sqrt{a^2-x^2-y^2}}^{\sqrt{a^2-x^2-y^2}}f(x,y,z)\,\mathrm{d}z$;

   (4) $\int_{-R}^{R}\mathrm{d}x\int_{-\sqrt{R^2-x^2}}^{\sqrt{R^2-x^2}}\mathrm{d}y\int_{0}^{H}f(x,y,z)\,\mathrm{d}z$;

   (5) $\int_{-1}^{1}\mathrm{d}x\int_{0}^{1-x}\mathrm{d}y\int_{0}^{1-x^2}f(x,y,z)\,\mathrm{d}z$.

2. (1) $\frac{7}{2}\ln 2-\frac{3}{2}\ln 5$; (2) $\frac{1}{24}$; (3) $\frac{3}{16}\pi$; (4) $\frac{1}{15}$;

   (5) $\frac{1}{4}\pi R^2h^2$; (6) $\frac{1}{364}$.

3. (1) $\frac{\pi}{6}$; (2) 0; (3) $\frac{4}{15}\pi(a^5-b^5)$; (4) $\frac{34}{105}\pi$;

   (5) 0; (6) $\frac{53}{60}$.

4. (1) $\frac{\pi}{8}$; (2) $\frac{4}{15}\pi R^5$; (3) $\frac{8}{9}a^2$.

5. (1) $\frac{1}{6}abc$; (2) 45; (3) $\frac{2}{3}(2-\sqrt{2})\pi a^3$; (4) $\frac{21\pi}{4}(2-\sqrt{2})$.

习题 9-5

1. $2a^2(\pi-2)$; 2. $\frac{\sqrt{2}}{4}\pi$. 3. $\left(0,\frac{4}{3\pi}R\right)$. 4. $\left(\frac{a^2+ab+b^2}{2(a+b)},0\right)$.

5. $\left(\frac{2}{5},\frac{1}{2}\right)$. 6. $\left(0,0,\frac{1}{4}\right)$. 7. $\left(0,0,\frac{4}{5}a\right)$. 8. $\frac{\sqrt{2}}{2}$. 9. $\frac{1}{2}\pi a^4 h$.

10. (1) $\frac{1}{2}\pi R^4\mu$; (2) $\frac{1}{4}\pi R^4\mu$.

11. $\frac{4}{3}\pi R^3\cos^4\alpha$. 12. $(0,0,2\pi G\mu(R+h-\sqrt{R^2+h^2}))$.

13. $(0,0,\pi G\mu(2-\sqrt{2})(b-a))$.

第九章总习题

2. (1) $2+\frac{1}{\mathrm{e}}-\mathrm{e}$; (2) $\frac{1}{24}$; (3) $-\pi$;

(4) $\frac{1}{2}(1-\cos 4)$; (5) $\frac{4}{9}$; (6) $\frac{\pi}{3}$.

3. (1) $\int_1^2 \mathrm{d}x\int_x^{2x} f(x,y)\,\mathrm{d}y$; (2) $\int_0^1 \mathrm{d}y\int_{\sqrt{y}}^{3-2y} f(x,y)\,\mathrm{d}x$;

(3) $\int_0^1 \mathrm{d}y\int_{2-y}^{1+\sqrt{1-y^2}} f(x,y)\,\mathrm{d}x$.

4. $\frac{1}{2}\ln 2$. 5. $\frac{8}{3}$. 8. (1) $\frac{1}{8}$; (2) $\frac{16}{5}\pi$; (3) $\frac{4}{15}\pi$.

9. $\frac{44}{105}$. 10. a^2. 11. $\frac{17\sqrt{17}-1}{6}\pi$. 12. $\left(0,0,\frac{3}{8}R\right)$, $\frac{4}{15}\pi R^5\mu$.

习题 10-1

1. (1) 2π; (2) $\sqrt{2}$; (3) $4\pi a^{\frac{3}{2}}$; (4) $a^{\frac{7}{3}}$; (5) $2a^2$; (6) 2;

(7) $2(e^a-1)+\frac{\pi}{4}ae^a$； (8) $\frac{1}{3}[(2+t_0)^{\frac{3}{2}}-2^{\frac{3}{2}}]$； (9) $\frac{8\sqrt{2}\pi^3 a}{3}$；

(10) $\frac{5\pi a^3}{4}$.

2. 重心在圆弧的对称轴上，且与圆心距离$\frac{a\sin\varphi}{\varphi}$.

3. $\left(\frac{6ak^2}{3a^2+4\pi^2k^2},\frac{-6\pi ak^2}{3a^2+4\pi^2k^2},\frac{3k(\pi a^2+2\pi^3k^2)}{3a^2+4\pi^2k^2}\right)$；

$I_z=\frac{2}{3}\pi a\sqrt{a^2+k^2}(3a^2+4\pi^2k^2)$.

4. $3\pi R^2$.

习题 10-2

1. (1) 3； (2) $-\frac{14}{15}$； (3) πa^2； (4) 2π； (5) $\frac{4}{3}$； (6) 0；

(7) $-\pi a^2$； (8) 81； (9) 4π.

2. (1) $\frac{34}{3}$； (2) 11； (3) 14； (4) $\frac{32}{3}$.

3. $\int_\Gamma \frac{P+2xQ+3yR}{\sqrt{1+4x^2+9y^2}}ds$.　　4. $mg(z_2-z_1)$.

5. $W=x_1y_1z_1$； $M=\left(\frac{a}{\sqrt{3}},\frac{b}{\sqrt{3}},\frac{c}{\sqrt{3}}\right)$.

习题 10-3

1. (1) $\frac{3}{8}\pi a^2$； (2) 12π； (3) πa^2.

2. (1) 12； (2) 0； (3) $\frac{\pi^2}{4}$； (4) $\frac{\sin 2}{4}-\frac{7}{6}$.

3. $-\pi$.　　4. (1) $\frac{5}{2}$； (2) 5.

5. (1) x^2y； (2) $y^2\sin x+x^2\cos y$.　　6. $\pi+1$.　　7. $a=-1$.

*9. (1) $x^3+3x^2y^2+\frac{4}{3}y^3=C$; (2) $a^2x-yx^2-xy^2-\frac{y^3}{3}=C$;

(3) $xe^y-y^2=C$; (4) 不是全微分方程.

习题 10-4

1. (1) $4\sqrt{61}$; (2) $\pi a(a^2-h^2)$; (3) 27; (4) $\frac{1}{8}$.

2. $\frac{121}{5}\pi$. 3. (1) $\frac{1+\sqrt{2}}{2}\pi$; (2) 9π. 4. $\frac{4}{3}\mu_0\pi a^4$. 6. $\frac{8-5\sqrt{2}}{6}\pi a^4$.

习题 10-5

1. (1) $-\frac{\pi a^4}{2}$; (2) $\frac{3\pi}{2}$; (3) $\frac{8}{3}$; (4) $\frac{1}{2}\pi$; (5) $\frac{1}{8}$; (6) $\frac{\pi^2}{2}R$.

2. $\iint\limits_{\Sigma}\left(\frac{3}{5}P+\frac{2}{5}Q+\frac{2\sqrt{3}}{5}R\right)dS$. 3. 0. 4. $\frac{1}{2}$.

5. $abc\left(\frac{f(a)-f(0)}{a}+\frac{g(b)-g(0)}{b}+\frac{h(c)-h(0)}{c}\right)$.

习题 10-6

1. (1) $\frac{\pi}{2}$; (2) $\frac{4}{5}\pi a^5$; (3) $\frac{\pi}{8}$; (4) $2\pi R^3$; (5) $-\frac{1}{10}\pi h^5$.

2. 34π. 3. 16π. 5. (1) 0; (2) $a^3\left(2-\frac{a^2}{6}\right)$; (3) 108π.

6. (1) $\operatorname{div}\boldsymbol{A}=2x+2y+2z$;

(2) $\operatorname{div}\boldsymbol{A}=ye^{xy}-x\sin(xy)-2xz\sin(xz^2)$;

(3) $\operatorname{div}\boldsymbol{A}=2x$.

习题 10-7

1. $-\sqrt{3}\pi a^2$. 2. $-2\pi a(a+b)$. 3. -20π. 4. 9π.

*5. (1) $\mathbf{rot}\,\boldsymbol{A}=\{2,4,6\}$; (2) $\mathbf{rot}\,\boldsymbol{A}=\{1,1,0\}$;

（3）$\mathbf{rot}\,\boldsymbol{A}=[x\sin(\cos z)-xy^2\cos(xz)]\boldsymbol{i}-y\sin(\cos z)\boldsymbol{j}+[y^2z\cos(xz)-x^2\cos y]\boldsymbol{k}$.

第十章总习题

1. （1）0；（2）$1+\sqrt{2}$；（3）$\frac{1}{12}(5\sqrt{5}+6\sqrt{2}-1)$；（4）$\pi$；（5）9；

（6）$-\frac{56}{15}$；（7）$-2ab\pi$；（8）πa^2；（9）$\frac{1}{35}$；（10）0.

2. （1）πR^3；（2）$\frac{125\sqrt{5}-1}{420}$；（3）$\frac{4}{3}\pi R^4$；（4）$2\pi\arctan\frac{H}{R}$；

（5）$\frac{2\pi}{15}(6\sqrt{3}+1)$；（6）$a^4$；（7）$\frac{12}{5}\pi R^5$；（8）$\frac{2}{5}\pi a^5$；

（9）$\frac{1}{2}\pi R^4$；（10）$\frac{1}{3}\pi$.

3. $\left(0,\frac{2R}{\pi}\right)$；$\frac{1}{2}\pi\mu R^3$.　4. $\frac{1}{2}(a^2-b^2)$.　5. $\frac{2}{3}\sqrt{2}\pi$；$\left(0,0,\frac{3}{4}\right)$.　6. $\frac{1}{6}+\frac{\pi}{16}$.

7. $\lambda=3, I=-\frac{79}{5}$.　8. $\mathrm{e}^x-1+\mathrm{e}^x\sin y+\sin^2 y$.　9. $9+\frac{15}{4}\ln 5$.

10. $\frac{6}{5}\pi R^5+\frac{1}{2}\pi R^4$.　11. $3x^2y+y^3$.

习题 11-1

1. （1）发散；（2）收敛；（3）收敛.

2. （1）收敛，$\frac{3}{2}$；（2）发散；（3）发散；（4）发散；

（5）发散；（6）收敛，$-\frac{8}{17}$；（7）收敛，$\frac{7}{2}$.

3. $u_n=\frac{1}{4n^2-1}$.　4. 提示：$\frac{1}{n}>\ln\left(1+\frac{1}{n}\right)$.

5. （1）收敛；发散；（2）发散；可能收敛，也可能发散.

习题 11-2

1. (1) 发散； (2) 收敛； (3) 发散； (4) 发散； (5) 收敛；
   (6) 发散； (7) 收敛； (8) 收敛； (9) 发散.
2. (1) 收敛； (2) 收敛； (3) 收敛； (4) 收敛； (5) 发散.
3. (1) 收敛； (2) 收敛； (3) 收敛； (4) 收敛.
4. (1) 收敛； (2) 收敛； (3) 发散； (4) 收敛； (5) 发散； (6) 发散.
5. (1) 错,如反例 $\sum_{n=0}^{\infty}\frac{1}{n^2}$； (2) 正确.
6. (1) 绝对收敛； (2) 条件收敛； (3) 发散； (4) 条件收敛；
   (5) 条件收敛.
8. (1) (C)； (2) (A)； (3) (B)； (4) (B)； (5) (C)； (6) (D).

习题 11-3

1. (1) $R=1,(-1,1]$； (2) $R=0$,仅在 $x=0$ 处收敛；
   (3) $R=\sqrt{3},(-\sqrt{3},\sqrt{3})$； (4) $R=\sqrt{2},(-\sqrt{2},\sqrt{2})$；
   (5) $R=1,[4,6)$； (6) $R=1,(-5,-3]$.
2. (1) $\frac{1}{(1-x)^2}\quad(-1<x<1)$；
   (2) $-\ln(1-x)\quad(-1\leqslant x<1)$；
   (3) $\frac{1}{4}\ln\frac{1+x}{1-x}+\frac{1}{2}\arctan x-x\quad(-1<x<1)$；
   (4) $\frac{2x}{(1-x)^3}\quad(-1<x<1)$；
   (5) $\frac{x^2+2}{(2-x^2)^2}\quad(-\sqrt{2}<x<\sqrt{2})$；
   (6) $\frac{2x}{(1-x)^2}+\frac{x}{1-x}\quad(-1<x<1)$.
3. (1) $-\ln\frac{2}{3}$； (2) 3； (3) $\frac{5}{4}-\frac{3}{2}\ln 2$； (4) $-\frac{2}{9}$.

习题 11−4

1. (1) $e^{-x}=\sum_{n=0}^{\infty}\frac{(-1)^n}{n!}x^n \quad (-\infty<x<+\infty)$;

(2) $\sin^2 x=\sum_{n=1}^{\infty}(-1)^{n-1}\frac{(2x)^{2n}}{2(2n)!} \quad (-\infty<x<+\infty)$;

(3) $\frac{1}{(1+x)^2}=\sum_{n=1}^{\infty}n(-1)^{n-1}x^{n-1} \quad (-1<x<1)$;

(4) $\frac{1}{x+a}=\sum_{n=0}^{\infty}\frac{(-1)^n}{a^{n+1}}x^n \quad (-a<x<a)$;

(5) $\sin\left(x+\frac{\pi}{4}\right)=\frac{\sqrt{2}}{2}\sum_{n=0}^{\infty}(-1)^n\left[\frac{1}{(2n)!}x^{2n}+\frac{1}{(2n+1)!}x^{2n+1}\right] \quad (-\infty<x<+\infty)$;

(6) $(1+x)\ln(1+x)=x+\sum_{n=2}^{\infty}\frac{(-1)^n x^n}{n(n-1)} \quad (-1<x\leqslant 1)$;

(7) $\arctan\frac{1+x}{1-x}=\frac{\pi}{4}+\sum_{n=0}^{\infty}\frac{(-1)^n}{2n+1}x^{2n+1} \quad (-1\leqslant x<1)$;

(8) $\ln(1+x+x^2+x^3)=\sum_{n=0}^{\infty}(-1)^n\frac{x^{n+1}}{n+1}+\sum_{n=0}^{\infty}(-1)^n\frac{x^{2n+2}}{n+1} \quad (-1<x\leqslant 1)$.

2. $\cos x=\frac{1}{2}\sum_{n=0}^{\infty}(-1)^n\left[\frac{\left(x+\frac{\pi}{3}\right)^{2n}}{(2n)!}+\sqrt{3}\frac{\left(x+\frac{\pi}{3}\right)^{2n+1}}{(2n+1)!}\right] \quad (-\infty<x<+\infty)$.

3. $\frac{1}{x}=\sum_{n=0}^{\infty}(-1)^n(x-1)^n \quad (0<x<2)$.

4. $\frac{1}{x^2+3x+2}=\sum_{n=0}^{\infty}\left(\frac{1}{2^{n+1}}-\frac{1}{3^{n+1}}\right)(x+4)^n \quad (-6<x<-2)$.

5. $2\sum_{n=0}^{\infty}\frac{1}{2n+1}u^{2n+1} \quad (0<u<+\infty)$. 提示：$\ln x=\ln\frac{1+\frac{x-1}{x+1}}{1-\frac{x-1}{x+1}}=\ln\frac{1+u}{1-u}$.

习题 11−5

1. (1) $\frac{1}{6}$; (2) $\frac{1}{2}$.　　2. (1) 1.098 6; (2) 0.984 8.

3. (1) 0.494 0； (2) 0.487.

4. $e^x\cos x=\sum\limits_{n=0}^{\infty}2^{\frac{n}{2}}\cos\frac{n\pi}{4}\cdot\frac{x^n}{n!}\quad(-\infty<x<+\infty)$.

提示：$e^x\cos x=\mathrm{Re}\left(e^{(1+i)x}\right)=\mathrm{Re}\left(e^{\sqrt{2}(\cos\frac{\pi}{4}+i\sin\frac{\pi}{4})x}\right)$.

5. (1) $y=a_0e^{-\frac{x^2}{2}}+a_1\left[x-\frac{x^3}{1\times3}+\frac{x^5}{1\times3\times5}+\cdots+(-1)^{n-1}\frac{x^{2n-1}}{1\times3\times5\cdots(2n-1)}+\cdots\right]$；

(2) $y=x+\frac{1}{1\times2}x^2+\frac{1}{2\times3}x^3+\cdots$.

习题 11-6

1. (1) $f(x)=\pi^2+1+12\sum\limits_{n=1}^{\infty}\frac{(-1)^n}{n^2}\cos nx\quad(-\infty<x<+\infty)$；

(2) $f(x)=\frac{e^{2\pi}-e^{-2\pi}}{\pi}\left[\frac{1}{4}+\sum\limits_{n=1}^{\infty}\frac{(-1)^n}{n^2+4}(2\cos nx-n\sin nx)\right]$,

$x\neq(2n+1)\pi,n=0,\pm1,\pm2,\cdots$；

(3) $f(x)=\frac{2}{\pi}\sum\limits_{n=1}^{\infty}\left[\frac{1}{n^2}\sin\frac{n\pi}{2}+(-1)^{n+1}\frac{\pi}{2n}\right]\sin nx$,

$x\neq(2n+1)\pi,n=0,\pm1,\pm2,\cdots$；

(4) $f(x)=\pi-2\sum\limits_{n=1}^{\infty}\frac{1}{n}\sin nx,x\neq n\pi,n=0,\pm1,\pm2,\cdots$.

2. (1) $f(x)=\frac{l}{2}-\frac{4l}{\pi^2}\sum\limits_{n=1}^{\infty}\frac{1}{(2n-1)^2}\cos\frac{(2n-1)\pi x}{l}\quad(-l<x<l)$；

(2) $f(x)=-\frac{1}{4}+\sum\limits_{n=1}^{\infty}\left\{\left[\frac{1-(-1)^n}{n^2\pi^2}+\frac{2\sin\frac{n\pi}{2}}{n\pi}\right]\cos n\pi x+\frac{1-2\cos\frac{n\pi}{2}}{n\pi}\sin n\pi x\right\}$,

$x\neq2k,2k+\frac{1}{2},k=0,\pm1,\pm2,\cdots$；

(3) $f(x)=\frac{3}{4}+\frac{4}{\pi^2}\sum\limits_{n=1}^{\infty}\frac{1}{n^2}\left(\cos\frac{n\pi}{2}-\cos n\pi\right)\cos\frac{n\pi x}{l}$；

(4) $f(x)=-\frac{1}{2}+\sum\limits_{n=1}^{\infty}\left\{\frac{6}{n^2\pi^2}[1-(-1)^n]\cos\frac{n\pi x}{3}+\frac{6}{n\pi}(-1)^{n+1}\sin\frac{n\pi x}{3}\right\}$,

$x\neq3(2k+1),k=0,\pm1,\pm2,\cdots$.

3. $b_n=\frac{(-1)^{n+1}4}{\pi n}\quad(n=1,2,\cdots)$.

5. $f(x)=\frac{2}{3}\pi^2+4\sum_{n=1}^{\infty}\frac{(-1)^{n+1}}{n^2}\cos nx(-\pi\leqslant x\leqslant\pi)$, $\quad\sum_{n=1}^{\infty}\frac{1}{n^2}=\frac{\pi^2}{6}$.

习题 11-7

1. (1) $f(x)=2\sum_{n=1}^{\infty}\frac{(-1)^{n+1}}{n}\sin nx\quad(-\pi<x<\pi)$;

(2) $f(x)=\frac{4}{3}+\sum_{n=1}^{\infty}\left[(-1)^n\frac{16}{\pi^2n^2}\cos\frac{n\pi x}{2}+(-1)^n\frac{4}{n\pi}\sin\frac{n\pi x}{2}\right](-2<x<2)$;

(3) $f(x)=\frac{11}{12}+\frac{1}{\pi^2}\sum_{n=1}^{\infty}\frac{(-1)^{n+1}}{n^2}\cos 2n\pi x\quad\left(-\frac{1}{2}\leqslant x\leqslant\frac{1}{2}\right)$.

2. $\frac{\pi-x}{2}=\sum_{n=1}^{\infty}\frac{1}{n}\sin nx\quad(0<x\leqslant\pi)$.

3. $f(x)=\frac{8}{\pi}\sum_{n=1}^{\infty}\left\{\frac{(-1)^{n+1}}{n}+\frac{2}{n^3\pi^2}[(-1)^n-1]\right\}\sin\frac{n\pi x}{2}\quad(0\leqslant x<2)$;

$f(x)=\frac{4}{3}+\frac{16}{\pi^2}\sum_{n=1}^{\infty}\frac{(-1)^n}{n^2}\cos\frac{n\pi x}{2}\quad(0\leqslant x\leqslant 2)$.

4. $f(x)=\frac{4}{\pi}\sum_{n=1}^{\infty}\frac{1}{(2n-1)^2}\cos\left[(2n-1)\left(x-\frac{\pi}{2}\right)\right]\quad\left(-\frac{\pi}{2}\leqslant x\leqslant\frac{3\pi}{2}\right)$.

第十一章总习题

1. $\sum_{n=1}^{\infty}\frac{1}{n(n+1)}$;1.

2. (1) 发散; (2) 收敛; (3) 收敛; (4) 发散.

3. (1) 发散; (2) 发散; (3) 收敛; (4) 发散.

4. (1) 收敛; (2) 发散; (3) 收敛; (4) 发散.

5. (1) 当 $p>1$ 时,绝对收敛,当 $0<p\leqslant 1$ 时,条件收敛,当 $p\leqslant 0$ 时,发散;

(2) 绝对收敛; (3) 条件收敛; (4) 绝对收敛; (5) 条件收敛.

6. 提示:$2|ab|\leqslant a^2+b^2$.

7. 不一定. 提示：$\sum_{n=1}^{\infty}(-1)^n\frac{1}{\sqrt{n}}$收敛，而$\sum_{n=1}^{\infty}\left[(-1)^n\frac{1}{\sqrt{n}}+\frac{1}{n}\right]$发散.

8. (1) 1，$[0,2]$；　(2) $\frac{1}{\mathrm{e}}$，$\left(-\frac{1}{\mathrm{e}},\frac{1}{\mathrm{e}}\right)$；　(3) $\frac{1}{2}$，$\left(-\frac{1}{2},\frac{1}{2}\right]$；

(4) 2，$(-3,1)$；　(5) $\sqrt[3]{3}$，$[-\sqrt[3]{3},\sqrt[3]{3})$；　(6) $\frac{\sqrt{3}}{3}$，$\left(-\frac{\sqrt{3}}{3},\frac{\sqrt{3}}{3}\right)$.

9. (1) $S(x)=\begin{cases}\frac{-x-\ln(1-x)}{x^2}, & x\in[-1,0)\cup(0,1),\\ \frac{1}{2}, & x=0;\end{cases}$

(2) $S(x)=\frac{x-1}{(2-x)^2}$，$x\in(0,2)$；

(3) $S(x)=(1+x)\mathrm{e}^x$，$x\in(-\infty,+\infty)$；

(4) $S(x)=\begin{cases}1+\left(\frac{1}{x}-1\right)\ln(1-x), & x\in[-1,0)\cup(0,1),\\ 0, & x=0,\\ 1, & x=1.\end{cases}$

10. (1) $\sum_{n=1}^{\infty}\frac{1+(-1)^{n+1}2^n}{3}x^n$，$x\in\left(-\frac{1}{2},\frac{1}{2}\right)$；

(2) $\sum_{n=1}^{\infty}\frac{(-1)^{n-1}nx^{n-1}}{2^{n+1}}x^n$，$x\in(-2,2)$；

(3) $1-x+x^3-x^4+x^6-x^7+\cdots+x^{3n}-x^{3n+1}+\cdots$，$x\in(-1,1)$；

(4) $\ln 4-\sum_{n=1}^{\infty}\left(1+\frac{1}{4^n}\right)\frac{x^n}{n}$，$x\in[-4,4)$.

11. (1) $\mathrm{e}^{-1}\sum_{n=0}^{\infty}\frac{(x+1)^n}{n!}$，$x\in(-\infty,+\infty)$；

(2) $\sum_{n=1}^{\infty}\frac{(-1)^{n-1}n}{2^{n+1}}(x-2)^{n-1}$，$x\in(0,4)$；

(3) $\sum_{n=0}^{\infty}\left(\frac{1}{2^{n+1}}-\frac{1}{3^{n+1}}\right)(x+4)^n$，$x\in(-6,-2)$；

(4) $\sum_{n=1}^{\infty}\frac{(-1)^{n-1}}{n}(x-1)^n$，$x\in(0,2]$.

12. $-\dfrac{1}{(1+x)^2}, x\in(-1,1)$； $-\dfrac{2}{9}$.

13. (1) $\ln\dfrac{4}{3}$； (2) $e+e^{-1}-1$； (3) $1+\dfrac{1}{2}\sin 1-\cos 1$； (4) $2e$.

14. 提示：考察幂级数 $\sum\limits_{n=1}^{\infty} nx^n$ 的和函数在 $x=\dfrac{1}{a}$ 处的值. $\dfrac{a}{(1-a)^2}$.

15. $\dfrac{\pi}{4}-\sum\limits_{n=1}^{\infty}\left[\dfrac{2}{(2n-1)^2\pi}\cos(2n-1)x+\dfrac{(-1)^n}{n}\sin nx\right]$,

$-\infty<x<+\infty, x\neq\pm\pi,\pm3\pi,\pm5\pi,\cdots$.

16. $\sum\limits_{n=1}^{\infty}\dfrac{2}{n}\sin nx, 0<x\leqslant\pi$； $\dfrac{\pi}{2}+\sum\limits_{n=1}^{\infty}\dfrac{2[1-(-1)^n]}{n^2\pi}\cos nx, 0\leqslant x\leqslant\pi$.

17. $\dfrac{8}{\pi^2}\sum\limits_{n=0}^{\infty}\dfrac{(-1)^n}{(2n+1)^2}\sin\dfrac{(2n+1)\pi x}{2}, 0\leqslant x\leqslant 2$；

$\dfrac{1}{2}+\dfrac{4}{\pi^2}\sum\limits_{n=1}^{\infty}\dfrac{1}{n^2}\left(2\cos\dfrac{n\pi}{2}-1-(-1)^n\right)\cos\dfrac{n\pi x}{2}, 0\leqslant x\leqslant 2$.

18. $S(x)=\begin{cases}-1, & (2k-1)\pi<x<2k\pi,\\ 0, & x=k\pi,\\ 1, & 2k\pi<x<(2k+1)\pi\end{cases}$ (k 为整数).

$S(0)=0, S\left(\dfrac{1}{2}\right)=1, S(\pi)=0, S(5)=-1$.

参考文献

[1] 同济大学数学科学学院. 高等数学(上、下册). 8 版[M]. 北京:高等教育出版社,2023.

[2] 施学瑜. 高等数学教程[M]. 北京:清华大学出版社,1985.

[3] 陆庆乐. 高等数学(修订本)[M]. 西安:西安交通大学出版社,1999.

[4] 上海交通大学应用数学系. 高等数学(上、下册)[M]. 上海:上海交通大学出版社,1988.

[5] 吴传绪,刘锋,王树勋,等. 高等数学理论、方法、应用[M]. 西安:陕西科学技术出版社,1998.

[6] 陆子芬,李重华. 高等数学解析大全[M]. 沈阳:辽宁科学技术出版社,1991.

[7] 龚昇. 简明微积分. 4 版[M]. 北京:高等教育出版社,2018.

[8] 李哲岩. 变分法及其应用[M]. 西安:西北工业大学出版社,1989.

[9] 金路,童裕孙. 高等数学(上、下册)[M]. 北京:高等教育出版社,2008.

[10] 叶其孝. 大学生数学建模竞赛辅导教材[M]. 长沙:湖南教育出版社,1998.

[11] 姜启源,谢金星,叶俊. 数学模型. 5 版[M]. 北京:高等教育出版社,2018.

[12] 李仲来,王存喜,宣体佐. 高等数学 C(上、下册). 3 版[M]. 北京:北京师范大学出版社,2015.

[13] 欧阳光中,姚允龙,周渊. 数学分析(上、下册)[M]. 上海:复旦大学出版社,2003.

[14] 齐欢. 数学模型方法[M]. 武汉:华中理工大学出版社,1998.